DAS GROSSE BUCH DER STAUDEN UND SOMMERBLUMEN

Planen, säen, pflanzen, pflegen und vermehren im Blumengarten

Joachim Mayer

Stiftung Warentest

INHALT

VIELGESTALTIGE SCHÖNHEITEN

ATTRAKTIVE VIELFALT Was wäre ein Garten ohne die bunte Fülle der Blüten? Als üppige Blickpunkte, in dichten Büscheln oder locker verteilt, in intensiven Farben oder zarten Tönen – das Schauspiel der Blüten bezaubert in unzähligen Nuancen.

WAS IST EIGENTLICH EINE BLUME?

In der Natur sichern fast alle höheren Pflanzen ihre Vermehrung und Verbreitung, indem sie Samen ausbilden. Dazu müssen zunächst die weiblichen Blütenanlagen mit männlichen Pollen bestäubt werden. Manche Pflanzen wie Gräser, Birke und Hasel verlassen sich dabei ganz auf den Wind. Bei diesen Pflanzen gab es keinen Entwicklungsdruck, auffällige und attraktive Blüten zu entwickeln.

Die Mehrzahl der Blütenpflanzen jedoch setzt auf Bienen, Hummeln, Schmetterlinge, Vögel und andere Tiere als Bestäuber. Um diese anzulocken, kleiden sie ihre Blüten in auffällig gefärbte Blätter, lassen sie Nahrung (Nektar und Pollen) produzieren und verleihen ihnen teils auch intensive Düfte. In der Biologie nennt man solch eine „Bestäubungseinheit“ eine Blume, wobei diese auch mehrere, beisammen stehende Einzelblüten umfassen kann.

Ähnlich werden im allgemeinen Sprachgebrauch auch schöne Einzelblüten und Blütenstände als Blumen bezeichnet – noch öfter aber ganze Pflanzen, die sich durch auffällige Blüten auszeichnen. Dabei gehen durchaus auch kleinere Gehölze als Blumen durch: Schließlich wird die Rose schon seit jeher als „Königin der Blumen“ geadelt. In der gärtnerisch-botanischen Einteilung dagegen versteht man darunter nur krautige, also nicht verholzende Pflanzen. Diese werden in der Gartenpraxis normalerweise in drei Gruppen unterteilt:

- **Sommerblumen** sind die „Blumen im engeren Sinn“: kurzlebige Pflanzen wie Ringelblume und Sommeraster, die innerhalb einer Vegetationsperiode aus Samen keimen, zu ihrer vollen Größe heranwachsen, Blüten bilden und nach der Entwicklung und Reife neuer Samen absterben (siehe Seite 17).
- **Stauden** sind dagegen mehrjährige, ausdauernde Pflanzen, wie beispielsweise Schafgarbe und Pfingstrose. Zwar welken meist auch bei ihnen nach der Blüte und Samenbildung die oberirdischen Teile. Doch sie überdauern mit unterirdischen Speicherorganen wie kräftigen Wurzeln oder Rhizomen, um im nächsten Frühjahr daraus wieder neu auszutreiben (siehe Seite 14). Umgangssprachlich wird der Begriff „Stauden“ öfter für besonders stattliche Pflanzen verwendet, aber die Größe spielt überhaupt keine Rolle: Zierliche Kissenastern sind nach korrekter gärtnerischer Definition ebenso Stauden wie majestätische Rittersporne.
- **Zwiebel- und Knollenblumen** wie Krokus und Lilie überdauern ebenfalls mithilfe unterirdischer Speicherorgane, um nach Ruhepausen immer wieder neu auszutreiben. Tatsächlich sind sie nichts anderes als eine Untergruppe der Stauden mit besonderen Reserveorganen, nämlich Zwiebeln, Knollen oder Zwiebelknollen. Häufig haben sie auch einen recht speziellen Wuchs- und Blührhythmus (siehe Seite 16).

WILDE GRAZIEN, PRÄCHTIGE ZÜCHTUNGEN

Margerite, Kornblume, Waldgeißbart, Enzian, Veilchen: Das „Prinzip Blume" hat sich in der Natur vielfach durchgesetzt und erfreut einen bei Spaziergängen in den unterschiedlichsten Landschaften. Dabei variieren die Blütenschönheiten je nach Region und erst recht in verschiedenen Weltgegenden. Das faszinierte bereits vor vielen Jahrhunderten die ersten reiselustigen Botaniker und Pflanzenliebhaber, die aus Mitteleuropa in andere Kontinente ausschwärmten.

Aus fernen Ländern brachten sie zahlreiche Pflanzenschätze mit, von denen sich viele bei uns als beliebte Gartenpflanzen etabliert haben. So stammen zum Beispiel die Herbstanemonen aus Ostasien, die Lupinen aus Nordamerika, die Fleißigen Lieschen aus Ostafrika und die Vorfahren unserer Gartentulpen aus Vorderasien. Auch heute gelangen immer wieder fremdländische Neuheiten auf den Markt, besonders im recht wechselhaften Sortiment der Balkonblumen. Solche „Neueinwanderer" (Neophyten) werden heute allerdings zum Teil sehr skeptisch gesehen (siehe Seiten 19 ff.).

Die gewaltige Fülle an Farben und Formen für den Garten verdanken wir zudem in hohem Maße der **Züchtung.** Darunter versteht man die Auslese und Kreuzung von Pflanzen mit besonderen Eigenschaften. Seit Alters halten Gärtner und Pflanzenliebhaber sorgfältig Ausschau nach einzelnen Exemplaren, die etwas aus der Reihe tanzen: zum Beispiel mit ungewöhnlichen Blütenfarben oder Blattzeichnungen, mit ausgesprochen reicher Blüte oder mit speziellen Wuchseigenschaften. Diese werden dann gezielt ausgelesen, wobei man immer wieder die mit den ausgeprägtesten gewünschten Merkmalen weiter vermehrt. Oft werden sie auch mit anderen, nah verwandten Wildpflanzen und bereits vorhandenen Züchtungen gekreuzt, sodass teils ganz neue Pflanzen entstehen. Doch auch die Züchtung kann nicht zaubern – noch nicht einmal mithilfe der Gentechnik, die bisher bei Zierpflanzen kaum eine Rolle spielt. So kann bei allen Vorzügen von Zuchtsorten zum Beispiel der Duft oder die Standfestigkeit auf der Strecke bleiben. Dass manche, besonders solche mit gefüllten Blüten, gar keine Samen mehr ansetzen, hat zwar oft den Vorteil einer langen Blütezeit. Aber nützliche Insekten finden hier meist keine brauchbare Nahrung.

Ganz anders bei **Wildblumen und -stauden;** diese warten zudem mit natürlichem, anmutigem Charme auf und spielen im Blumengarten eine zunehmend wichtigere Rolle. Das gilt vor allem für heimische Pflanzen wie Blutstorchschnabel, Gewöhnliche Akelei und Klatschmohn, aber auch für Wildformen aus anderen Ländern, die sich harmonisch einfügen, etwa Wildtulpen und Indianernessel.

SCHÖNHEIT UNTER NATURSCHUTZ

Ob im Wald oder auf Wiesen, in heimischen Gefilden oder beim Urlaub im Ausland: Überall kann man wild wachsende Blüher entdecken, die schön in den eigenen Garten passen würden. Lassen Sie sie trotzdem besser an Ort und Stelle, wenn es sich nicht gerade um „Allerweltspflanzen" handelt. Viele Wildblumen und -stauden sind durch Beeinträchtigung ihrer Lebensräume so selten geworden, dass sie auf der Roten Liste der gefährdeten Arten stehen und damit unter Naturschutz! Zudem vertragen solche Mitbringsel eine Zwangsumsiedlung oft nicht, wachsen im Garten schlecht an oder gehen bald ein. Wildpflanzen im Gartenfachhandel stammen dagegen aus gärtnerischer Vermehrung. Sie werden zwar nicht züchterisch verändert, aber doch so selektiert, dass sie im Garten recht zuverlässig Freude bereiten. Solche Auslesen tragen manchmal zwar Sortennamen, sind aber dennoch „echte" Wildpflanzen.

PFLANZEN UND IHRE NAMEN

In den Gestaltungs- und Praxiskapiteln dieses Buches sind die Pflanzen wegen der besseren Lesbarkeit meist nur mit deutschen Namen genannt. In Zweifelsfällen können Sie mithilfe des Porträtteils (Seiten 134–277) und des Registers (Seiten 280– 286) leicht herausfinden, welche Blume genau gemeint ist. Grundsätzlich aber kommt man an den wissenschaftlichen botanischen Namen kaum vorbei, wenn man sich näher mit Zierpflanzen beschäftigt. Was der eine beispielsweise als „Christrose" kennt, ist dem anderen eher als „Schneerose" oder „Schwarze Nieswurz" bekannt – da sorgt der botanische, auch international gültige Name Helleborus niger für Klarheit. Deshalb sind auch die Pflanzen im Porträtteil, ebenso wie in den meisten Gartenkatalogen, nach botanischen Namen angeordnet.

Der botanische Name setzt sich aus dem groß geschriebenen Gattungsnamen (im genannten Beispiel Helleborus) und dem klein geschriebenen Artnamen (niger) zusammen. In der Gliederung des Pflanzenreichs werden nah verwandte Pflanzen mit einer Reihe gemeinsamer Merkmale zu einer Gattung zusammengefasst.

Zu unserer Beispielgattung Helleborus (also Christrose oder Nieswurz) gehören 15 recht ähnliche, aber doch deutlich unterscheidbare Pflanzen: Das sind die verschiedenen Arten.

Die Individuen einer Art stimmen in allen wesentlichen Merkmalen miteinander überein und vererben diese meist einheitlich an ihre Nachkommen. Oft ist es ratsam, genau auf den Artnamen zu achten. So wird neben der im Winter oder Vorfrühling weiß blühenden Helleborus niger öfter Helleborus orientalis angeboten: häufig mit schön gefärbten Blüten, die sich aber erst später im Frühjahr öffnen. Sie wird deshalb auch „Frühlings-Christrose" oder „Lenzrose" genannt. Verschiedene Arten derselben Gattung können zum Beispiel auch als Stauden oder Sommerblumen wachsen, etwa der mehrjährige Sonnenhut Rudbeckia laciniata und der einjährige Sonnenhut Rudbeckia hirta. Innerhalb solcher Arten (lateinisch: Species) gibt es zuweilen Unterarten (Subspecies) und Varietäten, die bestimmte Besonderheiten aufweisen. Sie tragen dann ein entspre-

Lebensweise und Wuchsformen. Von links nach rechts: Sommerblume: Ringelblume mit Samenständen; Staude: Pfingstrose mit Rhizom; Staude: Lupine mit kräftiger Pfahlwurzel; Zwiebelblume: Narzisse; Knollenblume: Alpenveilchen

chendes „Anhängsel" am Artnamen, wie zum Beispiel Aconitum lycoctonum subsp. vulparia (Gelber oder Fuchseisenhut) und Campanula latifolia var. macrantha (Waldglockenblume). Oft treten solche speziellen Ausprägungen schon in der Natur auf.

An diese botanischen Namensungetüme muss man sich erst einmal gewöhnen. Aber sie sind sehr hilfreich für die Pflanzensuche und gezielte Bestellungen bei Internetversendern und in Katalogen. Das gilt gerade auch für Arten, die erst seit Neuerem bei vielen Anbietern zu finden sind. Dazu gehören zunehmend beliebte „Klimastauden", die lange blühen und meist sehr bienenfreundlich sind. Eine davon findet man zum Beispiel bei einem Händler als „Kleinblütige Bergminze", bei einem anderen als „Drüsige Bergminze", beim nächsten als „Steinquendel". Der botanische Name Calamintha nepeta macht klarer, welche Pflanze gemeint ist; zumal diese Staude weder mit der echten Minze (Mentha) noch mit dem Quendel (Thymus pulegioides) verwandt ist.

Auch Hybriden können bei manchen Pflanzen spontan an den Wildstandorten entstehen, resultieren aber meist aus gezielter Züchtung. Es handelt sich dabei um Kreuzungen aus zwei oder mehr verschiedenen Arten, in der Regel aus derselben Gattung. Etwas uncharmant auch als Bastarde bezeichnet, werden sie durch Mischen ihres Erbguts quasi zu neuen Arten. Das Kennzeichen für eine Hybride ist ein Kreuzchen (x) im botanischen Namen. So entstand etwa Geranium x magnificum, der Prachtstorchschnabel, als Kreuzung aus Geranium ibericum und Geranium platypetalum.

Leider ist die Bezeichnung von Hybriden durch verschiedene Reformbestrebungen etwas uneinheitlich geworden. Dominiert zum Beispiel in einer Kreuzung der Wiesenstorchschnabel, kann dieselbe Pflanze im Handel als Geranium pratense oder als Geranium-Pratense-Hybride ausgewiesen sein. Waren mehrere oder nicht genau bekannte Arten beteiligt, wird oft einfach nur der Sorten- an den Gattungsnamen gehängt (zum Beispiel Geranium 'Rozanne') oder die Pflanze als Geranium-Hybride geführt. Zuweilen tauchen auch eher obskure Bezeichnungen wie Geranium x hybrida und Geranium x cultorum auf.

Gewöhnliche Akelei (Aquilegia vulgaris)

Aquilegia-caerulea-Hybride

Ob Arten oder Hybriden: Sie alle gehören jeweils einer bestimmten Familie an. Darunter fasst man in der Botanik Gruppen von verwandten Gattungen zusammen. Mitglieder derselben Familie haben oft einen ähnlichen Blütenaufbau, etwa bei den Korbblütengewächsen (Asteraceae), zu denen zahlreiche Stauden und Sommerblumen wie Aster, Sonnenhut und Ringelblume gehören. Manche Familien zeichnen sich zudem durch spezielle, nicht selten giftige Inhaltsstoffe aus, etwa die Hahnenfußgewächse (Ranunculaceae) mit dem Eisenhut als besonders giftigem Vertreter.

BOTANISCHES NAMEN-WIRRWARR

Selbst bei den wissenschaftlichen Pflanzennamen gibt es manchmal verwirrende Abweichungen. Das liegt meist daran, dass die Pflanzen aufgrund neuer wissenschaftlicher Erkenntnisse umbenannt oder anderen Gattungen zugeordnet werden. Ein „klassisches" Beispiel bieten die Pelargonien, die man an-

Beet mit Einjährigem Berufkraut oder auch Flohkraut (Erigeron annuus) aus der Familie der Asterngewächse

fangs zur Gattung Geranium (Storchschnabel) stellte: Obwohl schon vor über 200 Jahren in Pelargonium umbenannt, sind sie bis heute als „Geranien" bekannt und beliebt.

Grundsätzlich verdanken wir die Einteilung des Pflanzenreichs und die Zuordnung zu Pflanzenfamilien dem schwedischen Naturforscher Carl von Linné (1707–1778). Er schuf auch die Grundlagen für die aus dem Lateinischen abgeleiteten botanischen Namen. So wurden die Bezeichnungen allgemeingültig und weltweit verständlich unter Fachleuten und Pflanzenliebhabern, unabhängig von ihrer Muttersprache. Linné unterteilte die Pflanzen vor allem anhand ihres Blütenaufbaus und anderer äußerer Merkmale. Dies konnte später durch verfeinerte Methoden und moderne Labortechnik weiterentwickelt werden, was einige Umbenennungen nach sich zog.

Mit dem Einsatz molekulargenetischer Untersuchungen konnten Wissenschaftler ab 1998 der Sache noch viel genauer „auf den Grund" gehen. Dabei stellte sich teils heraus, dass bisher als verwandt betrachtete Arten bei DNA-Analysen genetisch große Unterschiede zeigten.

Markante Beispiele bieten die Astern. Im 18. Jahrhundert fand man in Nordamerika einige sehr schöne Herbstblüher, die bald nach Europa eingeführt wurden. Weil sie europäischen Stauden wie Aster amellus, der Bergaster, ähnelten, wurden sie mit demselben Gattungsnamen benannt: als Aster novi-belgii, Aster novae-angliae und Aster dumosus (Glattblatt-, Raublatt- und Kissenaster). Doch Genuntersuchungen ergaben kaum Hinweise auf eine Verwandtschaft. Deshalb werden diese Pflanzen aus der „Neuen Welt" heute der Gattung Symphyotrichum zugeordnet. Ähnlich verhält es sich mit der Goldhaaraster aus Südosteuropa, die nun streng genommen Galatella statt Aster linosyris heißt.

So akribisch handhaben das aber vor allem die Botaniker. Etliche Gärtnereien und Pflanzenversender dagegen sind bis heute bei den bisherigen Bezeichnungen geblieben – nicht zuletzt, weil sie vielen Kunden seit Langem vertraut sind. Dazu kommt, dass manche Neubenennungen in der botanischen Fachwelt nachträglich wieder „umgetauft" werden.

Im Porträtteil dieses Buches werden im Zweifelsfall die älteren, etablierten Namen verwendet, soweit sie im Handel noch überwiegend üblich sind.

SORTEN: BLUMEN MIT EIGENHEITEN

Wenn es um die ganz gezielte Auswahl von Blumen geht, ist oft die Sorte entscheidend. Sorten (fachsprachlich: Cultivare) sind Züchtungen, entstanden durch gezielte Auslese oder Kreuzung. Sorten ein und derselben Art können sich zum Beispiel in der Blütenfarbe, -form und -zeit unterscheiden, ebenso in der Wuchshöhe und -gestalt oder auch in der Widerstandsfähigkeit gegen Kälte, Hitze, Nässe, Schädlinge und Krankheiten.

Hinter einer neuen Sorte steckt langwierige Arbeit. Deshalb melden die Züchter dafür Sortenschutz und oft auch Markenschutz an: Damit ist eine gewerbliche Weitervermehrung der Sorte ohne Züchtererlaubnis verboten. Namen wie 'Augenweide' (eine Ritterspornsorte) und 'Jetfire' (eine Narzissensorte) werden vom jeweiligen Züchter ausgewählt. **Sortennamen** sollen nach internationalen Regelungen in einfachen Anführungszeichen stehen, damit eindeutig klar wird, dass es sich um eine Züchtung handelt.

Besonders bei Sommerblumen sind öfter **Serien** im Angebot. Dabei handelt es sich um Gruppen von sehr ähnlichen Sorten, die sich aber in der Blütenfarbe unterscheiden. So werden etwa bestimmte kompakte, robuste Zinnien-Züchtungen unter der Bezeichnung 'Profusion' angeboten und heißen dann je nach Blütenfarbe zum Beispiel 'Profusion White' oder 'Profusion Cherry'. Häufig erhält man Samen solcher Serien auch in Farbmischungen, teils auch Prachtmischungen genannt.

Als F1-Hybriden ausgewiesene Sommerblumensorten vereinen die besten Eigenschaften sorgfältig ausgewählter Elternsorten. Sät man ihre Samen wieder aus, können die Nachkommen sehr unterschiedlich ausfallen und erreichen bei Weitem nicht die Qualität der F1-Hybriden; denn diese müssen immer wieder aufs Neue aus ihren Elternsorten gekreuzt werden.

DIE AKTEURE IM BLUMENGARTEN Um Jahr für Jahr ein schönes, abwechslungsreiches, lang anhaltendes Blütenschauspiel zu genießen, bedarf es sanfter, aber nachdrücklicher Regie – angefangen beim „Casting“ der geeigneten Akteure.

STAUDEN: VIELSEITIG UND AUSDAUERND

Mit Hunderten attraktiven Arten für den Garten bilden Stauden die größte und vielfältigste Gruppe. Als ausdauernde und oft pflegeleichte Pflanzen, die alljährlich aufs Neue austreiben und blühen, sind sie meist die Hauptakteure und „Stützen“ im Blumengarten. Einige wie Heidenelke und Kokardenblume bleiben nur drei bis fünf Jahre wuchs- und blühfreudig. An den meisten anderen Stauden haben Sie aber mindestens 10 bis 20 Jahre Freude, wenn Sie sie gelegentlich durch Teilung verjüngen. Und manche können auch ohne solche Maßnahmen Jahrzehnte alt werden – ein Eisenhut zum Beispiel 50 Jahre, eine Pfingstrose sogar gut 80 Jahre.

Dass all diese Pflanzen überdauern können, ohne zu verholzen, verdanken sie robusten **Speicherorganen** wie fleischigen oder rübenartigen Wurzeln oder Rhizomen.

Rhizome, sehr deutlich zum Beispiel bei Bart iris und Pfingstrose (siehe Abbildung Seite 10) zu erkennen, werden auch als Wurzelstöcke bezeichnet; doch es handelt sich nicht um Wurzeln, sondern um unterirdische, oft stark verdickte Sprosse mit austriebfähigen Knospen. Umgewandelte Sprosse sind auch die öfter vorkommenden dünnen Ausläufer, die im Boden oder an der Erdoberfläche verlaufen.

Die meisten Stauden blühen im **Sommer oder Herbst** und legen über Winter ihre Ruhepause ein. Im Spätjahr **ziehen sie ein:** Das heißt, die Blätter geben ihre Nährstoffe an die unterirdischen Speicherorgane ab, sodass nur vertrocknete Stängel stehen bleiben. Im Frühjahr treiben die Pflanzen mithilfe von Überwinterungsknospen am oder im Boden wieder aus. Da die unterirdischen Organe mit der Zeit kräftiger werden, wachsen und blühen junge Stauden oft nach jedem Neuaustrieb ein wenig stärker.

Frühjahrs- und Frühsommerblüher wie die Gämswurz ziehen schon im Sommer ihre Blätter ein und treiben meist erst im folgenden Frühling wieder aus. Nur wenige Frühblüher, etwa Christrose und Bergenie, behalten über Winter ihre Blätter, um sie im Frühjahr allmählich zu erneuern.

Eine spezielle Gruppe sind **Halbstauden** wie Fingerhüte und Akeleien: kurzlebige Stauden oder zweijährige Blumen, die meist durch reiche Selbstaussaat zu ausdauernden Pflanzen werden. Teils lassen sie sich zudem durch Entfernen der Samenstände zu mehrmaliger Blüte und längerer Lebensdauer anregen.

Bei Fingerhüten sowie Stockrosen, die meist den Sommerblumen zugerechnet werden, hängt die Lebensspanne auch von der Art und Sorte ab.

Der Wuchstyp der **Halbsträucher** ist vielen Gärtnern von Kräutern wie Thymian und Oregano vertraut. Hier verholzen mit der Zeit die unteren Bereiche, während die oberen Triebteile krautig bleiben und manchmal über Winter zurückfrieren. Sonnenröschen, Schleifenblume und Immergrün zum Beispiel werden teils als Stauden, teils als Halbsträucher eingestuft. Ein

„lupenreiner" Halbstrauch ist der Lavendel: Ihn gesellt man gern zu den Stauden, weil er in Beeten und Rabatten ähnlich verwendet wird.

Ebenso verhält es sich mit manchen **Zwergsträuchern** wie Besen- und Schneeheide. Echte Stauden dagegen sind ausdauernde **Ziergräser** wie das Chinaschilf. Als auflockernde, untermalende Blattschmuckpflanzen, die teils auch mit dekorativen Blüten- und Samenständen aufwarten, haben sie einen hohen Stellenwert im Staudenbeet. Ähnliches gilt für die **Farne,** die in Schattengestaltungen eine wichtige Rolle spielen. Sie bilden zwar keine Blüten, sondern vermehren sich als urtümliche Pflanzen über Sporen, die an den Wedelunterseiten heranreifen. Doch ansonsten entspricht ihre Lebensweise der von anderen Stauden. Viele Stauden wachsen buschig aufrecht, mit hoch aufragenden Stängeln wie der Rittersporn oder gedrungen wie der Frauenmantel. Ihre Triebe und Wurzeln bilden rundliche **Horste,** die mit den Jahren oft deutlich breiter werden. Polsterstauden wie Blaukissen wachsen flach halbkugelig bis kissenartig. Auch sie gehen allmählich in die Breite, bedecken aber keine größeren Flächen.

Weißrandfunkie (Hosta-Hybride)

Wirkliche **Bodendecker** dagegen sind stark ausläuferbildende, meist niedrige Pflanzen wie der Günsel; sie wachsen teppich- oder mattenartig. Von **kriechendem Wuchs** spricht man, wenn sich Stauden ausbreiten, indem sie an den Spitzen ihrer Rhizome immer wieder neue Pflänzchen bilden, so etwa der Wiesenstorchschnabel. Solche Pflanzen können teils ebenfalls dichte Teppiche bilden.

Vom Zieraspekt her unterscheidet man **Blütenstauden** mit auffälligem Flor und

Sonnenbraut (Helenium-Hybride)

Blattschmuckstauden. Auch Blattschmuckstauden bringen teils hübsche Blüten hervor, wie beispielsweise die Funkien. Doch meist pflanzt man sie in erster Linie wegen ihrer schön geformten und gefärbten, oft attraktiv gezeichneten Blätter.

Unter den Blütenstauden zeichnen sich die züchterisch meist stark bearbeiteten **Prachtstauden** durch besonders eindrucksvollen Flor aus. Solche Züchtungen, zum Beispiel der Hohe Staudenphlox (Phlox paniculata) mit seinen farbkräftigen, duftenden Blütenkugeln, werden vorranging in Beeten und Rabatten gepflanzt und deshalb auch als Beetstauden eingestuft.

Wildstauden dagegen, zum Beispiel Frühsommer-Sonnenbraut (Helenium hoopesii) und Gewöhnliche Schafgarbe, haben ihre naturnahe Anmut bewahrt. Manche von ihnen machen auch in Beeten eine gute Figur. Oft sind sie aber eher Standortspezialisten, beispielsweise für nährstoffarme, trockene oder schattige Plätze. Entsprechend wird die Fülle der Stauden nach Lebensbereichen wie Beet, Gehölzrand und Steingarten unterteilt (siehe Seiten 36 ff.).

Aufgrund der nun öfter regenarmen Frühjahrs- und Sommerwochen erfreuen sich trockenheitsverträgliche, pflegeleichte Wildstauden zunehmender Beliebtheit. Viele Pracht- und Beetstauden dagegen tun sich schwer, wenn lange Zeit kein Tropfen vom Himmel fällt, und brauchen reichlich Gießwasser.

ZWIEBEL- UND KNOLLENBLUMEN: MARKANTE FARBTUPFER

Als krautige Pflanzen, die mit unterirdischen Speicherorganen überdauern und immer wieder neu austreiben, zählen Zwiebel- und Knollenblumen – im weiteren Sinn – ebenfalls zu den Stauden. Auch sie können, wie beispielsweise Schneeglöckchen, Krokusse und Narzissen, mehrere Jahrzehnte alt werden.

Was sie von anderen Stauden abhebt, sind ihre besonderen Speicherorgane. Außerdem gehören die meisten von ihnen, ebenso wie die Gräser, zu den **einkeimblättrigen Pflanzen:** Ihre Samen keimen nur mit einem Blättchen aus. Dieses ist meist schmal und länglich, wie oft auch die späteren, richtigen Laubblätter. Zu den wenigen zweikeimblättrigen Ausnahmen gehören Dahlien und Knollenbegonien.

Blaukissen (Aubrieta-Hybride)

Bei den **Zwiebeln,** etwa von Tulpen und Lilien, dienen die fleischigen, übereinander geschichteten Schalen oder Schuppen zum Speichern von Reservestoffen. Zugleich umhüllen und schützen sie die gestauchten Spross- und Blattanlagen am Zwiebelboden, die sich beim Neuaustrieb zu einer komplett neuen Pflanze entfalten. Dann bildet sich im Boden eine neue Ersatzzwiebel, während die alte Zwiebel abstirbt.

Knollen sind verdickte, rundliche, spindelförmige oder flache Spross- oder Wurzelteile. Bei ihnen wachsen die neuen Pflanzen aus Triebknospen, die als Augen direkt auf den Knollen (zum Beispiel bei Knollenbegonien) oder am Wurzelhals (zum Beispiel bei Dahlien) angelegt sind. **Zwiebelknollen** finden sich bei den Gladiolen und Krokussen: Hier sind die verdickten Sprossknollen von zwiebelartigen, trockenhäutigen Hüllblättern umgeben.

Viele dieser Blumen können sich nicht nur durch Samen vermehren, sondern sich auch mit **Brutzwiebeln oder -knollen** ausbreiten. Solche kleinen Tochterzwiebeln und -knollen werden meist an der Basis der Hauptzwiebeln und -knollen angelegt. Einige Lilien, etwa Feuer- und Tigerlilie, können aber auch kleine Brutzwiebeln in den Blattachseln ihrer Triebe hervorbringen, die sogenannten **Bulbillen.** Sie fallen nach der Ausreife im Herbst zu Boden. Ähnliche Bulbillen entwickeln manche Zierlaucharten in ihren Blütenständen.

Die meisten Zwiebel- und Knollenblumen sind **Frühlingsblüher,** darunter sehr zeitige Vorfrühlingsblüher wie Schneeglöckchen und Winterling. Diese haben sich auf das Leben in Laubwäldern eingestellt. Im Frühjahr nutzen sie das Licht unter den noch unbelaubten Bäumen, um zu wachsen und zu blühen. Danach ziehen sie ein, um im schützenden Schatten des Blätterdachs zu überdauern. Währenddessen können am dunklen Waldboden kaum konkurrierende Pflanzen aufkommen. Und über Winter ruhen die Zwiebeln und Knollen behütet unter dem Falllaub der Bäume, das beim Verrotten für Humus- und Nährstoffnachschub sorgt. Andere Frühblüher wie Tulpen und Netziris mögen es sonniger. Sie stammen

Schneeglöckchen (Galanthus nivalis)

aus sommertrockenen Regionen wie dem Mittelmeerraum und überdauern die langen Dürremonate mit ihren Zwiebeln im Boden. Sobald es im Frühjahr wärmer wird, nutzen sie die Reste der Winterfeuchtigkeit, um auszutreiben und zu wachsen.

Die vergleichsweise kleine Palette der **Sommerblüher** reicht von markanten Früh- und Hochsommerblühern wie Zierlauch und Lilien bis zu den Dahlien, die mit ihrem Flor noch den herbstlichen Garten bereichern. Einige von ihnen, vor allem Dahlien und Gladiolen, sind in unseren Breiten meist **nicht winterhart:** Ihre Speicherorgane müssen im Herbst aus dem Boden genommen und im Frühjahr wieder neu eingepflanzt werden. Das bewahrt die recht großen Knollen und Zwiebelknollen auch vorm Faulen im winternassen Boden.

Etliche Zwiebel- und Knollenblumen, besonders Zuchtsorten mit großen, auffälligen Blüten, eignen sich hervorragend **für Beete und Rabatten,** stattliche Sommerblüher wie Gladiolen ebenso wie niedrige Frühjahrsblüher, zum Beispiel Hyazinthen. Die eher „wilden" Arten und Varianten wie Schneeglöckchen, Blaustern und Botanische Krokusse passen besser **in naturnahe Bereiche,** zum Beispiel unter Gehölzen oder im Steingarten, wo sie sich gern von selbst ausdehnen, also **verwildern.** Krokusse, Narzissen und andere Frühjahrsblüher wirken auch sehr schön, wenn sie sich in Rasen und Wiesen ausbreiten können.

SOMMERBLUMEN: VERSCHWENDERISCHE PRACHT

Die kurzlebigen Sommerblumen, fachsprachlich Annuelle, setzen bei ihrer Überlebens- und Verbreitungsstrategie allein auf ihre Samen. Entsprechend blühen sie oft besonders reich und lang, um möglichst viele Samen und Früchte anzusetzen. Das ist allerdings nicht bei allen Garten- und Balkonblumen nachvollziehbar, da Züchtungen mit gefüllten Blüten oft nicht mehr in der Lage sind, Samen auszubilden.

Der Lebenszyklus der **einjährigen Sommerblumen** (auch: Sommerannuelle) beginnt mit der Keimung im Frühjahr und endet nach einer ausgiebigen Sommerblüte spätestens mit dem Frosteintritt im Herbst; bei Studenten- und Ringelblumen ebenso wie zum Beispiel beim Duftsteinrich. Viele unserer Sommerblu-

Tulpen (Tulipa-Hybride)

Zinnien (Zinnia elegans)

men für Beet und Balkon wachsen in ihren wärmeren Herkunftsregionen mehrjährig, werden bei uns aber meist nur einjährig kultiviert, da sie kalte Winter kaum überstehen. Unter günstigen Bedingungen können sie länger leben und teils sogar an der Basis verholzen, so etwa Kapuzinerkresse, Levkojen und Pelargonien (Geranien).

Die selteneren **zweijährigen Sommerblumen** (auch: Winterannuelle) wie Tausendschön und Vergissmeinnicht keimen im Sommer, bilden bis zum Herbst nur Blätter, meist in grundständigen Rosetten, und blühen typischerweise im folgenden Frühjahr. Es gibt darunter aber auch Sommerblüher wie die Stockrosen, und Stiefmütterchen können je nach Saatzeit von Frühjahr bis Herbst blühen. Manche wie der Goldlack sind eigentlich mehrjährige Pflanzen, deren Weiterkultur sich nach der ersten Blüte oft nicht lohnt. Sommerblumen müssen jedes Jahr neu gepflanzt werden und zudem in ihrer kurzen Lebensspanne allerhand „leisten". Deshalb verlangen sie in der Regel mehr Pflegeaufwand als andere Blütenpflanzen. Den danken sie mit einer langen, üppigen Blüte. Wenn Sie Sommerblumen **in Blumenkästen und Töpfen** kultivieren, können Sie sich etwas intensiver um deren Pflege kümmern, da die Pflanzen dann meist in Hausnähe platziert werden. Unter solchen geschützten Bedingungen kommen dann auch empfindlichere Schönheiten infrage, etwa Mittagsblume (Dorotheanthus bellidiformis) und Kapaster (Felicia amelloides).

Sie können ihre Vorzüge aber auch gut nutzen, indem Sie sie mit Stauden kombinieren, als reich blühende Ergänzungen und Lückenfüller. Einige robustere Arten wie Ringelblume, Kornblume und Jungfer im Grünen lassen sich dabei gut in naturnahen Gestaltungen einsetzen. Bei den Ein- und Zweijährigen werden die **Wildarten** wie Sommeradonisröschen, Ackerrittersporn, Saatwucherblume, Wilde Malve und Kleiner Klappertopf zunehmend geschätzt, vor allem für Blumenwiesen und „zwanglose" Blütenstreifen; So bereichern Wildblumen auch das Pollen- und Nektarangebot für Bienen, Schmetterlinge & Co.

UMSEHEN LOHNT SICH

Die gewaltige Fülle an Arten und Sorten, zu denen immer wieder neue hinzukommen, kann kaum ein Buch abdecken – und auch kaum eine Gärtnerei. Es lohnt sich, immer wieder das Angebot verschiedener Gärtnereien, Gartencenter und Pflanzenversender zu studieren. Vor allem bei den Stauden finden Sie Spezialisten für jeden Standort, von der Dachbegrünung über Bodendecker und Moorbeete bis zu Wasserpflanzen für den Teich. Gewaltig ist auch das Angebot an Balkonblumen; in diesem Buch konzentrieren wir uns aber vor allem auf Sommerblumen, die auch in Beeten Freude bereiten.

NEU- UND ALTEINWANDERER Wenn Sie im Internet und in Gartenzeitschriften über Blumen, Stauden und Ziergehölze lesen, stoßen Sie öfters auf den Begriff „Neophyten". Das bedeutet „Neupflanzen" beziehungsweise „Neueinwanderer".

Diese Pflanzen wurden und werden seit 1492 aus anderen Weltgegenden bei uns eingeführt. In diesem Jahr begab sich Christoph Kolumbus auf seine erste Überseereise, die ihn nach Amerika führte. Von dort brachte er Proben vieler Pflanzen mit, die bis dahin in Europa unbekannt waren, darunter Tomaten, Chilis, Kartoffeln, Kürbisse, Stangenbohnen und Mais. Das sind alles sogenannte **Neophyten,** die längst zu unserem gewohnten Gemüsesortiment gehören.

Bald folgten viele weitere Seefahrten und Entdeckungsreisen in ferne Länder, nach Nord- und Südamerika, Vorder- und Zentralasien, Afrika, Ost- und Südeuropa sowie Australien und Neuseeland. Aus all diesen Kontinenten wurden Zier- und Nutzpflanzen bei uns eingeführt. Große Gärtnereien und Botanische Gärten sendeten „Pflanzenjäger" in alle Welt, um neue interessante Gewächse zu entdecken. Mit steigendem Wohlstand wurden Zierpflanzen zu einem wichtigen Markt und lohnenden Geschäft.

Recht viele Neophyten kamen aber auch ungewollt nach Mitteleuropa, vor allem als Verunreinigungen in Saatgut. Andere „Neuzugänge" sind von selbst eingewandert, so etwa das Sibirische Blausternchen (Scilla siberica), die Rote Spornblume (Centranthus ruber) und die Römische Kamille (Chamaemelum nobile).

Die Neuzuwanderer (Neophyten) werden abgegrenzt von ursprünglich Einheimischen (Indigenen) und Altzuwanderern (Archäophyten). Man muss aber daran erinnern: Dass sich bestimmte Pflanzenarten stark ausbreiten und andere weitgehend verschwinden, ist nichts Neues. Was wir heute als heimische Pflanzenwelt betrachten, hat sich frühestens nach der letzten Eiszeit (Kaltzeit) vor gut 10 000 Jahren etabliert, durch allmähliche Einwanderung aus wärmeren Gebieten in Süd- und Osteuropa. Dazu kam vor rund 8 000 Jahren die Ausbreitung des Ackerbaus. Nun wurden Getreide und andere Kulturpflanzen vor allem aus Vorderasien und dem Mittelmeerraum eingeführt. In ihrem Saatgut versteckten sich oft unerwünschte Begleitpflanzen. Manche davon bereiten heute noch Probleme, so etwa der Windenknöterich (Fallopia convolvulus) und die Ackerwicke (Vicia hirsuta), die aber auch im Naturgarten geschätzt wird. Das gilt noch mehr für die Kornblume (Centaurea cyanus), die Kornrade (Agrostemma githago) und den Klatschmohn (Papaver rhoeas): Diese früheren „Unkräuter" sind schon längst gern gesehene Gartenpflanzen. Etliche Wildblumen und -stauden haben sich auch erst in der Römerzeit oder im Mittelalter bei uns ausgebreitet; so das allgegenwärtige Gänseblümchen (Bellis perennis).

Was heute als **heimische Pflanzenwelt** angesehen wird, ist das Ergebnis langjähriger Entwicklungen und häufiger Wechsel, beeinflusst durch die Klimaverhältnisse und noch mehr durch den Menschen. Dazu kommt, dass an der Nordseeküste eine andere Flora „heimisch" ist als in den Alpen, im ostdeutschen Kontinentalklima eine andere als in der Kölner

Bucht oder im Weinbauklima. Es ist sicher empfehlenswert, als heimisch betrachtete Arten zu schützen und verstärkt im Garten einzusetzen. Sieht man sie aber als Vertreter eines Idealzustands an, den es so nie gab, wird es kurios – erst recht, wenn man die „bösen" Neophyten ausgrenzen will.

Alexander von Humboldt, berühmter Pflanzenforscher

BEOBACHTUNG MIT AUGENMASS

Von den Alteinwanderern unterscheiden sich die Neueinwanderer natürlich schon durch ihre viel höhere Anzahl. Zugleich haben sich die Klimaverhältnisse seit Beginn der Industrialisierung recht schnell und stark verändert. Das beeinflusst wiederum den Pflanzenbestand, in der freien Landschaft ebenso wie in Parks und Gärten, und fördert manche Neophyten. Außerdem sind viele Menschen zu Recht aufmerksamer geworden und wollen dem Verarmen der Arten- und Naturvielfalt entgegenwirken.

Tatsächlich haben sich manche Neophyten als **invasiv** erwiesen: Das heißt, sie büchsen oft aus Gärten und Parks aus und vermehren sich an Naturstandorten so stark und dauerhaft, dass sie die bisherige Vegetation verdrängen – bis hin zum Aussterben seltener und konkurrenzschwacher Arten. Dies muss man zweifellos unterbinden.

Was das Ganze allerdings schwierig macht, ist das „Hochkochen" des Themas im Internet und anderen Medien. Da werden manchmal Neuzuwanderer und „Invasive" fast schon gleichgesetzt. Das ist völlig irreführend, weil der Anteil problematischer Arten unter den Neophyten sehr gering ist. Seit 1492 wurden mehrere Zehntausend Zier- und Nutzpflanzen nach Deutschland eingeführt, außerdem mehrere Hundert unbeabsichtigt eingeschleppt. Von denen sind die allermeisten schon längst wieder Geschichte. Von den verbliebenen und neu hinzugekommenen Pflanzenarten werden auf der derzeitigen „Warnliste" des Bundesamts für Naturschutz (BfN) nur knapp 40 als wirklich invasiv eingestuft.

Unter den Gehölzen sind das allen voran der Götterbaum (Ailanthus altissima), außerdem zum Beispiel Späte Traubenkirsche (Prunus serotina), Armenische Brombeere (Rubus armeniacus) und Pontischer Rhododendron (Rhododendron ponticum); unter den krautigen Pflanzen die Arten in der Übersicht im Abschnitt „Stark invasive Pflanzen besser meiden" (Seite 22).

Dazu kommen rund 40 Arten, die nur **potenziell invasiv** sind, so etwa der beliebte Schlitzblättrige Sonnenhut (Rudbeckia laciniata): Von dem wird eine Gefährdung heimischer Arten an Gewässerufern „angenommen", aber bisher nur selten beobachtet. Solche Pflanzen sind in der freien Landschaft oft unbeständig. Das heißt, sie können zwar hier und da auswildern, halten sich aber nicht auf Dauer.

Unter den potenziell Invasiven stehen 20, also die Hälfte, lediglich unter Beobachtung mit dem Hinweis: „Ob eine Gefährdung heimischer Arten besteht, ist unbekannt." Dazu gehört zum Beispiel das eindrucksvolle Chinaschilf (Miscanthus sinensis). Von dem gibt es bisher nur sehr wenige Anzeichen einer Ausbreitung, hauptsächlich in den USA und bei uns vor allem auf Deponien für Gartenabfälle.

Es ist richtig, diese Arten im Auge zu halten, auch weil der Klimawandel ihre unerwünschte Ausbreitung fördern kann. Doch daraus zu schließen, dass Chinaschilf oder die Drüsenblättrige Kugeldistel generell „die Natur schädigt und die Artenvielfalt bedroht" – diese Behauptung ist einfach nicht zu halten, obwohl es so auf manchen Websites zu lesen ist. So etwas hilft weder den Gärtnerinnen und Gärtnern noch der Pflanzen- und Tierwelt. Selbst ausbreitungsfreudigere Arten werden oft nur kleinräumig auf speziellen Naturstandorten gefährlich, etwa auf Mager- und Bergwiesen, Felshängen oder Ödland. Werden sie dagegen

Teppich-Fetthenne (Sedum spurium)

Wardian Case, historisches Mini-Gewächshaus für Pflanzenjäger

im Siedlungsbereich gepflanzt, haben sie wenig Gelegenheit, schützenswerte Naturräume zu beeinträchtigen.

Bei all diesen Bewertungen steht der Bund für Naturschutz (BfN) im Austausch mit dem Zentralverband Gartenbau (ZVG). So hat man sich zum Beispiel geeinigt, dass die Vielblättrige oder Stauden-Lupine (Lupinus polyphyllus) mit ihren prächtigen Blütenkerzen nichts in der Nähe von Berg- und Wildwiesen, Weiden sowie Waldrändern zu suchen hat. Denn durch ihre Samen und Ausläufer kann sie bald dichte Bestände bilden

Doch in Gärten weitab von Wiesen und Wäldern muss man nicht unbedingt auf diese beliebte Bauerngartenstaude verzichten. Die hauptsächlich angepflanzten Hybridsorten sind zudem nicht ganz so ausbreitungsfreudig. Das übliche Wegschneiden verblühter Kerzen und Entfernen von Sämlingen sowie Ausläuferpflanzen beugt schon im Garten einer unerwünschten Ausdehnung vor.

Ähnliches gilt für andere beliebte, aber als invasiv eingestufte Stauden wie die Glattblattaster (Aster novi-belgii), die Silber-Goldnessel (Galeobdolon argentatum) und die Wasserpest (Elodea canadensis), einen wichtigen Sauerstofflieferanten im Gartenteich.

Dagegen stimmt auch der ZVG zu, dass man die in der Übersicht „Invasive Blumen und Stauden" (siehe Seite 25) genannten Problemarten im Gartenfachhandel nicht mehr anbieten sollte. Etwas umstritten ist zum Beispiel das Teppichsedum (auch: Kaukasus-Asienfetthenne, Phedimus spurius syn. Sedum spurium). Die polsterbildende, hübsch blühende Kleinstaude ziert sehr schön Steingärten, Trockenmauern und begrünte Dächer. Doch sie hat sich auch an felsigen Naturstandorten schon sehr stark ausgebreitet. Liegt der Garten in der Nähe solcher Lebensräume, sollte man auf die Pflanze verzichten. Es gibt genug andere hübsche Polsterstauden, um sie zu ersetzen.

STARK INVASIVE PFLANZEN BESSER MEIDEN

Zu den sehr problematischen Arten gehören unter den Gehölzen allen voran der Götterbaum (Ailanthus altissima), außerdem Späte Traubenkirsche (Prunus serotina), Armenische Brombeere (Rubus armeniacus) und Essigbaum (Rhus typhina).

Bedenkliche **krautige invasive Pflanzen** sind in der Übersicht „Invasive Blumen und Stauden" (siehe Seite 25) zusammengefasst. Wasser- und Sumpfpflanzen spielen hier eine besonders große Rolle. Denn naturnahe Bäche, Teiche und Uferbereiche beherbergen spezielle, oft sensible Lebensgemeinschaften. Werden sie von Neophyten überwuchert und verdrängt, zerstört das leicht das komplette Ökosystem.

Ansonsten machen vor allem einige Stauden Schwierigkeiten. Auch der meist zweijährige **Riesen-Bärenklau** (Heracleum mantegazzianum) wächst zuweilen mehrjährig.

Diese Pflanze mit den riesigen fiederteiligen Blättern und eindrucksvollen weißen Blütendolden stammt aus dem Kaukasus. In ihren opulenten Blütenständen bildet sie rund 20 000 Samen, die durch den Wind und über Fließgewässer weit verbreitet werden. So hat der Riesen-Bärenklau an vielen Gewässer- und Waldrändern sowie auf Wiesen große Flächen besiedelt, auf denen kaum noch andere Pflanzen wachsen. Wo er Ufer besiedelt, droht erhöhte Erosion, sodass ganze Böschungen abrutschen können. Außerdem ruft teils schon die Berührung der Blätter unter Sonneneinstrahlung schwere Hautreizungen hervor, bis hin zu starker Blasenbildung.

Keine Gesundheitsgefahren drohen dagegen von den aus Asien stammenden **Staudenknöterichen** (Fallopia) und den in Kanada und Nordamerika heimischen **Goldruten** (Solidago). Aber ihre negativen Wirkungen auf die natürliche Vegetation auf Wiesen, an Waldrändern oder in Uferbereichen sind ähnlich wie beim Riesen-Bärenklau. Die großen, stark ausläuferbildenden Staudenknöteriche gefährden zudem die Verkehrssicherheit an Straßen, Bahndämmen und Brücken, ebenso die Goldruten. All diese Pflanzen wurden ursprünglich als Gartenzierden bei uns eingeführt.

Anders dagegen die **Beifuß-Ambrosie** (Ambrosia artemisifolia) aus Nordamerika: Sie wurde unbeabsichtigt eingeschleppt, als Verunreinigung in Ackersaaten und in die Gärten vor allem als Untermischung in Vogelfutter. Die Beifuß-Ambrosie ähnelt dem heimischen Beifuß (Artemisia vulgaris), wächst aber nur einjährig und bildet etwa 2 500 Samen aus. Mittlerweile hat sich die Pflanze in manchen Regionen stark ausgebreitet, in Gärten, auf landwirtschaftlichen und gartenbaulichen Flächen, auf Brachland, an Straßen- und Wegrändern sowie auf Baustellen. Die Pollen dieser Ambrosia können bis in den Herbst hinein starke Allergien auslösen. In manchen deutschen Bundesländern und in ganz Österreich wurden Meldestellen für das Auftreten der Beifuß-Ambrosie eingerichtet; in der Schweiz besteht sogar eine Bekämpfungspflicht.

Teilweise reicht im Grunde genommen schon eine gute gärtnerische Praxis, um einer unnötigen Verbreitung vorzubeugen. Wer sich zum Beispiel nicht ganz von den imposanten, leuchtend gelb blühenden **Goldruten** trennen will, sollte dann zumindest die Blütenstände komplett wegschneiden, bevor die Samenbildung einsetzt.

Beifuß-Ambrosie (Ambrosia artemisifolia)

Großblütiges Heusenkraut (Ludwigia grandiflora)

Ansonsten sollte man versuchen, invasive Pflanzen komplett zu entfernen, mitsamt der Wurzeln und eventueller Rhizome im Boden. Die Pflanzenreste kommen am besten in die Restmülltonne, verpackt in einen kräftigen Kunststoffsack – keinesfalls auf den Kompost und auch nicht zum Biomüll, um einer weiteren Ausbreitung vorzubeugen.

Werden sie irgendwo in die Landschaft, an Waldränder oder Gewässerufer gekippt, können auch weniger bedrohliche Arten zur regionalen Plage werden. Das unbedachte Entsorgen solcher Überreste hat schon öfter dazu geführt, dass sich invasive Pflanzen in der Natur ausbreiten.

Als Alternative empfehlen manche das Verbrennen der Pflanzenabfälle. Aber das ist nur in manchen Bundesländern erlaubt, oft verbunden mit einer Anzeigepflicht.

Gewöhnliche Seidenpflanze (Asclepias syriaca)

BEREICHERUNG DURCH NEUZUWANDERER

Man kann es auch einmal von der anderen Seite aus betrachten: Etliche Neophyten kommen mit der zunehmenden Hitze und Trockenheit in Deutschland besser zurecht als manch heimische Arten. Das ist durchaus ein Vorteil. Vor allem Pflanzen aus Südosteuropa, dem Mittelmeerraum und der nordamerikanischen Prärie werden deshalb zunehmend als robuste **„Klimastauden"** geschätzt (siehe Seite 38). So können sie die Pflanzenvielfalt ergänzen und das Nahrungsangebot für Bienen, Hummeln, Schwebfliegen und Schmetterlinge bereichern, und das oft bis weit in den Herbst hinein.

Bei der Angst vor der Zunahme der wärmebegünstigten „Neueinwanderer" wird zudem oft etwas ignoriert, das viele Gärtnerinnen und Gärtner schon länger beobachten: Auch manche Alteingesessene breiten sich durch den Klimawandel teils über die Maßen aus; beispielsweise Acker- und Zaunwinden, Ackerkratzdistel, Giersch und Schöllkraut, ebenso heimische Gehölze wie wilde Brombeeren und Efeu.

Davon abgesehen, ist es richtig und ratsam, den heimischen und alteingesessenen Blumen und Stauden genug Platz im Garten einzuräumen – am besten mindestens die Hälfte. Und wer ganz auf Neophyten verzichten will, soll das gerne tun. Aber wer sich auch an Einwanderern wie Frauenmantel (Alchemilla mollis), Duftveilchen (Viola odorata) und Winterling (Eranthis hyemalis) erfreut, muss keine ökologischen Gewissensbisse bekommen. Viele dieser „Neulinge" wachsen schon seit Jahrhunderten bei uns, ohne Probleme zu bereiten: Stockrose (Alcea rosea), Pfingstrose (Paeonia officinalis), Zinnie (Zinnia elegans), Marienglockenblume (Campanula medium) und Kapuzinerkresse (Tropaeolum majus) sind altbewährte, insektenfreundliche Bauerngartenblumen und gelten in vielen Regionen als eingebürgert.

INVASIVE BLUMEN UND STAUDEN

EIN- UND ZWEIJÄHRIGE

	Wuchshöhe	Blüten und Blühzeiten (Monat)	Hinweise
Drüsiges Springkraut Impatiens glandulifera	100–200 cm	Rosa bis purpurn, VII–IX	Weite Verbreitung der vielen Samen durch „Sprung-Mechanismus" der Früchte
Beifuß-Ambrosie, Beifußblättriges Traubenkraut Ambrosia artemisiifolia	50–150 cm	Gelblich, grün, in Körbchen, VII–X	Hochallergene Pollen; Samen bis 40 Jahre keimfähig
Stachelgurke, Igelgurke Echinocystis lobata	Kletterpflanze, bis 10 m	Weiß bis grünlich, VII–IX	Stachlige Beeren mit giftigen Inhaltsstoffen (Cucurbitacinen)
Riesen-Bärenklau, Herkulesstaude Heracleum mantegazzianum	200–350 cm	Große weiße Doppeldolden, VI–VII	Starke Hautreizungen durch phototoxische Inhaltsstoffe (reagieren chemisch aggressiv bei Bestrahlung mit Sonnenlicht)

STAUDEN

	Wuchshöhe	Blüten und Blühzeiten (Monat)	Hinweise
Gewöhnliche Seidenpflanze, Papageienpflanze Asclepias syriaca	100–200 cm	Rosa, VII–VIII	Giftiger Milchsaft, allergieauslösend
Orientalisches Zackenschötchen Bunias orientalis	100–200 cm	Gelb, V–VIII	Pro Pflanze bis zu 5 000 Samen; Neuaustrieb aus kleinsten Wurzelresten
Asiatische Staudenknöteriche Fallopia japonica, F. sachalinensis, F. x bohemica	200–400 cm	Weiß, VIII–IX	Sehr starke Ausbreitung über Ausläufer; Neuaustrieb aus kleinsten Rhizom- und Sprossresten
Kanadische Goldrute Solidago canadensis	50–150 cm	Gelb, VIII–X	Hohe Samenproduktion; bildet über Rhizomausbreitung dichte Bestände
Späte Goldrute Solidago gigantea	50–150 cm	Gelb, VII–X	Hohe Samenproduktion; bildet über Rhizomausbreitung dichte Bestände

TEICH- UND SUMPFPFLANZEN

Großer Algenfarn (Azolla filiculoides), **Nadelkraut** (Crassula helmsii), **Großer Wassernabel** (Hydrocotyle ranunculoides), **Wechselblatt-Wasserpest** (Lagarosiphon major), **Großblütiges Heusenkraut** (Ludwigia grandiflora), **Kents Heusenkraut** (Ludwigia x kentiana), **Gelbe Scheinkalla, Stinkkohl** (Lysichiton americanus), **Brasilianisches Tausendblatt** (Myriophyllum aquaticum), **Verschiedenblättriges Tausendblatt** (Myriophyllum heterophyllum), **Muschelblume** oder **Wassersalat** (Pistia stratoides)

WILDE GESELLEN UND INSEKTENHELFER

Wildblumen und Wildstauden werden zunehmend gelobt, beworben und angeboten, ebenso Zierpflanzen, die sich als sehr insektenfreundlich erwiesen haben.

Zwischen diesen Gruppen gibt es viele Überschneidungen. Gerade die Wildblumen und -stauden sind besonders hilfreich für unsere Insektenwelt. Diese finden in zubetonierten Siedlungsbereichen und ausgeräumten Ackerlandschaften immer weniger Nahrung und Unterschlupf. Bedroht sind sie zudem durch Pestizide. Die unterliegen heute zwar stärkeren Kontrollen und Einschränkungen, auch im Erwerbsanbau. Aber was früher jahrzehntelang verspürt wurde, hat nachhaltigen Schaden angerichtet. Die Honigbienen, die für die Bestäubung all unserer Nutz- und Zierpflanzen so wichtig sind, leiden außerdem schon länger unter Viruskrankheiten, die durch die Varroamilbe übertragen werden.

Und auch hier zeigen sich Auswirkungen des Klimawandels. Der Vorfrühling ist oft schon so warm, dass die Bienen sehr zeitig ausschwärmen, aber noch kaum genug Nahrung finden. Umgekehrt können etwas später im Frühjahr wichtige Bienenpflanzen wie Obstgehölze und Raps zu vorzeitiger Blüte angeregt werden. Dann sind die Bienenvölker häufig noch nicht fit genug, um deren reiches Pollen- und Nektarangebot zu nutzen. Noch kritischer wird es, wenn auf die verfrühte Blüte kühle Regenperioden und Spätfröste folgen.

Besonders stark leiden manche Wildbienen unter diesen Veränderungen. Zu den Wildbienen gehören auch die Hummeln, ebenfalls sehr wichtige Bestäuber. Diese bevorzugen kühlere Temperaturen zum Losfliegen als die Honigbienen. Sehr milde Spätwinter- und Vorfrühlingstage bringen ihren Jahresrhythmus durcheinander, ebenso extreme Wetterereignisse, wie sie in neuerer Zeit öfter auftraten. Langjährige Untersuchungen haben gezeigt, dass sich zunehmend weniger Hummelarten in Europa ansiedeln.

Im Spätjahr wiederum sind die Bestäuberinsekten häufig noch länger unterwegs und auf Nahrungssuche, weil der Wintereinbruch vielerorts auf sich warten lässt. Die Jungköniginnen der Hummeln fliegen sogar noch gelegentlich im November, um sich einen letzten Wintervorrat anzufressen.

RUND UMS JAHR EINLADEN

Vom zeitigen Frühling bis zum Spätherbst können geeignete Gartenpflanzen helfen, das Nahrungsangebot zu erweitern. Solche Pflanzen sollten möglichst einfache Blüten haben, also nicht oder höchstens halb gefüllt sein, damit die Insekten Pollen und Nektar gut erreichen. Sommerblumen, zum Beispiel Löwenmäulchen, sind bei ihnen ebenso beliebt wie Stauden, Kräuter und Zwiebelblumen, etwa Günsel, Lavendel, Thymian und Wildtulpen. Optimal ist es, wenn die Pflanzen über sonnige, halbschattige und schattige Plätze verteilt werden, sodass jede Insektenart in ihrem „Wohlfühlbereich" genug findet.

Das kann zum Beispiel schon im Februar losgehen mit gelben Winterlingen, Krokussen und Buschwindröschen (Anemone nemorosa). Vom Vollfrühling bis zum Frühherbst herrscht dann im vielfältig bepflanzten Blumengarten kein Mangel: von Traubenhyazinthe und Lungenkraut (Pulmonaria officinalis) über Borretsch, Natternkopf (Echium) und Stockrose bis zu Weidenröschen (Epilobium angustifolium), Moschus-Malve (Malva moschata), Kugeldistel und Salbei – um nur ein paar wenige sehr insektenfreundliche Arten zu nennen. Bis in den Spätherbst hinein unterstützen dann zum Beispiel Astern, Fetthenne, Herbst-Alpenveilchen (Cyclamen hederifolium) und Schneeheide (Erica carnea) die letzten Nachzügler.

UNTERSCHÄTZTE SCHWEBFLIEGEN

Bei allen Bepflanzungen sollte man die zahlreichen, meist kleinen Schwebfliegenarten nicht vergessen. Die erinnern auf den ersten Blick an Wespen, von ihnen drohen aber keinerlei Stiche. Sie vermögen tatsächlich zu „schweben", indem sie lange Zeit fliegend an derselben Stelle in der Luft verharren. Schwebfliegen sind neben den Bienen unsere wichtigsten Bestäuber. Zudem fressen die Larven vieler Schwebfliegenarten zahlreiche Blattläuse. Manche kann man sogar als Nützlinge kaufen, um sie gegen Schädlinge im Gewächshaus einzusetzen.

Schwebfliegen wählen zum Pollen- und Nektarsammeln bevorzugt Doldenblütler wie Wiesenkerbel, Wilde Möhre und blühende Petersilie, aromatische Kräuter wie Oregano, Thymian und Rosmarin, Korbblütler wie Ringelblume, Margerite, Aster und Huflattich. Gelbe Blüten, so auch Hahnenfuß und Sumpfdotterblume, ziehen diese Nützlinge besonders an. Sie lassen sich außerdem fördern durch Wildhecken und Trockenmauern. Nisthilfen und „Insektenhotels" für Wildbienen werden auch von Schwebfliegen gern angenommen.

WILD UND HEIMISCH

Heimische Wildblumen und -stauden eignen sich sehr gut für naturnahe Gestaltungen und zum Unterstützen der gefährdeten Insektenwelt. Man kann und muss sie aber nicht streng von den stärker „kultivierten" Beetstauden und Zuchtformen unterscheiden. Beispielsweise können der einjährige Klatschmohn und die mehrjährige Pfirsichblättrige Glockenblume (Campanula persicifolia) in Beeten und Rabatten ebenso überzeugen wie in naturnahen Gestaltungen. Und von beiden gibt es auch gezüchtete Sorten, bei denen das naturnahe Flair erhalten blieb.

Zudem handelt es sich bei den sogenannten Wildpflanzen oft um Arten, die sich erst durch die Tätigkeit des Menschen angesiedelt und ausgebreitet haben: nämlich durch die Weide- und Wiesenwirtschaft oder mit dem Ackerbau. „Echte" Wildpflanzen, die sich an völlig unberührten Naturstandorten von selbst etabliert haben, sind in dicht besiedelten Ländern wie Deutschland relativ selten. Sie kommen zum Beispiel am Wattenmeer oder in den höheren Gebirgslagen vor. Abkömmlinge solcher Wildarten haben sehr spezielle Ansprüche und sich lassen sich teils schwer an Gartenstandorte gewöhnen.

Dabei spielen die großen Unterschiede im Regional- und sogar Lokalklima eine wichtige Rolle: einer der Gründe, die auch den Begriff der „heimischen" Pflanzen etwas fragwürdig machen, wie bei den Neu- und Alteinwanderern beschrieben (siehe Seite 19). Das soll aber keinesfalls davon abhalten, als heimisch geltende und alteingesessene Pflanzen bevorzugt in den Garten zu holen. Es gibt Hinweise, dass gebietsheimische Pflanzenarten vor allem den Wildbienen zugutekommen. Denn etwa ein Drittel der Wildbienen inklusive Hummeln ist mehr oder weniger stark auf die Pollen bestimmter Pflanzen spezialisiert. So fliegen zum Beispiel manche Mauerbienen nur auf Natternkopfarten der Pflanzengattung Echium. Andere bevorzugen eine etwas größere Auswahl an

Pfirsichblättrige Glockenblume (Campanula persicifolia)

mehreren Gattungen oder sogar Pflanzenfamilien. Das können wiederum auch Neophyten sein, wenn sie nah mit diesen heimischen Arten verwandt sind.

In einer langjährigen Untersuchung der englischen Universität York stellten die Wissenschaftler fest, dass die größte Anzahl und Vielfalt von Insekten zwar an einheimischen Pflanzen gefunden wurde. Aber mehr verschiedene Arten, darunter recht seltene, zählten sie an nicht heimischen Arten, die mit den einheimischen eng verwandt sind. Die Naturforscher kamen zu dem Schluss, dass ein ausgewogenes Verhältnis zwischen einheimischen und nicht einheimischen Pflanzen die Insektenvielfalt in den Gärten fördern kann. Zugleich betonten sie, dass mindestens ein Drittel der Pflanzen heimisch sein sollte.

PFLANZENZUSAMMENSTELLUNGEN UND SETS

Wer Spaß daran und genug Muße dafür hat, kann seine Wild- und Insektenpflanzenarrangements ganz individuell kombinieren. Einfacher machen das die zahlreichen „Sets", die mittlerweile für alle möglichen Wünsche, Zwecke und Standorte angeboten werden. So finden Sie im Fach- und Versandhandel Saat- und Pflanzsets mit Wildblumen und Wildstauden sowie mit insektenfreundlichen Pflanzen; speziell auch für Wildbienen und für Schmetterlinge. Und das nicht nur für den Garten, sondern sogar für Balkone.

Teils sind solche Pflanzensets auf verschiedene Regionen zugeschnitten, um die Verwendung gebietsheimischer Wildarten zu fördern, beispielsweise unterteilt in die Herkunftsbereiche Nord-, Ost-, Süd- und Westdeutschland. Das ist ein ganz hilfreicher, aber auch sehr „ungefährer" Ansatz. In diesen vier großen Bereichen gibt es jeweils wiederum sehr unterschiedliche regionale Verhältnisse. Was zum Beispiel im „Bereich West" im Raum Mainz oder Neustadt an der Weinstraße von Natur aus wächst, kommt so im hessischen Bergland weit seltener vor. Und im Salmwald in der Vulkaneifel sieht der Krautwuchs anders aus als im Frankfurter Stadtwald. So oder so: Ausprobieren lohnt sich. Und Sie lernen gerade durch die Wildblumen die Eigenheiten Ihres lokalen Klimas gut zu erkennen und zu nutzen.

MIT BLUMEN GESTALTEN

AM RECHTEN FLECK Die schönsten Gestaltungsideen nützen wenig, wenn die ausgewählten Pflanzen am vorgesehenen Platz nicht gedeihen. Viele Arten wachsen und blühen immerhin auch an weniger zusagenden Standorten noch passabel.

Das hat aber seine Grenzen und führt dann nicht nur zu bedauerlichen Ausfällen einzelner Blumen: Es kann auch die Wirkung einer ganzen Pflanzenkombination stark beeinträchtigen und umfangreiche Neupflanzungen erforderlich machen.

SONNE UND SCHATTEN

Alle Pflanzen brauchen Licht, doch die benötigte „Dosis" kann sehr unterschiedlich sein – je nachdem, wo die Ursprungsarten in der Natur wachsen. Die wilden Vorfahren der meisten Sommerblumen und vieler Stauden sind beispielsweise in Wiesen, Hochstaudenfluren oder an sonnigen Waldrändern zu Hause. Entsprechend haben sie sich auf reichlich Sonne eingestellt. An lichtarmen Plätzen bleiben sie im Wachstum zurück oder bilden nur lange, dünne und zerbrechliche Triebe. Die Blüte ist stark reduziert, die Blätter bleiben klein und fahl.

Besonders unter den Stauden, Zwiebel- und Knollenblumen gibt es aber auch etliche, die wild in Wäldern und Gebüschen oder an sonnenabgewandten Berghängen wachsen. Dort haben sie gelernt, selbst bescheidene Lichtmengen optimal auszunutzen.

Auf pralle Sonne dagegen sind sie nicht eingestellt. Dort beginnen solche Pflanzen bald zu kümmern, bekommen oft gelbe oder bräunliche Blätter und blühen höchstens spärlich. Sofern sie überhaupt sonnigere Plätze tolerieren, hat man an ihnen nur Freude, wenn man sie häufig gießt.

Zu sonnige oder zu schattige Standorte können schließlich auch dazu führen, dass die schöne Blattfärbung oder -zeichnung mancher Sorten verloren geht.

Häufig werden Pflanzen auf Verkaufsetiketten, auf Webseiten und in Katalogen mit drei einfachen Symbolen für bevorzugte Standorte ausgewiesen, ähnlich wie auch in den Pflanzenporträts ab Seite 134:

☼ *Sonnig*
◐ *Halbschattig*
● *Schattig*

Das genügt zunächst zur ungefähren Orientierung. Aber um die Ansprüche der Pflanzen besser zu berücksichtigen, ist eine weitere Unterteilung dieser drei Kategorien hilfreich. Dabei geht es um folgende feinere Abstufungen:

- **Vollsonnig** sind Plätze, die nach Süden, Südwesten oder Südosten weisen, unbeschattet sind und so vom Frühling bis zum Frühherbst den ganzen Tag über direkte Sonne abbekommen. Am intensivsten ist die UV-Strahlung von Mai bis Juli, dann besonders um die Mittagszeit zwischen 11 und 15 Uhr. Infolge der Klimaerwärmung herrscht hier teils schon im Frühjahr große Hitze, dazu kommt oft anhaltende Trockenheit. Selbst Pflanzen, die für Sonne ausgewiesen sind, kann das stark zusetzen. Hier bewähren sich vor allem Spezialisten, die bei den Mehrjährigen heute oft als „Klimastauden" bezeichnet werden (siehe Seite 38).

Waldmeister (Galium odoratum) gedeiht selbst im Vollschatten von Bäumen und Büschen.

- **Sonnig** ist wegen dieser Entwicklung mittlerweile eine etwas diffizile Angabe. Selbstverständlich gedeihen Arten mit dem Sonnensymbol nach wie vor, wenn sie die meiste Zeit des Tages in der Sonne stehen. Wie sie dann aber auf erhöhte Strahlungsintensität und starke Hitze reagieren, zeigt sich teils erst, wenn sie wochenlang solchen Extremen ausgesetzt sind. Für „unsichere Kandidaten" reicht es oft schon, wenn sie nur wenig mehr als die Hälfte des Tages voll besonnt stehen und über die heißesten Mittagsstunden wenigstens leicht beschattet sind.
- **Halbschattig** bedeutet: ungefähr die Hälfte des Tages beschattet und am besten ohne pralle Mittagssonne. Sind Pflanzen für Halbschatten und Sonne ausgewiesen, bekommt ihnen oft die Nachmittagssonne am besten. Werden sie nur für Halbschatten oder zusätzlich auch Schatten empfohlen, eher die Vormittagssonne. Etliche Halbschattengewächse kommen auch gut an absonnigen Standorten zurecht.
- **Absonnige Plätze** sind recht hell, aber mit nur wenig direkter Sonneneinstrahlung, zum Beispiel in Nordostlagen und an Ostseiten hoher Mauern.
- **Schattig** sind Plätze, an denen Gehölze oder Gebäude den Sonneneinfall ganztägig mindern. Viele Schattenpflanzen gedeihen am besten im lichten Schatten: unter Sträuchern und Bäumen mit locker verteilten Blättern oder hoch oben ansetzenden Kronen, die noch etwas Streulicht sowie indirekte Sonneneinstrahlung durchlassen.
- Im tiefen **Vollschatten,** wo fast kein Lichtstrahl mehr hinfällt, können nur „Experten" wie Haselwurz und Waldmeister existieren. Schattenplätze sind oft nicht nur wegen des Lichtmangels schwierig: Unter Sträuchern und Bäumen geht es auch darum, wie gut sich die Pflanzen in Konkurrenz mit den kräftigen Gehölzwurzeln behaupten.

REGIONAL- UND KLEINKLIMA

Gerade die Hinweise zu vollsonnigen und sonnigen Standorten machen deutlich: Über das Pflanzenwachstum entscheidet nicht nur der Lichtgenuss, genauso wichtig sind auch die Temperaturen und die Niederschläge sowie

Salbei (Salvia nemorosa)

deren Verteilung im Jahreslauf. Dabei hängt die Trockenheit oder Nässe eines Standorts wiederum eng mit den Bodenverhältnissen zusammen. Außerdem spielen auch Winde eine wichtige Rolle. Wie all diese Wettereinflüsse ausgeprägt sind, wird im Klima zusammengefasst. Dieses steht für das „Durchschnittswetter" über einen längeren Zeitraum von bis zu 30 Jahren, für einen bestimmten Ort oder ein ganzes Land.

Das Regionalklima gibt gewissermaßen den Rahmen vor für das Pflanzenwachstum in der Natur und in den Gärten; beispielsweise das meist regenreiche, winterkalte Klima im nördlichen Alpenvorland, das trocken-warme Klima im Oberrheinischen Tiefland oder das recht kühle und feuchte Klima im Thüringer Wald. Ein kleinräumiger Ausschnitt davon ist das Lokalklima, das vom durchschnittlichen Regionalklima deutlich abweichen kann. Denn es wird stark von der Landnutzung und Bebauung geprägt, ebenso zum Beispiel durch Flüsse, Talsenken und Hügel.

Regional- und Lokalklima sollten bei der Pflanzenwahl berücksichtigt werden, besonders bei etwas frost-, regen- oder hitzeempfindlichen Arten. In der Beziehung hat der Klimawandel auch einen Vorteil: Weil in vielen kälteren Regionen Herbst und Winter weniger frostig sind, kann man nun auch das Pflanzen wärmeliebender Arten wagen, zum Beispiel von Steppenkerze (Eremurus), Fackellilie (Kniphofia) und Buschmalve (Lavatera-Olbia-Hybriden). Trotzdem empfiehlt es sich, für alle Fälle Winterschutzabdeckungen bereitzuhalten.

Für nachhaltig schöne und wirkungsvolle Beete und Rabatten sollten Sie aber überwiegend Blumen wählen, die in Ihrer Gegend sicher gedeihen und zuverlässig blühen. Die beste Auskunft darüber geben schöne Gärten in der Nachbarschaft und der näheren Umgebung. Zudem richten Blumen- und Staudengärtnereien vor Ort ihr Angebot oft mehr nach dem lokalen Klima und Bedarf aus als Gartencenter, Baumärkte und Pflanzenversender, die ihr Sortiment für eine bundesweite Kundschaft einkaufen.

Selbst in etwas raueren Regionen findet sich im Garten oft ein geeignetes Kleinklima für frost- oder windempfindliche Schönheiten, etwa in der geschützten Umgebung von

Kugelprimel (Primula denticulata) mit Tagpfauenauge

Hecken, Strauchgruppen oder Wärme abstrahlenden Wänden und großen Steinen. Natürlich dürfen solche Schutzelemente nicht mehr Schatten werfen, als es den ausgewählten Pflanzen lieb ist.

Umgekehrt kann es an sonnigen Plätzen vor hellen Mauern durch die Strahlenreflektion ausgesprochen heiß werden, ebenso in der Umgebung von hellen Platten- und Pflasterbelägen. Hier halten es auf Dauer oft nur Vollsonnen- und Steingarten-Spezialisten aus. Zudem können hier verstärkt Schädlinge wie Spinnmilben und Blattläuse auftreten.

Wo pralle Sonne öfter den Gartensommer vermiest, lässt sich durch den geschickten Einsatz von Sträuchern und Bäumen das Kleinklima verbessern. Zum Beispiel mit trockenheitsverträglichen Gehölzen mit lockerer Krone wie Zierapfel, Felsenbirne und Robinie. Diese werfen nur lichten Schatten. Ihr luftiges Blätterdach dämpft die Sommerhitze besser als eine dichte Baumkrone, vor allem, wenn sie auf einer Rasen- oder Wiesenfläche wachsen. Dann bleibt der Boden unter ihnen feuchter, sodass der Grasbewuchs mehr Verdunstungskälte abgibt. So wird das Kleinklima bei Hitze angenehmer, für die Menschen ebenso wie für Stauden und Blumen in der Umgebung. Vorteilhafte Wirkungen haben zum Beispiel auch Kletterpflanzen an Wänden und über Pergolen sowie Wildblumenwiesen.

Eher ungünstig sind völlig windstille Bereiche, denn hier trocknen die Blätter nach einem Regen nur sehr langsam ab. Das schafft gute Bedingungen für Pilzkrankheiten, die sich hier leichter ausbreiten können.

BODENVORLIEBEN

Der wichtigste Standortfaktor neben den Lichtverhältnissen und dem Gartenklima ist der **Boden**. Wie gut die Blumen wachsen und blühen, wie lange Stauden vital bleiben, das hängt oft entscheidend von den Bodeneigenschaften und -qualitäten ab.

Ebenso wie beim Lichtgenuss gibt es hier unterschiedliche Ansprüche, die sich aus den Naturstandorten der Wildarten erklären. So bevorzugen besonders manche sonnenliebende Arten wie Alpenmannstreu, Duftsteinrich, Lavendel und Wollziest eher nährstoffarme, gern auch sandige und steinige Böden. Einige kommen wild fast nur auf Böden vor, die aus Kalkgestein entstanden sind, und brauchen deshalb auch im Garten einen recht hohen Kalkgehalt beziehungsweise pH-Wert (siehe Seite 87). Dagegen wachsen zum Beispiel Halbschatten- und Schattenpflanzen oft in der Laubstreu von Bäumen und sind von daher an humusreiche, tendenziell saure, frische bis feuchte Standorte gewöhnt.

Die meisten Blumen nehmen aber gern mit einem normalen, „durchschnittlichen" Gartenboden vorlieb – sofern dieser ausreichend durchlässig ist, damit Regen- und Gießwasser in absehbarer Zeit versickert und keine Staunässe auftritt. Anders als die Lichtverhältnisse lassen sich die Bodeneigenschaften – in Maßen – verändern. Sie sind deshalb, samt Verbesserungsmöglichkeiten, im Praxiskapitel (Seiten 84–133) näher beschrieben.

LEBENSBEREICHE DER STAUDEN

Nahezu unendlich ist die Fülle der Stauden, die für jeden Gartenbereich und Verwendungszweck etwas zu bieten haben, von prächtigen Beetstauden über Steingartenwinzlinge bis hin zu Wasserpflanzen. Gute Staudengärtnereien und -versender gehen deshalb zu den angebotenen Pflanzen oft nicht nur den Lichtbedarf an, sondern die Lebensbereiche, für die sie sich am besten eignen. Diese Lebensbereiche werden häufig mit Kürzeln aufgeführt und mit Buchstaben und Ziffern weiter differenziert. Das sieht zwar auf den ersten Blick etwas „formelhaft" aus, bietet aber sehr gute Anhaltspunkte, welche Pflanzen wohin und zueinander passen.

Man unterscheidet bis zu sieben Lebensbereiche mit Abkürzungen wie zum Beispiel GR für Gehölzrand.

Ziffern kennzeichnen den Feuchtigkeitsbedarf: 1 = trockener, 2 = frischer, 3 = feuchter Boden.

Meist wird auch ein Kürzel für den Lichtbedarf angehängt: so (sonnig), abs (absonnig), hs (halbschattig), sch (schattig).

„GR2abs-hs" beispielsweise steht dann für den absonnigen bis halbschattigen Gehölzrand mit frischem Boden.

Die sieben Lebensbereiche im Einzelnen:

- **Beet (B):** Beete und Rabatten sind die am stärksten von Gärtnerhand geprägten Bereiche, mit oft schon über Jahre bearbeiteten, tiefgründigen, nährstoffreichen, meist humosen, oft frischen Böden; überwiegend an sonnigen Plätzen, teils auch absonnig oder halbschattig. Hierfür empfehlen sich die züchterisch meist stärker bearbeiteten Beetstauden mit reicher, auffälliger Blüte, die etwas mehr Pflege brauchen. Eher konkurrenzschwach, erfordern sie zudem des Öfteren das Jäten von Unkräutern und sollten nicht mit stark wuchernden Stauden zusammen gepflanzt werden. Unter den Stauden für naturnahe Freiflächen und Gehölzränder gibt es Arten, die auch in Beeten eine gute Figur machen. An ihr Lebensbereich-Kürzel wird dann ein b angehängt, also Frb und GRb.
- **Freiflächen (Fr):** Nicht von Gehölzen geprägte, meist gut besonnte Flächen finden sich in der Landschaft als Wiesen, Hochstaudenfluren, Prärien und Steppen. Von solchen Standorten stammende Wildstauden wirken sehr schön in lockeren, naturnahen Pflanzungen.
  SH steht für Freiflächen mit Steppenheidecharakter: Das sind sonnige Flächen mit trockenem, kalkhaltigem Boden.
  H bedeutet heideartige Flächen und meint stattdessen Standorte mit saurem, nährstoffarmem Boden.
- **Gehölzrand (GR):** An Wald- und Gebüschrändern wächst in der Natur eine besonders große Pflanzenvielfalt, denn diese meist gut humusversorgten Saumbereiche bieten je nach Ausrichtung unterschiedli-

che Bedingungen: nach Süden sonnig und warm, nach Norden absonnig und kühl, gen Osten und Westen oft halb- bis wechselschattig. Entsprechend finden Sie unter diesen Pflanzen auch eine große Auswahl für den Garten. Sie eignen sich nicht nur als Vorpflanzung von Gehölzgruppen und Hecken, sondern oft auch für absonnige und mäßig beschattete Mauerplätze.

- **Gehölz (G):** Standorte unter Bäumen oder größeren Sträuchern sind schattig, licht- oder halbschattig und eher kühl, der Boden durch das verrottende Falllaub der Gehölze besonders humusreich und oft frisch bis feucht. Hierfür ausgewiesene Stauden eignen sich meist auch für Gebäudeschatten, wenn man auf gute Humus- und Wasserversorgung achtet. Es gibt nur recht wenige Spezialisten, die auch trockenen Gehölz- und Mauerschatten vertragen, hauptsächlich Bodendecker wie etwa die Scheinerdbeere (Duchesnea indica) und Gräser wie die Schneemarbel (Luzula nivea).
- **Steinanlagen (St):** Hierfür ausgewiesene Stauden brauchen einen besonders durchlässigen Boden und eignen sich für Steingärten, Trockenmauern, Kies- und Schotterbeete und oft auch für Pflanztröge sowie Plattenfugen. Viele mögen Sonne und trockenen, eher nährstoffarmen Boden, doch es gibt auch etliche, die es schattiger und frischer brauchen. Teilweise muss man zudem kalkliebende und kalkscheue Arten unterscheiden.
  Für **FS (Felssteppen)** empfohlene Stauden sind besonders nässeempfindlich und gedeihen am besten in einem Kies-, Schotter- oder mit Felsen durchsetztem Boden.
  M bedeutet (Fels-)Matten: Das sind Standorte mit flachen Bodenschichten über Felsen und größeren Steinen. **MK** steht für Mauerkronen, **SF** für Steinfugen.
  A wie Alpinum deutet auf sehr reizvolle, aber oft anspruchsvolle Hochgebirgspflanzen wie etwa Alpen-Edelweiß (Leontopodium alpinum) hin.
- **Wasserrand (WR):** Stauden für Teich- und Bachränder haben naturgemäß mindestens Kennziffer **WR3** für feuchte Böden. Dazu kommen weitere Feuchtigkeitsstufen: **WR4** für die feuchte bis nasse, zeitweise trocken fallende Sumpfzone und **WR5** für den dau-

Lebensbereiche von Stauden am Beispiel Gehölzrand (GR)

ernassen Boden oder Flachwasserbereich (Röhrichtzone). Da allerdings bei den verbreiteten Folien- und Fertigbeckenteichen die Ränder vergleichsweise trocken sind, lassen sich in der näheren Teichumgebung auch Gehölzrand- und Freiflächenstauden für frische bis feuchte Böden (GR2–3 und Fr2–3) einsetzen.

- Wasser (W): Die eigentlichen Wasserpflanzen werden unterteilt in: Schwimmblattpflanzen, die im Boden wurzeln (W6), zum Beispiel See- und Teichrosen (Nymphaea, Nuphar), Unterwasserpflanzen (W7) wie die Wasserpest (Elodea canadensis) sowie nicht im Boden wurzelnde, frei bewegliche Schwimmpflanzen (W8) wie Wasserlinsen (Lemna) und Krebsschere (Stratiotes aloides). Die meisten dieser Pflanzen brauchen mindestens sechs Stunden Sonne am Tag, um sich gut zu entwickeln. Allzu starke Besonnung kann allerdings im Sommer zu Sauerstoffmangel im Teich führen.

Seerosen (Nymphaeales) prägen den Lebensbereich „W6".

Sumpfdotterblume (Caltha palustris) am Wasserrand „WR4"

WAS SIND „KLIMASTAUDEN"?

Schon früher gab es bei uns gelegentlich „Jahrhundertsommer" mit extremer Hitze von fast 40 °C. Noch waren das Ausnahmen, doch spätestens seit dem Jahr 2003 wurden Hitzewellen fast schon zur Regel. Die Durchschnittstemperaturen stiegen in den letzten Jahrzehnten fast stetig an. Sie lagen selbst in regenreichen Jahren mit kälterem Frühsommer meist höher als im vergangenen Jahrhundert. Die allermeisten Experten sind sich einig, dass diese Klimaentwicklung vor allem durch die menschengemachten Treibhausgase verursacht wurde.

Dass die Temperaturen zugenommen und frostige Winter abgenommen haben, hat natürlich auch seine angenehmen Seiten. Wärmeliebende Pflanzenschönheiten lassen sich nun mit geringerem Risiko draußen pflanzen und genießen, selbst in etwas kühleren Regionen. Doch heiße Tage mit Temperaturen über 30 °C machen vielen Pflanzen zu schaffen – und natürlich auch den Gärtnerinnen und Gärtnern (siehe „Gesund bleiben", Seite 99). Mittlerweile gibt es in Deutschland durchschnittlich zehn solcher Hitzetage im Jahr; zunehmend auch mehr als 15 Tage und im bisherigen Rekordjahr 2018 sogar 20 Tage – also eine Bruthitze über fast drei Wochen! Bei solchen Temperaturen kommt es teils zu heftigen Gewittern, doch ansonsten überwiegt eine anhaltende Trockenheit.

Nicht nur Herbstanemonen, Astilben und Primeln „schlappen" dann häufig, sondern auch sonnenliebende Beetstauden wie Rittersporn, Staudenphlox und Taglilien. Selbst wenn man sie fast täglich gießt und reichlich Wasser verbraucht, wirken sie immer noch angegriffen und blühen schwach. Deshalb sind zunehmend hitze- und trockenheitsverträgliche Kandidaten gefragt: die sogenannten **Klimastauden,** manchmal auch als „Klimahelden" gerühmt.

Gärtnereien und Pflanzenversender bieten bereits zahlreiche Klimastauden an. Darunter finden Sie etliche reizvolle Arten und Sorten, die früher noch kaum oder nur selten erhältlich waren. Ob sie tatsächlich auf Dauer halten können, was versprochen wird, muss sich bei manchen erst noch zeigen. Doch die Angebotsfülle ist grundsätzlich begrüßenswert. Sie hilft, die Freude an einem lebendigen Garten zu erhalten und zu fördern – zumal die allermeisten dieser Pflanzen auch insektenfreundlich sind.

Manche „Klimahelden" sind bei den Pflanzenporträts ausführlicher beschrieben, so etwa die Färberkamille (Anthemis tinctoria). Solche Pflanzen sind eigentlich schon altbewährt, werden nun aber wieder häufiger angeboten. Andere gehören ohnehin schon seit Langem zum beliebten Sortiment, beispielsweise Mädchenauge, Alpenmannstreu, Kugeldistel, Fetthenne und Lavendel. Weitere populäre Favoriten für sonnige, trockene Plätze sind außerdem viele Polsterstauden und Bodendecker (Seite 115) sowie manche Ziergräser, zum Beispiel das Silberährengras (Seite 207).

Sie können solche Pflanzen nach Belieben auswählen und kombinieren, sofern die Bodenansprüche zueinander passen. Dabei geht es vor allem um die Bodenart, den Nährstoff- und Humusgehalt, wobei Klimastauden häufig eher karge, sandige bis steinige Böden bevorzugen. Das gilt besonders für Steingartenstauden. Außerdem sollte man darauf achten, ob die Pflanzen kalkliebend oder eher kalkscheu sind.

Etwas einfacher wird die Abstimmung, wenn Sie Pflanzen derselben und ähnlicher Lebensreiche miteinander kombinieren (Seite 41). Stauden für Freiflächen vertragen meist Hitze und Trockenheit, ebenso Stauden für den südlichen Gehölzrand. Pflanzen für Steinanlagen und Felssteppen zählen ohnehin zu den Trockenheitsspezialisten, sind allerdings oft sehr nässeempfindlich.

Ein weiteres Kriterium für Kombinationen ist ihre geografische Herkunft, ebenfalls mit Bezug zu Lebensräumen. Ganz gleich, ob man dabei heimische Wildarten bevorzugt oder Stauden aus der nordamerikanischen Prärie: Solche Zusammenstellungen wirken oft besonders stimmig und haben ein ganz eigenes Flair. Sie werden teils auch in entsprechenden Sets angeboten, mit aufeinander abgestimmten Wuchshöhen und Blütezeiten.

Hier einige charakteristische Beispiele für **Klimastauden nach Herkunftsregionen:**

- **Heimische/mitteleuropäische Wildstauden:** Rundblättrige Glockenblume (Campanula rotundifolia), Kartäuser-Nelke (Dianthus carthusianorum), Kleiner Mannstreu (Eryngium planum), Natternkopf (Echium vulgare), Wiesensalbei (Salvia pratensis), Küchenschelle (Pulsatilla vulgaris)
- **Mediterrane Stauden:** Affodil (Asphodelus albus), Junkerlilie (Asphodeline lutea), Mittelmeer-Wolfsmilch (Euphorbia characias subsp. wulfenii), Italienische Strohblume, Currykraut (Helichrysum italicum), Graues Heiligenkraut (Santolina chamaecyparissus), Bergbohnenkraut (Satureja montana)
- **Präriestauden:** Blausternbusch, Röhrenstern (Amsonia hubrichtii), Färberhülse, Indigolupine (Baptisia-Arten), Frühsommer-Sonnenbraut (Helenium hoopesii), Amerikanische Bergminze (Pycnanthemum pilosum), Deams Sonnenhut (Rudbeckia fulgida var. deamii), Prärie-Salbei (Salvia azurea)
- **Steppenstauden** (aus Südosteuropa bis Asien): Asiatische Duftnessel (Agastache rugosa), Himalaja-Steppenkerze (Eremurus himalaicus), Bleiche Schwertlilie (Iris pallida), Purpur-Witwenblume (Knautia macedonica), Blauraute (Perovskia atriplicifolia), Syrisches Brandkraut (Phlomis russeliana)

Färberhülse, Indigolupine (Baptisia-Arten)

KOMBINATIONEN, ARRANGEMENTS UND SOLISTEN Einfach mit den Lieblingsblumen munter drauflospflanzen: Das kann Spaß machen und führt manchmal auch zu schönen, lebhaften Ergebnissen.

Doch öfter entstehen auf diese Weise Pflanzungen, die nicht recht befriedigen oder sich ganz anders entwickeln, als man es sich vorgestellt hat. Gezieltes Auswählen und Zusammenstellen der Pflanzen sowie ein wenig Planung können auch Einsteigern zu einer Blumenpracht verhelfen, die sich mit großem Genuss dauerhaft bewundern lässt.

GESTALTUNGSKUNST FÜR EINSTEIGER

Ansprechend gestaltete Blumenbeete können ebenso beeindrucken wie stimmungsvolle Gemälde. Doch sie sind weder Stillleben noch Standbilder, sondern verändern sich im Lauf der Jahreszeiten und von Jahr zu Jahr. Versierte, kreative Gartengestalter haben das Zusammenstellen attraktiver Pflanzungen zu einer Kunst entwickelt; nicht nur in der hoch geschätzten englischen Gartentradition, sondern auch in Frankreich und Deutschland, hier etwa der berühmte Staudengärtner, Züchter und Gartenphilosoph Karl Foerster.

Sie müssen jetzt aber nicht gleich Jahre studieren und experimentieren, um attraktive, wirkungsvolle Pflanzungen anzulegen. Auch große Gärtner haben klein angefangen und mussten zuerst durch Ausprobieren Erfahrungen sammeln. Dazu gehören gelegentlich auch kleine Fehlschläge. Schließlich machen Pflanzen als stark wetter- und umweltabhängige Wesen nicht immer genau das, was man von ihnen erwartet und was in den Büchern und Katalogen steht. Das betrifft zum Beispiel auch die Blütezeiten, die keine „Fixtermine" sind.

Wichtig ist zunächst einmal, ungefähre Vorstellungen für das angestrebte Blütenschauspiel im eigenen Garten zu entwickeln. Dabei kann das Sammeln von Ideen und Anregungen sehr hilfreich sein. Lassen Sie sich inspirieren: von reizvollen Fotos und Gestaltungsideen in Büchern und Zeitschriften, durch Besuche von Blumen- und Gartenschauen, ebenso von schönen Gärten, die Ihnen in der Nachbarschaft oder bei Spaziergängen auffallen.

Nehmen Sie dazu Ihre Kamera mit auf die Entdeckungstouren. Sind einige grundsätzliche Ideen gereift, gilt es, sich über die infrage kommenden und bevorzugten Pflanzen zu informieren – und schließlich, sich Gedanken über die konkrete Umsetzung zu machen. Um sich bei allen Wünschen, Feinheiten und Erfordernissen nicht zu verzetteln, hilft eine einfache **Basis-Checkliste:**

- Welche Blumen und Blütenfarben gefallen mir besonders gut? Vorsicht: Wenn Sie kleine Kinder haben oder öfter Nachbarkinder im Garten spielen, verzichten Sie besser auf giftige Pflanzen wie Eisenhut, Maiglöckchen und Goldlack! Auf der Einbandklappe hinten finden Sie weitere giftige Pflanzen.
- Welche der bevorzugten Blumen sind mit ihren Standortansprüchen für den vorgesehenen Platz geeignet?
- Welche anderen Pflanzen passen dazu?
- Wären früher oder später blühende Partner wichtig, um die Blütezeit verlängern?

Pfingstrose (Paeonia officinalis)

Tausendschön (Bellis perennis) und Stiefmütterchen (Viola x wittrockiana)

- Wie viel Platz brauchen die ausgewählten Pflanzen beim Beachten der nötigen Abstände?
- Wie hoch ist der Pflegebedarf der gewählten Pflanzen?

Mit diesen „Kernfragen" sind Sie schon auf bestem Weg zu einer Gestaltung, die gefällt und auch den praktischen Anforderungen so genügt, dass sie auf Dauer Freude macht.

WIRKUNGSVOLLE SOLISTEN

Manche Pflanzen sind so eindrucksvoll, dass sie nicht unbedingt zierende Gesellschaft brauchen. Als Solitäre kommen sie in Einzelstellung an einem gut einsehbaren Platz besonders zur Geltung. Solche Pflanzen, die zum Beispiel an Wegen, am Garteneingang, an der Terrasse oder mitten im Rasen ins Auge fallen sollen, müssen schon etwas hermachen: zunächst einmal mit recht stattlicher Höhe und Breite sowie ansprechender Wuchsform, dazu mit auffälligen Blüten und/oder dekorativen Blättern. Einige Sommer-, Zwiebel- und Knollenblumen erfüllen diese Kriterien sehr schön, so etwa Sonnenblume, Bechermalve, Stockrose, Lilien und hohe Dahlien. Doch einen besonderen Stellenwert haben hier **Solitärstauden** – und zwar in erster Linie langlebige, standfeste Arten, die erst recht spät die Blüten einziehen. Bewährte Solitärstauden sind beispielsweise hohe Herbstastern, Rittersporn, Sonnenbraut, Sonnenhut, Schafgarbe, Pfingstrose, Taglilie sowie für halbschattige bis schattige Plätze Eisenhut, Silberkerze, Waldgeißbart und Königsfarn. Mit markanten Gestalten beeindrucken außerdem große Ziergräser, deren Samenstände oft auch über Winter noch malerisch wirken, beispielsweise Chinaschilf, Silberährengras, Reitgras und das immergrüne Pampasgras; sie bevorzugen meist sonnige Plätze.

Gern als Solitärstauden verwendete Arten, die sich meist auch als Leitstauden in Beeten eignen (siehe Seite 52), werden in Gärtnereien häufig schon als gut entwickelte Jungpflanzen in entsprechend großen Töpfen angeboten.

IN SCHÖNER GESELLSCHAFT

Sicherlich kann man auch mit großen Gruppen nur einer Art eine ansprechende Wirkung erzielen, etwa mit Bartiris in verschiedenen Blütenfarben. Doch meist sind **Kombinationen** verschiedener Pflanzen interessanter und bieten zudem grundsätzlich die Möglichkeit, ein Beet von Frühjahr bis Herbst durchblühen zu lassen. Des Weiteren kann man nie ganz ausschließen, dass manche Blumen zum Beispiel in einem verregneten oder sehr trockenen Sommer nur spärlich blühen. Dann sorgen wetterfestere Kombinationspartner dafür, dass die ganz große Enttäuschung ausbleibt.

Die meisten Fragen in unserer kleinen Basis-Checkliste (siehe Seite 41 f.) lassen sich recht eindeutig und einfach beantworten. Aber hinter „Welche Pflanzen passen dazu?" versteckt sich ein etwas diffizileres Thema: Wie werden Pflanzen am besten kombiniert und arrangiert? Für die Abstimmung von Blütenfarben und Blütezeiten, Wuchshöhen und -formen gibt es keine simplen Patentrezepte. Dafür sind nicht nur die Pflanzen zu vielfältig, sondern auch die Geschmäcker zu verschieden. Aber es gibt bewährte Leitlinien und Erfahrungen, die in diesem Kapitel vorgestellt werden. Letztendlich sind aber Ihre persönlichen Vorlieben und Vorstellungen entscheidend.

Manche Gestaltungsideen und -ideale passen auch erst dann optimal, wenn man sie entsprechend der vorhandenen Gartensituation variiert. „Klassische" Flächen für gemischte Pflanzungen sind Beete und schmale, lang gestreckte Rabatten (siehe Seite 64). Aber auch in weniger formalen, eher lockeren Gruppierungen können Blumen bezaubern. Oft haben solche Pflanzungen naturnahen Charme, etwa im waldähnlichen Schatten von Gehölzen. Dann liegt es nahe, sich beim Zusammenstellen der Arten ein wenig an den natürlichen Pflanzengesellschaften entsprechender Standorte zu orientieren.

BLÜTEN OHNE UNTERLASS

Die meisten Stauden und Sommerblumen kommen unserem „Gartenrhythmus" entgegen: Sie blühen im Sommer, wenn wir die meiste Zeit draußen verbringen. Doch zeitige Vorfrühlingsblüher wie Schneeglöckchen und Winterlinge lassen einem nach dem trüben, reizarmen Winter ganz besonders das Herz aufgehen. Frühjahrs- und Frühsommerblüher wie Tulpen, Goldlack, Gämswurz und Türkischer Mohn begleiten und motivieren über die Zeit der Vorbereitungs- und Pflanzarbeiten. Und die letzten Spätjahrsblüher, etwa Herbstastern und -chrysanthemen, machen einem den Abschied von der Gartensaison leichter.

Selbst im Winter muss der Garten nicht trist aussehen: Dann können Christrosen und Schneeheiden blühende Akzente setzen, unterstützt von wintergrünen Stauden wie Elfenblumen sowie Wildstauden und Gräsern mit zierenden Samenständen. Wenn Sie beim Planen und Gestalten die verschiedenen Blütezeiten und Jahreszeitenaspekte im Auge behalten, können Sie sich fast rund ums Jahr an Blumen erfreuen.

Natürlich ist es eine feine Sache, wenn ein Beet zu jeder Saison etwas zu bieten hat. Doch auf kleinen bis mittelgroßen Flächen führt dieses Bemühen oft dazu, dass zwar ständig hier und da ein paar Blüten erscheinen, sich aber selten eine geschlossene, eindrucksvolle Gesamtwirkung einstellt. Das gilt besonders für Stauden, die teils nur vier bis acht Wochen blühen, sodass es dann schon mehrerer Arten bedarf, um auch nur eine Jahreszeit komplett zu „bestücken". Deshalb ist es oft besser, die Blütezeitschwerpunkte auf verschiedene Pflanzflächen zu verteilen. So kann sich zum Beispiel die Bepflanzung in einem Beet hauptsächlich auf Frühjahrs- und Frühsommerblüher konzentrieren, während das benachbarte Beet zunächst eher verhalten loslegt und dann im Spätsommer und Herbst zu voller Pracht aufläuft.

Gerade in Staudenpflanzungen mit jahreszeitlichen Blütenschwerpunkten sind Blattschmuckstauden und Gräser eine hervorragende Ergänzung, da sie auch in den blüharmen Zeiten dem Auge Besonderes bieten und den Arrangements eine beständige Struktur geben. Und natürlich können kleine Grüppchen von Frühjahrszwiebelblumen überall für erste Farbtupfer sorgen, nicht nur in ausgesprochenen Frühjahrsbeeten.

AUF GUTE NACHBARSCHAFT

Berücksichtigen Sie bei Zusammenstellungen, dass manche Pflanzen besonders breit und starkwüchsig sind oder sich durch Ausläufer oder Selbstaussaat kräftig ausbreiten können. Zarte, konkurrenzschwache Schönheiten direkt daneben zu setzen, ist oft vergebliche Liebesmüh; erst recht, wenn die wüchsigen Nachbarn nicht konsequent im Zaum gehalten werden.

Bei allen Pflanzen ist es sehr wichtig, schon bei der Planung die jeweils empfohlenen Mindestabstände zu beachten. Stauden füllen ihren Platz oft erst mit den Jahren richtig aus. Werden sie zu eng gesetzt, bedrängen sie sich mit der Zeit gegenseitig und können sich nicht richtig entfalten.

FARBEN UND FORMEN Lust am Komponieren: Wer Blütenfarben nach Lust, Laune und eigenen Vorlieben zusammenstellt, macht es genau richtig – sofern die Arrangements dann auch gefallen und nachhaltig Freude bereiten.

Manchmal will das Ganze aber nicht so recht zünden, es fehlt ein wenig der Pep, und man sieht sich schnell satt daran. Dem können Sie vorbeugen, indem Sie auf die Wirkungen der Farben achten und bewährte Kniffe für eindrucksvolle Farbkombinationen berücksichtigen – oder diese kreativ abwandeln, wenn sie nicht so recht Ihrem Geschmack entsprechen.

WIE FARBEN WIRKEN

Im Farbkreis auf Seite 45 sind die zwölf wichtigsten Grund- und Mischfarben in sanften Abstufungen und Verläufen angeordnet – wie in einem Regenbogen-Rad. Dazu gehören auch Gelb- und Blaugrün: Farben, die sich manchmal auch bei Blüten finden, aber vor allem und überall präsent von den Blättern beigetragen werden.

Die warmen Farben Gelb, Orange und Rot wirken fröhlich, lebhaft und aktivierend und haben eine noch von Weitem sichtbare Leuchtkraft. Während Gelb sich selbst in satten Tönen kaum in den Vordergrund drängt und mit allen anderen Farben verträgt, sind intensives Rot und Orange dominierende, spannungsreiche Töne. Gerade in kleinen Beeten und Gärten können sie in hohen Anteilen einen leicht erdrückenden und optisch verengenden Effekt haben, außerdem zurückhaltender gefärbten Blüten die Schau stehlen. Das gilt in abgemildertem Maß auch für kräftiges Pink und Violett, obwohl diese schon am Rand des kalten Farbbereichs liegen.

Kalte Farben ist der übliche, etwas uncharmante Begriff für das, was sich um Blau und Violett gruppiert. „Kühl“ wäre treffender, denn die Stärke dieser Farben liegt in der Frische und Ruhe, die sie ausstrahlen – bis hin zu einer gewissen Noblesse. Als dunklere Töne brauchen sie allerdings einen recht hellen oder freien Hintergrund, um optimal zur Geltung zu kommen.

In sehr dunklen und hellen Varianten, also je nach **Intensität und Deckkraft,** kann sich der genannte Grundcharakter der Farben deutlich verändern. Tief dunkelrote Blüten zum Beispiel präsentieren sich weitaus dezenter als ein leuchtend scharlachroter Flor. Noch viel häufiger finden sich Blüten in aufgehellten Grundfarben, bis hin zu sanften Pastelltönen. Ein zartes Orange wirkt immer noch warm, aber kaum dominierend, ein sanftes Himmelblau mutet eher verspielt und freundlich an als „kalt“ und vornehm. Das gilt erst recht für Rosa, eine der häufigsten Blütenfarben überhaupt.

In seinem Zentrum deutet der vorgestellte Farbkreis eine wichtige „unbunte“ Farbe an: **das Weiß.** Weiße Blüten lockern und hellen auf, vermitteln zwischen Kontrasten, bieten dem Auge Ruhepunkte, können sehr nobel wirken und sind auch aus der Ferne nicht zu übersehen. Überall, wo optische Weite gefragt ist, beispielsweise um kleine Gärten großzügiger wirken zu lassen, ist Weiß eine gute Wahl, des Weiteren Gelb sowie alle stark aufgehellten Töne, außerdem Blau und Blauviolett.

Die Hauptfarbe der Blätter wurde bereits erwähnt: das **Grün**, das man keinesfalls unterschätzen sollte – und das auch die Rasenflächen sowie Gehölze zu wichtigen Rahmengebern und Kulissen der Blumengestaltung macht. Grün ist nicht umsonst bekannt für seine beruhigende Wirkung. Es bietet überhaupt erst die Basis für ausdrucksstarke Blütenkombinationen, indem es die Farbwirkungen unterstreicht und starke Kontraste ausgleicht. Die im Farbkreis präsentierten Grüntöne können nur einen kleinen Auszug aus den unzähligen Grünschattierungen wiedergeben, die das Laub der Blumen zu bieten hat. Eine besondere Rolle spielt dies bei Pflanzen mit ausgesprochen attraktiven Blättern wie den Funkien. Bei ihnen und manch anderen Stauden findet man auch ausgeprägt blaugrün bis silbrig gefärbte, sehr elegant anmutende Blätter. Deutliche Farbeffekte zeigen zudem in Gelb- oder Weißtönen gemusterte (panaschierte) Blätter, sowohl bei Funkien als beispielsweise auch bei Kaukasus-Vergissmeinnicht und Taubnessel, ebenso dunkel bis braunrot gefärbtes Laub, etwa bei Begonien und Silberkerzen.

PRÄGNANTE FARBEFFEKTE

Wie stark sich Farbwirkungen in einer Bepflanzung entfalten, ist nicht zuletzt eine Frage der Blütengröße und -anzahl. Wenn die Blütchen eines Vergissmeinnicht etwa denselben Blauton haben wie die majestätischen Blütenkerzen eines Rittersporn, ist zwar die Grundstimmung dieselbe, aber der Ausdruck ein ganz anderer. Das Wissen um die Farbwirkungen bietet ein hilfreiches Raster – doch sie stehen immer in Wechselwirkung mit den Blütenformen und -größen sowie den gesamten Pflanzengestalten. Soll das Blau des Vergissmeinnicht die Szenerie prägen, muss es zudem in größeren Gruppen gepflanzt werden oder teppichartig verwildern können. Auch bei höheren und großblumigen Pflanzen setzt man, soweit der Platz reicht, gern Grüppchen von wenigstens drei Exemplaren, damit ihre Farbwirkung voll zum Tragen kommt.

Mit den Blüten- und teils auch Blattfarben verhält es sich zudem ein wenig wie mit den Blütezeiten (siehe Seite 43): Ihre Ausprägung und Intensität kann bei derselben Sorte variieren, sich im Lauf der Blütezeit verändern und hängt nicht zuletzt auch stark vom Lichteinfall ab sowie von anderen Wuchsbedingungen.

Bilder in Katalogen und im Internet zeigen die Pflanzen gern von ihren schönsten Seiten, aber nicht immer zuverlässig die tatsächlichen Farbtöne. Am besten kann man die Farbwirkungen „in natura" einschätzen: in Gärtnereien, Gartencentern und anderen Gärten sowie beim Kauf bereits blühender Jungpflanzen.

BESTECHENDE FARBKOMBINATIONEN

Ein einfaches „Grundrezept" verhilft oft schon zu ansprechenden Resultaten: warme und kalte Farben in derselben Pflanzung vereinen und eventuell ein paar weiße Blüher als Vermittler und Aufheller dazufügen. Mag eine warmtönige Kombination noch so kunterbunt sein, können einige blaue, violette oder weiße Grüppchen Ruhe hineinbringen. Umgekehrt lassen sich eher gedeckte, kühle Töne mit eingestreuten Blüten in Gelb, Rot und Weiß auflockern.

Ganz konsequent wird die Warm-Kalt-Zusammenstellung mit dem **Farbkontrast** umgesetzt: In dem Fall kombinieren Sie zwei Komplementärfarben, die auf dem Farbkreis direkt gegenüber liegen, zum Beispiel Gelb – Violett, Orange – Blau sowie Grün – Rot. Das sind spannungsreiche Gegensätze, bei denen bereits zwei Farben genügen, um eindrucksvolle Wirkung zu entfalten.

Für Rot und Pink stehen allerdings fast nur Blattfarben als direkte Gegenüber zur Verfügung. Hier hilft ein kleiner Trick, mit dem Sie auch bei anderen Farben den Kontrast variieren können: das Ausweichen auf benachbarte Farben auf dem Farbkreis, also etwa Rot – Hellblau oder Gelborange – Dunkelblau.

Wollziest (Stachys byzantina) setzt silbrige Akzente.

Zu einem **Farbdreiklang** kommen Sie, indem Sie ein Dreieck über den Farbkreis legen (siehe Abbildung Seite 47 Mitte). Das führt zur kontrastreichsten Zusammenstellung von drei Farben und zu besonders eindrucksvollen Arrangements; geradezu klassisch im Farbakkord Gelb – Rot – Blau. Allerdings gibt es dazu nur eine Variante, die ohne Grüntöne auskommt (Orangegelb – Pink – Hellblau). Das lässt sich erweitern, indem man die Nachbarfarben zum Grün mit einbezieht und gewissermaßen das Dreieck spitzwinkliger macht, etwa mit dem Ergebnis Orange – Violett – Hellblau.

Der Farbverlauf setzt dagegen auf sanfte Übergänge und kombiniert Farben, die im Kreis direkt nebeneinander liegen (siehe Abbildung Seite 47 unten). Dies wirkt besonders harmonisch, wenn man dabei jeweils im warmen oder kalten Farbspektrum bleibt. Farbverläufe, die die Warm-Kalt-Grenze überschreiten, besonders zwischen Pink beziehungsweise Rosa und Rotorange, sind eher Geschmacksache.

Noch näher beisammen bleiben **Ton-in-Ton-Kombinationen,** die sich nur aus einer Farbe in verschiedenen Helligkeitsstufen zusammensetzen, etwa von tiefem Dunkel- über Mittel- und Lavendelblau bis zu bläulich überhauchtem Weiß. **Monochrome,** also einfarbige Bepflanzungen beschränken sich noch stärker auf wenige Farbschattierungen. So oder so bedarf es ein wenig Mut zur konsequenten „Wenigfarbigkeit", die aber zu bestechenden Resultaten führen kann.

Die drei Grundprinzipien – Kontrast, Dreiklang, Verlauf – sind bewährte Ausgangspunkte für stimmige Farbgestaltungen und bieten bereits **zahlreiche Möglichkeiten**. Diese lassen sich noch vielfältig erweitern:

- Wenn Sie nach diesen Prinzipen nicht nur die vollgedeckten Hauptfarben miteinander kombinieren,sondern auch die unterschiedlichsten Helligkeitsstufen, etwa sattes Mittelblau mit zarten Apricottönen, ergeben sich unzählige Varianten.
- Weiße Blüten können jede Kombination ergänzen, indem sie als auflockerndes Element hinzugefügt werden. Sie lassen sich aber auch als Ersatz für jede andere Blütenfarbe verwenden; der klassische Farbdreiklang wird dann zum Beispiel zu Weiß – Rot – Blau oder Gelb – Weiß – Blau verändert. Ein reiner Gelb-Weiß-„Kontrast" kann

etwas fad wirken, vor dunklem Hintergrund aber auch sehr munter und erfrischend.

- Gute Effekte bieten kleine „Regelverstöße" durch andersfarbige Kleckse. Ob ein Farbkontrast in Orangerot und Blau oder ein Farbverlauf in Violett- und Rosatönen: Wenn solch eine Gestaltung konsequent umgesetzt wird, lassen sich beispielsweise mit eingestreuten Grüppchen in Gelb sehr reizvolle Akzente setzen. Sie können sich auch von gebundenen Blumensträußen in einer Blumenhandlung inspirieren lassen.

DIE FÜLLE DER FORMEN

Blumen sind natürlich nicht nur „Farbträger": Sie wirken auch durch ihre unterschiedlichen Gestalten, Formen und Strukturen.

Am markantesten sind zunächst einmal **die Wuchsformen:** stattlich oder kompakt, straff aufrecht oder breit horstartig bis überhängend, mit dicht beblätterten oder unbelaubten Blütenstängeln, polsterförmig, halbkugelig, niederliegend, teppich- bis mattenartig oder, wie im Fall der einjährigen Kletterer, mit langen Trieben nach oben strebend.

STILVOLLE ARRANGEMENTS

Damit sie im Garten richtig zur Geltung kommen, sollten all diese Farbkombinationen mindestens auf einem ganzen Beet durchgehalten, besser noch mit kleinen Varianten an anderen Stellen wieder aufgegriffen werden. Erst wenn größere Gartenbereiche oder gar der gesamte Garten **eine klare Leitlinie** bei den Farben und Farbkombinationen erkennen lassen, ergibt das auf einen Blick einen sehr harmonischen Gesamteindruck.

Dabei können die „Leitfarben" je nach Jahreszeit variieren. Mit solch einer gezielten Farbgebung lassen sich auch bestimmte Gartenstile und -stimmungen betonen. Dominieren zum Beispiel warme Gelb- und Rottöne, großblumige weiße Blüher sowie kräftige Kontraste, präsentiert sich das Ganze fröhlich und lebhaft, oft auch mit einem Flair von Bauerngarten. Überwiegen Blau- und Violetttöne sowie Weiß und Rosa, mutet der Garten eher dezent bis vornehm an, was sich durch bläulich und silbrig gefärbte Blätter noch verstärken lässt.

Ein Schwerpunkt auf Pastell- und Rosatönen schließlich verbreitet romantisch verspielten Charme, erst recht, wenn viele kleinblumige, eher filigran anmutende Arten eingesetzt werden. Das alles wirkt noch überzeugender, wenn die bevorzugten Farbstile auch zur Garteneinrichtung passen, von den Wegbelägen bis zu den Gartenmöbeln. Mit geeigneten Accessoires und Deko-Elementen, je nach Ambiente zum Beispiel dekorative Säulen, schöne Vogeltränken, alte Wagenräder, moderne oder nostalgische Skulpturen, wird der Garten zum stimmigen „Gesamtkunstwerk".

Pflanzenkombination im Komplementärkontrast, hier Schafgarben und Glockenblumen

Pflanzenkombination im Farbdreiklang, hier Tulpen, Narzissen und Vergissmeinnicht

Pflanzenkombination im Farbverlauf, hier Eisbegonien, Fleißige Lieschen und Männertreu

Löwenmäulchen (Antirrhinum)

Auch die **Blattformen** tragen stark zum individuellen Ausdruck jeder Pflanze bei: groß oder klein, rundlich, eiförmig oder schmal bis grasartig, ganzrandig, gekerbt, gezähnt oder gesägt, gelappt, gefiedert oder handförmig, dicht oder locker am Stängel stehend, quirlartig oder in Rosetten am Boden.

Blütenformen haben – wie schon erwähnt – großen Einfluss darauf, wie Farbwirkungen zur Geltung kommen. Zugleich prägen die Blütenformen und -stände während der Blütezeit das Erscheinungsbild der Pflanze. Hier ist die Formenfülle gewaltig und geradezu atemberaubend: von riesig bis winzig, schalen-, teller-, rad- oder sternförmig, trichter- oder glockenförmig, mit besonderem Blütenbau wie etwa bei Lippenblütlern, Akeleien und Schwertlilien, mit einfachen oder mehreren Kronblattkreisen (gefüllte Blüten), dabei je nach Pflanzenart aufrecht, nickend (vornüber geneigt) oder hängend.

Eine ebenso große Rolle spielen die **Blütenstände,** zumal teils die Einzelblüten so klein sind, dass sie erst in „versammelter Form" Wirkung entfalten. Lockere Rispen, Trauben oder Büschel, dichte Dolden, Köpfchen und Körbchen, große kerzenartige Stände, schlanke aufrechte oder überhängende Ähren, kugel- bis ballförmig oder gar pomponartig: Auch hier lässt die Vielfalt kaum Wünsche offen. Nutzen Sie die Mannigfaltigkeit der Formen für abwechslungsreiche, harmonische Kombinationen. Für Blumen mit großen, plakativen Blüten und Blütenständen zum Beispiel bieten sich Begleiter mit kleinen, locker verteilten Blüten an. Kompakt bis halbkugelig wachsende Pflanzen eignen sich gut, um hohe, aufrechte Pflanzen in der Wirkung zu unterstützen.

Das etwas straffe Erscheinungsbild von Tulpen und anderen Zwiebelblumen lässt sich durch Dazupflanzen zweijähriger Blumen wie Vergissmeinnicht oder frühjahrsblühender Polsterstauden auflockern. In Schattengestaltungen untermalen die fedrigen Blütenrispen von Astilben die großen Blüten der Eisenhüte, und die großen, schön geformten Blätter der Funkien ergänzen sich wunderbar mit gefiederten Farnwedeln.

Im Staudenbeet sind die Wuchs- und Blattformen fast noch wichtiger als die Blütenformen, denn sie prägen das Bild während der gesamten Saison, auch außerhalb der Blütezeit. Nicht zuletzt deshalb haben auch Blattschmuckpflanzen, Gräser und Farne eine große Bedeutung für die Gestaltung. Für das Kombinieren von Formen kann man ebenso Leitlinien formulieren wie für Farbarrange-

Frauenmantel (Alchemilla mollis)

ments. Doch das wird oft etwas abstrakt, zumal man je nach Pflanze und Verwendung eher auf die Wuchs-, Blatt- oder Blütenform achtet. Wichtig ist vor allem, dass man sich der Formenvielfalt bewusst ist und bei der Pflanzenzusammenstellung damit „spielt".

BEETE UND RABATTEN Vereint auf fest umrissenen Flächen bieten Blumen ein eindrucksvolles Blütenschauspiel. Hier kommt es besonders darauf an, die gewählten Arten, Blütenfarben und Blütezeiten gut aufeinander abzustimmen.

Beete und Rabatten lassen sich mit robusten Stauden recht pflegeleicht anlegen. Sie können aber auch einiges an Aufwand beanspruchen, wenn etwas anspruchsvollere Prachtstauden oder Sommerblumen die Hauptrolle spielen.

BEETFORMEN UND -GRÖSSEN

Als Beete kann man alle geschlossenen, abgegrenzten Pflanzflächen bezeichnen – wobei das Beet im engeren Sinn rechteckig, quadratisch oder rundlich und vergleichsweise tief ist.

Unter einer Rabatte dagegen versteht man einen eher schmalen, oft lang gezogenen Pflanzstreifen, der zum Beispiel Wege, Hauswände, Zäune oder die Terrasse säumt und dabei auch „ums Eck" laufen kann.

Wie groß Beete und Rabatten angelegt werden, ist zunächst einmal eine Platzfrage. Je größer die Fläche, desto umfangreicher sind die Kombinationsmöglichkeiten und desto eher kann die Bepflanzung zu verschiedenen Jahreszeiten mit vielen Blüten aufwarten. Allerdings lässt sich mit mehreren, etwas kleineren, im Garten verteilten Beeten und Rabatten mehr Abwechslung erzielen als mit nur wenigen großen Blumenflächen. So können Sie auch die jahreszeitlichen Blütenschwerpunkte geschickt auf verschiedene Flächen verteilen.

Minibeete mit weniger als 2 m² Grundfläche entfalten mit kleinwüchsigen Blühern durchaus schon Wirkung. Doch für vielfältiger bepflanzte Beete empfiehlt sich eine Mindestgröße von 2 m Länge und 1,5 m Breite, oft auch als Tiefe bezeichnet. Diese Grundmaße können natürlich nach Belieben ausgedehnt werden, bei Rabatten bis auf etliche Meter Länge.

Wie breit beziehungsweise tief die Pflanzfläche angelegt wird, ist zunächst eine praktische Frage: Die ideale Arbeitstiefe liegt bei 1–1,2 m, weil man so noch mit einem Schritt überall hingelangt. Gerade bei Rabatten, die nur von einer Seite zugänglich sind, hat das Vorteile. Doch wenn mehrere Pflanzen in ansprechender Anordnung hintereinander gesetzt werden sollen, gelangt man mit solch schmalen Streifen schnell an die Grenzen. Tiefen von 1,5 bis 2 m bieten da – unter Berücksichtigung der nötigen Pflanzabstände – bessere Voraussetzungen.

Zur **Erleichterung der Pflege** in größeren Beeten und Rabatten empfiehlt es sich, einige Trittplatten oder -steine einzusetzen oder hier und da schmale Pfade, etwa mit einer Rindenmulch- oder Kiesabdeckung einzuplanen. Oft erweist es sich auch als praktisch, wenn man bei nur einseitig zugänglichen Rabatten und Beeten an der Rückseite einen kleinen Pflegepfad anlegt, also zum Beispiel entlang der Hauswand.

„Standard" ist der rechteckige bis quadratische **Beetumriss,** aber es gibt viele reizvolle Alternativen. Kreisrund, halbkreisförmig, oval, dreieckig, Rechtecke, die von zwei größeren Halbkreisen eingefasst sind, freie, unregelmä-

Die Einfassung aus kleineren Natursteinen passt wunderbar zu den niedrigen Pflanzen im Beet.

ßige Umrisse, Rabatten in V-, U- oder Bogenform: Alles ist möglich und machbar. Ebenso müssen **die Ränder** nicht schnurgerade sein, sondern können auch geschwungen und wellenförmig verlaufen. Akkurate Formen und gerade Ränder passen besonders gut in sehr streng gestaltete Gärten und bieten generell den Vorteil, dass sich angrenzende Rasenränder leichter mähen lassen.

Gerade für Letzteres sind auch **Beeteinfassungen** mit Platten oder Pflastersteinen sehr praktisch. Ansonsten bedarf es nicht unbedingt einer Einfassung. Wenn Wiese statt Rasen bevorzugt wird, bieten sich bei naturnahen Beeten sowieso fließende Übergänge an den Rändern an.

Aber selbst da erleichtert eine passende Barriere die Pflege der Ränder, mindert das Eindringen unerwünschter Beikräuter und den Abtrag von Boden aus dem Beet. Das kann auch nur ein schmaler Pfad sein, der mit Rindenmulch, Kies oder Schotter abgedeckt wird. Dekorative Platten, Pflaster- oder Ziegelsteine, flach verlegt oder hochkant eingegraben, machen allerdings mehr her, ebenso dicht an dicht aufgereihte große Kiesel – erst recht, wenn solche Umrahmungen malerisch von Polsterstauden überwallt werden.

Ebenfalls ansprechend sind kurze halbrunde Holzpalisaden (Halbpalisaden). Diese gibt es im Fachhandel auch als sogenannte „Beetrollis“, in denen die Holzelemente durch Metallbänder zu längeren Einfassungen verbunden sind. Damit lassen sich selbst runde und unregelmäßige Umrisse sowie geschwungene Ränder leicht einfassen. Allerdings verrotten die im Boden eingesenkten Teile von Holzeinfassungen im Lauf der Jahre, sodass sie gelegentlich erneuert werden müssen. Sehr flexibel einsetzbar, aber nicht unbedingt attraktiv sind breite Einfassungsbänder beziehungsweise Rasenkanten aus Kunststoff oder Aluminium.

BEETGENOSSEN UND BEETGLIEDERUNG

Grundsätzlich können Sie in Beeten und Rabatten verschiedene Pflanzengruppen miteinander kombinieren: Stauden, Sommer-, Zwiebel- und Knollenblumen und sogar Sträucher – bei den sogenannten Mixed Borders ist das geradezu Programm (siehe Gestaltungsplan auf Seite 64). Unter den Gehölzen eignen sich in erster Linie niedrige Sträucher, besonders Beetrosen und Fingersträucher mit ihrer langen Blütezeit sowie Immergrüne wie Buchs und Johanniskraut (Hypericum calycinum), die auch über Winter ansprechend bleiben.

Bedenken Sie bei Zusammenstellungen von Stauden und Sommerblumen, dass Letztere in der Regel öfter Wasser- und Düngergaben und auch sonst mehr Pflege brauchen. Deshalb werden sie auch in Mischbeeten am besten nicht ganz beliebig zwischen den Stauden verteilt und stehen vorzugsweise an gut erreichbaren Stellen.

Für Pflanzenkombinationen, die in Beeten und Rabatten überzeugen sollen, gilt ganz besonders, was in den vorherigen Kapiteln empfohlen wurde – gerade auch in Bezug auf die Blütezeiten (siehe auch Blütezeitenkalender auf den Umschlagklappen) sowie das Kombinieren von Farben und Formen (siehe Seiten 44–48).

Für die **Anordnung der Pflanzen** gibt es grundsätzlich drei verschiedene Möglichkeiten, die sich teils auch miteinander verbinden lassen:

- eher flächig wirkende Bepflanzung mit geringen Wuchshöhenunterschieden,
- Gruppen aus Leit- und Begleitpflanzen, die auf der Fläche verteilt und wiederholt werden,
- Staffelung nach Wuchshöhe.

PFLANZLICHE BEET-EINFASSUNGEN

Als Einfassung gesetzte Pflanzen wie Frauenmantel, kleine Glockenblumen und Katzenminze dienen hauptsächlich der optischen Umrahmung und können auch in Kombination mit Stein-, Holz- und anderen festen Einfassungen verwendet werden. Für immergrüne Einfassungen waren lange Zeit niedrige Buchssorten ('Suffruticosa', 'Blauer Heinz') die erste Wahl, geschnitten auf rund 30 cm Höhe. Doch die leiden nun vielerorts stark unter dem Buchsbaumzünsler oder unter Pilzkrankheiten. Deshalb wird mittlerweile eine Auswahl an immergrünen Alternativen angeboten, zum Beispiel kompakte Sorten der Stechpalme, der Heckenmyrte (Heckenkirsche), des Ligusters, der Eibe und des Kleinblättrigen Rhododendrons.

BUNTE PFLANZFLÄCHEN

Wenn niedrige bis mäßig hohe Pflanzen (bis etwa 120 cm) jeweils mit geringen Größenunterschieden miteinander kombiniert werden, wirkt das Beet wie ein blühender Teppich. Setzt man die einzelnen Pflanzen in größeren Stückzahlen von 10 bis 20 zusammen, bilden sie Farbflächen, mit denen sich markante Farbkontraste, -dreiklänge und -verläufe „malen" lassen.

Für diese Lösung eignen sich besonders einjährige Sommerblumen wie Studentenblumen und Zinnien, die ausdauernd und zur selben Zeit blühen. Aber auch Beetstauden kommen infrage, ebenso, für ausgesprochene Saisonbeete, frühjahrsblühende Zwiebel- und Knollenblumen sowie zweijährige Sommerblumen.

Bei dieser Art der Gestaltung kann man recht viele verschiedene Arten in einem Beet unterbringen. Doch meist wirkt sie am eindrucksvollsten, wenn man sich auf drei bis vier Arten beschränkt und diese jeweils in mehreren Gruppen locker auf der Fläche verteilt.

Sehr bunt wird das Ganze, wenn die bei Sommerblumen häufig angebotenen Farbmi schungen Verwendung finden. In dem Fall sollten wenigstens ein bis zwei Arten in „Uni", also in einer einheitlichen Farbsorte, dazu gesellt werden, am besten in ausgleichendem Weiß, Blau oder Hellgelb.

LEIT- UND BEGLEITPFLANZEN

Variieren die Wuchshöhen und -formen sowie die Blütezeiten der Pflanzen stärker, wird die Verteilung und Anordnung etwas diffiziler. Das

VERGÄNGLICHE FRÜHJAHRSPRACHT

Frühjahrszwiebelblumen sowie im Frühling und Frühsommer blühende Zweijährige und Stauden werden nach der Blüte meist unansehnlich und „verschwinden" schließlich ganz. Setzen Sie diese deshalb höchstens in die zweite Reihe, besser noch in die Mitte oder, wenn sie etwas größer sind, nach hinten, damit sie dann von sommergrünen und -blühenden Pflanzen verdeckt werden.

ist besonders bei Stauden der Fall. Deshalb beziehen sich die folgenden Hinweise in erster Linie auf Staudenbeete, lassen sich aber auch auf Sommerblumen- und Mischbeete übertragen.

Bei der Auswahl von Beetstauden kommt man am besten zurecht, wenn man klare Prioritäten setzt. Dabei hilft die bewährte Unterteilung in Leit-, Begleit- und Füllstauden.

Als Leitstauden gelten besonders auffällige, hohe und/oder breitwüchsige, reich blühende Pflanzen wie Rittersporn, Sonnenbraut, hoher Staudenphlox und Taglilie, aber auch majestätische Ziergräser wie Chinaschilf, im Halbschatten beispielsweise Eisenhut und große Funkien. Sie prägen das Bild der Bepflanzung und werden deshalb als Erste ausgewählt.

Dazu gesellt man dann passende **Begleitstauden,** die die Wirkung der Leitstauden unterstreichen, ohne sie zu „übertönen", und meist etwas niedriger bleiben. Typische Begleitstauden sind mittelhohe Glockenblumen, Akelei und Mädchenauge, im Halbschatten niedrige Astilben und Bergenien. Noch mehr als bei den Leitstauden kommen für diese Rolle auch Blattschmuckpflanzen und Gräser infrage. Kleinere, kompakt oder polsterartig wachsende Füllstauden können dann zusätzlich die Pflanzung abrunden, verbleibende Lücken füllen und die Beetränder säumen; so etwa Frauenmantel, Polsterphlox und Kaukasus-Vergissmeinnicht. Auch eingestreute Frühjahrszwiebelblumen fallen in diese Kategorie.

Die Unterteilung in Leit- und Begleitstauden ist kein festes Raster und hängt auch von der Höhe der jeweiligen Sorte ab. So lassen sich beispielsweise Schafgarben und Dahlien je nach Wuchshöhe als Leit- oder Begleitpflanzen einsetzen. Das können Sie entscheiden, wie es Ihnen passt: Was in Ihren Augen eindrucksvoll genug ist, wird zur Leitpflanze.

Damit **die Leitstauden** die Bepflanzung tatsächlich prägen, sollten sie mehrmals auf demselben Beet zu sehen sein, über die Fläche verteilt und je nach Wuchshöhe und -breite einzeln oder zu zwei bis drei Exemplaren. Auf einem Beet mittlerer Größe können so nur ein bis zwei, maximal drei verschiedene Leitstauden Verwendung finden. Dabei bietet es sich an, Arten mit verschiedenen Blütezeiten auszuwählen, zum Beispiel hoher Phlox als sommerblühende und Herbstanemone als spät blühende Leitpflanze. Wird auf einer größeren Fläche mehr Abwechslung gewünscht, lassen sich zum Beispiel Phloxe mit verschiedenen Blütenfarben einsetzen. So bleibt ihr Leitstaudencharakter trotzdem erkenntlich.

Für eine bestimmte Leitstaude können an verschiedenen Pflanzorten im Beet unterschiedliche Begleitstauden ausgewählt werden. Doch am besten ist es, höchstens zwei verschiedene Begleiter pro Leitstaude zu wählen, damit die Bepflanzung einen geschlossenen Eindruck macht. Farbkombinationen wie Kontraste und Dreiklänge lassen sich gut mit gleichzeitig blühenden Leit- und Begleitstauden umsetzen.

Im Hinblick auf eine längere Blütezeit kann es aber auch sinnvoll sein, Begleiter beizugesellen, die vor oder nach den Leitstauden blühen.

Begleitstauden setzt man je nach Größe und Platzbedarf vorzugsweise in kleinen Trupps zu wenigstens drei.

Die Füllstauden werden farblich auf die Leit- und Begleitpflanzen abgestimmt. Das spielt aber keine so große Rolle, wenn sie zu anderen Zeiten blühen als die Hauptbepflanzung. Dann füllen sie die zeitlichen Lücken, als

Frühjahrszwiebelblumen, kleine Frühsommer- oder Herbstblüher, und verlängern die Gesamt-Blühdauer.

Füllpflanzen, die oft erst in größeren Trupps von mindestens fünf bis sieben richtig wirken, lassen sich in unterschiedlichen Arten hinzufügen. Aber auch hier gilt: Weniger ist mehr, und gezielte Wiederholung ist Trumpf. Das überzeugt oft mehr als ein bunt zusammengesetztes Sammelsurium.

MARKANTE PFLANZGRUPPEN

Bei der Gruppenbildung wird jeder Leitstaude ihr „Hofstaat" aus Begleit- und teils auch Füllpflanzen direkt zugeordnet. So ergeben sich feste Pflanzgruppen, die man auf dem Beet oder der Rabatte verteilt und mehrmals wiederholt. Angefangen wird dabei mit dem Verteilen der Leitstauden. Dann gruppiert man Begleiter und Füller hinzu, in jeweils etwas unterschiedlichen Anordnungen und Stückzahlen. So wirkt das Ganze besonders locker.

Bei Auswahl von zwei Leitstauden und damit zwei verschiedenen Pflanzgruppen mit variierenden Begleitern und Füllpflanzen ist für reichlich Abwechslung gesorgt. Zugleich zeigt solch eine Bepflanzung eine klare, eindrucksvolle Linie: Alle Pflanzen kommen durch das wiederholte Auftreten an verschiedenen Stellen gut zur Geltung und bleiben durch den Wechsel der Wuchshöhen innerhalb der Gruppen aus vielen Blickwinkeln gut sichtbar.

Markantes Pink: Hoher Staudenphlox (Phlox paniculata)

Auf großen Beeten und Rabatten können noch weitere Pflanzgruppen hinzugefügt werden, im Verlauf einer langen Rabatte auch allmählich wechseln oder durch einen flächenartigen Blütenteppich oder größeren Strauch unterbrochen werden. Wichtig ist aber stets das Prinzip der Wiederholung, sodass jede Gruppe mehrmals an verschiedenen Stellen ins Auge fällt.

Auch eine eher symmetrische Anordnung, die zugleich die Höhenstaffelung mit einbezieht, hat bei einseitig betrachteten Beeten ihre Reize, wie der Gestaltungsplan „Staudenpracht im Farbdreiklang" zeigt (siehe Seite 60, mit Rittersporn und Goldgarben als Leitstauden).

AM BESTEN UNGERADE

Werden mehrere Pflanzen derselben Art und Sorte in kleinen Tuffs oder Trupps gesetzt, empfiehlt sich vorzugsweise eine ungerade Anzahl, also zum Beispiel Dreier-, Fünfer- oder Siebenergruppen, sofern es der Platz erlaubt. Bei geraden Stückzahlen neigt man eher dazu, die Pflanzen in regelmäßigen Pärchen oder Quadraten anzuordnen, was etwas statisch und langweilig wirken kann.

BLÜTEN IN ETAGEN

Beete vor einer Haus- oder Sichtschutzwand wirken oft am besten mit einer deutlichen Höhenstaffelung: Hier kommen die hohen Leitstauden nach hinten, die etwas niedrigeren Begleitstauden davor, kompakte Pflanzen schließlich an den vorderen Rand. Besonders schön wirken hier kleine Stauden mit polster- oder teppichartigem Wuchs.

Je nach Beettiefe ist es ratsam, mehrere Begleitpflanzen in verschiedenen Wuchshöhen zu verwenden, sodass diese **pultartige Anordnung** in einer sanften Linie abfällt.

Bei von zwei oder allen Seiten einsehbaren Beeten wird dasselbe Prinzip als **kegel- oder pyramidenförmige Anordnung** variiert: Die höchsten Pflanzen stehen in der Mitte, die anderen werden zu beiden oder allen Seiten hin abfallend gestaffelt. In solch einer Anordnung wirken die Pflanzen beziehungsweise ihre Blüten- und Blattfarben wie Bänder oder Streifen, was sich durch größere Gruppen beziehungsweise Reihen derselben Pflanzen verstärken lässt. Grundsätzlich können sich aber auch hier mindestens zwei verschiedene Leitstauden miteinander abwechseln. Die Begleitpflanzen bieten bei feiner Staffelung der Wuchshöhen ohnehin ein vielfältiges Bild.

Etwas monoton kann das Ganze werden, wenn die verschiedenen „Höhenzonen" – von oben betrachtet – in geraden Streifen beziehungsweise Reihen verlaufen. Gestalten Sie die Pflanzbereiche der jeweiligen Wuchshöhen besser als geschwungene, wellenartige Bänder.

Vor allem in großen Beeten und Rabatten bieten sich noch weitere Möglichkeiten, solche Höhenstaffelungen aufzulockern. Hier können mehr verschiedene Leitpflanzen mit etwas unterschiedlichen Größen Verwendung finden, die sich in kleinen Gruppen miteinander abwechseln – in Rabatten vorzugsweise etwas versetzt, mal auf, mal neben der mittleren Längsachse. Markant wirken stattliche Ausreißer, die stellenweise die Höhenstaffelung durchbrechen, indem sie inmitten der halbhohen oder niedrigen Arten gepflanzt werden.

BLUMENPRACHT NACH PLAN

Wenn Beet oder Rabatte nicht allzu groß ist und wenn Sie schon sehr genaue Vorstellungen von der Bepflanzung haben, geht's auch ohne Pflanzplan. Allerdings kann das Durchspielen von verschiedenen Kombinationsmöglichkeiten auf dem Papier helfen, ungünstigen Zusammenstellungen vorzubeugen sowie

Höhenstaffelung im Beet: Pultartig ansteigend beim einseitigen Beet (links). Rechts ein rundum einsehbares Beet mit pyramidenförmiger Anordnung

günstige zu verbessern, und das bringt einen auch auf so manch neue Idee. Zudem erleichtert es das Abschätzen der benötigten Anzahl an Pflanzen.

Selbst der gründlichst ausgetüftelte Plan muss allerdings im „realen" Staudenbeet fast immer ein wenig korrigiert werden – spätestens nach ein oder zwei Jahren, wenn sich zeigt, wie die Pflanzen auf Dauer miteinander harmonieren. Gelegentliches Umsetzen oder Ersetzen von Pflanzen ist kein „Künstlerpech", sondern gehört auch bei erfahrenen Gärtnern zur Gestaltungspraxis.

Wenn man nicht gerade über ein gut geeignetes Computerprogramm für solche Zwecke verfügt, wird der Pflanzplan am besten auf altbewährte Weise auf Millimeterpapier erstellt, für genaue Skizzen im großzügigen Maßstab vorzugsweise im DIN-A3-Format. Je nach Beetgröße empfiehlt sich ein Maßstab von 1:20 oder 1:10; 1 cm im Plan entspricht dann 20 cm beziehungsweise 10 cm auf der realen Fläche. Für größere Bereiche kann auch der Maßstab 1:50 verwendet werden, für Komplettplanungen ganzer Gartenteile 1:100.

Zeichnen Sie zunächst maßstabsgetreu den Beet- oder Rabattenumriss ein. Markieren oder notieren Sie dazu eventuelle Besonderheiten wie angrenzende Treppen und Wege oder beschattete Bereiche und tragen Sie am besten auch die Himmelsrichtungen mit Nordpfeil oder Kreuz ein.

Dieser Grundplan wird dann mehrfach kopiert, um verschiedene Ideen durchzuspielen, oder man legt transparente Zeichenpapierbögen darüber. Dann brauchen Sie nur noch Bleistift, Radiergummi und am besten auch Buntstifte in möglichst vielen Tönen. Hilfreich sind zudem Zirkel oder Kreisschablonen, sodass Sie Pflanzen entsprechend ihrer Breite oder des nötigen Pflanzabstands als Kreise in verschiedenen Größen einzeichnen können. Mit zugeschnittenen Schablonen aus Pappe wird das probeweise Verschieben einfacher.

Dann kann es losgehen, ausgehend von den bevorzugten Leit- und Lieblingspflanzen. Spielen Sie Ihre Farbentwürfe am besten für verschiedene Jahreszeiten durch. Hilfreich ist eine ergänzende Übersicht mit Angaben zu den Wuchshöhen, Blütezeiten, Farben, Pflanzabständen und Stückzahlen. Steht zum Schluss der optimale Pflanzplan, lässt sich so eine Tabelle leicht in eine praktische Einkaufsliste umwandeln.

Pflanzengruppe mit Leit-, Begleit- und Füllpflanzen

Sicherlich gibt es längst auch schon modernere digitale Möglichkeiten ganz ohne Papier und Stifte. Gartenplaner- oder Beetplaner-Apps finden sich auf Webseiten im Internet ebenso wie als käufliche Software. Allerdings: Wenn Sie in diesem Buch das Kapitel „Mit Blumen gestalten" sowie die Gestaltungsbeispiele überfliegen, können Sie erahnen, dass gute Apps viel leisten müssen. Einerseits sollten sie mit viel praxiserprobtem Fachwissen gefüttert sein, andererseits auch clever programmiert und leicht bedienbar … und dabei für alle möglichen Gartensituationen, Beettypen und Gestaltungswünsche etwas zu bieten haben. Für den Einstieg können aber auch einfacher gestrickte Programme hilfreich sein und zum Beispiel mit der guten alten „Papierlösung" kombiniert werden. Vorteilhaft sind in jedem Fall übersichtliche, nicht zu kleine Bildschirme – Beetplanung auf dem Smartphone ist nicht sehr komfortabel.

GESTALTUNGS-BEISPIELE

DUFTENDER BLUMENSPASS

Rabattenbreite: 1 m (entlang einer 3,5 m tiefen Terrasse)
Standort: sonnig; normaler, nährstoffreicher Gartenboden

Unser Gestaltungsplan zeigt einen Ausschnitt aus einer Rabatte, die eine Terrasse zur Seite hin säumt. Sie läuft dann weiter „ums Eck" bis zur Treppe, die in den Garten führt. Die Bepflanzung kann um den Rest der Terrasse herum entsprechend weitergeführt und nach Belieben variiert werden. Ein Highlight: Die Einjährigen wie Zinnien und Schmuckkörbchen blühen genau dann, wenn man am häufigsten draußen sitzt, und das in unermüdlicher Fülle und mit unzähligen Farbnuancen. Ausdauernde Leitpflanzen dieser Kombination sind Beetrosen und Königslilien, die zugleich die Grundgedanken vorgeben:

- Fröhliche, warme Farben, die durch weiße Blüten aufgelockert werden.
- Ein hoher Anteil an weißen und gelben Blüten, die auch spätabends noch das Auge erfreuen, weil sie selbst im Dunkeln Laternen- und Mondschein reflektieren.
- Duftende Blüten, die am Sitzplatz die Nase verwöhnen, sowohl tagsüber (Rosen, Duftwicken, Duftsteinrich, Löwenmäulchen) als auch abends (Königslilien).

Seitlich schirmt ein Rankgitter die Terrasse ab, im Anschluss daran übernehmen weithin leuchtende Sonnenblumen den Sichtschutz. Am Rankgitter sorgen die üppig kletternden Prunkwinden dafür, dass auch Blautöne nicht zu kurz kommen, zum Garten hin übernehmen als Einfassung gepflanzte Männertreu diesen Part. An der Treppe und am Terrassenrand werden sie vom wohlriechenden Duftsteinrich abgelöst. Schmuckkörbchen füllen die Flächen zwischen Rosen und Lilien mit einem bunten Blütenmeer, Zinnien untermalen die Rosen mit kräftigen Farbkontrasten, zwei kleine Gruppen aus Löwenmäulchen setzen besondere Akzente.

SCHÖNE VARIANTE

Wenn Sie überall kleine Grüppchen von Blumenzwiebeln (zum Beispiel Krokusse, Narzissen, Tulpen) dazwischenstecken, zeigt diese Rabatte schon ab März Farbe – erst recht, wenn Sie zweijährige Frühjahrsblüher wie Stiefmütterchen, Tausendschön und Vergissmeinnicht hinzugesellen. Wenn diese im Mai verblüht sind, werden sie abgeräumt und durch die Sommerblüher ersetzt.

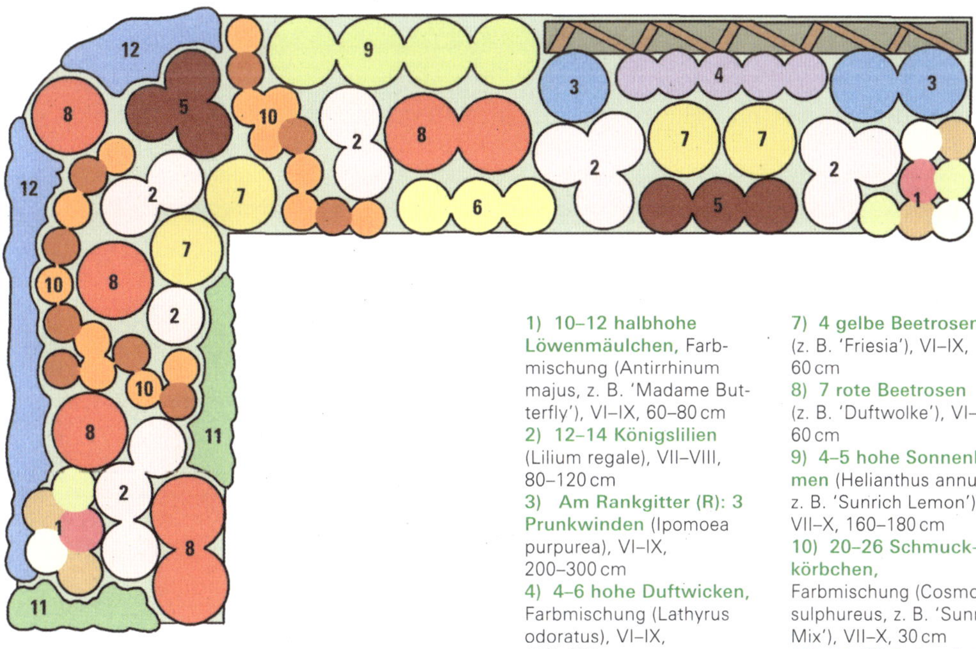

1) 10–12 halbhohe Löwenmäulchen, Farbmischung (Antirrhinum majus, z. B. 'Madame Butterfly'), VI–IX, 60–80 cm
2) 12–14 Königslilien (Lilium regale), VII–VIII, 80–120 cm
3) Am Rankgitter (R): 3 Prunkwinden (Ipomoea purpurea), VI–IX, 200–300 cm
4) 4–6 hohe Duftwicken, Farbmischung (Lathyrus odoratus), VI–IX, 150–200 cm
5) 6 rote Zinnien (Zinnia elegans, z. B. 'Profusion Cherry'), VII–X, 30 cm
6) 3 gelbe Zinnien (Zinnia elegans, z. B. 'Profusion Yellow'), VII–X, 30 cm
7) 4 gelbe Beetrosen (z. B. 'Friesia'), VI–IX, 60 cm
8) 7 rote Beetrosen (z. B. 'Duftwolke'), VI–IX, 60 cm
9) 4–5 hohe Sonnenblumen (Helianthus annuus, z. B. 'Sunrich Lemon'), VII–X, 160–180 cm
10) 20–26 Schmuckkörbchen, Farbmischung (Cosmos sulphureus, z. B. 'Sunny Mix'), VII–X, 30 cm
11) 14–22 Duftsteinrich (Lobularia maritima), VI–X, 10–20 cm
12) 18–24 Männertreu (Lobelia erinus), V–IX, 10–20 cm

Ansicht im Juli

STAUDENPRACHT IM FARBDREIKLANG

Beetgröße: 4 m x 2 m
Standort: sonnig; normaler, nährstoffreicher Gartenboden

Blau, Gelb, Rot: Mit diesem kraftvollen Farbdreiklang kann Sie das hier vorgestellte, sonnige Staudenbeet vom Frühling bis in den Herbst immer wieder erfreuen. Den Auftakt machen ab März gelbe Narzissen mit frühen und mittelfrühen roten Tulpen, Blausternen und Traubenhyazinthen. Für diese sind ein größeres „Band" in der hinteren Beetmitte sowie ein paar Fleckchen zwischen den Stauden reserviert. Wenn ihre Blätter nach der Blüte welken, sind sie zwischen den heranwachsenden Stauden kaum noch zu sehen (nach dem Einziehen markieren Sie ihre Plätze dezent mit Stöckchen).

Im April gesellen sich die blauen Blütchen des Kaukasus-Vergissmeinnicht hinzu und leiten über zum großen Sommerauftritt der Rittersporne, Lupinen und Goldgarben. Dabei verdecken die späten Blüher zunehmend die früheren (zum Beispiel den zwischendurch einziehenden Türkenmohn) zur Hauptblickrichtung hin.

Bis zur Nachblüte des Rittersporns im Frühherbst (nach dem ersten Flor zurückschneiden) sorgen unter anderem Storchschnabel, Rudbeckie und Indianernessel dafür, dass der Farbdreiklang auch im Spätsommer weiterhin kräftig ertönt. Ab September übernehmen dann die Glattblattastern von den Ritterspornen das Zepter der Leitstauden und lassen zusammen mit den Rudbeckien den Herbst in Blau-Gelb ausklingen.

SCHÖNE VARIANTEN

- Obwohl das Beet ab März „durchblüht", hat es einen starken Schwerpunkt im Spätsommer und Frühherbst. Wenn Ihnen mehr Blütenpracht im Mai und Juni lieber ist, können Sie einige der Spätblüher beispielsweise durch rote Pfingstrosen sowie blaue und gelbe Bartiris ersetzen.
- Und falls Ihnen das Ganze doch zu bunt wird, lassen sich die roten Blüher sehr schön durch weiße austauschen, etwa durch Phlox, Margerite, Schafgarbe und Indianernessel in weißen Sorten. In dieser Variante macht sich dann auch eine markante Beet- oder kleine Strauchrose als einziges rotes „Prunkstück" in der hinteren Beetmitte ganz hervorragend.

1) 2 Lupinen (Lupinus-Polyphyllus-Hybriden, z. B. 'Mein Schloss'), VI–VIII, 80–100 cm
2) 3 Rittersporne (Delphinium-Hybriden, z. B. 'Augenweide', 'Blue Lace', 'Finsteraarhorn'), VI–VII/IX, 140–180 cm
3) 6 Goldgarben (Achillea filipendulina 'Parker'), VI–IX, 120 cm
4) 3 Türkenmohne (Papaver orientale, z. B. 'Türkenlouis'), V–VI, 80 cm
5) 2 Glattblattastern (Aster novi-belgii, z. B. 'Dauerblau'), IX–X, 120–150 cm
6) 8 Rudbeckien (z. B. Rudbeckia fulgida var. sullivantii 'Goldsturm'), VII–X, 60–80 cm
7) 3 Indianernesseln (Monarda-Hybriden, z. B. 'Squaw'), VII–IX, 100–120 cm
8) 4 Kaukasus-Vergissmeinnicht (Brunnera macrophylla, z. B. 'Jack Frost' mit silbrigen Blättern), IV–VI, 30–50 cm
9) 8–10 niedrige Kokardenblumen (Gaillardia-Hybriden, z. B. 'Kobold'), VII–IX, 30 cm
10) 8–10 niedrige Mädchenaugen (z. B. Coreopsis verticillata 'Zagreb'), VI–IX, 30 cm
11) 4–6 niedrige Storchschnäbel (Geranium-Hybride 'Blue Sunrise', gelbgrünes Laub), VI–IX, 30–40 cm,
12) Pflanzflächen für gelbe Narzissen, rote Tulpen, Blausterne und blaue Traubenhyazinthen; alternativ mit niedrigen Begleit- und Füllstauden bepflanzen, z. B. Storchschnabel, Polsterphlox, Sommersalbei

Ansicht im Juli

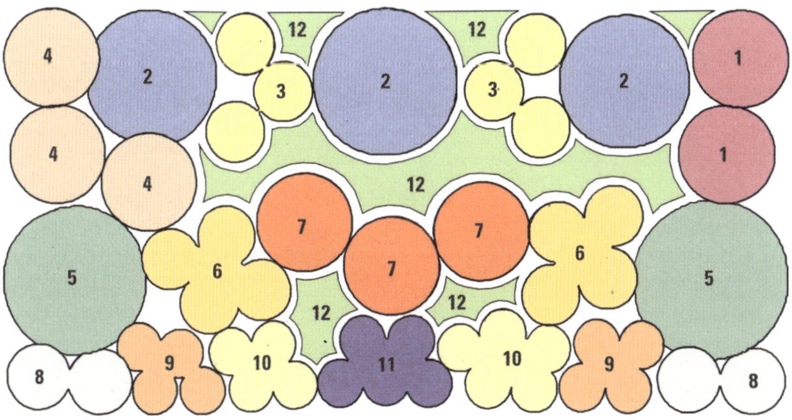

SCHMUCKSTÜCK IM HALBSCHATTEN

Beetgröße: 2,5 m x 2 m
Standort: halbschattig oder absonnig; humoser, neutraler bis kalkarmer Boden

Wo nur vor- oder nachmittags die Sonne hinfällt, wo das lichte Blätterdach von Gehölzen nur einen Teil der Strahlen durchlässt, wo Gartenpartien zwar nicht stark beschattet sind, aber kaum direkte Sonne abbekommen – da haben Astilben, Funkien, Herbstanemonen und schattentolerante Glockenblumen ihren großen Auftritt. Hier dominieren rosa, violette, bläuliche und aufhellende weiße Blütentöne und malen ein dezentes, aber bezauberndes Bild. Das lässt sich wunderbar mit dem attraktiven Laub der Funkien unterstreichen, die mit vielfältigen Blattfarben und -zeichnungen zu den besonderen „Stars" dieses Beetes gehören.

Unser Gestaltungsplan nutzt bei den Astilben nicht nur deren unterschiedliche Höhen, sondern auch die etwas variierenden Blütezeiten der Sorten. So sorgen die frühen Astilben im Verein mit Glockenblumen für einen Blütenhöhepunkt im Sommer, den die späten Astilben zusammen mit den Japananemonen ohne Unterbrechung in den Herbst hinein verlängern. Für erste Farbtupfer ab dem späten Frühjahr sorgen eingestreute Akeleien und Gämswurz, die nach der Blüte weitgehend hinter den Astilben verschwinden. Unterstützt werden die Frühblüher durch Bergenien und kleine Duftveilchen im Vordergrund. Diese bleiben auch nach dem Verblühen mit ihren hübschen Blättern ansprechend, die Bergenien sogar über Winter.

SCHÖNE VARIANTEN

- Das Beet ist für eine mittelgroße Rechteckfläche ausgelegt, kann aber auch leicht zu einer gestreckten Rabatte ausgedehnt werden. In dem Fall bietet es sich an, die Funkien und die Frühsommerblüher (Akeleien und Gämswurz) weiter nach hinten zu setzen und zwischen den hohen Astilben, Glockenblumen und Japananemonen einzustreuen. Dadurch lässt sich die Tiefe auf etwa 1,5 m reduzieren, sodass sich die Rabatte als recht schmales, abwechslungsreiches Band an Strauchgruppen oder Mauern entlang zieht.
- Für eine lange Rabatte oder ein größeres Beet können auch weitere Pflanzen ergänzt werden. Sehr schön passen zum Beispiel Eisenhut, Fingerhut, Elfenblume, Frauenmantel, Kaukasus-Vergissmeinnicht, Christrose und Japangras (Hakonechloa macra).

1) 2 früh blühende hohe Gartenastilben (Astilbe x arendsii, z. B. 'Amethyst'), VII–VIII, 100 cm
2) 2 spät blühende hohe Gartenastilben (Astilbe x arendsii, z. B. 'Cattleya'), VIII–IX, 100 cm
3) 2 früh blühende niedrige Gartenastilben (Astilbe x arendsii, z. B. 'Brautschleier', 'Fanal'), VII–VIII, 60–70 cm
4) 4 spät blühende niedrige Gartenastilben (Astilbe x arendsii, z. B. 'Anita Pfeifer', 'Augustleuchten'), VIII–IX, 60–70 cm
5) 3 Riesenglockenblumen (Campanula lactiflora 'Superba'), VI–VIII, 80–100 cm
6) 2 dunkelrosa Japananemonen (Anemone hupehensis var. japonica, z. B. 'Bressingham Glow'), VII–X, 80–110 cm
7) 1 weiße Japananemone (Anemone hupehensis var. japonica, z. B. 'Honorine Jobert'), VII–X, 90–110 cm
8) 1 Weißrandfunkie (z. B. 'Francee'), VI–VII, 40–70 cm
9) 2 kleine, weißblättrige Funkien (Hosta-Hybride 'Fire and Ice'), VII–VIII, 30–40 cm
10) 1 gelbgrüne Funkie (z. B. Hosta-Hybride 'Paul's Glory'), VI–VII, 50–70 cm
11) 1 Blaublattfunkie (z. B. Hosta-Hybride 'Halcyon'), VII–VIII, 40-50 cm
12) 6 blaue Akeleien (Aquilegia vulgaris), V–VI, 50–60 cm
13) 6–8 kleine Gämswurz (Doronicum orientale, z. B. 'Little Leo'), IV–V, 25–35 cm
14) 2 rosa Bergenien (Bergenia cordifolia), IV–VI, 30–45 cm
15) 9–11 blauviolette und weiße Duftveilchen (Viola odorata), III–V, 10–15 cm

Ansicht im August

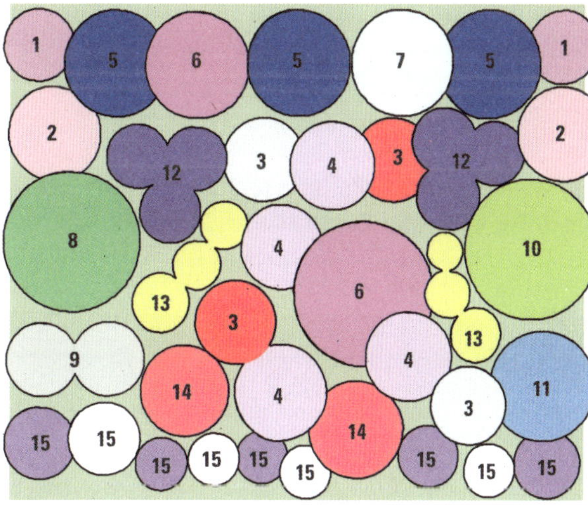

BUNTE BORDÜRE MIT STIL

Rabattengröße: 5 m x 1,5 m
Standort: sonnig; normaler, nährstoffreicher Gartenboden

Diese wegbegleitende Rabatte ist von den englischen „Mixed Borders“ inspiriert. In solchen lang gestreckten Beeten werden Stauden und Gehölze miteinander kombiniert, auch Sommer- und Zwiebelblumen können dazukommen. Ziel ist eine Bepflanzung, die das ganze Jahr über etwas zu bieten hat. Das Gestaltungsbeispiel folgt allerdings keinen strengen Stilvorlagen, sondern setzt das Ganze eher leger um.

Mixed Borders werden meist als einseitige Rabatten angelegt, oft mit hohen Sträuchern oder Bäumen im Hintergrund. Wenn aber wie hier eine „schlanke“ Rabatte einen Hauptweg mitten im Garten säumt, soll sie nicht die Sicht versperren und von allen Seiten her ansprechend wirken. Deshalb sind die höchsten Pflanzen nur etwa einen Meter hoch und entlang der Mittellinie angeordnet.

Ein bewährter Kunstgriff, trotz vielseitiger Bepflanzung einem kunterbunten Mischmasch vorzubeugen, ist die Gliederung in Farbgruppen: Hier wechseln sich Bereiche mit weißen, gelben, rosa und blauvioletten Blüten ab und gehen ineinander über. Ruhepunkte in diesem Farbenfluss sind Buchsbäumchen und Silberährengräser, die auch über den Winter attraktiv bleiben. In Gegenden, in denen öfter der Buchszünsler auftritt, bietet sich anstelle von Buchs zum Beispiel der Löffel-Ilex (Ilex crenata) ‚Dark Green‘ an.

Dazu gesellen sich winterblühende Schneeheiden, deren Flor bis ins Frühjahr andauert. Im Frühling künden sie zusammen mit Krokussen, Narzissen und Traubenhyazinthen schon die jeweiligen Grundtöne der Farbflächen an. Die Hauptblütezeit beginnt im Frühsommer und hält bis in den Herbst hinein an. Dabei spielen Rosen und Fingerstrauch als ausdauernde Blüher eine „tragende Rolle“.

SCHÖNE VARIANTEN

- Eine reizvolle Alternative zu den niedrigen Stauden, die rundum als Einfassung dienen, sind Duftpflanzen, besonders am Wegrand: vom einjährigen Duftsteinrich bis hin zu Kräutern wie Thymian und Ysop.
- Wird die Rabatte noch länger gezogen, kann ein roter Bereich, der vom Rosa zum Blau überleitet, das Farbenspiel wundervoll ergänzen. Mit Türkischem Mohn und späten Tulpen beispielsweise lässt sich die Bepflanzung dann schon ab Mai durch auffälligen Flor bereichern.

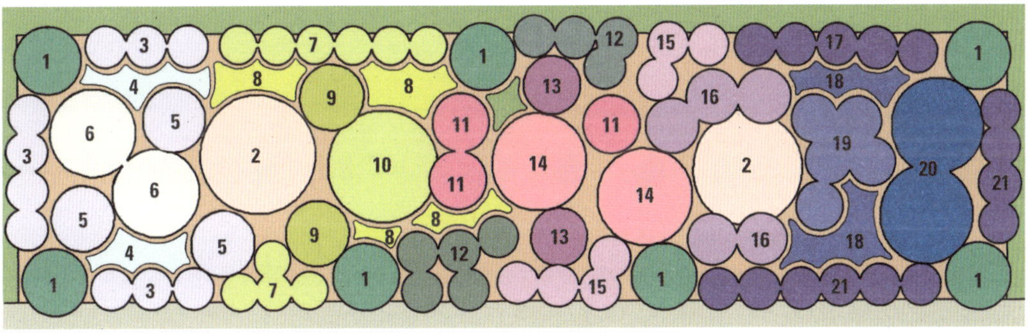

1) 7 Buchsbäumchen (Buxus sempervirens 'Blauer Heinz'), 30–40 cm
2) 2 Silberährengräser (Stipa calamagrostis), VII–IX, 60–80 cm

Weißer Bereich:
3) 10–12 Karpatenglockenblumen (Campanula carpatica 'Weiße Clips'), VI–VIII, 20–30 cm
4) 20–30 weiße Krokusse (Crocus vernus 'Jeanne d'Arc'), III–IV, 10 cm
5) 3 hohe Phlox (Phlox paniculata, z. B. 'Anne'), VII–IX, 80–100 cm
6) 2 Strauchrosen 'Schneewittchen', VI–X, 100–120 cm

Gelber Bereich:
7) 10–12 Goldfetthennen (Sedum floriferum 'Weihenstephaner Gold'), VI–VII, 10–20 cm
8) 20–30 Narzissen (z. B. Narcissus cyclamineus 'Tête a Tête'), III–IV, 20–30 cm
9) 2 Schmuckdahlien (z. B. Dahlia 'Golden Emblem'), VII–X, 80–100 cm
10) 1 kleiner Fingerstrauch (Potentilla fruticosa 'Kobold'), VI–X, 60–80 cm

Rosa Bereich:
11) 3 hohe Phlox (Phlox paniculata, z. B. 'Bright Eyes'), VII–IX, 80–100 cm
12) 9–11 winterblühende Schneeheiden (Erica herbacea, z. B. 'Winter Beauty'), XII–IV, 15–30 cm, dazwischen Sternhyazinthen (Chionodoxa), III–IV, 15–20 cm
13) 2 Päonienblütige Dahlien (z. B. Dahlia 'Classic Giselle'), VII–X, 70–90 cm
14) 2 kleine rosa Strauchrosen (z. B. 'Zaide') oder hohe Beet- oder Edelrosen, VI–IX/X, 80–140 cm
15) 7–9 Blutstorchschnäbel (Geranium sanguineum, z. B. 'Elke'), V–IX, 20–30 cm

Blauer Bereich:
16) 5 Lavendel (Lavandula angustifolia, z. B. 'Hidcote Blue'), VI–IX, 30–50 cm
17) 5–6 Hängepolster-Glockenblumen (Campanula poscharskyana, z. B. 'Stella'), VI–IX, 15–25 cm
18) 20–25 Breitblättrige Traubenhyazinthen (Muscari latifolium), IV–V, 20 cm
19) 5 Pfirsichblättrige Glockenblumen (Campanula persicifolia, z. B. 'Grandiflora Coerulea'), VI–VII, 80–100 cm
20) 2 Bartblumen (Caryopteris x clandonensis, z. B. 'Heavenly Blue'), VIII–IX, 60–80 cm
21) 10–12 Karpatenglockenblumen (Campanula carpatica 'Blaue Clips'), VI–VIII, 20–30 cm

Ansicht im Juli

MUNTERES BAUERNGARTEN-FLAIR

Rabattenbreite: 70–80 cm
Standort: sonnig (aber nicht prallsonnig); normaler, nährstoffreicher Gartenboden

Die Stauden und Sommerblumen in diesem Gestaltungsplan vermitteln schon einen Hauch von Bauerngarten-Charme, wenn sie in separaten Beeten zusammengepflanzt werden. Ihren idealen Auftritt haben sie aber beim Nutzgarten im traditionellen Einklang von Blumen, Gemüse und Kräutern.

Die Bepflanzungsskizze zeigt einen etwa 15 Quadratmeter großen Ausschnitt aus einem Gemüsegärtchen, das rundum durch einen niedrigen Zaun vom Rest des Gartens abgetrennt wird. Über den Zugang zum Hauptweg, der hier nur angedeutet ist, spannt sich ein breiter, hoher Rankbogen mit einer schönen Kletterrose. Damit genug Platz für die Gemüsebeete (mit der praktischen Arbeitsbreite von 1,2 m) sowie für Pflegepfade bleibt, beschränkt sich die umrahmende Rabatte auf 70–80 cm Tiefe – gerade so viel, dass sich in der Ecke eine majestätische Pfingstrose unterbringen lässt. Für Farbtupfer in den Beeten sorgen eine schmale Bordüre aus Studentenblumen und stattliche Stockrosen, die an ihren Beeteckplätzen zugleich markant den Hauptweg säumen.

Ihren ersten Blütenschwerpunkt hat diese Bepflanzung im Mai und Juni; also dann, wenn es im Gemüsegarten täglich etwas zu tun gibt. Margeriten, Ringelblumen, Fetthennen & Co. gewährleisten, dass auch das Gießen im Sommer und die letzten Ernten im Herbst stets von ansprechendem Flor begleitet werden.

SCHÖNE VARIANTEN

- Die Gestaltungsidee kann je nach Größe des Gemüsegartens durch Wiederholung der Pflanzengruppen beliebig ausgedehnt werden. Ebenso kann man sie auf der gegenüberliegenden Seite des Hauptwegs entsprechend spiegeln. Für noch mehr Abwechslung in längeren Rabatten gibt es zahlreiche passende Kandidaten, etwa Akelei, Bergflockenblume, Herbstastern und -chrysanthemen, Lupine, Schafgarbe und Sonnenhut.
- „Klassische" Gestaltungselemente, um in einem größeren Nutzgarten den Bauerngarten-Stil noch stärker zu betonen, sind niedrige Einfassungshecken aus Buchs und ein zentrales Rondell, das von einer Strauchrose geziert wird.

1) 1 Pfingstrose (Paeonia lactiflora, z. B. 'Dancing Butterflies'), V–VI, 70–90 cm
2) 2 Rittersporne (Delphinium-Belladonna-Hybriden, z. B. Atlantis, 'Völkerfrieden'), VI–VII/IX, 80–120 cm
3) 10–12 niedrige Ringelblumen (Calendula officinalis, z. B. 'Fiesta Gitana'-Mischung), VII–X, 30–40 cm
4) 5 Margeriten (Leucanthemum-Maximum-Hybriden),VII–VIII, 70–80 cm
5) 3 Türkenmohne (Papaver orientale, z. B. 'Türkenlouis'), V–VI, 70–80 cm
6) 5 Feinstrahlastern (Erigeron-Hybriden, z. B. 'Dunkelste Aller'), VI–VIII, 40–60 cm ,
7) 3–4 Schwarzäugige Susanne (Thunbergia alata), V–X, bis 200 cm
8) 6 mittelhohe Bartiris (Iris Barbata-Media-Gruppe) in verschiedenen Farben, V–VI, 50–60 cm
9) Kräuter, z. B. Salbei, Thymian, Zitronenmelisse
10) 4 Fetthennen (Sedum spectabile, z. B. 'Carl'), VIII–IX, 30–50 cm
11) 3–4 rankende Kapuzinerkressen (Tropaeolum majus), VII–X, bis 200 cm
12) Niedrige Studentenblumen (Tagetes patula), VI–IX, 20–30 cm , Anzahl je nach Beetgröße
13) In jedem Beet eine **Stockrose** (Alcea rosea), in verschiedenen Farben, VII–IX, 120–160 cm
14) Kletterrose (z. B. 'New Dawn'), die über den Rosenbogen am Eingang gezogen wird; VI–X, bis 300 cm

In den Gemüsebeeten:
(a) Kopfsalat (b) Zwiebeln (c) Tomaten (d) Buschbohnen (e) Kohlrabi (f) Lauch

Ansicht im Juli

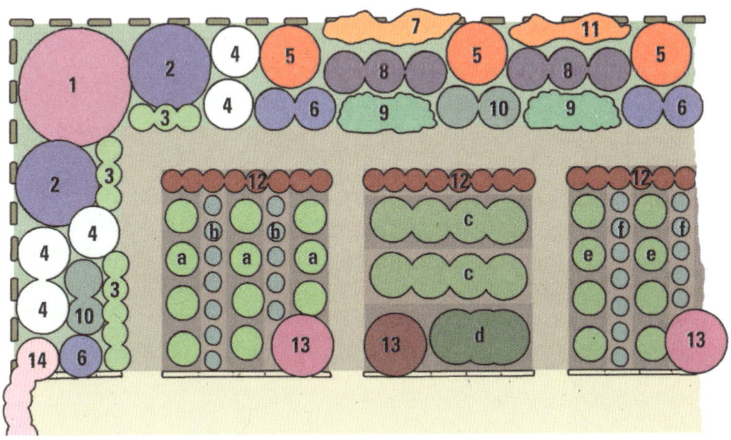

LOCKERE PFLANZUNGEN Charmante Blütenfreuden: Dass sich fast überall ein Platz für hübsche Blüten findet, macht uns die Natur vor – wobei wir die zähesten Blüher teils als „Unkräuter" wahrnehmen.

Doch das plötzliche, unerwartete Aufblühen von Wildpflanzen an selbst gewählten Plätzen hat auch seinen besonderen Reiz. Ganz so spontan muss es bei im Garten gehegten Blumen nicht zugehen. Aber viele Pflanzen wirken am schönsten, wenn sie in eher legerer Weise angeordnet werden und sich hier und da auch von selbst ausbreiten dürfen.

AUSBRUCH AUS DEM BEET

Blütenzierden jenseits von Beetgrenzen: Das ist vor allem die Domäne von Stauden, die züchterisch höchstens mäßig beeinflusst wurden. Hierfür bieten sich heimische Wildblumen und Wildstauden an (Seiten 43, 121), für sonnige Standorte außerdem sogenannte Klimastauden (Seite 38); zum Beispiel für trockene Plätze, die sich steppenähnlich anlegen lassen.

Zu den Stauden gehören in diesem Sinne auch viele kleine, meist im Frühjahr blühende Zwiebel- und Knollenblumen wie Schneeglöckchen, Vorfrühlings-Alpenveilchen und Wildtulpen. Sie sind in Lebensbereichen wie Gehölzrand oder Steinanlagen oft besser aufgehoben als in Beeten und präsentieren sich reizvoll in locker verteilten Trupps, die sich mit der Zeit zu kleinen Teppichen ausbreiten.

Ähnlich können auch viele Stauden in Grüppchen verstreut gepflanzt werden, etwa hier und da am Rand einer Strauchgruppe oder an einer kleinen Steinanhäufung an der Terrasse. Mehr oder weniger großflächig werden dagegen die gerade in „Problemzonen" oft sehr hilfreichen, genügsamen Bodendecker wie Stachelnüsschen und Taubnessel gepflanzt.

Vor allem auf Freiflächen, am Gehölzrand und Wasserrand lassen sich mit Stauden wie Alpenmannstreu, Goldrute, Eisenhut und Waldgeißbart attraktive beet- und rabattenähnliche Pflanzungen anlegen.

Dazu passen unregelmäßige Umrisse und Ränder am besten, auch nicht allzu akkurat ausgeführte Rechteck-, Kreis- oder Ovalformen kommen infrage.

Für eine Einfassung passen am besten große Natursteine, Kiesel und unregelmäßig geformte Natursteinplatten. An den Rändern sind locker wallende Polster und kriechende Kleinstauden besonders willkommen. Sie dürfen sich auch in den Fugen angrenzender Wegplatten ausbreiten.

Auch bei solchen Pflanzflächen helfen grundsätzlich die allgemeinen Kombinationstipps zu Blütezeiten (Blütezeitenkalender auf den Umschlagklappen) sowie Farben und Formen (siehe Seiten 44–48). Die Wuchs- und Blattformen spielen hier eine noch etwas größere Rolle, da viele dieser Arten nicht ganz so prachtvoll blühen wie Beetstauden. Dafür warten sie oft mit zierenden Samenständen auf, die selbst noch im Winter ansprechend wirken. Bei der Anordnung der Pflanzen kann man sich am Prinzip der Gruppenbildung orientieren, für den Gehölzrand auch ein wenig an der Höhenstaffelung (siehe Seite 53) – beides in entsprechend „lockerer" Interpretation und Umsetzung.

Wildblumenwiese

BUNTER WIESENFLOR

Wiesenbilder in Saatgut-Prospekten, auf Webseiten und Samenpäckchen sind oft geradezu bezaubernd. So leuchten zum Beispiel die bunten Blüten von Klatschmohn, Ringelblume, Kornblume, Tagetes und Margerite um die Wette. Das lässt sich mit guter Beetvorbereitung und etwas Glück auch im Garten genießen – zumindest im Jahr der Aussaat. Doch im nächsten sind die schönsten Blumen meist schon verschwunden. Nicht selten machen sich dann Breitwegerich, Disteln, Quecke und Giersch breit. Ähnlich kann es einem gehen, wenn man Rasen einfach verwildern lässt. Dann bleibt es meist nicht nur bei den gern gesehenen Gänseblümchen, Schafgarben oder Hahnenfußarten.

Dass sich Wiesengesellschaften je nach Standortbedingungen entwickeln und mit der Zeit verändern, gehört dazu. Aber wenn nur einjährige, kurzlebige Blumen gesät werden, geschieht das besonders schnell und stark – erst recht, wenn der Boden nährstoffreich ist. Deshalb wird öfter empfohlen, diesen durch Einarbeiten von Sand und Düngerverzicht „auszuhungern“. Das kann aber mehrere Jahre dauern. Und trotzdem siedeln sich dann häufig wieder Arten an, die man als Unkräuter kennt und die mit dem Klimawandel ebenso gut zurechtkommen wie mit kargen Böden: Ackerwinde, Kreuzkraut, Gänsefuß, Löwenzahn, dazu vermehrungsfreudige Neophyten wie Beifuß-Ambrosie (siehe Seite 23) und Stechapfel.

Zunehmend werden deshalb Wiesenmischungen angeboten, die neben Blumen viele Wildstauden enthalten. Diese können sich dauerhaft etablieren und unerwünschte Zuzügler eher unterdrücken. Gut bewährt haben sich sogenannte Regiosaatgut-Mischungen, jeweils zusammengestellt für verschiedene Standortverhältnisse: für magere, trockene Böden ebenso wie für recht nährstoffreiche oder feuchte bis nasse.

EIN HAUCH VON WALD

Rabattengröße: 4 m x 1,6 m
Standort: halbschattig bis schattig; humoser, neutraler bis leicht saurer Boden

Schattenverträgliche Stauden sind in Katalogen von Gärtnereien oft für den „Lebensbereich Gehölzrand" ausgewiesen. Was ein wenig nach nüchterner Ökologie klingt, kann einen besonderen Zauber im Garten entfalten. Im schattigen Umfeld von Bäumen und hohen Strauchgruppen gedeihen nur wenige Pflanzen, die ursprünglich meist in Wäldern zu Hause sind. Schon in einer recht schmalen Rabatte vermitteln solche Pflanzengesellschaften ein Flair, das tatsächlich an Waldlichtungen und -ränder erinnert.

Die vorgestellte Bepflanzung setzt überwiegend auf heimische Waldstauden. Silberkerzen, Glockenblumen und Pfauenradfarne fügen sich als einzige „Fremdlinge" problemlos und harmonisch ein. Der majestätische Waldgeißbart prägt, umrahmt von Blauen Eisenhüten, den schattigen Bereich direkt vor den Gehölzen. Im Vordergrund, wo etwas mehr Sonne hinfällt, bereichern Fingerhüte und Glockenblumen die Szenerie. Abgesehen von den rosa Blütchen der Taubnesseln, die sich schon ab Mai öffnen, beschränkt sich der Flor auf die Sommermonate. Auch außerhalb der Blütezeit bleibt die Gestaltung mit ihren charakteristischen Pflanzengestalten und Blattformen wirkungsvoll. Bleibt das herbstliche Falllaub der Gehölze zwischen den Stauden liegen, trägt es nicht nur zur naturnahen Anmutung bei: Es bewahrt auch die für solche Pflanzen stets nötige Bodenfeuchte und fördert beim Verrotten den Humusgehalt im Boden. Vorsicht: Mit Eisenhut und Fingerhut umfasst diese Bepflanzung gleich zwei hoch giftige Arten.

SCHÖNE VARIANTEN

- Wenn Sie die Blütezeit bis ins Spätjahr verlängern möchten, können Sie einige der Eisenhüte und Silberkerzen durch herbstblühende Arten (Herbsteisenhut, Lanzensilberkerze) ersetzen. Für passende Farbtupfer im Frühjahr sorgen beliebig eingestreute Schneeglöckchen, Winterlinge und Maiglöckchen.
- Als Ergänzungen für eine größere Rabatte bieten sich stattlichere Farne wie Königs- und Straußenfarn sowie Astilben an. Für die nicht ganz so schattigen Bereiche kommen zudem alle im Pflanzplan auf Seite 62 genannten Pflanzen infrage.

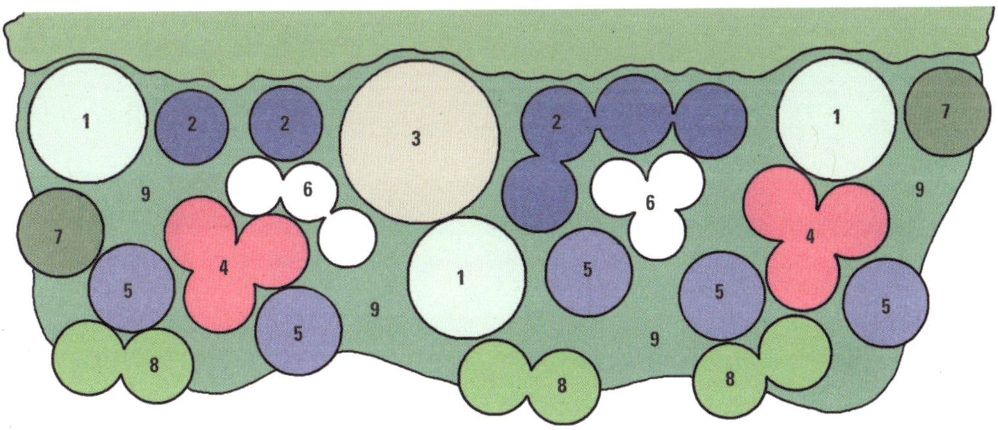

1) 3 Julisilberkerzen (Cimicifuga racemosa), VII–VIII, 150–200 cm
2) 6 Blaue Eisenhüte (Aconitum napellus), VII–VIII, 100–120 cm
3) 1 Waldgeißbart (Aruncus dioicus), VI–VII, 120–200 cm
4) 6 Rote Fingerhüte (Digitalis purpurea), VI–VII, 80–120 cm
5) 5 halbhohe Glockenblumen (z. B. Campanula lactiflora 'Prichard'), VI–VIII, 60–80 cm
6) 6 Schneemarbeln (Luzula nivea), VI–VII, 20–40 cm
7) 2 Pfauenradfarne (Adiantum pedatum), 40–50 cm
8) 6 Rippenfarne (Blechnum spicant), 30–40 cm
9) Taubnesseln (Lamium maculatum) als Bodendecker, V–VII, 15–25 cm; 12–20 Stück je m^2

Ansicht Ende Juli

FRÖHLICHE, ROBUSTE SONNENANBETER

Pflanzflächengröße: ca. 4 m x 2 m
Standort: vollsonnig; gut durchlässiger, mäßig nährstoffreicher Boden

Mit den zunehmend heißen und trockenen Sommern stellt sich immer öfter die Frage: Was gedeiht und sieht auch dort gut aus, wo die Sonne unbarmherzig hinknallt und man mit dem Gießen kaum noch nachkommt? Einige schöne Antworten darauf gibt dieses Gestaltungsbeispiel. Solche „Steppenbeete" kommen selbst auf recht trockenen, eher sandigen Böden gut zurecht. Auf schweren, zu Nässe neigenden Böden versagen allerdings auf Dauer die meisten dieser Pflanzen. Die Pflanzfläche hat einen annähernd ovalen Umriss und lässt sich als große „Insel" in einer Wiese und im Rasen einsetzen oder kann, umgeben von halbhohen Sträuchern und Hecken, einen sonnigen Vorgarten zieren. Sie ist von allen Seiten her ansprechend und mit lockerem Rhythmus ohne strenge Staffelung aufgebaut. So stehen die höheren Pflanzen nicht nur in der Mitte, sondern setzen wie die Lampenputzergräser teils auch im Randbereich markante Akzente.

Trockenheitsverträgliche Pflanzen schützen sich oft durch Blattbeläge oder -behaarung vor Verdunstung. Dadurch haben sie häufig bläuliche oder silbrig wirkende Blätter, was Gestaltungen dieser Art einen besonderen Charakter verleiht – sehr ausgeprägt zum Beispiel beim Wollziest, der außerhalb seiner Blütezeit als Blattschmuckstaude zur Geltung kommt. Auch an Blüten herrscht hier kein Mangel, angefangen im Frühjahr mit trockenheitsverträglichen Zwiebelblumen wie Netziris und Wildkrokussen über den prächtigen Frühsommerflor des Riesenzierlauch, die farbenfrohen Purpursonnenhüte, Fackellilien, Skabiosen und Schafgarben im Hochsommer bis hin zum Spätjahrsauftritt von Goldrute und Glattblattastern.

SCHÖNE VARIANTE

Je nach Fläche lässt sich die Bepflanzung durch zusätzliche sonnenliebende, trockenheitstolerante Stauden wie Storchschnabel, Prachtscharte, Ehrenpreis, Lavendel, Fetthenne, Bartiris, Blauschwingel, Steppenkerze (Eremurus) und Junkerlilie (Asphodeline) erweitern. Auch Kräuter und Steingartenpflanzen wie Thymian, Oregano und Blaukissen fügen sich hier gut ein. Achten Sie bei der Auswahl darauf, dass einige dieser Pflanzen einen deutlich kalkhaltigen Boden bevorzugen.

1) **2 Lampenputzergräser** (Pennisetum orientale 'Karley Rose'), VII–X, 70–90 cm
2) **9–12 niedrige Katzenminzen** (Nepeta × faassenii), VI–IX, 30–50 cm
3) **9–12 niedrige Wollziest** (Stachys byzantina), VI–VIII, 20–40 cm
4) **3 Alpenmannstreu** (Eryngium alpinum 'Blue Star'), VII–VIII, 70–80 cm
5) **7 Purpursonnenhüte** (Echinacea-Hybriden) in verschiedenen Farben, VII–IX, 70–100 cm
6) **3 Sommersalbei** (Salvia nemorosa), VI–IX, 40–60 cm
7) **3 Schafgarben** (Achillea millefolium, z. B. 'Excel'), VI–VIII, 50–80 cm
8) **6 mittelhohe, gelbe Fackellilien** (Kniphofia-Hybriden, z. B. Vanilla), VII–IX, 60–100 cm
9) **2 Glattblattastern** (Aster laevis 'Calliope'), IX–X, 100–120 cm
10) **1 Goldrute** (Solidago rugosa 'Fireworks'), VIII–X, 80–100 cm
11) **1 Riesenzierlauch** (Allium-Hybride 'Globemaster'), VI–VII, 80–100 cm
12) **7 Blaulauch** (Allium caeruleum), VI-VII, 40–50 cm
13) **3 Skabiosen** (Scabiosa caucasica, z. B. 'Perfecta'), VII–IX, 60–90 cm
14) **Weiß blühendes Teppichschleierkraut** (Gypsophila repens) als Bodendecker und Füllpflanze; V–VII, 10–30 cm; dazwischen nach Belieben Netziris (Iris reticulata) und Wildkrokusse (z. B. Crocus chrysanthus) für die Frühjahrsblüte

Ansicht im Juli

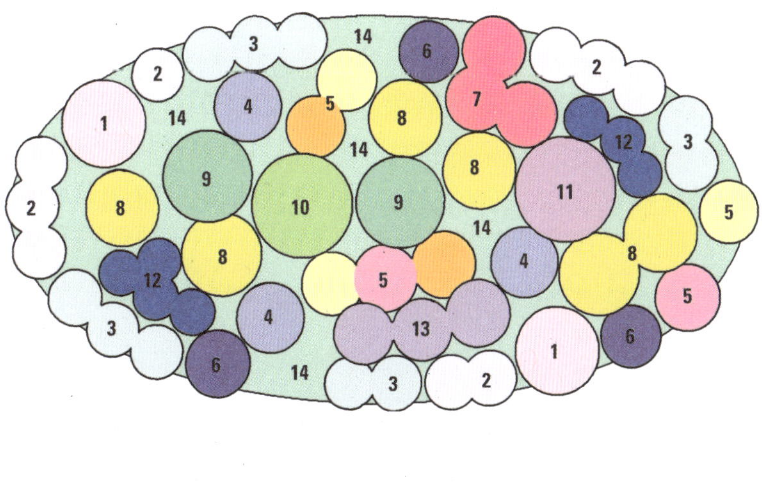

FARBENFROHE FRÜHLINGSGEFÜHLE

Früh blühende Zwiebel- und Knollenblumen können Beete und Rabatten bereichern oder auf großen, sorgfältig geplanten Flächen bunte Frühlingsornamente malen.

So kennt man das wohl in erster Linie aus manchen klassischen Schlossgärten oder Stadtparks. Im Hausgarten zeigen sie aber gerade in zwanglosen, naturnahen Pflanzungen oft ihren besonderen Charme.

Der Gestaltungsplan **Unterm Baum** (rechts) gruppiert Zwiebelblumen wie Schneeglöckchen und Winterlinge in ihrem „natürlichen Metier“: Unter laubabwerfenden Bäumen erhalten sie im Frühjahr genug Sonne, um zu wachsen, zu blühen und neue Reservestoffe in den Zwiebeln einzulagern. Danach überdauern sie, geschützt unterm schattigen Blätterdach, im Boden die Zeit bis zum nächsten Frühjahr.

Die hier verwendeten Zwiebel- und Knollenblumen können alle mit der Zeit verwildern und sich unterm Baum sowie im angrenzenden Rasen ausbreiten. Direkt unter der Baumkrone, wo Rasengräser kaum wachsen, sorgen Goldnesseln dafür, dass der Schattenplatz das ganze Jahr über ansehnlich bleibt.

Schon mitten im Winter eröffnen Christrosen den Blütenreigen, den die Zwiebelblumen dann von Februar bis April fortsetzen. Erst im Mai steigen die etwas höheren Hasenglöckchen ein, begleitet vom zartgelben Flor der Goldnesseln.

Die Frühjahrsblüher **Im Steingärtchen** (siehe Seite 76) mögen es stets sonnig und vertragen recht viel Trockenheit. Hier geben Botanische und Wildtulpen sowie Schneestolz den Ton an, der von den Hängepolstern von Blaukissen, Felsensteinkresse und Hängekresse trefflich untermalt wird.

Diese Bepflanzung konzentriert sich weitgehend auf die Frühjahrsblüher. Für den Rest des Jahres sind Pfingstnelken, Silberblatt-Ehrenpreis und Zwerg-Blauschwingel zuständig. Solch ein Frühjahrs-Steingärtchen kann als Teil einer größeren Steinanlage gestaltet oder auch als besonderer Blickfang in einer großen Staudenrabatte oder im Rasen platziert werden. Dann bieten sich für den Hintergrund passende sommerblühende Stauden an, zum Beispiel Kugeldistel und Sonnenhut.

UNTERM BAUM

Pflanzflächengröße: ca. 2,5 m x 2 m
Standort: halbschattig; humoser, gut durchlässiger Boden

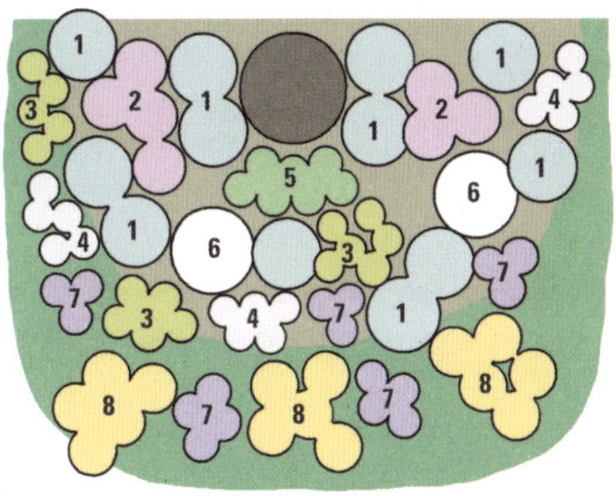

1) 10–15 Goldnesseln (Lamiastrum galeobdolon, gering wuchernde Sorte wie 'Silberteppich'), V–VI, 15–25 cm
2) 7 Vorfrühlings-Alpenveilchen (Cyclamen coum), II–III, 5–15 cm
3) 15–20 Winterlinge (Eranthis hyemalis), II–III, 10–15 cm
4) 15–20 Schneeglöckchen (Galanthus nivalis), II–III, 10–15 cm
5) 7–10 Hasenglöckchen (Hyacinthoides non-scripta), V–VI, 20–30 cm
6) 2 Christrosen (Helleborus niger), I–III, 20–30 cm
7) 15–20 Elfenkrokusse (Crocus tommasinianus), II–III, 5–15 cm
8) 15–18 Alpenveilchennarzissen (Narcissus cyclamineus, z. B. 'Jetfire'), III–IV, 20–25 cm

Ansicht im März

IM STEINGÄRTCHEN

Pflanzflächengröße: ca. 2,5 m x 2 m
Standort: sonnig; gut durchlässiger, eher magerer Boden

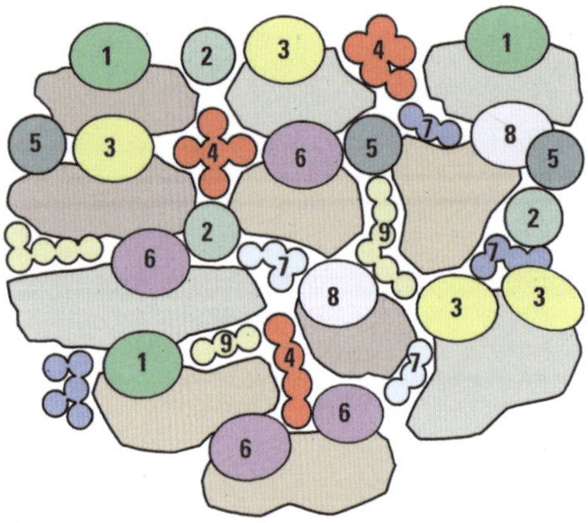

1) **3 Pfingstnelken** (Dianthus gratianopolitanus), V–VI, 5–10 cm
2) **3 Silberblatt-Ehrenpreis** (Veronica incana 'Silberteppich'), VI–VII, 15–25 cm
3) **4 Felsensteinkresse** (Aurinia saxatilis), IV–V, 20 cm
4) **12–16 rote Greigii-Tulpen** (Tulipa greigii, z. B. 'Rotkäppchen', Red Riding Hood), IV–V, 30 cm
5) **3 Zwerg-Blauschwingel** (Festuca valesiaca 'Zwergenkönig'), VI–VII, 10–20 cm
6) **4 Blaukissen** (Aubrieta-Hybriden), IV–V, 10 cm
7) **16–20 blaue und weiße Schneestolz** (Chionodoxa luciliae), III–IV, 10–15 cm
8) **2 Gänsekresse** (Arabis caucasica), IV–V, 10–20 cm
9) **12–18 Zwergsterntulpen** (Tulipa tarda), IV–V, 10–20 cm

Ansicht im April

BLUMENSCHMUCK IN TÖPFEN UND KÄSTEN

Auch wer über keinen Garten verfügt, erfreut sich gern an bunter Blütenfülle direkt am Haus – sei es auf der Terrasse, im Hof oder auf dem Balkon.

Mit Blumen in Töpfen und Schalen können Sie aber auch im Garten besondere Akzente setzen, etwa an einer Wegkreuzung oder mitten im Rasen. Mithilfe der Pflanzgefäße wird der Blumengarten „mobil“: So lassen sich die Pflanzen bei Bedarf leicht an einen anderen Platz umstellen, zum Beispiel, um empfindliche Blüten vor Dauerregen zu bewahren.

BLÜTENPRACHT AUCH OHNE TORF

Torf wird seit Langem als Bodenverbesserungsmittel im Garten genutzt und in großem Umfang auch für Substrate zum Kultivieren von Balkon- und Topfpflanzen. Der Torf wurde aber hauptsächlich durch den Abbau von alten Moorlandschaften „produziert“. In Deutschland konnten im Jahr 2023 immerhin vier Millionen Kubikmeter (m^3) Blumenerden vermarktet werden, davon waren aber erst 0,75 Millionen m^3 torffreie Produkte.

Dieser gewaltige Verbrauch hat zur Zerstörung vieler Moore geführt. So gingen einzigartige Lebensräume verloren, die sich höchstens mühsam und über lange Zeiträume renaturieren lassen. Zugleich werden beim Torfabbau große Mengen Kohlendioxid freigesetzt, was zur Klimabelastung beiträgt.

Zum Glück haben die Appelle von Natur- und Umweltschützern Wirkung gezeigt: Mehrere EU-Staaten wollen den Torfverbrauch stark reduzieren. In Deutschland soll bis 2026 gar kein Torf mehr für den Hobbygarten angeboten und die Nutzung im Erwerbsgartenbau stark reduziert werden.

Schon seit Jahren werden deshalb zunehmend torffreie Blumen- und Topferden angeboten, nicht nur in Garten- und Baumärkten, sondern auch in vielen Supermärkten. Solche Erden werden oft aus Grünschnittkompost, Rindenhumus und Holzfasern gewonnen. Dazu kommen zum Beispiel Sand, Bims, Lavagrus oder Perlite zum Durchlüften und Stabilisieren, außerdem meist organische Düngerzusätze. Es lohnt sich, verschiedene dieser Erden auszuprobieren, denn die Qualität kann recht unterschiedlich sein. Substrate aus Kokosfasern haben auch schon gute Ergebnisse gezeigt, haben aber einen großen Nachteil: Die Einfuhr ihrer Grundstoffe, meist aus Asien, verursacht sehr hohe Emissionen an Treibhausgasen.

Spezielle torffreie **Anzuchterden** werden meist auch als **Kräutererden** angeboten. Denn Kräuter brauchen ebenso wie zarte Keimlinge weitaus weniger Nährstoffe als Blumen-Jungpflanzen in der Wachstumsphase. Zu hohe Nährstoffgehalte können sogar den Samenaufgang beeinträchtigen.

Sind solche Erden als „Bio“ gekennzeichnet, heißt das nur, dass sie aus nachwachsenden Rohstoffen hergestellt sind. Wie diese produziert wurden, lässt sich kaum nachvollziehen. Mehr Aussagekraft hat das bekannte **RAL-Gütesiegel:** Das steht für sorgfältig geprüfte Qualität nach Kriterien wie Wasserspeichervermögen und Freiheit von Schadstoffen.

Torffreie Substrate sollten nicht allzu lang aufgehoben, sondern möglichst bald verwendet werden. Bis dahin empfiehlt sich eine kühle und trockene Lagerung. Liegen die Erdsäcke am Verkaufsort in der prallen Sonne, sieht man sich besser nach einem anderen Angebot um.

BALKONSTARS: SOMMER- UND ZWIEBELBLUMEN

Die Favoriten für Balkonkästen und Töpfe sind zweifellos die lang und prächtig blühenden **Sommerblumen** wie Pelargonien (Geranien), Petunien und Studentenblumen. An geschützten Plätzen auf Balkon und Terrasse können sich viele weitere Arten hinzugesellen, die ihre Attraktivität in Gefäßen meist weit besser entfalten als beim Auspflanzen im Beet: so etwa Elfenspiegel (Nemesia-Hybriden), Fuchsien (Fuchsia-Hybriden), Kapaster (Felicia amelloides), Mittagsgold (Gazania-Hybriden) und die herrlich duftende Vanilleblume (Heliotropium arborescens).

In Kästen am Geländer, erhöht aufgestellten Töpfen, Blumenampeln und Hängekörben kommen außerdem Arten und Sorten mit langen, herabwallenden Trieben hervorragend zur Geltung: beispielsweise Hängepelargonien, -petunien und -verbenen, Zauberglöckchen (Calibrachoa-Hybriden), Schneeflockenblume (Sutera diffusus) und der robuste Zweizahn (Bidens ferulifolia), der sich den ganzen Sommer über mit gelben Blüten übersät.

Dazu bereichern **einjährige Blattschmuckpflanzen** das Sortiment, etwa die Buntnessel (Solenostemon scutellarioides) mit rot, rosa oder gelb gemusterten Blättern und das Silberblatt (Senecio cineraria), das besonders gern in Herbstbepflanzungen eingesetzt wird.

Unter den **Zwiebel- und Knollenblumen** können zum Beispiel Lilien im ganzen Sommer wunderschön Töpfe zieren, niedrige Dahlien noch bis in den Herbst hinein. Geschätzte, recht winterharte Spätjahrsblüher sind außerdem die Herbst-Alpenveilchen (Cyclamen hederifolium), die selbst in Balkonkästen passen. Die größte Bedeutung haben allerdings, wie auch im Garten, die munteren Frühjahrsblüher wie Tulpen, Narzissen, Krokusse und Hyazinthen.

Im Verein mit **zweijährigen Sommerblumen,** etwa Tausendschön, Vergissmeinnicht und Stiefmütterchen, bringen sie in Kästen, Schalen und Töpfen den Frühling zum Leuchten.

Sie können die Zwiebeln bereits im Herbst in die erdgefüllten Gefäße stecken. Aber einfacher und schneller kommen Sie zur Blütenfreude, wenn Sie im Frühjahr die vielfach angebotenen, oft schon blühenden Pflanzen kaufen. Diese müssen sich allerdings zum Teil erst an die kühlen Temperaturen draußen gewöhnen. Kaufen Sie vorzugsweise Jungpflanzen, die am Verkaufsort im Freien aufgestellt sind. Nach der Blüte und dem Welken der Blätter können Sie die Zwiebeln und Knollen im Garten pflanzen; sie entwickeln sich dort aber nicht immer zufriedenstellend.

FÜR ALLE FÄLLE: STAUDEN

Auch Stauden spielen besonders bei der saisonalen Gefäßbepflanzung eine Rolle. Im Frühjahr allen voran die Kissenprimeln, die sehr gut mit Zwiebelblumen und zweijährigen Sommerblumen harmonieren; daneben zum Beispiel Tränendes Herz sowie Zwergherzblumen, die auch noch über Sommer blühen, und kompakte Sorten von Bergenie und Gämswurz.

Der Fachhandel bietet daneben noch einige spezielle Staudensorten für die Frühjahrsbepflanzung an, zum Beispiel von Schöterich (Erysimum) in verschiedenen kräftigen Blütenfarben, Schleifenblume (Iberis) in Weiß und Violett und Ehrenpreis (Veronica penducularis) mit hübschen blauen Blütchen.

Die große Staudenzeit auf Balkon und Terrasse ist seit jeher aber der Herbst: Kissenaster, Herbstchrysantheme, Besenheide und Purpurfetthenne zählen zu den wichtigsten Spätblühern in Gefäßen, und mit den Blüten von Schneeheide und Christrose lässt sich sogar noch der Winter verschönern.

Auch beim Herbstangebot haben Züchter das Sortiment um geeignete Topfstauden erweitert, beispielsweise mit Purpurglöckchen (Heuchera-Hybriden) und kompakt wachsendem Günsel (Ajuga reptans), der sich mit attraktiv getönten Blättern in verschiedenen Rotnuancen schmückt.

In Bepflanzungen, die bis zum Frühjahr etwas fürs Auge bieten sollen, werden Stauden oft mit kleinen immergrünen Laub- und Nadelgehölzen kombiniert, etwa mit Zwergwacholder, Buchs sowie Topfmyrte (Gaultheria mucronata) und Skimmie (Skimmia japonica), die neben hübschen immergrünen Blättchen auch lang haftende schmucke rote, rosa oder weiße Früchte zu bieten haben.

Natürlich können Stauden auch über Sommer Gefäße schmücken, an schattigen Plätzen etwa Zwergastilben und kleine Funkien sowie in der Sonne kompakte Sorten von Kokardenblume, Mädchenauge und Lavendel. Zur Dauerbepflanzung von großen Schalen und Trögen in der vollen Sonne eignen sich außerdem genügsame, winter- bis immergrüne Steingartenpflanzen, zum Beispiel Felsensteinkresse (Aurinia saxatilis), Goldfetthenne (Sedum floriferum) und Hauswurz (Sempervivum-Arten). Auch Kleinstauden wie beispielsweise Lavendel und Purpurfetthenne lassen sich gut auf Dauer in Gefäßen kultivieren. Andere dagegen halten es nicht allzu lang im Topf aus. Funkien zum Beispiel behagt die Topfexistenz oft nur wenige Jahre, und Christrosen werden am besten bald nach dem Verblühen in den Garten gesetzt. Typische Saisonblüher wie Kissenprimeln und Herbstchrysanthemen werden ohnehin meist nur für einen kurzen Auftritt im Gefäß gepflanzt. Ob sich danach ein Auspflanzen im Garten lohnt, hängt nicht zuletzt von der Sorte ab.

GEEIGNETE PFLANZGEFÄSSE

Pflanzgefäße für Blumen sind mehr als nur „Behältnisse": Sie können die Wirkung der Pflanzen beeinflussen und selbst zum Gestaltungs- beziehungsweise Dekoelement werden. Zugleich müssen sie aber auch den praktischen Erfordernissen genügen und den Pflanzenwurzeln eine möglichst gedeihliche Umgebung bieten.

- **Kunststoff** ist zwar nicht gerade das edelste Material, hat sich aber für Balkonkästen ebenso bewährt wie für Ampeln und Töpfe; denn er ist leicht, die Gefäße sind gut zu reinigen und – bei entsprechender Qualitätsware – bruch-, stoß- und frostfest.
- Gefäße aus **Ton und Terrakotta** wirken natürlich, können sehr ansprechend gestaltet sein und ermöglichen mit ihren porösen Wänden günstigen Gasaustausch und eine gute Wasserregulierung. Andererseits sind sie recht schwer, nur in hochpreisiger Terrakotta-Ausführung frostfest und machen öfter das Entfernen weißer Kalkablagerungen nötig. Glasierte Ton- und Keramikgefäße, die es in verschiedenen Farben gibt, sind oft frostbeständiger, aber hier entfällt der Vorteil der porösen Wandungen.
- Gefäße aus **Metall** sind stabil und frostfest, können sich allerdings je nach Material an sonnigen Plätzen stark erwärmen, sodass der Wurzelbereich regelrecht überhitzt wird.
- Als vorteilhafte, leichte, aber in guter Qualität auch recht teure Alternative werden Pflanzgefäße aus **Fiberglas** angeboten.
- Wo ein Gefäß seinen festen Stand hat und eventuell auch eine Dauerbepflanzung beherbergt, spielt das Gewicht keine entscheidende Rolle. Hierfür kommen große, breite Kübel zum Beispiel aus **Holz oder Eternit** ebenso infrage wie Tröge aus **Kunst- oder Naturstein.** Wichtig sind bei allen Gefäßen **Abzugslöcher** an den Unterseiten, durch die überschüssiges Wasser ablaufen kann. Das lässt sich noch verbessern, indem man Töpfe auf Kübelfüßen (im Fachhandel erhältlich) oder einem Lattenrost etwas erhöht aufstellt. Bei Ampeln allerdings ist herabtropfendes Wasser unerwünscht, weshalb nur manche Modelle mit Überlauföffnungen angeboten werden.
- Solche Probleme entfallen bei **Wasserspeichergefäßen,** die es als Ampeln ebenso gibt wie in Form von Blumenkästen, Töpfen und Kübeln. Hier dient der untere, durch eine Zwischenwand abgetrennte Teil als Wasserreservoir und gibt das Nass zum Beispiel über Ansaugkegel oder Lamellen nach und nach an die Erde im oberen Gefäßbereich ab. Gute Speichergefäße sind mit Wasserstandsanzeiger und Überlaufvorrichtung ausgestattet, sodass man sich bei rechtzeitigem Auffüllen des Reservoirs für mehrere Tage sorglos das Gießen sparen kann.

Die Gefäßgröße sollte so gewählt werden, dass die Wurzelballen darin bequem Platz finden und für das weitere Wachstum noch ein wenig „Spiel" haben. Mehrjährige Pflanzen können später, wenn nötig, in ein größeres Gefäß umgetopft werden. Sommerblumen werden in Balkonkästen oft ein wenig enger gesetzt als im Beet. Gute Blumenerde und ausreichendes Gießen und Düngen vorausgesetzt, verkraften sie das recht gut – wobei allerdings starkwüchsige Arten schwächer wachsende mit der Zeit überwuchern können. Für ein harmonisches Wachstum und eine vielfältige Gestaltung ist es vorteilhaft, etwas größere Kästen zu wählen und insbesondere nach Modellen Ausschau zu halten, die eine Tiefe von 18–20 cm bieten anstelle der üblichen 16 cm . Achten Sie schließlich bei allen Kästen und Ampeln auf eine stabile, windfeste Aufhängung und Anbringung, mithilfe entsprechender Kastenhalter beziehungsweise Wand- oder Deckenhalterungen.

BEISPIELE UND ANREGUNGEN

Die auf diesen Seiten vorgestellten Bepflanzungsideen zeigen einige attraktive Kombinationen für verschiedene Jahreszeiten und Lichtverhältnisse.

- Im Frühjahr reizen die kräftigen Farben vieler Zwiebelblumen sowie von Stiefmütterchen und Kissenprimeln zu starken, lebhaften Kontrasten und Dreiklängen. Dass auch zurückhaltendere Zusammenstellungen große Wirkung entfalten können, veranschaulicht das Beispiel **Romantische Frühlingsgrüße** auf Seite 82. Das von Rosa- und Blautönen dominierte Schauspiel, in dem Tränendes Herz und Tulpen die Hauptdarsteller sind, entfaltet seinen Zauber erst spät im Frühjahr und bis in den Frühsommer hinein – also dann, wenn man schon öfter einmal einen Aufenthalt auf Balkon oder Terrasse genießen kann.
- Der Farbdreiklang Blau – Gelb – Rot prägt die Bepflanzung **Sonnige Sommerfreuden** (siehe Seite 83), die vom Frühsommer bis zum Herbst durchblüht. Der Duftsteinrich setzt dazwischen Akzente in strahlendem Weiß und ist zusammen mit der gegen Abend zunehmend stärker duftenden Vanilleblume ein guter Grund, sich dem Kasten öfter auf „Riechweite" zu nähern. Die Petunie muss, je nach Wuchsstärke der gewählten Sorte, ab und zu ausgelichtet werden, damit sie die Nachbarn nicht überwuchert.
- **Schön im Schatten** (siehe Seite 83) wird es den ganzen Sommer lang mit einer Kombination aus prächtiger Hängefuchsie, nobel gefülltem Fleißigen Lieschen, leuchtend gelben Knollenbegonien und über die seitlichen Kastenränder hängenden Taubnesseln mit weiß gemusterten Blättern. Soll eine dunkle Ecke noch stärker aufgehellt werden, bieten sich Fleißige Lieschen und Begonien mit weißen und Hängefuchsien mit weißrosa Blüten an.
- Im Spätjahr können Herbstchrysanthemen und Topfdahlien nochmals mit kräftigen Gelb- und Rottönen aufwarten. Doch in der Gestaltung **Stimmungsvoller Herbst** auf Seite 82 sollen vor allem die Purpurfetthenne und die Herbst-Alpenveilchen gut zur Geltung kommen. Dabei werden sie von den Besenheiden und silbrigen Begleitern optimal unterstützt. Für kräftiges Rot in dezenter Form sorgen die Beeren der Topfmyrte, die zusammen mit dem immergrünen Efeu, der Stacheldrahtpflanze und den Samenständen der Fetthenne auch über Winter ansprechend bleibt. An den Pflanzplätzen für die Topfmyrten und Besenheiden wird am besten etwas saures Rhododendrensubstrat untergemischt.

ROMANTISCHE FRÜHLINGSGRÜSSE

Hohe Pflanzschale mit 80 cm Durchmesser
Standort: sonnig bis halbschattig

1) 2 Tränende Herzen (Dicentra spectabilis), V–VI, 60–70 cm
2) 10 späte Tulpen (Tulipa-Hybriden), z. B. 'Menton', IV/V–VI, 40–60 cm
3) 4 Vergissmeinnicht (Myosotis sylvatica), IV–VI, 15–30 cm
4) 6 Tausendschön (Bellis perennis) in verschiedenen Farben, IV–VI, 10–20 cm
5) 18–24 Traubenhyazinthen (Muscari armeniacum), IV–V, 15–25 cm

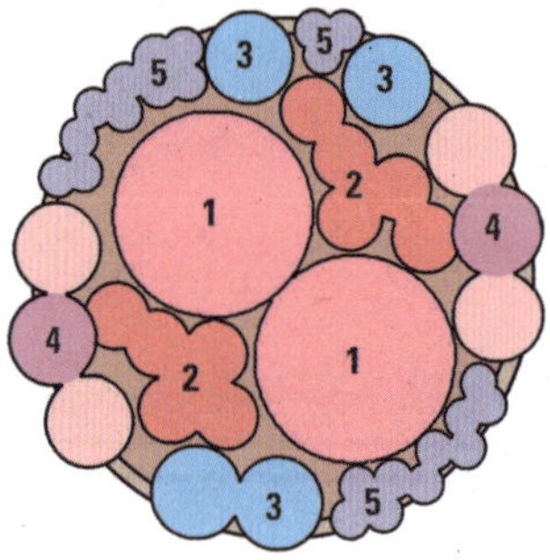

STIMMUNGSVOLLER HERBST

Quadratische Pflanzschale mit 60 cm x 60 cm
Standort: halbschattig bis schattig

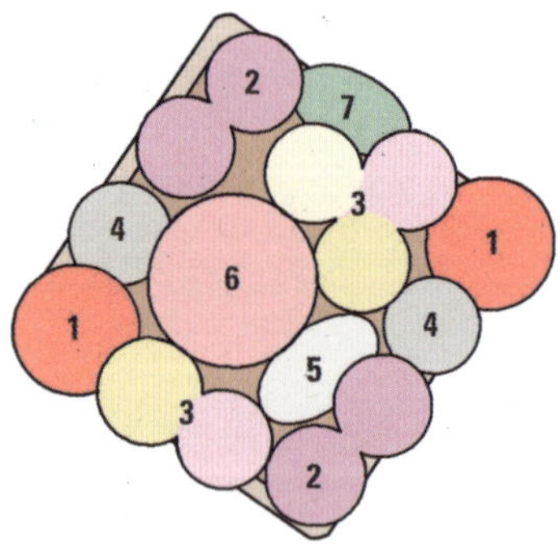

1) 2 Topfmyrten (Gaultheria mucronata), Beeren ab VIII, 25–60 cm
2) 4 Herbst-Alpenveilchen (Cyclamen hederifolium), VIII–X, 15 cm
3) 5 verschiedenfarbige Besenheiden (Calluna vulgaris), Knospenblüher, VIII–XI, 20–40 cm
4) 2 Silberblatt (Senecio cineraria), 20–30 cm
5) 1 Stacheldrahtpflanze (Calocephalus brownii), 25–40 cm
6) 1 Purpurfetthenne (Sedum telephium), VIII–IX, 40–60 cm
7) 1 Kleinblättriger Efeu (Hedera helix), weiß oder gelb gemustert, hängend

SCHÖN IM SCHATTEN

Balkonkasten mit 100 cm Länge
Standort: schattig

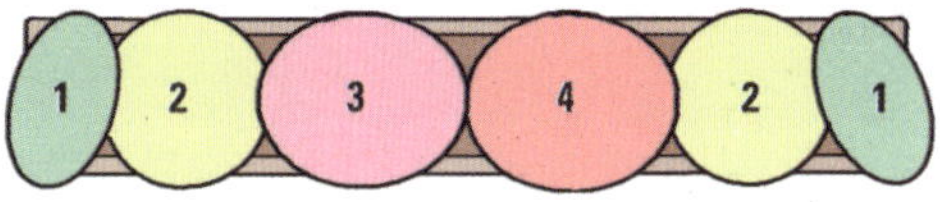

1) 2 Taubnesseln (Lamium maculatum), z. B. 'White Nancy', V–VII, 20 cm
2) 2 gelbe Knollenbegonien (Begonia x tuberhybrida), V–X, 30 cm
3) 1 rosa, gefüllt blühendes Fleißiges Lieschen (Impatiens walleriana), V–X, 40 cm
4) 1 Hängefuchsie (Fuchsia-Hybride), V–X, 20–30 cm

SONNIGE SOMMERFREUDEN

Balkonkasten mit 100 cm Länge
Standort: sonnig

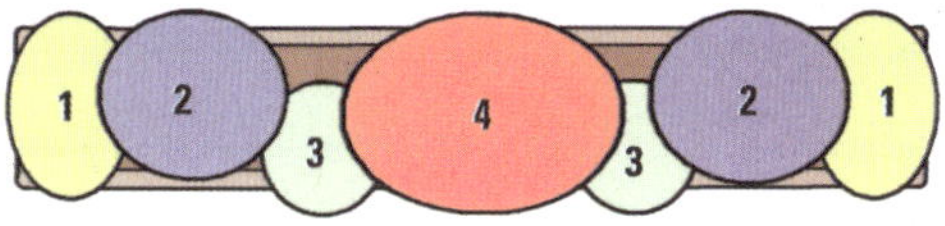

1) 2 Husarenknöpfchen (Sanvitalia procumbens), VI–X, 10–15 cm
2) 2 Vanilleblumen (Heliotropium arborescens), V–IX, 30–50 cm
3) 2 Duftsteinrich (Lobularia maritima), VI–X, 10–15 cm
4) 1 aufrechte Petunie (Petunia-Hybride), V–IX, 20–30 cm

DIE BLUMEN-
GARTEN-PRAXIS

NEUE PFLANZFLÄCHEN, GEEIGNETE BÖDEN

Bevor es ans Pflanzen und Säen geht, lohnt es sich, den Boden unter die Lupe zu nehmen und ihn möglichst optimal für die ausgewählten Pflanzen vorzubereiten.

Dabei kann sich herausstellen, dass es einfacher ist, die Bepflanzung an die Bodenverhältnisse anzupassen, als umgekehrt. Aber manchmal möchte man sich eben auch den Reiz bestimmter Pflanzen in den Garten holen, selbst wenn sie größere Bodenveränderungen erfordern.

DIE BODENARTEN

Manche Pflanzen wie Lupine und Mohn bilden lange Pfahlwurzeln, die tief bis in den steinigen Unterboden dringen. Doch der größte Teil der Wurzeln breitet sich im feinkörnigen Oberboden aus. Dieser ist auch als Krume bekannt, durch Humus mehr oder weniger dunkel gefärbt und reicht meist 20–30 Zentimeter tief, in lange bearbeiteten Böden auch bis gut 50 Zentimeter. Die feste Substanz des Oberbodens besteht hauptsächlich aus den stark verwitterten Teilchen von ursprünglich vorhandenen, angeschwemmten oder abgelagerten Gesteinen. Man unterteilt sie in drei Größen: Sand (grobe Körnchen), Schluff (mittelgroße Körnchen) und Ton (sehr kleine Körnchen). Nach der vorherrschenden Korngrößenfraktion wird die Bodenart benannt, zum Beispiel als Sandboden, und teils noch feiner differenziert, etwa als lehmiger oder schluffiger Sand.

Lehm wird oft mit Ton verwechselt, ist aber keinesfalls dasselbe und auch keine eigene Korngröße: Damit bezeichnet man ein Gemenge, das sich zu ungefähr gleichen Teilen aus Sand, Schluff und Ton zusammensetzt.

- **Sandböden** sind gut durchlüftet, durchlässig und „leicht", soll heißen: leicht zu bearbeiten. Allerdings speichern sie Wasser und Nährstoffe nur schlecht, sind also eher trocken und tendenziell mager. Zudem kühlen sie ebenso rasch aus, wie sie sich erwärmen.
- **Schluffböden,** zu denen zum Beispiel typische Lössböden zählen, schneiden mit ihrer mittleren Korngröße in allen Punkten besser ab als reine Sandböden und sind mäßig trocken bis frisch.
- **Tonböden** lassen zwischen ihren feinen, dicht gepackten Körnchen wenig Platz für Luft- und Wasserporen. So sind sie oft feucht bis nass, gering durchlässig, schlecht durchlüftet und zudem schwer zu bearbeiten. Sie speichern reichlich Wasser und Nährstoffe, dies aber teils so fest, dass die Wurzeln nicht darüber verfügen können.
- **Lehmböden** vereinen durch ihre Zusammensetzung aus Sand, Schluff und Ton die Vorteile der unterschiedlichen Korngrößen. Damit sind sie für die meisten Pflanzen noch günstiger als Schluffböden und lassen sich als frisch bis mäßig feucht einstufen.

HUMUS: DAS BELEBENDE ELEMENT

So beginnt es in der Natur: Selbst an völlig kargen Plätzen, etwa Geröllhaufen oder Schuttplätzen, siedeln sich genügsame Pflanzen an. Im Gefolge haben sie winzige Lebewesen von Bakterien bis zu Spring- schwänzen. Sobald Pflanzen, Pflanzenteile und Kleintiere absterben, machen diese sich an die Arbeit, räumen auf, zersetzen die Reste, bauen sie um und neue Stoffe daraus auf.

So entsteht nährstoffhaltiger Humus, der das Ansiedeln von mehr und anspruchsvolleren Pflanzen fördert. Entsprechend vermehren sich mit der Zeit auch die fruchtbare Humussubstanz und die Vielfalt der kleinen Zersetzer.

Dasselbe geschieht im Gartenboden und noch intensiver im Komposthaufen, wobei auch Regenwürmer eine wichtige Rolle spielen. Humus verleiht nicht nur der Krume ihre dunkle Färbung: Er versorgt mit seinen leicht zersetzbaren Anteilen die Pflanzen mit Nährstoffen und verbessert nachhaltig die Bodenstruktur der mineralischen Körnchen. So fördert er die Durchlüftung, die Wasser- und Nährstoffspeicherung und regt zudem die Aktivität des nützlichen Bodenlebens an.

Für diese segensreichen Wirkungen genügt in einem guten Gartenboden ein geringer Humusgehalt von 2 bis 5 Prozent. Mit der Zeit werden aber auch die dauerhaften Anteile des Humus zersetzt. In Beeten, in denen des Öfteren gehackt und neu gepflanzt wird, verlaufen der Ab- und Umbau relativ schnell – erst recht an vollsonnigen Standorten und bei wochenlanger Trockenheit. Entsprechend empfiehlt sich hier recht regelmäßiger Nachschub, vor allem durch Kompost und Mulchen, also das Bedecken freier Pflanzenzwischenräume mit organischen Materialien (siehe Seite 111).

Unter Sträuchern und Bäumen sorgen schon deren abfallende Blätter für eine Mulchauflage. Besonders in schattigen Bereichen wird diese nur langsam ab- und umgebaut. So sind die Humusgehalte hier teils um einiges höher als in Beeten. Zudem kann sich dann, ähnlich wie im Wald, auf dem Oberboden eine dauerhafte, oft von Pilzfäden durchzogene Streuschicht bilden, die als Mull, Moder oder Rohhumus bezeichnet wird. Während der leicht zersetzbare, dünne Mull praktisch einer guten Mulchauflage entspricht, sind Moder (meist unter Nadelgehölzen sowie auf nährstoffarmen Böden) und die hohen Rohhumusdecken eher schwierige Pflanzenstandorte, selbst für viele Gehölz- und Gehölzrandstauden. Unter Moder und unter Rohhumus herrschen meist auch saure Bodenverhältnisse.

Noch höhere, für viele Pflanzen ungünstige Humusgehalte von über 15 Prozent finden sich in sogenannten anmoorigen Böden, in denen die Zersetzung durch häufige Nässe und Sauerstoffmangel gehemmt ist. Auf solchen oft sauren Böden lassen sich am ehesten Sumpfstauden ansiedeln, nach Trockenlegung und Drainage auch Moorbeet- und Heidepflanzen.

GENÜGSAME SONNENKINDER

Wärme und Luft im Boden fördern das Zersetzen der organischen Substanz. Deshalb sind die Humus- und Nährstoffgehalte in lockeren Sand- und Steinböden an sonnigen Plätzen oft bescheiden – und Pflanzen, die von solchen Naturstandorten stammen, recht genügsam. Das gilt erst recht für Gebirgslagen: Manche Steingartenstauden kommen sogar mit sehr dünnen Humusauflagen auf Steinen und Felsen zurecht.

KALKGEHALT UND PH-WERT

Grundsätzlich unterscheidet man saure, neutrale und alkalische (basische) Böden. Böden mit hohem Kalkgehalt sind in aller Regel alkalisch. Entsprechend eignen sie sich besonders für Pflanzen von ursprünglich kalkreichen Standorten, etwa über Basaltgestein. Wenn Pflanzen dagegen von Böden aus kalkfreiem Gestein wie Granit stammen, bevorzugen sie eher saure Standorte. „Bevorzugen" heißt: Sie können jeweils unter diesen Bedingungen die Nährstoffe im Boden optimal aufnehmen. Wachsen Pflanzen an unpassenden alkalischen oder sauren Standorten kümmerlich und bekommen gelbe Blätter, liegt es hauptsächlich daran – und nicht etwa an direkten Schäden durch Kalk oder Bodensäuren, die beide an für sich harmlos und nützlich sind.

Der Säuregrad, auch Bodenreaktion genannt, hängt nicht nur vom Kalkanteil ab, sondern auch von biochemischen Vorgängen im Boden, zum Beispiel beim Humusabbau. Seine Maßzahl ist der **pH-Wert.** Dieser reicht von

0 (extrem sauer) bis 14 (extrem alkalisch). Die meisten Blumen gedeihen am besten bei pH-Werten um 7 im neutralen Bereich. Für ausgesprochen kalkliebende Arten ist ein pH-Wert über 7,2 empfehlenswert, kalkscheue Arten gedeihen meist am besten im schwach sauren Bereich (pH 5,5 bis 6,5).

Den pH-Wert Ihres Bodens können Sie mithilfe von Testsets und Messgeräten aus dem Fachhandel bestimmen. Exaktere Ergebnisse erhalten Sie allerdings durch eine professionelle Bodenuntersuchung. Wo größere Beetflächen angelegt werden oder gar der ganze Garten neu gestaltet wird, kann sich das durchaus lohnen. Denn Sie erhalten damit auch genauen Aufschluss über die Bodenart sowie die Gehalte an wichtigen Nährstoffen, oft auch über den Humusgehalt. Labors, die solche Analysen durchführen, findet man durch Nachfragen bei den Landwirtschaftskammern oder Gartenakademien der Bundesländer, auf den Gelben Seiten oder im Internet. Auch manche Gärtnereien und Gartencenter bieten Bodenuntersuchungen als Service an.

Astilbe (Astilbe x arendsii)

DEN BODEN VORBEREITEN

Sollen Beete, Rabatten und andere größere Pflanzflächen angelegt werden, markiert man zunächst den (ungefähren) **Umriss.** Gerade bei unregelmäßigen Formen und Rändern geht das am einfachsten mit ausgestreutem Sand. Exakter ist das Abstecken mit an Pflöcken aufgespannten Schnüren. Wenn keine allzu umfangreichen Bodenarbeiten und -verbesserungen mehr anstehen, können Sie dann auch gleich entlang der Richtschnüre die Beetkanten mit dem Spaten abstechen oder auch schon feste Einfassungen mit Platten oder Pflaster verlegen.

Oft muss aber zuerst ein Rasen- oder Wiesenbewuchs entfernt werden. Graben Sie diesen nicht unter; das führt häufig zu Problemen beim Verrotten und zum verstärkten Auftreten von Bodenschädlingen wie Drahtwürmern. Schälen Sie die Grasnarbe besser mitsamt dem Wurzelfilz ab, indem Sie den Spaten in flachem Winkel einstechen. Die Grassoden eignen sich gut zum Kompostieren.

Dann folgt eine gründliche **Tiefenlockerung,** auch auf Beeten, die vorher schon für Blumen oder Gemüse genutzt wurden. Die „klassische" Methode ist das Umgraben mit dem Spaten. Für größere Flächen kann man auch eine leistungsstarke Motorhacke nehmen. Solche Geräte lassen sich vielerorts im Bau- oder Landmaschinenhandel oder in Gartencentern ausleihen.

Wenn Sie im Frühjahr pflanzen möchten, empfiehlt sich das Umgraben bereits im Herbst: Dann können über Winter Fröste die Schollen zerkrümeln. Andernfalls sollte eine Tiefenlockerung (statt Spaten auch mit der Grabegabel) wenigstens zwei Wochen vor dem Bepflanzen durchgeführt werden, damit sich der Boden bis dahin ausreichend gesetzt hat. Passen Sie dafür einen Zeitpunkt ab, zu dem der Boden leicht feucht, aber nicht nass ist.

Wenn es nicht schon der Frost besorgt hat, kommt anschließend eine kräftige Hacke zum Einsatz, um die Schollen zu zerkleinern. Entfernen Sie dabei auch gründlich alle Unkrautwurzeln und -reste – das ist eine Mühe, die sich später bezahlt macht.

Brauchen die ausgewählten Pflanzen einen humosen, eher nährstoffreichen Boden, empfiehlt sich das Einarbeiten von **Kompost,** der auch durch Humusdünger wie Rindenhumus ergänzt werden kann. Bevorzugen Sie beim Kauf von Fertigkomposten und Humusdüngern Produkte, die mit dem RAL-Gütesiegel der Bundesgütegemeinschaft Kompost e. V. ausgezeichnet sind.

Gut ausgereifter Kompost kann noch kurz vor dem Pflanzen oder Säen eingearbeitet werden, halbreifer Frischkompost dagegen mindestens drei Wochen zuvor, je nach Verrottungsgrad. Auf bereits gut versorgten Flächen wie ehemaligen Gemüsebeeten genügen rund drei Liter pro Quadratmeter. Graben Sie Kompost und andere Humusdünger nicht unter, sondern arbeiten Sie diese zum Beispiel mit einem Kultivator oder kräftigen Rechen nur oberflächlich ein, höchstens zehn Zentimeter tief. Mehr Vorlaufzeit müssen Sie einplanen, falls eine noch umfangreichere Bodenverbesserung nötig wird, wie in den folgenden Abschnitten beschrieben. Ansonsten bedarf es nur noch einer kleinen **Nachbearbeitung** direkt vor der Pflanzung oder Aussaat: Die Oberfläche wird nochmals mit Hacke oder Kultivator gelockert, von letzten Unkräutern befreit und dann mit dem Rechen eingeebnet.

Christrose (Helleborus niger)

AUCH FÜR KLEINE PFLANZFLÄCHEN

Die für Beete und Rabatten genannten Vorbereitungen und Arbeitsschritte sind auch für kleinräumige Bepflanzungen, etwa Blumeninseln im Rasen, empfehlenswert – bis hin zu Pflanzflächen von Solitärstauden, am besten mitsamt einem Umfeld von wenigstens einem Quadratmeter. Das Wurzelwerk großer Pflanzen braucht oft reichlich Platz und entwickelt sich am besten in einem gut und tiefgründig gelockerten Boden.

TON- UND SANDBÖDEN VERBESSERN

In den Porträts (Seiten 134–277) wird meist ein durchlässiger Boden empfohlen. Das ist tatsächlich wichtig für sämtliche Bepflanzungen, mit Ausnahme von Feuchtbereichen wie Teichrändern: Regen- und Gießwasser sollte möglichst gut abfließen können, damit Wurzeln und andere unterirdische Organe nicht faulen oder anfällig für Krankheiten werden und der Boden gut durchlüftet bleibt. Wenn der Boden häufig nass ist, kann dies schlimmstenfalls an Verdichtungen oder Ablagerungen in tieferen Bodenschichten liegen, oder auch an hoch anstehendem Grundwasser. Handelt es sich nur um kleinere Bereiche, lassen sie sich vielleicht als Feucht- oder Sumpfwiese gestalten. Andernfalls bleibt einem oft nur, eine Fachfirma mit Spezialausrüstung hinzuzuziehen.

Meist ist aber ein **hoher Tongehalt** die Ursache für schlechte Durchlässigkeit. Dann hilft das tief reichende Einarbeiten von reichlich Sand, feinem Kies oder Splitt. Solche Materialien können später auch zusätzlich als Drainage in die Pflanzlöcher gegeben werden. Oft sind Tonböden kalkarm, was sich durch

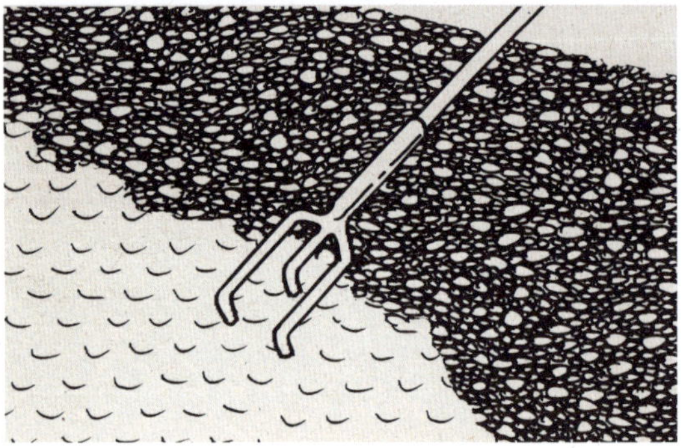

Kompost sollte nur flach mit einem Kultivator oder Grubber eingearbeitet werden. Dann zersetzt er sich optimal und zeigt beste Wirkung.

eine Bodenuntersuchung überprüfen lässt. In dem Fall lassen sie sich zudem durch (flach eingearbeitete) Kalkgaben verbessern.

Für eine dauerhaft günstigere Struktur ist schließlich ein guter Humusgehalt unerlässlich. Dazu verhelfen größere **Kompostgaben:** wo später anspruchsvolle Beetstauden wachsen sollen, bis zu 50 Liter pro Quadratmeter. Das reicht dann aber auch für die nächsten Jahre. Später sorgt Kompost dünn ausgebracht weiterhin dafür, den Boden locker zu halten und noch zu „verfeinern". Dasselbe gilt für Mulchen mit anderen organischen Materialien.

Gute Wirkung zeigt auch eine **Gründüngung** vor der Erstbepflanzung, bei Sommerblumenbeeten auch zwischendurch, etwa nach dem Abräumen der Beete. Dafür eignen sich besonders tiefwurzelnde Pflanzen wie Lupinen und Ölrettich und Samenmischungen wie „Landsberger Gemenge". Sie schließen mit ihren Wurzeln den Boden auf und reichern ihn beim Verrotten mit Humus und Nährstoffen an.

Gründüngungspflanzen werden je nach Art zwischen März und September ausgesät und spätestens kurz vor der Samenbildung abgemäht, sofern sie nicht ohnehin über Winter abfrieren. Arbeiten Sie dann die Reste leicht in den Boden ein und lassen Sie sie vollständig verrotten, bevor Sie die Fläche bepflanzen.

Stehen stattdessen trockene, nährstoffarme **Sandböden** und sandige Schluffböden zur Verbesserung an, greift auch hier alles, was den Humusgehalt erhöht: gute Erstversorgung mit Kompost und anderem Humusdünger, Gründüngung, später regelmäßige Kompostgaben sowie Mulchen. Die Wasser- und Nährstoffspeicherung kann zudem durch Einarbeiten tonmineralhaltiger Gesteinsmehle wie Bentonit verbessert werden. Als Gründüngungspflanzen eignen sich hier besonders Lupinen, Wicken, Kleearten, Serradella und Phacelia. Sie alle haben noch einen weiteren Vorzug: Sie ziehen Bienen und Hummeln geradezu magisch an, vor allem Rotklee, Weißklee und die hübsch blauviolett blühende Phacelia, die deshalb auch als Bienenfreund bekannt ist.

SPEZIELLE VERBESSERUNGS-MASSNAHMEN

Ist der **pH-Wert** beziehungsweise Kalkgehalt für die ausgewählten Pflanzen ungeeignet, sollte man mit Geduld vorgehen. Denn eine schlagartige Änderung, etwa durch Aufkalken mit Branntkalk, kann das ganze Bodengefüge verändern und sogar die Pflanzen beeinträchtigen. Verwenden Sie deshalb zum Erhöhen des pH-Werts langsam wirkende Kalkdünger wie kohlensauren Kalk und Algenkalk, und arbeiten Sie diese flach ein.

Zum Absenken des pH-Werts verzichtet man besser auf Torf und Torfprodukte, deren Abbau zur Zerstörung von Moorlandschaften beiträgt. „Versäuernde" Alternativen sind torffreie Rhododendronerde und Nadelkompost. Im Fachhandel gibt es „Bodenkur"-Hilfsstoffe für Rhododendren und Azaleen, die den pH-Wert reduzieren. Diese Torfersatzstoffe bieten sich auch an, wenn durch kleinräumigen Bodenaustausch Standorte für Moorbeet- und andere säureliebende Stauden geschaffen werden sollen.

Stärkere Eingriffe sind oft bei der Anlage von Steingärten und Kiesbeeten angebracht: Hier bringt man am besten in 20 bis 30 Zentimeter Tiefe eine mindestens 20 Zentimeter starke Drainageschicht aus grobem Schotter und Kies ein. Der vorherige Oberboden wird dann nach Untermischen von Sand oder feinem Kies wieder aufgebracht oder komplett durch sandhaltiges Substrat ersetzt.

Bodendecker, Schattenstauden und Zwiebelblumen **unter Gehölzen** lassen sich oft besser ansiedeln, wenn man Mulch- und Rohhumusauflagen entfernt, den Boden leicht aufkalkt und eine neue kompostreiche Erdschicht aufträgt.

SÄEN, PFLANZEN UND VERMEHREN Mit der gewaltigen Artenfülle, die Gärtnern heute zur Verfügung steht, gibt es viele verschiedene Wege, Blumen zu kultivieren, zu neuen Pflanzen zu kommen und selbst Nachwuchs zu ziehen.

So spielt etwa die Anzucht aus Samen bei Sommerblumen eine wichtige Rolle, bei Zwiebel- und Knollenblumen kommt sie kaum vor. Stauden schließlich bieten eine ganze Reihe von Möglichkeiten von der nicht immer einfachen Aussaat bis hin zum Gewinnen neuer Pflanzen aus kleinen Wurzelstücken.

AUF EINKAUFSTOUR

Saatgut, Blumenzwiebeln und Pflanzen werden zu den jeweiligen Saisonzeiten in vielen **Supermärkten, Drogerie- und Baumärkten** angeboten. Hier kann man durchaus Gutes und zugleich Preiswertes finden.

Doch manchen Jungpflanzen sieht man schon an, dass es an sachkundiger Pflege mangelt, und Blumenzwiebeln sind teils schon „überlagert". In einigen Baumärkten gibt es allerdings Fachpersonal für den Gartenbereich, das sich entsprechend um die Pflanzen kümmert.

In Gartencentern ist das Angebot meist wesentlich größer, aber die Qualität auch nicht immer befriedigend. Guten Kundenservice und Fachkompetenz gewährleisten Betriebe, die als „FachGartenCenter" zertifiziert sind. Entsprechend sind auch die Pflanzen gut gepflegt.

Ein echtes Gütesiegel für die Pflanzen, von der Produktion bis zur Verkaufsware, bietet aber nur das „Qualitätszeichen Stauden" **in Gärtnereien,** die dem Bund deutscher Staudengärtnereien angehören. Deren Mitgliedsbetriebe folgen strengen Standards, mitsamt sehr kompetenter Beratung, und werden immer wieder kontrolliert. Im Bund deutscher Staudengärtnereien gibt es zudem einen Arbeitskreis Staudensichtung, der Züchtungen einem gründlichen Qualitätstest unterzieht. Entsprechend bieten die Mitgliedsbetriebe vorwiegend die besten Sorten an.

Auch bei Gärtnereien, die Sommerblumen oder Blumenzwiebeln aus eigener Vermehrung anbieten, kann man im Allgemeinem mit einem guten Angebot und fachkundiger Beratung rechnen. Für Sommerblumensorten gibt es ebenfalls Qualitätsprüfungen: Die besten werden mit der „Goldmedaille" der internationalen Organisation Fleuro select ausgezeichnet.

Für Pflanzenbestellungen kommen zum einen die großen Versender mit sehr breiter Angebotspalette infrage. Sie sind vergleichbar mit den Gartencentern: Qualität oft gut, aber variabel, je nach Anbieter und Art der Ware.

Zum anderen gibt es etliche Versandgärtnereien, spezialisiert auf Blumensamen, -zwiebeln oder Stauden. Viele von ihnen verkaufen Saat- und Pflanzgut aus eigener Vermehrung, und die Staudenversender orientieren sich oft an den hohen Qualitätsstandards des Bundes deutscher Staudengärtnereien oder auch ökologischer Anbauverbände. Solche Anbieter, die man zum Beispiel über eine Internet-Suchmaschine finden kann, haben häufig eine reiche Auswahl an Arten und Sorten, auch an Raritäten.

Gesunde Jungpflanzen – bereit zum Umsetzen ins Sommerbeet

SAAT- UND PFLANZGUT IM CHECK

Ein paar Cents mehr für **gutes Saatgut** machen sich oft bezahlt. Sogenanntes „Standardsaatgut" steht für kontrollierte Qualität. Vorteilhaft sind Keimschutzverpackungen, eine Kennzeichnung des Abfüll- oder Haltbarkeitsdatums sowie genaue Hinweise zu Keimdauer und Anbau auf der Tüte. Meiden Sie Samenpäckchen, die am Verkaufsort hinter einer prall besonnten Scheibe oder an einem feuchten Platz aufgestellt sind.

Bei **Blumenzwiebeln und -knollen** ist auf der Verpackung und in Katalogen meist die Größe angegeben. So steht zum Beispiel „12/14" für Zwiebeln mit einem Umfang von 12–14 Zentimeter (etwa bei Narzissen), „5/+" für mindestens 5 Zentimeter (etwa bei Krokussen). Dickere Zwiebeln bringen meist auch größere Blüten, doch die jeweils optimale Größe hängt auch von der Sorte ab. Achten Sie darauf, dass die Zwiebeln und Knollen fest und prall sind, nicht eingeschrumpft. Besonders kleine Zwiebeln neigen schnell zum Austrocknen – erst recht in zu warmen Verkaufsräumen. Lassen Sie Zwiebeln, an denen faule, feuchte oder merkwürdig verfärbte Stellen zu sehen sind, besser liegen.

Getopfte Jungpflanzen gibt es von allen Blumengruppen. Bei Zwiebel- und Knollenblumen handelt es sich häufig um vorgetriebene, zeitig blühende Pflanzen, die recht kälteempfindlich sind und sich nach dem Auspflanzen im Garten oft als sehr kurzlebig erweisen.

Dasselbe gilt für vorgetriebene Stauden. Bei Sommerblumen ist das weniger tragisch, sofern man sie erst nach den letzten Spätfrösten auspflanzt.

Manche Stauden werden wurzelnackt, also ohne Erdballen, zum sofortigen Einpflanzen verkauft, doch die meisten erhält man als **Topf- oder Containerstauden.** Sie haben dann bereits einen kräftig durchwurzelten Erdballen und können, mit Ausnahme von Frostperioden, praktisch jederzeit gepflanzt werden.

Da das Vermehren und Vorziehen der Stauden für die Gärtnereien größeren Aufwand bedeutet, sind die Pflanzen teils deutlich teurer als Sommerblumen – dafür leben und erfreuen sie einen ja aber auch über viele Jahre.

ACHTEN SIE BEI JUNGPFLANZEN AM VERKAUFSORT AUF:

- **den Pflegezustand:** Die Topferde sollte weder völlig trocken noch komplett vernässt sein, die Erdoberfläche keinesfalls vermoost.
- **die Verkaufstopfgröße:** Sie sollte zur Größe der Pflanze passen, also weder zu eng noch übermäßig bemessen sein.
- **harmonischen Wuchs:** mit kräftigen, unbeschädigten Trieben, nicht allzu staksig, mit kompakter Verzweigung und gutem Knospenbesatz.
- **gesunde Blätter:** gut ausgefärbt, ohne untypische Verformungen und ohne Anzeichen von Krankheits- oder Schädlingsbefall. Begutachten Sie auch die Blattunterseiten.
- **gut entwickelte, saftige Wurzeln:** Sie sollten den ganzen Erdballen durchziehen, diesen aber nicht ringelförmig umwinden oder sich gar am Abzugsloch oder oben herausschieben.
- Bei Stauden sind die **Triebe und Blätter** je nach Entwicklungsrhythmus nicht immer zu sehen. Sie können die Pflanzen dann – unbedingt vorsichtig – auf frische Erneuerungsknospen an oder unter der Erdoberfläche überprüfen.

Packen Sie bestellte Ware gleich nach Ankunft aus, befreien Sie Jungpflanzen von eventuellen Plastikhüllfolien, und versorgen Sie sie, wenn nötig, mit Wasser. Begutachten Sie die Pflanzen sowie Zwiebeln und Knollen sorgfältig, damit Sie gleich reklamieren können, falls etwas nicht in Ordnung ist.

SOMMERBLUMEN VORZIEHEN

Da Sommerblumen erst ab Mitte Mai nach draußen gepflanzt werden, sorgt die warme Anzucht im Frühjahr für ein gutes Anfangs-

Vorziehen: (1) Samen in geeigneter Anzuchterde gleichmäßig verteilen. (2) Dunkelkeimer mit feiner Erdschicht überstreuen. (3) Gut feucht halten und nach dem Erscheinen der Keimlinge immer häufiger lüften.

wachstum, sodass die Pflanzen oft schon bald nach dem Setzen blühen. Hauptanzuchtzeit ist zwischen Ende Februar und Mitte April.

Benötigt wird ein heller, warmer **Anzuchtplatz.** Ideal sind natürlich beheizbare Gewächshäuser und Wintergärten, aber die Fensterbank im Haus tut's auch. Stehen die Sämlinge nach dem Keimen zu dunkel, wachsen sie staksig, mit langen, dünnen Stielen und kleinen, fahlen Blättern. Andererseits verkraften sie aber die pralle Mittagssonne schlecht.

Deshalb bieten sich besonders nach Südosten weisende Fenster oder leicht schattierbare Südfenster an. Wenn sich kein genügend heller Platz findet oder Sie öfter schon im lichtarmen Februar Pflanzen vorziehen wollen, kann sich die Anschaffung spezieller Vermehrungsleuchten lohnen.

Die jeweils optimalen Keimtemperaturen, die meist zwischen 15 und 20 Grad Celsius liegen, können Sie den Porträts (siehe Seiten 134–277) entnehmen.

Praktisch sind flache, wannenartige **Anzuchtschalen** mit gelochtem Boden und transparenter Abdeckhaube, die auch als Minigewächshäuser angeboten werden. Die Haube sorgt für erhöhte Wärme und Luftfeuchtigkeit. „Luxusausführungen" gibt es sogar mit Bodenheizung. Solche Minigewächshäuser lassen sich auch als geschützte Stellflächen für kleine Töpfe nutzen. Zunehmend kann man Anzuchtschalen finden, die nicht aus Kunststoff hergestellt sind, sondern aus nachwachsenden Rohstoffen wie Bambusschrot mit Spreu oder Naturkautschuk. Noch leichter lässt sich späterer Plastikmüll vermeiden, wenn man Anzuchttöpfe verwendet: Viele Anbieter haben bereits Töpfe aus Zellulose, Holz- oder Kokosfasern im Programm. Weil diese im Boden verrotten, können sie mit ausgepflanzt werden, sodass kein Austopfen nötig ist. Für kleinere Pflanzen kann man auch gut Eierkartons zum Aussäen verwenden und die Mulden vor dem Auspflanzen einfach auseinanderschneiden.

Verwenden Sie eine gute **Anzuchterde,** die als Aussaat- oder Vermehrungserde ausgewiesen ist. Solche Spezialerden, auch Substrate genannt, sind nährstoffarm, frei von Krankheitskeimen, fein gekörnt und trotzdem strukturstabil. Den Vorzug verdienen torffreie Anzuchterden, die sich meist auch für Kräuter eignen (siehe Seite 77).

Eine andere Möglichkeit ist das Mischen torffreier Blumenerde mit Sand und Perlite, um den Nährstoffgehalt zu verringern und die Struktur zu verbessern. Alternativ gibt es auch ungedüngte Kokoserden.

Füllen Sie Anzuchtgefäße vor dem **Aussäen** so mit Erde auf, dass oben ein Gießrand von rund einem Zentimeter frei bleibt. Ebnen Sie die Erdoberfläche ein und drücken Sie sie etwas an, zum Beispiel mit einem Holzbrettchen. Streuen Sie dann die Samen möglichst gleichmäßig und nicht allzu dicht aus. Handelt es sich um **Lichtkeimer,** wie etwa Eisbegonie und Löwenmäulchen, werden die Samen nur angedrückt und höchstens hauchfein mit Erde überstreut. Decken Sie andere Samen in ein-

ENTSPITZEN VON JUNGPFLANZEN

Besonders bei selbst angezogenen Sommerblumen wie Fleißigen Lieschen und Goldlack, teils auch bei Stauden, empfiehlt sich das Entspitzen, damit sich die Jungpflanzen besser verzweigen und buschig heranwachsen.
Dazu kneift man die Spitzenknospe ab oder schneidet die Triebspitze weg, wenn die Pflanzen etwa zehn Zentimeter hoch sind oder vier bis sechs Blattpaare gebildet haben. Bei Feuersalbei und Löwenmäulchen zum Beispiel lässt sich die Verzweigung noch mehr fördern, indem man später auch die Spitzen der längsten Seitentriebe entfernt. Das Entspitzen eignet sich aber nur für Pflanzen, die von Natur aus recht viele Seitentriebe bilden; Fingerhüte und eintriebige Sonnenblumen zum Beispiel kommen dafür nicht infrage.

bis zweifacher Samenstärke mit Erde ab. Abschließend wird alles gründlich angefeuchtet, mit feiner Brause oder einem Wasserzerstäuber.

In der Folgezeit muss die Erde gut feucht bleiben, darf aber nicht zu stark vernässen. Dabei hilft auch die erwähnte Abdeckhaube oder eine über das Gefäß gelegte Glasscheibe als Verdunstungsschutz. Erscheinen die ersten grünen Spitzen, wird die Abdeckung mithilfe kleiner Holzstäbchen hochgestemmt oder zunehmend öfter abgenommen, nach dem Aufgang aller Sämlinge komplett entfernt. Halten Sie die Erde dann nur noch mäßig feucht.

Wird es den heranwachsenden Sämlingen zu eng, steht das **Pikieren** an: Sie kommen nun einzeln in Töpfe mit Anzucht- oder spezieller Pikiererde. Das verschafft ihnen nicht nur mehr Platz, sondern regt auch die Wurzelneubildung an. Der beste Zeitpunkt dafür ist gekommen, wenn sich über den meist rundlichen Keimblättern die ersten richtigen Laubblätter gebildet haben. Beim vorsichtigen Lockern der Wurzeln und Herausheben ist ein Pikierholz hilfreich.

Drücken Sie nach dem Einsetzen die Erde rund um die Sämlinge an und gießen Sie gründlich. Nach dem Pikieren ist ein etwas kühlerer Stand günstig, im Schnitt etwa drei bis fünf Grad niedriger als während der Keimphase.

Zweijährige Sommerblumen wie Goldlack, Tausendschön und Vergissmeinnicht werden hauptsächlich im Juni und Juli vorgezogen. Künstlicher Wärme bedarf es dann nicht mehr, sondern eher einer gewissen „Kühlung". Da auch die meisten Zweijährigen bei 15 bis 20 Grad am besten keimen und die Sämlinge in voller Mittagssonne leiden, sollte ein Anzuchtbeet im Garten etwas beschattet liegen. Oft ist es einfacher, Zweijährige in Schalen oder Töpfen vorzuziehen, sofern sich dafür ein im Sommer recht kühler, aber nach dem Aufgang der Samen heller Platz im Haus findet. Außerdem keimen auch diese Samen sicherer in Anzuchterde als in normalen Beeten. Ansonsten gilt für die Anzucht dasselbe, wie für die einjährigen Sommerblumen beschrieben.

Beim Pikieren die Pflänzchen sehr behutsam aus der Erde nehmen und einzeln in kleine Töpfe setzen. Das Pikierholz hilft, Wurzelschäden zu vermeiden.

Das Entspitzen von Jungpflanzen fördert bei vielen Blütenpflanzen die Verzweigung und einen dichteren Wuchs (Mitte). Rechts im Vergleich eine unbehandelte Pflanze.

STAUDEN VORZIEHEN

Stauden-Züchtungen lassen sich oft nicht sortenecht über Samen vermehren: Die Nachkommen fallen dann anders aus als die Mutterpflanze. Samen bekommt man deshalb meist nur von reinen Arten und wenigen Sorten. Darunter gibt es etliche, die sich auf dieselbe Weise im Frühjahr vorziehen lassen wie einjährige Sommerblumen, beispielsweise Gewöhnliche Schafgarbe, Bergenie und Sonnenauge. Solche Stauden werden als **Normalkeimer** bezeichnet und sind häufig Lichtkeimer, deren Samen man gar nicht oder nur sehr fein mit Erde abdeckt. Oft ist es günstig, der (nährstoffarmen) Anzuchterde etwas Sand unterzumischen. **Kühlkeimer** wie Sonnenhut und manche Glockenblumen brauchen eine mehrwöchige Phase mit niedrigen Temperaturen um fünf Grad Celsius, damit sie zum Keimen angeregt werden. Erst wenn danach die Temperaturen ansteigen, gehen die Samen auf. Werden sie im zeitigen Frühjahr ausgesät, keimen sie oft sehr unregelmäßig und über viele Wochen verteilt. Das kann bei Herbstsaat besser gelingen, ist aber keine Gewähr. Als gute Methode gilt eine Frühjahrsaussaat bei 12–15 Grad Celsius, nachdem man die Samen drei bis fünf Wochen in den Kühlschrank gelegt hat. Dazu werden sie mit etwas feuchtem Sand vermischt und in einen Gefrierbeutel gepackt. Die Abgrenzung zwischen Kühl- und **Kaltkeimern** ist teils schwierig, die Begriffe werden auch etwas unterschiedlich verwendet. Die eigentlichen Kaltkeimer wie Eisenhut und Frauenmantel werden zum einen durch tiefere Temperaturen zum Keimen angeregt; das müssen aber nicht unbedingt Fröste sein.

Zum anderen brauchen sie einen Wechsel aus einer warmen, kalten und dann wieder warmen Phase. Erst danach setzt die eigentliche Keimung ein. Ein verbreitetes Verfahren ist die Aussaat Ende Oktober bis November in Töpfe. Diese stellt man zunächst zwei bis vier Wochen bei 15–20 Grad Celsius auf, die Erde wird feucht gehalten. Dann kommen sie an einen etwas geschützten Platz im Freien oder werden in den Boden eingesenkt; die Erde sollte mäßig feucht bleiben. Im Februar oder März bringt man die Töpfe an einen hellen, mäßig warmen Platz (bei 12 bis 15 Grad) im Haus oder Frühbeet, wo die Samen schließlich keimen. In einem milden Winter oder bei häufigem Wechsel zwischen kalten und warmen Tagen kann es aber passieren, dass der Kältereiz nicht ausreicht. Vorbeugend lässt sich auch hier die natürliche Kaltphase durch einen vier- bis sechswöchigen Kühlschrankaufenthalt ersetzen, am besten zwischen zwei und fünf Grad.

AUSSAAT IM FREIEN

Grundsätzlich können alle samenvermehrbaren Blumen direkt ins Beet beziehungsweise auf die Freifläche gesät werden: kälteempfindliche Einjährige Anfang/Mitte Mai, robustere Arten wie Ringel- und Kornblume ab April, Zweijährige im Sommer, Stauden je nach Keimverhalten im Frühjahr oder Herbst. Wenn Sie selbst Samen ernten, ist bei winterharten Arten oft auch eine Aussaat gleich nach der Samenreife günstig. Während sorgfältig gesäte Sommerblumensorten relativ sicher aufgehen, keimt bei den „wilderen" Arten oft nur ein – schwer vorhersehbarer – Teil der Samen. Aber gerade dieser naturhafte Samenaufgang in lockerer Verteilung hat auch seinen Reiz, etwa auf wiesenartigen Flächen. Dafür empfiehlt sich eine **breitwürfige Aussaat,** das heißt, das Ausstreuen mit einer Drehbewegung aus dem Handgelenk. Feines Saatgut lässt sich dabei besser verteilen, wenn es zuvor mit etwas Sand vermischt wird. Lichtkeimer werden dann etwas angedrückt und oder ganz leicht eingeharkt, Dunkelkeimer mit Erde abgedeckt oder stärker eingeharkt.

Längere, gerade **Saatreihen** eignen sich zum Beispiel für Sonnenblumen, die als Sichtschutz dienen sollen, sowie für niedrige Einfassungspflanzen. Ansonsten wirken sie oft etwas monoton. In Beeten lassen sich mit kurzen, versetzt angeordneten oder geschwungenen Reihen interessantere Effekte erzielen. Sie können die verschiedenen Arten auch in kleinen unregelmäßigen oder geometrischen Saatflicken anordnen, die Sie zuvor mit Sand markieren. Der Fantasie sind dabei keine Grenzen gesetzt. Für die Reihensaat zieht man mit einem Stock oder dem Stielende eines Rechens flache Saatrillen in den jeweils nötigen Abständen und verteilt darin die Samen möglichst gleichmäßig. Lichtkeimer dann, wie gehabt, leicht andrücken und abstreuen, ansonsten die Reihen durch Heranziehen von Erde mit dem Rechen schließen.

Feuchten Sie bei breitwürfiger wie bei Reihensaat zum Schluss alles gründlich an, mit einem Brausenaufsatz und, bei Verwendung eines Schlauchs, mit mäßigem Wasserdruck, damit Samen und Erde nicht abgeschwemmt werden. Halten Sie die Saaten auch in der Folgezeit stets feucht, ebenso die jungen Sämlinge. Dünnen Sie diese dann, wenn nötig, auf die erforderlichen Abstände aus.

PFLANZZEITEN IM BLUMENGARTEN

Herkömmlicher Pflanztermin für die meisten einjährigen Sommerblumen ist nach den „Eisheiligen" Mitte Mai, wenn keine Spätfröste mehr drohen. Allerdings sind solch starke Kälterückfälle in vielen Regionen selten geworden. Deshalb kann man früheres Auspflanzen wagen, sollte dann aber gut auf die Temperaturen achten. Sinken diese gen null, wird eine vorübergehende Vlies- oder Folienabdeckung ratsam.

Im August und September sind dann die **zweijährigen Sommerblumen** an der Reihe. Als recht frostharte Pflanzen kommen sie mit leichtem Schutz oft gut über den Winter. Man kann sie aber auch vorsichtshalber drinnen hell und kühl im Topf überwintern und dann ab März auspflanzen.

Nicht winterharte Zwiebel- und Knollenblumen wie Gladiolen und Begonien sollten erst gegen Ende April oder Anfang Mai in den Boden kommen. Hauptpflanzzeit für fast alle anderen **Zwiebel- und Knollenblumen** ist der Herbst, nicht nur für die Frühjahrsblüher, sondern auch für Sommerblüher wie die Lilien. Manche, etwa Kaiserkronen, werden besser schon im August gesteckt. Ansonsten ist meist der September der beste Pflanzmonat; viele können aber auch noch bis November gepflanzt werden.

Die als Topf- oder Containerpflanzen angebotenen **Stauden** können im Prinzip jederzeit gepflanzt werden, sofern der Boden nicht gefroren ist. Oft ist es aber ratsam, sich trotzdem an den in den Porträts (Seiten 134–277) genannten Zeiten im Frühjahr oder Herbst zu orientieren. Das gilt besonders, wenn der Sommer so heiß und trocken ist, dass man mit dem Gießen kaum noch nachkommt.

Traditionell ist das Frühjahr die bevorzugte Pflanzzeit für **Spätsommer- und Herbstblüher,** das Spätjahr dagegen für **Frühlings- und Frühsommerblüher.** Etwas frostempfindliche Arten setzt man am besten im April/Mai, auch wenn sie wie Tränendes Herz schon im Frühsommer blühen. So können sie sich bis zum ersten Winter kräftig entwickeln.

DAS AUSPFLANZEN

Wenn Sie mit einem Pflanzplan (Seiten 54–76) an die Arbeit gehen, können Sie auch größere Flächen ohne Kopfzerbrechen passend bepflanzen. Ob mit oder ohne Plan: Verteilen Sie zunächst die Pflanzen, noch in den Töpfen, in der **gewünschten Anordnung** auf der Fläche – bei einer Gestaltung mit Gruppenbildung angefangen mit den Leitpflanzen, bei einer Höhenstaffelung von hinten nach vorn beziehungsweise von innen nach außen. Die Füllpflanzen können noch nachträglich ergänzt werden. Achten Sie dabei mithilfe von Zollstock oder Bandmaß auf die nötigen Pflanzabstände. So können Sie das gesamte Arrangement nochmals überprüfen und, wenn nötig, verbessern.

Praktisch beim **Setzen der Pflanzen** ist ein kleines Brett zum Auftreten oder Hinknien, dann wird der vorher gelockerte Boden nicht allzu stark verdichtet. Befreien Sie die Pflanzen behutsam aus ihren Töpfen und feuchten Sie die Erdballen gründlich an. Lockern Sie dicht zusammengepresste oder rings um den Ballen gewachsene Wurzeln, ziehen Sie diese vorsichtig auseinander, und schneiden Sie eventuell abgestorbene Teile heraus. Einzelne überlange Wurzeln werden etwas eingekürzt.

Graben Sie mit einer Pflanzschaufel **Pflanzlöcher,** in denen die Wurzeln jeweils ausreichend Platz finden – im Zweifelsfall lieber breiter als zu eng. Heben Sie das Loch so tief aus, dass der Wurzelballen auch nach unten noch etwas Luft hat, und lockern Sie die Sohle mit einer kleinen Handhacke, in größeren Gruben mit einer Grabegabel. Bei nässeempfindlichen Pflanzen und tonhaltigen Böden ist es ratsam, zuunterst eine mehrere Zentimeter dicke Drainageschicht aus grobem Sand, Splitt, Kies oder Schotter einzubringen. Für nährstoffliebende Pflanzen kann der ausgehobenen Erde noch etwas gut ausgereifter Kompost untergemischt werden.

Füllen Sie dann unten so viel Erde auf, bis die Pflanze auf die **richtige Höhe** kommt. Sie soll nachher so im Boden sitzen, dass der obere Ballenrand mit der Erdoberfläche abschließt beziehungsweise der Wurzelhals, die Übergangsstelle zwischen Wurzel und Stängel, knapp darunter liegt. In sehr lockerem Boden setzt man sie ein klein wenig höher ein, da sich die Oberfläche nach dem Andrücken und Gießen noch etwas senkt. Dann wird das Loch an den Seiten mit Erde aufgefüllt und diese rund um die Pflanzen gut angedrückt. Gießen Sie zum Schluss gründlich, ohne Brauseaufsatz direkt in den Wurzelbereich. Zeigen sich danach noch Mulden, füllen Sie diese mit gelockertem Boden auf.

FIT FÜR DRAUSSEN

Wurden einjährige Sommerblumen vorgezogen, gewöhnt man sie am besten erst an die raueren Verhältnisse draußen, ehe man sie auspflanzt. Zum Abhärten stellt man sie, noch in den Pflanztöpfen, ein bis zwei Wochen zuvor bei mildem Wetter nach draußen, an eine etwas windgeschützte, leicht beschattete Stelle. Gegen Abend werden sie dann wieder geschützt untergebracht. Dasselbe empfiehlt sich auch für gekaufte Jungpflanzen. Wenn Sie Topfstauden nach dem Kauf nicht gleich auspflanzen können, sollten sie vorübergehend an einen beschatteten, nicht allzu warmen Platz kommen, am besten im Garten. Versorgen Sie sie bis zum Pflanzen mit ausreichend Wasser.

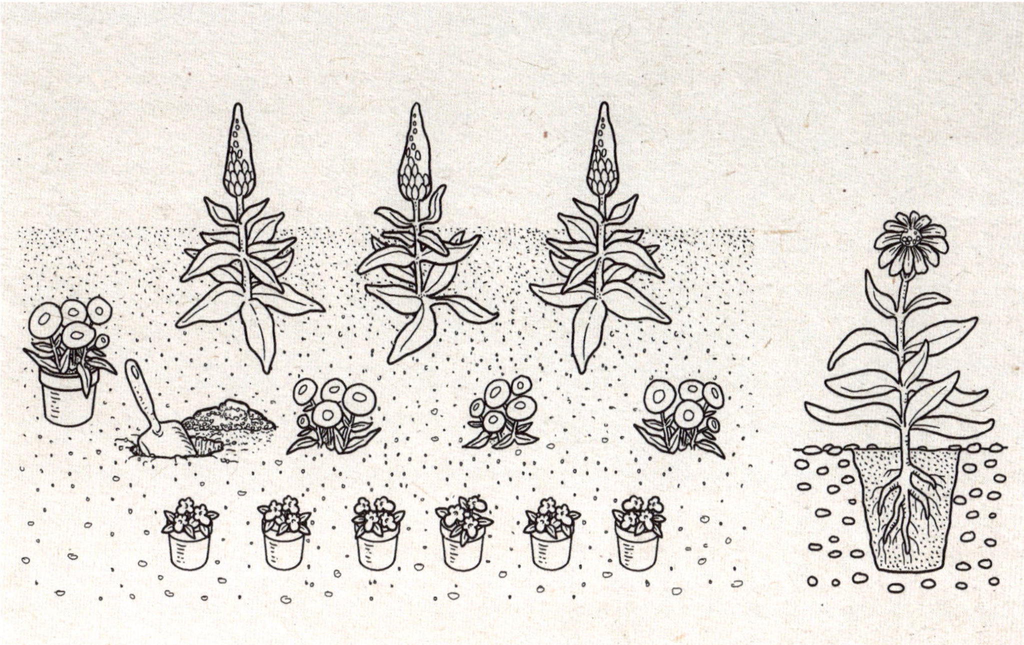

Die Pflanzen zunächst nach Plan auf der Fläche verteilen, Abstände beachten, dann von hinten nach vorne einsetzen.

Kleine **Zwiebeln und Knollen** lassen sich teils einfach in den Boden drücken, für größere brauchen Sie eine Pflanzschaufel oder einen speziellen Zwiebelpflanzer zum Ausstechen des Pflanzlochs. Die jeweils empfohlene Pflanztiefe steht in der Regel auf der Verkaufspackung. Ansonsten gilt für die meisten Zwiebeln und Knollen die Faustregel: zwei- bis dreimal so tief pflanzen, wie sie hoch sind – in Sandböden eher tief, in schweren Böden flacher. Da Zwiebeln und Knollen nasse, dichte Böden schlecht vertragen, empfiehlt sich ein gründliches Lockern der gesamten Pflanzfläche und oft auch das Einbringen einer Drainageschicht.

Achten Sie beim Einsetzen stets darauf, dass die Zwiebelspitzen und die Triebknospen der Knollen nach oben weisen. Zwiebeln und Knollen können auch zu mehreren in einem Draht- oder Kunststoffkorb im Boden eingesenkt werden; das macht es Wühlmäusen schwer, die unterirdischen Organe anzunagen. Außerdem lassen sich die Pflanzen dann leicht herausnehmen, wenn die Horste geteilt werden sollen.

GESUND BLEIBEN

So, wie die zarten Pflänzchen sich allmählich an die rauen Außenbedingungen anpassen können, so müssen auch wir uns langsam an neue Belastungen beim Gärtnern gewöhnen und entsprechende Vorsorge treffen. Gärtnern ist und bleibt gesund, sowohl körperlich als auch geistig, wie wissenschaftliche Studien immer wieder bestätigen. Man sollte auch die möglichen Gefahren, die bei allen Tätigkeiten im Freien auftreten können, keinesfalls übertreiben. Aber Unachtsamkeiten wie das Tragen zu schwerer Lasten oder leichtfertiger Umgang mit giftigen oder allergieauslösenden Pflanzen können das Vergnügen am Gärtnern doch beeinträchtigen.

Zunehmend rücken auch die Risiken ins Bewusstsein, die mit **der Klimaerwärmung** zusammenhängen. Steigen die Temperaturen über 30 °C und brennt die Sonne unbarmherzig, tut man gut daran, anstrengende Tätigkeiten zu verschieben und besser an einem schattigen, kühlen Plätzchen zu verweilen. Im Garten ist keine Arbeit so dringend, dass man Kreislaufprobleme oder gar einen Hitzschlag riskieren muss. Dazu können im Sommer die bodennahen Ozonwerte ansteigen, was die Atemwege belastet, die Schleimhäute reizt und zu Kopfschmerzen führen kann.

Sonnenbaden im Garten wird bei intensivem Sonnenschein mit hoher UV-Strahlung zum zweifelhaften Vergnügen. So droht nicht nur starker Sonnenbrand, sondern auf Dauer schlimmstenfalls Hautkrebs. Die Fallzahlen steigen leider seit Jahren bereits sichtbar. Nicht alle Betroffenen sind Gärtnerinnen und Gärtner, das Risiko besteht für alle Menschen, die sich ungeschützt längere Zeit intensiver Sonne aussetzen. Besser als Shorts und ärmellose Shirts sind eine leichte, luftige Bekleidung, die die Beine und Arme weitgehend bedeckt, sowie eine Kopfbedeckung – und eine gute Sonnencreme.

Körperbedeckende Kleidung hilft auch gegen manche **Plagegeister,** die durch die Wärme verstärkt und inzwischen teilweise fast ganzjährig auftreten. Zu den gefährlichsten gehören die Zecken. Sie können die Krankheiten Borreliose und Frühsommer-Hirnhautentzündung FSME übertragen. Gegen Letztere gibt es vorbeugende Impfungen. Eine bakterielle Borreliose kann man nur – möglichst frühzeitig – durch eine Antibiotikabehandlung kurieren. Ein Warnzeichen ist, wenn sich ausgehend von der Bissstelle ein roter Ring in der Haut bildet und dann kreisförmig ausbreitet.

Stiche von Wespen, Bienen und Hornissen sind für gesunde Menschen schmerzhaft, aber nicht weiter tragisch. Wirklich gefährlich werden sie, wenn allergische Reaktionen dagegen auftreten – dann sollte umgehend ein Notarzt verständigt werden!

Deutlich zugenommen haben auch „Schnakenplagen", also die Ausbreitung von Stechmücken. Zu den besten Vorbeugungsmaßnahmen gehören Bakterienpräparate, die in Regentonnen, Tümpel und Teichen ausgebracht werden, um gezielt die Larven der sich entwickelnden Mücken abzutöten.

Kleine Verletzungen, vor allem an Händen und Armen, sind nicht weiter tragisch. Extrem gefährlich werden sie aber, wenn bakterielle Erreger des Wundstarrkrampfs (Clostridium tetani) eindringen. Dagegen gibt es seit Langem die Tetanus-Impfung, die spätestens alle zehn Jahre wieder aufgefrischt werden muss.

EIGENER PFLANZENNACHWUCHS

Es macht Freude, seine Lieblingspflanzen selbst zu vermehren und den Nachkömmlingen beim Wachsen zuzusehen. Zudem kann man so seltene Arten und Sorten auf Dauer im Garten erhalten. Das ist bei den **Sommerblumen** meist nur über die Ernte der Samen möglich. Dazu müssen die Samenstände beziehungsweise Früchte im Spätsommer oder Herbst voll ausreifen und sich braun färben. Schneiden Sie diese dann bei trockenem, sonnigem Wetter ab, um die Samen herauszulösen und nach vollständigem Abtrocknen in Papiertüten oder dunklen Schraubgläsern aufzubewahren. Auch von Stauden lassen sich so Samen gewinnen. Bei Hybriden lohnt sich das jedoch nicht: Deren Nachkommen fallen anders und teils viel schlechter aus als die Elternsorte.

Bei der **vegetativen Vermehrung** dagegen entstehen neue Pflanzen aus abgetrennten Teilen der Mutterpflanze und haben deshalb stets dasselbe Erbgut. Die meist recht einfache Teilung von Stauden dient zudem auch dem Verjüngen der Pflanzen. Ein Vermehren über Stecklinge und Wurzelschnittlinge erfordert etwas mehr Aufwand und Aufmerksamkeit.

TEILUNG VON STAUDEN

Die meisten Stauden lassen sich durch Teilung vermehren. Bei älteren Stauden, bei denen die Wuchs- und Blühfreude abnimmt und die Mitte verkahlt, kann das Teilen zudem als Verjüngungsmaßnahme dienen. Wählen Sie für das Einsetzen der neuen Teilstücke möglichst einen anderen Pflanzplatz; andernfalls könnte die sogenannte Bodenmüdigkeit dazu führen, dass dieselbe Art an der alten Stelle nicht mehr zufriedenstellend gedeiht.

Geteilt wird im Herbst oder Frühjahr, meist zur Jahreszeit, zu der man die Staude auch am besten pflanzt. Bei Frühjahrsblühern empfiehlt sich die Teilung bald nach der Blüte.

Lockern Sie den Boden rund um die Pflanze mit einer Grabegabel und graben Sie sie dann mitsamt Wurzelwerk vorsichtig aus. Die etwa faustgroßen Teilstücke werden den jüngeren, äußeren Bereichen der Horste entnommen. Sie

Die meisten Stauden lassen sich recht einfach mit einem scharfen Spaten trennen und so vermehren.

müssen mindestens ein bis zwei Triebknospen sowie genügend Wurzeln haben.

Zum Durchtrennen kräftiger Wurzeln benötigt man oft einen Spaten und einiges an Kraft; teils geht es auch mit einem großen, scharfen Messer. Kleine Pflanzen mit feinerem Wurzelwerk, zum Beispiel manche Polsterstauden und Bodendecker, lassen sich auch mit den Händen auseinanderziehen.

Bei ausläuferbildenden Stauden können einfach die bereits zu eigenständigen Pflänzchen entwickelten „Nebenstränge" mit dem Spaten abgestochen werden. Setzen Sie die Teilstücke gleich wieder ein und gießen Sie diese gründlich an. Können sie erst später gesetzt werden, ist auch das vorübergehende Pflanzen in Töpfe mit guter Erde möglich.

TEILUNG VON ZWIEBELHORSTEN

Viele Zwiebelblumen, besonders die kleinen Frühjahrsblüher, bilden mit der Zeit durch Selbstaussaat und Brutzwiebeln (Tochterzwiebeln) größere Horste und Kolonien. Dabei entwickeln sie sich unter der Erde zu dichten Klumpen. Diese lassen sich ganz ähnlich wie Stauden aus dem Boden nehmen, vorsichtig zu kleineren Klumpen auseinanderziehen oder -brechen und neu verpflanzen, möglichst an anderer Stelle. Das Teilen trägt hier ebenso wie bei den Stauden zur Verjüngung bei. Geteilt wird nach der Blüte, wenn das Laub am Welken ist. Nur Schneeglöckchen vermehrt man besser, solange die Blätter noch grün sind.

Bei horstbildenden Knollenblumen wie der Strahlenanemone ist dies auch möglich, es ist aber oft günstiger, die Brutknollen einzeln oder zu wenigen abzunehmen und zu verpflanzen. Auf dieselbe Weise kann man auch Blumen mit größeren Zwiebeln, etwa Tulpen und Kaiserkrone, über ihre Brutzwiebeln vermehren. Die Brutzwiebeln und -knollen können dann auch noch im Spätsommer abgenommen und verpflanzt werden. Die Pflanzen blühen allerdings je nach Art und nach Größe der Tochterorgane oft erst nach ein bis drei Jahren. Daneben gibt es einige spezielle Vermehrungsmethoden, wie das Entnehmen der in den Blattachseln wachsenden Brutzwiebelchen (Bulbillen) mancher Lilien und das Zerteilen einzelner Knollen bei Dahlien und Begonien. Solche „Sonderfälle" sind in den jeweiligen Porträts (Seiten 134–275) kurz beschrieben.

VERMEHRUNG ÜBER STECKLINGE

Nach der Teilung ist die Stecklingsvermehrung die häufigste Methode, um Nachwuchs von Stauden zu gewinnen, etwa bei Astern, Mädchenauge und Sonnenbraut. Über Stecklinge lassen sich auch Dahlien vermehren, ebenso manche Sommerblumen, die in ihrer wärmeren Heimat mehrjährig wachsen, beispielsweise Pelargonien. Stecklinge sind 5 bis 15 Zentimeter lange, beblätterte Triebstücke, die sich beim Stecken in Anzuchterde bewurzeln und so zu kompletten neuen Pflanzen heranwach-

Vermehrung von Pflanzen durch Kopfstecklinge, die anfangs Wärme von unten und hohe Luftfeuchte brauchen.

sen. Man schneidet sie nur von den besten und gesündesten Mutterpflanzen, meist zwischen Frühjahr und Sommer. Die Triebstücke dürfen keine Blütenknospen aufweisen; wenn es nicht anders geht, kann man bereits vorhandene Knospen vorsichtig ausbrechen.

Kopfstecklinge werden von den Triebspitzen geschnitten und sind meist erfolgsversprechend. Oft bewurzeln sich aber auch **Teil- oder Triebstecklinge** gut; bei Pflanzen mit weichen Triebspitzen sogar besser. Von Stauden mit hohlen Stängeln, etwa Rittersporn und Lupine, schneidet man **grundständige Stecklinge:** Sie werden an der Basis der Mutterpflanze mitsamt einem Stück älterer Wurzeln abgetrennt.

Für die Stecklingsvermehrung brauchen Sie einen hellen, aber nicht prall besonnten, warmen Platz mit 18 bis 22 Grad Celsius; am besten auf einer Fensterbank über einem Heizkörper, denn die Bewurzelung wird vor allem durch Wärme von unten angeregt. Zur wichtigen Ausstattung gehören ein scharfes, sauberes Messer, kleine Töpfe sowie spezielle Anzucht-, Stecklings- oder Aussaaterde, wie bei der Samenanzucht (Seite 94) beschrieben. Hilfreich sind auch die dort genannten Minigewächshäuser mit Abdeckhaube und eventuell integrierter Bodenheizung.

Schneiden Sie die Stecklinge von den Trieben der Mutterpflanze so lang, dass sie noch vier bis fünf Blattpaare haben. Setzen Sie den Schnitt am unteren Ende schräg an und kurz unterhalb eines Blattknotens.

Entfernen Sie dann das unterste Blattpaar und stecken Sie das Triebteil so in einen Topf mit Anzuchterde, dass der tiefste verbliebene Blattansatz kurz über der Oberfläche zu stehen kommt. Förderlich ist Bewurzelungspulver aus dem Fachhandel, in den das untere Stecklingsende zuvor eingetaucht wird.

Drücken Sie nach dem Stecken die Erde rundum etwas fest und feuchten Sie diese leicht an. Die Erde darf nicht austrocknen, doch wenn sie zu nass gehalten wird, können die Stecklinge oder die ersten Wurzeln faulen. Sehr wichtig ist nun eine beständig hohe Luftfeuchtigkeit, bis sich die Wurzeln gebildet haben. Das gewährleistet die übergestülpte Abdeckhaube von Anzuchtschale oder Minigewächshaus oder ein Folienbeutel, der über ein Drahtgerüst im Topf gespannt wird. Zarter Blattaustrieb zeigt an, dass die Wurzelbildung

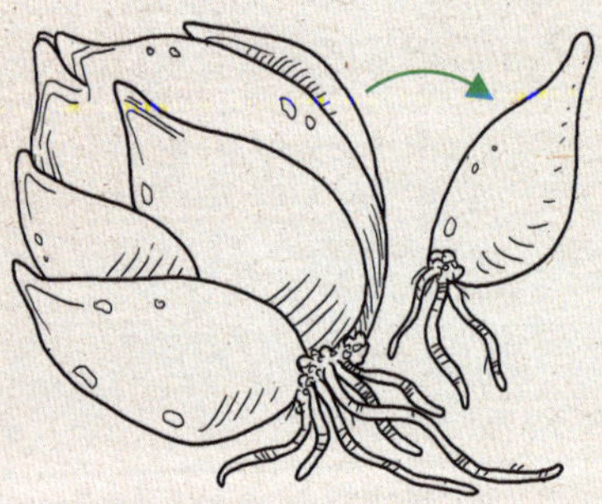

Zwiebelblumenklumpen trennt man ohne Gewalt und vereinzelt so die Tochterpflanzen.

(1) Von Stauden mit hohlen Stängeln schneidet man grundständige Stecklinge. (2) Auch Wurzelschnittlinge eignen sich zur Vermehrung. Dabei das untere Ende jeweils durch einen schrägen Anschnitt kennzeichnen.

erfolgreich verlaufen ist; dies oft schon nach zwei bis vier Wochen. Dann wird der Verdunstungsschutz immer häufiger zum Lüften abgenommen und schließlich ganz entfernt. Halten Sie die beblätterten Stecklinge weiterhin leicht feucht und warm. Wachsen sie zügig, werden sie in etwas größere Töpfe mit normaler Blumenerde gepflanzt und langsam an kühlere Temperaturen gewöhnt. Ebenso wie bei Sämlingspflanzen fördert das Entspitzen oft einen buschigen, kompakten Wuchs (siehe Seite 95).

VERMEHRUNG ÜBER WURZELSCHNITTLINGE

Wurzelschnittlinge sind gewissermaßen die unterirdische Version der Stecklinge. Hierbei macht man sich zunutze, dass manche Stauden wie Kokardenblume und Phlox an ihren kräftigen, fleischigen Wurzeln sogenannte schlafende Augen anlegen. Unter bestimmten Umständen, etwa bei stärkeren Verletzungen, vermögen sie, aus solchen „Notknospen" neu auszutreiben. Besonders hilfreich ist das bei Arten wie Alpenmannstreu und Türkenmohn, die sich nicht durch Teilung oder Stecklinge vermehren lassen. Bei einigen Pflanzen, etwa Bergenien, werden auch Schnittlinge von Rhizomen verwendet, die als umgewandelte unterirdische Sprosse ohnehin Knospen tragen.

Zum Gewinnen der Schnittlinge werden die Pflanzen nach Lockern mit der Grabegabel aus dem Boden geholt oder an einer Seite die Wurzeln freigelegt. Das geschieht oft am besten im Spätherbst, es gibt aber auch Abweichungen (siehe Porträts Seiten 134–275). Nun trennt man gesunde, junge, bleistift- bis fingerdicke Wurzeln nah am Wurzelhals ab. Diese werden von Erdresten und Seitenwurzeln befreit und in etwa fünf Zentimeter lange Stücke zerteilt. Am besten schneiden Sie diese oben gerade und am unteren Ende schräg, damit die Wuchsrichtung weiterhin erkennbar bleibt. Stecken Sie sie dann mit dem schrägen Ende nach unten in Töpfe mit Anzuchterde, und zwar so tief, dass das obere Ende mit der Erdoberfläche bündig ist. Rhizomschnittlinge von Bergenien dagegen legt man waagrecht aus, mit den Knospen nach oben. Geben Sie in beiden Fällen darüber eine dünne Schicht Sand oder Erde-Sand-Gemisch und feuchten Sie alles ein wenig an. Die Töpfe werden an einem hellen, kühlen, aber frostfreien Platz aufgestellt und leicht feucht gehalten. Zeigen sich die ersten Neutriebe, topft man die Schnittlinge um und stellt sie weiterhin recht kühl, bis sie zu setzfähigen Pflanzen herangewachsen sind.

GUTE PFLEGE, REICHE BLÜTE

Wurde ein geeigneter Standort gewählt und richtig gepflanzt, hat sich bei vielen Stauden und Zwiebelblumen die Pflege schon fast erledigt. Dann heißt es: ab und zu mal ein kleiner Handgriff – und sonst einfach genießen.

Etwas mehr zu tun gibt es bei prächtigen Beetstauden, Sommerblumen und manchen Knollenblumen. Aber auch hier hält sich der Aufwand meist in Grenzen. Und während der Blütezeit machen sie sogar die Pflegearbeiten zum Vergnügen.

KEIN WACHSTUM OHNE WASSER

Wenn sie nicht gerade von Unkräutern überwuchert werden, erdulden selbst anspruchsvolle Blumen viele Nachlässigkeiten – mangelt es aber am lebenswichtigen Wasser, hört sozusagen der Spaß auf.

Bei **Wassermangel** werden die Blätter bald schlaff, hängen herab oder rollen sich ein und werden teilweise gelb. Blüten werden nur spärlich angesetzt, bleiben klein und blass. Gießt man sie dann gründlich und, wenn nötig, mehrmals, erholen sich die Pflanzen meist schnell.

Kritischer wird es, wenn schon viele Blätter von den Rändern und Spitzen her verbräunen, zunehmend abfallen oder gar ganze Triebe welken. Auch die Blüten werden welk und teils abgestoßen, ebenso die Knospen. Solche Symptome treten in den zunehmend heißen, trockenen Sommern leider des Öfteren auf. Besonders rasch schädigt Wassermangel frisch gesetzte Jungpflanzen, und Samen kommen erst gar nicht zum Keimen.

Aber zu gut gemeinte, **übermäßige Wassergaben** können ebenso gravierende Folgen haben, und die lassen sich durch nachträglich verbesserte Pflege noch schwerer beheben. Im häufig übernässten Boden mangelt es an Sauerstoff. Die Blätter werden fahlgelb und ebenso wie die Triebe weich. Oft treten verstärkt Pilzkrankheiten auf. Ansonsten zeigen die Pflanzen ähnliche Welkesymptome wie bei Trockenheit, weil die Wurzeln beeinträchtigt sind. Auf Dauer können diese ebenso faulen und absterben wie Rhizome, Zwiebeln und Knollen sowie Samen und Keimlinge.

Natürlich hängt der konkrete Wasserbedarf stark vom Wetter sowie vom Boden ab. Wie viel zum Beispiel der letzte Regen gebracht hat, kann ein Regenmesser im Garten anzeigen. Oft ist es aber noch aufschlussreicher, wenn man einfach den Finger in den Boden bohrt oder die Oberfläche etwas aufwühlt, um zu prüfen, wie feucht es noch darunter ist. Dabei zeigt sich auch schnell, dass auf Sandböden die Gießkanne häufiger zum Einsatz kommen muss als auf Lehm- und Tonböden.

Auch die Jahreszeit und der jeweilige Wachstumszyklus der Pflanzen spielen eine Rolle. So können etwa Stauden unter anhaltender Trockenheit während der Austriebsphase mehr leiden als später unter der trockenen Hitze des Spätsommers.

WASSERBEDARF: KEINE FESTE GRÖSSE

Im besten Fall wird der Wasserbedarf der Pflanzen weitgehend durch gut übers Jahr verteilte Regenfälle gedeckt. Das kommt leider im

Gute Pflege wird belohnt: Ein prächtiges Staudenbeet in voller Sommerblüte

Klimawandel zunehmend seltener vor. Wichtig ist deshalb schon bei der Auswahl neuer Pflanzen, den Gießbedarf möglichst gut einzuschätzen und für einzelne Beete oder Anlagen in etwa abzustimmen.

Wie bei den Licht-, Boden- und Nährstoffverhältnissen zeigt sich auch beim Wasserbedarf, dass sich die Pflanzen je nach Herkunft auf unterschiedliche „Versorgungslagen" eingestellt haben. Pflanzen feuchter Standorte haben öfter große, recht dünne Blätter. Arten aus trockenen Regionen besitzen dagegen häufig kleine bis nadelartige Blätter, um die Verdunstung zu reduzieren. Dem dienen auch wächserne Überzüge oder dichte helle Härchen, die das Laub grau, bläulich oder silbrig erscheinen lassen, ebenso ledrige und fleischige, sukkulente Blätter, die Wasser speichern können.

Weniger offensichtlich, aber umso wichtiger ist das Wurzelsystem. Pflanzen, die auf trockenen Standorten zu Hause sind, entwickeln oft lange Pfahlwurzeln oder ähnlich tief reichendes Wurzelwerk; so etwa Kugeldistel, Küchenschelle und Stockrose. Steingartenpflanzen wie das Felsensteinkraut (Alyssum saxatile) bilden dünne, aber kräftige Pfahlwurzeln, mit denen sie tief in Gesteinsspalten eindringen können. Solche Stauden lassen sich nach dem Einwachsen nur noch sehr schwer umpflanzen.

Eine andere Strategie haben Pflanzen, die mit der Trockenheit unter Gehölzen, am Gehölzrand oder an Hängen zurechtkommen müssen. Hier können sie sich kaum tief im Boden verankern. Dazu gehören beispielsweise Elfenblumen (Epimedium), viele Storchschnabel-Arten und Waldsteinie. Ihre Wurzeln verlaufen zwar flach, sind aber stark verzweigt und oft „verstärkt" durch Rhizome (unterirdische Sprosse). Ähnlich verhält es sich mit mediterranen Stauden, die auf Trockenrasen und flachgründigen, sandigen, steinigen Böden z Hause sind; so etwa Bergminze (Calamintha), Strohblume, Katzenminze und Thymiane.

Die meisten Beetstauden und Blumen haben einen **mittleren Wasserbedarf.** Das heißt, sie sind in regenarmen Zeiten für Wassergaben dankbar, vertragen aber meist einige Tage Trockenheit. **In großen Beeten** und anderen gemischten Pflanzungen kann man ohnehin nicht jede Pflanze unterschiedlich gießen. Hier hat sich bewährt, jeweils dann zu gießen, wenn die

Bodenoberfläche abgetrocknet ist und sich einige Zentimeter darunter nur noch leichte Feuchtigkeit erspüren lässt (Fingerprobe). Dann kann man mit 10–20 Liter pro Quadratmeter gründlich wässern, was dann für mindestens zwei bis drei Tage ausreicht, oft sogar für die ganze Woche. In der Regel müssen Staudenbeete seltener gegossen werden als Sommerblumenbeete.

Dagegen hat zum Beispiel der stattliche Waldgeißbart einen **hohen Wasserbedarf.** Steht er aber schattig auf einem feuchten, gut wasserspeichernden Boden, muss er selbst im Hochsommer nicht oft gegossen werden, zumal er über ein kräftiges Wurzelwerk verfügt.

Braucht er einmal Wasser, kann man den Boden mit 20 Liter und mehr kräftig durchfeuchten. Das reicht dann wieder für einige Tage oder gar Wochen. Ganz anders beim Fleißigen Lieschen, ebenfalls mit hohem Wasserbedarf. Dieses sollte stets mäßig feucht, doch nicht zu nass stehen, sodass man öfter etwas kleinere Mengen gießt, wenn nötig, alle ein bis zwei Tage. Ähnlich verhält es sich mit Knollenbegonien.

Wenn Halbschatten- und Schattenstauden an einen recht sonnigen Platz kommen, können auch sie zu häufigen Gießkandidaten werden. Eine gründliche Wasserversorgung in Trockenphasen brauchen außerdem viele Teichrandstauden. Besonders regelmäßiges Gießen empfiehlt sich für Sommerblumen und Stauden in Töpfen und Balkonkästen.

Stauden mit **niedrigem Wasserbedarf** wie Steppensalbei, Bartiris und Lavendel müssen nur in längeren Trocken- und Hitzeperioden gegossen werden, viele kleine Steingartenstauden gar nicht. Die kleinen Frühjahrszwiebelblumen, auch den größeren Zierlauch, gießt man nur bei anhaltender Trockenheit zurückhaltend. Wachsen sie in Beeten zwischen Stauden oder Sommerblumen, lässt sich kaum vermeiden, dass sie etwas mehr Wasser abbekommen. Doch das vertragen sie in der Regel ebenso. Bei den Sommerblumen sind zum Beispiel Portulakröschen und Ringelblume mit niedrigem Wasserbedarf ausgewiesen. Bei ihnen sollte man aber in heißen, trockenen Wochen nicht ganz so lang mit dem Gießen warten wie bei Stauden. Denn die kurzlebigen, schnellwüchsigen Sommerblumen sind generell etwas durstiger.

HINWEISE IM PORTRÄTTEIL

In den Porträts (Seiten 134–275) sind alle Pflanzen mit einem Symbol für den Wasserbedarf gekennzeichnet:
niedrig mittel hoch
Diese Symbole können nur ungefähre Hinweise bieten, weil der jeweilige Wasserbedarf von vielen verschiedenen Faktoren abhängt. Eine besonders große Rolle spielen die Bodeneigenschaften. So steht ein mittlerer Wasserbedarf hauptsächlich für Pflanzen, die einen frischen, also die meiste Zeit leicht feuchten Boden bevorzugen. Kann der Boden laut Angabe in den Porträts auch „mäßig trocken" sein, kommen sie meist auch mit wenigen Wassergaben zurecht.
Entsprechende Angaben von Gärtnereien und Pflanzenversendern weichen teilweise voneinander ab; dies oft auch aufgrund der Klimaunterschiede in den Regionen, in denen die Betriebe angesiedelt sind.

WASSERSPAREND GÄRTNERN

Häufiges Gießen kostet Zeit und – bei Verwendung von Trinkwasser aus der Leitung – Geld. Regenwassertonnen und Zisternen sind da eine wertvolle Hilfe. Aber wenn über viele Wochen kein Nass vom Himmel fällt, was in den vergangenen Jahren häufiger vorkam, braucht man schon riesige oder zahlreiche Sammelbehälter, um für alle Trockenheits- und Hitzephasen gerüstet zu sein. Außerdem sind längst nicht in jedem Garten genügend große Dächer in der Nähe, um über die Dachrinnen das Regenwasser gezielt aufzufangen.

So muss man doch öfter einmal Leitungswasser verwenden – also wertvolles Trinkwasser. Das wurde immer mehr zu einem kostbaren Gut, weil die Grundwasserspiegel in den vergangenen Jahren vielerorts sanken. Bereits 2018 sahen sich manche Kommunen gezwungen, im Hochsommer das Rasensprengen und das Befüllen von Swimmingpools zu verbieten. Regionale Nutzungsbeschränkungen gab es in Deutschland dann auch im Dürrejahr 2022. Manche befürchteten schon komplette Beregnungsverbote für den sommerlichen Garten, wie in manchen mediterranen Ländern schon länger nötig.

Das Ganze hat sich seit dem regenreichen Spätjahr 2023 und dem recht feuchten Jahr 2024 etwas entspannt. Allerdings rechnen die meisten Experten damit, dass auch in Zukunft lange Trocken- und Hitzephasen auftreten werden – oft im Wechsel mit heftigen Regenfällen, die in den letzten Jahren ja ebenfalls stärker auftraten.

Grundsätzlich empfiehlt es sich, mehr **trockenheitsresistente Pflanzen** zu verwenden, wie sie als „Klimastauden" schon in großer, attraktiver Auswahl angeboten werden (Seite 38). Allerdings: Wer seine Rittersporne, Phloxe, Feinstrahlastern und Eisenhüte liebt, will sie nicht unbedingt gleich komplett austauschen. Zudem können sich trockenheitsgestresste Schönheiten nach dem Rückschnitt teils wieder erholen, wenn im nächsten Frühjahr mehr Regen fällt. Außerdem müssen die meisten nach einigen Jahren geteilt und an anderer Stelle neu eingepflanzt werden. Da bietet es sich an, einen etwas schattigeren Standort auszuprobieren. Und auf feuchteliebende Stauden wie Primeln, Wiesenschwertlilie, Blutweiderich und Goldkolben (Ligularia) zu verzichten wäre nicht nur ein Verlust an besonderen Zierden: Sie sind auch wertvolle Nahrungsquellen für Bienen und andere Insekten.

Andererseits leiden viele Trockenheitsspezialisten besonders unter der Kehrseite des Klimawandels, nämlich plötzlich auftretendem Starkregen und anhaltender Winternässe. Bei einer Neupflanzung nur noch solche Arten zu wählen, ist deshalb nicht die beste Idee. Wie so oft gilt auch hier: Die Mischung macht's. Achten Sie beim Einpflanzen neuer „Trockenhelden" darauf, dass auch sie anfangs recht regelmäßig Wasser brauchen, um gut anzuwachsen. Erst danach kann man darauf weitgehend verzichten.

Storchschnabel (Geranium)

Zwergiris (Iris reticulata)

Neben der Pflanzenauswahl hilft eine clevere Gießpraxis, unnötigen Wasserverbrauch zu vermeiden (siehe „Effektiv gießen", Seite 111). Ebenso wichtig ist eine gute Pflege des Bodens, um dessen Wasserspeicherung zu verbessern und die Verdunstung zu reduzieren. Dabei hilft besonders das Mulchen. Weil das noch weitere Vorteile hat, finden Sie Tipps dazu unter „Bodenpflege und Wildkrautbekämpfung" (Seite 109).

WASSERQUELLEN UND GIESSHILFEN

Das beste – und billigste – **Gießwasser** ist im Allgemeinen Regenwasser, das in Regentonnen, Tanks oder Zisternen gesammelt wird. Es ist weich und meist gut temperiert und so auch an heißen Tagen sehr pflanzenfreundlich. Kühles Leitungswasser kann dagegen kleine

Kälteschocks verursachen. Vor allem aber hat das Leitungswasser vielerorts eine hohe Wasserhärte, verbunden mit einem entsprechend hohen Kalkgehalt. Über die Härte Ihres Trinkwassers kann Ihnen Ihr Wasserversorgungsunternehmen oder die Gemeindeverwaltung Auskunft geben. Meist betreiben die Wasserversorger auch Websites im Internet und nennen dort die regionalen Härtebereiche. Die Gesamthärte wird heute in Millimol Calciumcarbonat pro Liter (mmol/l) angegeben. Häufig findet man aber auch noch die ältere, vertraute Unterteilung nach deutschen Härtegraden (°dH). Liegt die Gesamthärte im Härtebereich 3 (mehr als 14 Grad deutsche Härte), kann der Einbau einer Wasserenthärtungsanlage sinnvoll sein. Das beugt in erster Linie Verkalkungen in Rohren und Haushaltsgeräten vor, kommt nebenbei aber auch den Pflanzen zugute. Vor allem kalkscheue Pflanzen können durch hartes Gießwasser auf Dauer beeinträchtigt werden, so etwa Besenheide, Astilbe, Fingerhut, Heidenelke und Japansegge.

Verfügt man weder über Regenwasser noch über eine Enthärtungsanlage, ist es zumindest hilfreich, das Wasser vor Verwendung in den Gießkannen abstehen zu lassen. Dann setzen sich ein Teil des Kalks am Boden ab, außerdem wird das Nass vorgewärmt. „Tricks" wie Abkochen, Zugabe von entsalztem Wasser oder Essig taugen kaum für größere Gießmengen.

Wichtige, vielseitig einsetzbare Gießhilfen sind nach wie vor die Gießkannen; am besten in verschiedenen Größen mit zwischen 5 und 10 oder auch 15 Litern Fassungsvermögen, je nach Verwendungszweck.

Gibt es viele Beete zu gießen, wird das allerdings mühsam. Regner oder Sprinkler sind zwar eine komfortable Lösung; doch bei ihnen verdunstet ein großer Teil des Wassers, bevor es in den Boden einsickern kann. Außerdem kann das ständige Benässen der gesamten Pflanzen von oben die Ausbreitung von Pilzkrankheiten fördern.

So bleibt als bessere Alternative das Gießen mit dem Schlauch, das sich mithilfe von Schlauchwagen, -trommeln und -führungsrollen recht bequem durchführen lässt. Qualitäts-Gartenschläuche sind UV- und witterungsstabil, abrieb- und knickfest, frei von Schwermetallen wie Blei und Cadmium, halten einen Berstdruck von mindestens 20 bar aus und werden mit einer Herstellergarantie von wenigstens acht Jahren angeboten.

Eine Alternative bietet die Tröpfchenbewässerung. Hier wird das Nass in Tropfenform direkt neben den Pflanzen verteilt und so die Verdunstung stark reduziert. Stiftung Warentest stellte allerdings 2018 vier Gartenbewässerungssysteme auf die Probe und kam zu dem Schluss, dass die Wasserersparnis nicht allzu groß war. Es handelte sich dabei um Komplettanlagen für verschiedene Gartenbereiche inklusive Rasen und Hecken. mitsamt Bewässerungscomputern und Feuchtesensoren. In der Gesamtwertung schnitt lediglich ein recht teures System von Gardena gut ab, die anderen waren nur befriedigend.

Im Vorjahr getestete Syteme mit Einzeltropfern für Balkon und Terrasse brachten immerhin drei gute Ergebnisse, ebenso drei Blumenkästen mit integriertem Wassertank.

Bisher noch nicht untersucht wurden spezielle Tropfschläuche, die über viele kleine

Bunter Sommer. Auch Pflanzen mit wenig Wasserbedarf können den Garten farbenfroh verschönern.

Dusche mit dem Brausekopf? Nicht die beste Lösung! Da droht viel Verschwendung!

Öffnungen das Wasser tropfenweise abgeben und vorzugsweise oberirdisch auf Beeten ausgelegt werden. Wachsen die Blumen und Stauden, sieht man diese Schläuche kaum noch. Als besonders vorteilhaft gelten sogenannte Perlschläuche. Bei ihnen treten die Tröpfchen gleichmäßig über unzählige kleine Poren aus, sodass das Erdreich rundum angefeuchtet wird. Das funktioniert jedoch nur auf einigermaßen ebenen Flächen.

Auch solche Gießschläuche können automatisch mit einem Bewässerungscomputer mitsamt Feuchtesensoren im Boden gesteuert werden. Was über Sommer Gießarbeit spart, erfordert allerdings vorm Winter recht viel Aufwand: Alle Schläuche und Außenleitungen müssen gründlich entleert und frostempfindliche Bauteile entfernt werden, um Schäden vorzubeugen. Je nach Bewässerungssystem und Wasseranschluss wird auch eine gute Ausstattung mit Pumpen und Filtern nötig. Schon kleine Schmutz- und Erdreste können zu Verstopfungen führen. So oder so sollte man sich vor einer Anschaffung und Installation gründlich über die verschiedenen Systeme und ihre Erfordernisse (zum Beispiel Wasserdruck, nötige Ventile) informieren.

WASSER IM ÜBERFLUSS

Der Klimawandel beschert uns nicht nur Hitzewellen und Dürrejahre, sondern öfter auch heftigen Starkregen und in manchen Regionen sogar verheerende Wasserfluten. Bei der Katastrophe im rheinland-pfälzischen Ahrtal im Jahr 2021 starben zahlreiche Menschen im Hochwasser. Auch bei nicht ganz so dramatischen Flutereignissen gibt es natürlich weitaus Wichtigeres zu retten als die Gartenbepflanzung. Wohnt man allerdings in einem häufiger hochwassergefährdeten Gebiet, kann man zumindest Vorkehrungen treffen. Vor allem Grundstücksbesitzer in der Nähe von Flüssen und Bächen rüsten sich mittlerweile teils mit Sandsäcken, die zum Beispiel in Baumärkten erhältlich sind und zu Dämmen aufgeschichtet werden können.

Aber auch anderswo kann es zumindest zu zeitweiligen Überflutungen kommen. Folgende Vorbeugungsmaßnahmen im Garten sind durchaus sinnvoll, weil sie auch dem lokalen Klima zugutekommen:

- Möglichst wenig Flächen und Wege durch Pflaster versiegeln. Stattdessen wasserdurchlässige Beläge wählen, zum Beispiel Rasengittersteine, Schotterrasen, Sickerpflaster oder Drainbeläge (Steinteppiche).
- Wo immer möglich, pflanzliche Bedeckung bevorzugen, mit Bodendeckerpflanzen, Kräuterrasen mit Wildblumen und Wiesen. Ist der Boden darunter gut gelockert, können auch stärkere Regenfälle recht schnell versickern. In öfter hochwassergeplagten Gärten empfehlen sich Feuchtwiesen-Mischungen, die zeitweise Wasserbedeckung vertragen. Sie sind mit Feuchtstauden wie Sumpfdotterblume und Kuckuckslichtnelke sehr ansehnlich und zudem gute Insektenweiden.
- Freie Bodenflächen regelmäßig lockern und mit organischen Mulchmaterialien abdecken (Seite 111). Was den Humusgehalt und die Bodenstruktur verbessert, fördert auch die Aufnahmefähigkeit und das Durchsickern von überschüssigem Regenwasser.
- Drainagerohre verlegen und Drainagegräben sowie kleine Dämme und Erdwälle anlegen, die das Wasser beispielsweise in einen Teich, Bachlauf oder eine Zisterne leiten.

BODENPFLEGE UND WILDKRAUTBEKÄMPFUNG

Unbedeckte Pflanzenzwischenräume sollten regelmäßig **gelockert** werden. Dafür eignen sich ein Grubber mit drei bis vier gekrümmten

Blühende Sumpfdotterblumen (Caltha palustris)

EFFEKTIV GIESSEN

Für eine optimale Wasserversorgung ist es am besten, ohne Brausenaufsatz direkt in den Wurzelbereich, also neben die Pflanzenbasis zu gießen. So kommt das Wasser am schnellsten und mit geringem Verdunstungsverlust dahin, wo es gebraucht wird. Außerdem vermeiden Sie so das Benässen von Blättern und Blüten und beugen dadurch Pilzbefall vor.
Verteilen Sie Gießmengen von 10 Liter und mehr auf zwei bis drei kleinere Gaben mit Pausen dazwischen, damit das Wasser gut versickern kann.
Gießen Sie nicht in der prallen Mittagssonne; da verdunstet oft mehr, als in den Boden gelangt. Morgens oder abends sind gerade im Hochsommer die besten Zeiten; am Abend aber möglichst nicht zu spät, weil dann die Pflanzen feucht in die kühlere Nacht gehen, was Pilzkrankheiten und Schnecken begünstigen kann.

Zinken, der ähnliche Kultivator mit verbreiterten Scharen an den Spitzen oder eine schmale Bügelhacke. Mit kurzstieligen Geräten, zum Beispiel einem Handgrubber, können Sie auch in engen Zwischenräumen und zwischen Sämlingen gezielt und schonend arbeiten. Am besten geschieht das bei leicht feuchtem Boden. Durch das Lockern werden verkrustete Oberflächen aufgebrochen.

So gelangen Wasser und Luft wieder besser an die Wurzeln. Zugleich zerstört man hauchfeine Kanälchen im Boden, die sogenannten Kapillaren, über die Wasser nach oben steigt und verdunstet, und reduziert so Feuchtigkeitsverlust.

Ebenso wichtig ist das Entfernen der **Wildkräuter,** die sich in den Zwischenräumen breit machen. Von „Un-Kräutern" spricht man heute nicht mehr so gern, denn natürlich sind es ebenfalls Kräuter, deren junge Blätter man teils sogar als Salat oder Gemüse genießen kann; so etwa Löwenzahn, Vogelmiere, Sauerampfer und Giersch. Aber sie sind eben auch ausgesprochen lästig, wenn sie als hartnäckige Überlebenskünstler die Beetpflanzen überwuchern. Werden sie frühzeitig und regelmäßig gehackt und gejätet, kann man sie meist gut im Zaum halten, bis dann die heranwachsenden Blumen kräftig genug sind. Lässt man sie stattdessen zum Aussamen oder zur Verbreitung durch Ausläufer kommen, werden sie leicht zur Dauerplage. Beseitigen Sie Wildkräuter möglichst komplett mitsamt Wurzeln. Bei tief wurzelnden Pflanzen ist ein Unkrautstecher hilfreich. Manche Hersteller bieten langstielige Unkrautstecher mit kräftigen „Greifwerkzeugen" an. Damit können Sie recht bequem und zugleich effektiv im Stehen arbeiten. Wurzelkräuter sollten besonders gründlich entfernt werden, wenn nötig, wiederholt in kurzen Abständen. Denn manche treiben selbst aus kleinen Teilstücken, die im Boden verbleiben, wieder aus, so etwa Giersch, Ackerwinde und Quecke.

Achten Sie bei allen Arbeiten darauf, dass keine Blumen, Zwiebeln oder Knollen beschädigt werden. Nachdem sich neue Pflanzungen gut entwickelt und die Stauden voll ausgetrieben haben, wird das Arbeiten zwischen den Pflanzen schwieriger – aber auch nicht mehr in dem Maße nötig, weil der Boden dann weitgehend bedeckt ist. Deshalb beugen recht schnellwüchsige, am Boden kriechende und ausläuferbildende Stauden auch dem Wildkrautwuchs vor. Sehr schön machen das zum Beispiel Günsel, Golderdbeere (Waldsteinia), Immergrün (Vinca) und Hängepolster-Glockenblume (Campanula poscharskyana).

Für eine noch dichtere Bedeckung kann eine **Mulchschicht** sorgen. Organische Mulchmaterialien werden beim Zersetzen in Humus umgewandelt, geben Nährstoffe frei und regen das Bodenleben an.

Zudem beugen sie dem Verkrusten und Verschlämmen der Bodenoberfläche vor, mindern die Verdunstung und hemmen Wildkrautaufwuchs. Werden reifer Kompost und Rindenhumus als Mulch verwendet, muss man berücksichtigen, dass es sich zugleich um

MULCH FÜR SPEZIALISTEN

Mulchen über Sommer wie Winter ist auch für viele Halbschatten- und Schattenstauden der Lebensbereiche Gehölz und Gehölzrand empfehlenswert, etwa Eisenhut, Astilben, Funkien und Farne. Hierfür eignen sich besonders Rindenhumus und Laubkompost.
Dagegen ist für die Pflanzen trockener, eher nährstoffarmer Standorte, etwa die meisten Steingarten- und Steppenstauden, organischer Mulch ungeeignet. Hier können stattdessen Materialien wie Splitt, Lavasplitt und Kies als Bodenbedeckung eingesetzt werden.

recht gehaltvolle Dünger handelt, sodass oft keine weitere Nährstoffgaben nötig sind. Sie können zwar vorhandene Wildkräuter unterdrücken, manchmal aber auch neue fördern. Rasenschnitt eignet sich gut, muss aber des Öfteren erneuert werden. Im Herbst kommt dann Laub als garteneigenes Mulchmaterial hinzu.

Rindenmulch unterdrückt Wildkräuter mit am besten und baut sich nur langsam ab, sollte aber nur zwischen bereits gut eingewachsenen Stauden Verwendung finden. Bei seinem Verrotten wird dem Boden Stickstoff entzogen, außerdem wirkt er versäuernd.

Entsprechend werden ausgleichende Gaben von Hornspänen und Kalk nötig. Ähnliches gilt für Gehölzhäcksel-Mulch. Als verträglichere Alternativen werden Miscanthus-Mulch (aus Chinaschilf) und Kakaoschalen-Mulch angeboten.

Vor dem Ausbringen von Mulch sollte der Boden nochmals gelockert werden. Eine Schichthöhe von zwei bis drei Zentimeter ist meist ausreichend. Leider versammeln sich gern Schnecken unter den Mulchdecken. Deshalb beginnt man in schneckengeplagten Gärten mit dem Mulchen besser erst im Sommer, wenn Staudenaustrieb und Jungpflanzen von Sommerblumen nicht mehr so stark gefährdet sind. Wenig Risiko birgt allerdings Mulch aus reifem Kompost – sofern nicht gerade Schnecken ihre Eier darin abgelegt haben.

Im Herbst, nach dem Rückschnitt der Stauden, wird der Boden wieder gründlich gelockert und dann eine etwas dickere Mulchschicht, zum Beispiel aus Laub, aufgebracht, die zugleich als Winterschutz dient.

Im Frühjahr arbeitet man dünne Mulchreste leicht ein und recht stärkere Decken ab, damit sich der Boden besser erwärmen kann. Dann erfolgt wieder eine Bodenlockerung.

DÜNGUNG IM BLUMENGARTEN

In einem mäßig nährstoffreichen, nur alle paar Jahre mit etwas Kompost versorgten Boden wachsen im Prinzip fast alle in diesem Buch vorgestellten Blumen. Prächtige Sommerblumen wie Feuersalbei, Sonnenblume und Ziertabak zeigen dann aber nicht alles, was in ihnen steckt, und können etwas kümmerlich wirken, eventuell auch mit gelben Blättern.

Sommerblumen bringen innerhalb ihrer recht kurzen Lebensspanne reichlich Blüten und Blätter hervor. So brauchen sie auch entsprechend „Kraftnahrung", von wenigen genügsamen Arten abgesehen. Ähnlich anspruchsvoll sind einige nicht winterharte Zwiebel- und Knollenblumen wie Gladiolen und hohe Dahlien sowie Prachtstauden wie Rittersporn und Herbstchrysanthemen. Schon eine jährliche Versorgung mit gutem **Kompost** kann auch bei Pflanzen mit höherem Bedarf die Wuchs- und Blühfreude verbessern. Für die anderen Stauden und Blumen genügt das auf einem grundsätzlich gut versorgten, humosen Boden normalerweise schon.

Kompost ist nicht nur ein ideales Bodenverbesserungsmittel, sondern auch ein langsam wirkender organischer Dünger mit in der Regel allen wichtigen Nährstoffen. Dabei sind die Hauptnährstoffe Stickstoff, Phosphor und Kalium nur mit bescheidenem, aber oft ausreichendem Anteil enthalten. Da sich eigener Kompost leicht aus Pflanzen- und Küchenabfallen herstellen lässt, lohnt es sich, dafür eine Ecke im Garten zu reservieren. Andernfalls kann Kompost auch zugekauft werden, abgepackt oder lose bei einem Kompostwerk, am besten ausgezeichnet mit einem RAL-Gütesiegel (siehe auch Seite 89).

Wird Kompost als Mulch verwendet, reicht das für Pflanzen mit mittleren Ansprüchen bereits. Andernfalls bringt man ihn bei Stauden vorzugsweise im Frühjahr, kurz vor oder zum Austrieb, aus; bei Sommerblumen zur Pflanzung oder bald nach dem Anwachsen. Verwenden Sie dafür nur völlig vererdeten, ausgereiften Kompost, dessen Geruch an Waldboden erinnert. Bringen Sie ihn als dünne Schicht (1 l / m^2) rund um die Pflanzen aus, bei anspruchsvolleren Arten sowie Stauden im Gehölzbereich bis 3 l / m^2, und arbeiten Sie ihn nur oberflächlich ein, zum Beispiel mit einem Handgrubber. Bei Bedarf kann auch im Sommer nochmals ein wenig Kompost ausgebracht werden. In trockenen, sehr heißen Wochen ist das gerade für Beetstauden und Sommerblumen hilfreich, denn so ein strapaziöses Wetter beschleunigt auch den Humusabbau.

Pflanzen benötigen für das Wachsen und Blühen eine Vielzahl von mineralischen **Nährstoffen.** Die nur in kleiner Dosis benötigten Spurennährstoffe wie Eisen und Mangan sind dabei genauso unverzichtbar wie die Hauptnährstoffe Stickstoff, Phosphor, Kalium, Magnesium, Kalzium und Schwefel. Als Bestandteile von Düngern stehen aber die sogenannten Kernnährstoffe Stickstoff (chemisches Kürzel: N), Phosphor (P) und Kalium (K) besonders im Blickpunkt. Stickstoff trägt zur intensiven Grünfärbung der Blätter bei und sorgt maßgeblich für kräftiges Blatt- und Triebwachstum. Wird dieses allerdings zu stark gefördert, kann das auf Kosten der Blüten gehen. Außerdem führt ein Übermaß an Stickstoff zu weichem, schwammigem Blatt- und Triebgewebe mit erhöhter Anfälligkeit für Schaderreger und Kälteschäden.

Phosphor dagegen fördert unter anderem die Blüten- und Fruchtbildung sowie das Wurzelwachstum. Kalium reguliert den Wasser- und Nährstoffhaushalt in der Pflanze, festigt ihr Gewebe und macht es widerstandsfähiger gegen Kälte und Schaderreger.

Dünger für blühende Zierpflanzen sollten deshalb ein gut ausgewogenes Verhältnis dieser Nährstoffe bieten, ohne allzu hohen Stickstoffanteil. Entsprechende Dünger sind oft als

Das Mulchen zwischen den Stauden tut dem Boden und den Pflanzen gut.

Blühpflanzen- beziehungsweise Blütenpflanzendünger ausgewiesen. Als Volldünger enthalten sie alle wichtigen Haupt- und Spurennährstoffe.

In **organischen Düngern** sind die Nährstoffe ähnlich wie im Kompost organisch gebunden, teils auch in natürlichen Mineralien. Sie werden nur allmählich freigesetzt, abhängig von Bodenfeuchtigkeit und -temperatur und der Aktivität der Bodenorganismen. So wirken sie langsam und nachhaltig. Leicht lösliche **Mineraldünger** dagegen bieten die Nährstoffe in schnell aufnehmbarer Form, hauptsächlich als Nährsalze. So wirken sie rasch und sehr gezielt. Dadurch kann es aber auch leichter zu einer Überdüngung kommen, gerade mit Stickstoff. Als Alternative werden mineralische **Langzeitdünger** angeboten. In ihnen sind die Nährstoffe so aufbereitet, dass sie wie bei organischen Düngern allmählich freigesetzt werden, wobei sich die Nachlieferung über mehrere Monate erstrecken kann. Organische wie mineralische Dünger gibt es als Fest- und Flüssigdünger. **Festdünger** werden auf zuvor angefeuchtetem Boden ausgestreut und dann leicht eingeharkt. **Flüssigdünger** lassen sich einfach nach Auflösen in Wasser mit der Gießkanne verteilen. Beachten Sie bei allen Düngern genau die jeweiligen Anwendungshinweise auf der Packung beziehungsweise im Beipackzettel.

PFLANZEN STÜTZEN

Die imposante Erscheinung hoch aufragender Stauden, Sommerblumen und Knollenblumen wird schnell getrübt, wenn Stängel umkippen oder gar abknicken. Besonders böse Überraschungen erlebt man nach starken Winden oder Regenfällen. Aber auch aus heiterem Himmel können sich Stängel, besonders solche mit großen, schweren Blüten und Blütenständen, zur Seite oder nach unten biegen.

Um einzelne Stängel zu stützen, etwa bei Rittersporn, Sonnenblume und Lilie, bieten sich schlanke Bambus-, Holz oder Metallstäbe an. Sie werden direkt neben den Pflanzen in den Boden gesteckt, mindestens 20 cm tief, damit sie guten Halt bieten. Die Stäbe sollten dann bis wenigstens zwei Drittel der Stängelhöhe aufragen. So kann man die Stängel mit zwei bis drei Bindungen in verschiedenen Höhen gut stabilisieren. Fürs Befestigen eignet sich Bindebast, am besten in einer lockeren Achterschleife, bei der die Bastschnur zwischen Stängel und Stütze einmal überkreuz gelegt wird. Dies beugt dem Einschnüren der Stängel vor.

Breite, buschige Horste, etwa von Phlox und Sonnenhut, fallen zuweilen unschön auseinander. Manchmal reicht es schon, wenn man sie, etwa in halber Wuchshöhe, ringsum mit Schnur oder Bast zusammenbindet – möglichst nicht zu straff, damit die natürliche Wuchsform nicht beeinträchtigt wird. Oft verschwindet die Schnur schon bald unter den Blättern. Naturnah wirkt das Stützen mit kräftigen Zweigen, die nach alter Bauerngarten-Tradition rund um den Horst in den Boden gesteckt werden. Verwendet man stattdessen kräftigere Stäbe und verbindet diese mit mehreren Schnüren, lassen sich auch hohe, breite Büsche stabil zusammenhalten. Diverse praktische, teils auch dekorativ gestaltete Hilfen bietet der Fachhandel an. Von flexiblen Drahtelementen, die sich zu allen möglichen Konstruktionen zusammenstecken lassen, bis zu Stäben mit ornamentalem Knauf finden Sie eine breite Angebotspalette, um Ihre Stauden in Form zu halten. Bewährt haben sich zum Beispiel Staudenhalter beziehungsweise Stützringe aus Metall oder Kunststoff, die sich im Durchmesser verstellen und höher schieben lassen und dann sozusagen mitwachsen.

AUSPUTZEN UND BLÜTENFÖRDERUNG

Für uns sind die ersten welken Blüten keine Freude, doch für die Blumen ist damit der Höhepunkt ihrer Saison gekommen: Nun können sie Samen anlegen und ihre Nachkommenschaft verbreiten. Entsprechend werden neue Blütenknospen immer unwichtiger, die Kraft geht in die Samenbildung. Diesem tief verwur-

TIPPS ZUR DÜNGEPRAXIS

Flüssigdünger sind besonders praktisch für Sommerblumen, da die meisten alle vier bis sechs Wochen Nährstoffnachschub benötigen, in Kästen und Töpfen noch häufiger. Außerdem lässt sich bei Flüssigdüngern sehr einfach eine niedrigere Dosierung bemessen, was bei manchen Arten ratsam ist (siehe Porträts, Seite 134–275).

Für eine Frühjahrsdüngung bei Stauden empfehlen sich vorwiegend organische oder Langzeitdünger. Selbst bei nährstoffliebenden Arten genügt dann meist eine Nachdüngung im Juni beziehungsweise nach dem Rückschnitt des ersten Flors. Dafür können auch schnell lösliche Mineraldünger verwendet werden, am besten spezielle Staudendünger.

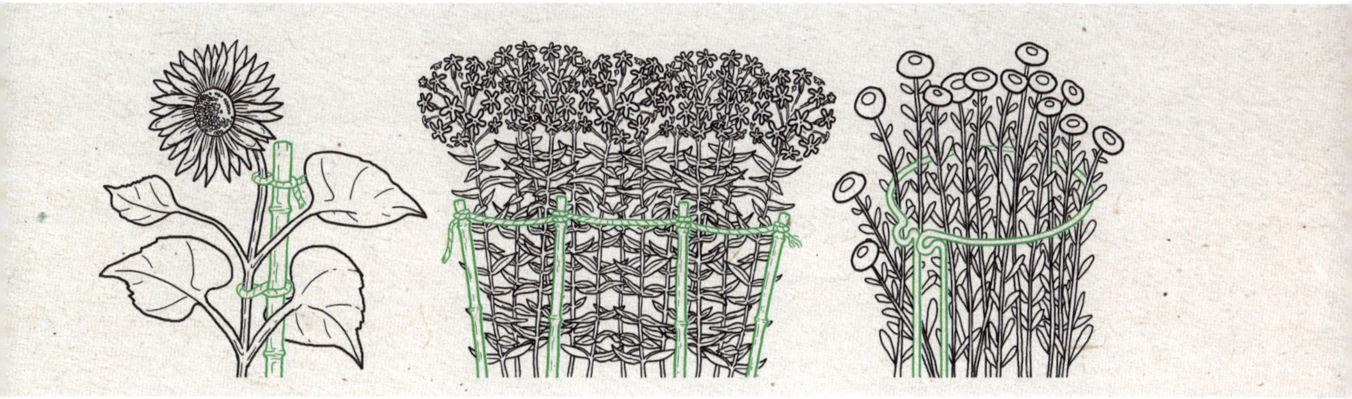

Stützmethoden: Stäbe mit Bindungen für einzelne Stängel. Horste zusammenbinden oder mit Stützringen einfassen.

zelten „Programm" folgen oft sogar Sorten mit gefüllten Blüten, denen Befruchtung und Samenbildung gar nicht mehr möglich ist.

Das **Entfernen welker Blüten** dient deshalb nicht nur der Optik, sondern wirkt dem Nachlassen des Flors entgegen und beugt unerwünschter Selbstaussaat vor. Bei manchen Arten kann man die verwelkten Blüten einfach abziehen oder mit den Fingernägeln abkneifen. Meist geht es aber am besten mit der Gartenschere, wobei man, wo möglich, die verwelkten Blütenstände komplett herausschneidet, mitsamt dem Stiel.

Diese Maßnahme zeigt besonders bei Sommerblumen gute Wirkung und gehört bei fast allen Arten zur Standardpflege. Nebenbei beugt dieses Ausputzen auch dem Auftreten von Fäulnis vor und empfiehlt sich nach Regenfällen ganz besonders. Davon verschont bleiben Pflanzen, bei denen man den Anblick ansprechender Samenstände genießen oder Samen ernten möchte; unter den Sommerblumen beispielsweise Jungfer im Grünen und Ringelblume.

Auch bei manchen Stauden lässt sich durch regelmäßiges Ausputzen verwelkter Blüten eine Verlängerung der Blütezeit erzielen, etwa bei Sonnenbraut, Pfingstrose und Ehrenpreis, ebenso bei Knollenbegonie und Dahlie.

Teils erreicht man dasselbe durch eine radikalere Maßnahme: das Herausschneiden **verblühter Stängel** an der Basis, beispielsweise bei Schafgarbe und Gartenmargerite. Ansonsten geht es aber bei Empfehlungen zum Wegschnitt abgeblühter Stände oder Stängel gleich nach der Blüte vor allem um das **Verhindern** der Selbstaussaat (Porträts, Seite 134–275). Bei Zwiebelblumen wie Kaiserkrone und Tulpe fördert es die Zwiebelneubildung. Schließlich gibt es bei manchen Pflanzen auch die Möglichkeit, durch einen **kompletten Rückschnitt** nach der ersten Hauptblüte einen Neuaustrieb samt zweitem Flor zu erreichen. Das wohl wichtigste Beispiel für diesen sogenannten Remontierschnitt ist der Rittersporn: Nach der Erstblüte im Juni und Juli wird er auf rund zehn Zentimeter zurückgeschnitten und blüht dann ab August/September nochmals prächtig. Gut gelingt das zum Beispiel auch bei Katzenminze und Wiesenstorchschnabel. Auf ähnlich Weise können zwei der kleinsten Sommerblumen zu einer Zweitblüte gebracht werden: Duftsteinrich durch Rückschnitt um die Hälfte, Männertreu um ein Drittel. Auch **Polsterstauden** wie Polsterphlox, Blaukissen und Schleifenblume werden nach der Blüte um ein Drittel bis zur Hälfte zurückgeschnitten. Mit einem zweiten Flor ist hier nicht zu rechnen, aber der Rückschnitt fördert den kompakten Wuchs.

IM HERBST UND WINTER

Im Spätherbst werden die welken Stängel der meisten **Stauden** knapp über dem Boden weggeschnitten. So entwickelt sich dann auch der Neuaustrieb im nächsten Frühjahr ungehin-

(1) Verblühte Blüten(stände) sollten entfernt werden. (2) Rückschnitt beim Rittersporn zur Blütenförderung (3) Rückschnitt von Polsterstauden nach der Blüte

dert. Den Rückschnitt können Sie aber auch noch im Frühling nachholen. Stauden mit hübschen Samenständen wie Alpenmannstreu, Fetthenne und Roter Sonnenhut sowie Ziergräser bleiben ohnehin besser noch stehen, da sie auch über Winter ansprechend wirken.

Bei Astilben und anderen etwas frostempfindlichen Stauden schützen zudem die welken Stängel und Blätter über Winter den Wurzelbereich. Die wenigen Wintergrünen wie Bergenie und Elfenblume sowie Farne bleiben natürlich auch ungeschnitten. Die meisten Stauden sind im Ruhestadium gut frostfest, sodass sie in der Regel ohne besondere Vorkehrungen gut über den Winter kommen; erst recht, wenn der Boden zwischen den Pflanzen nach dem herbstlichen Lockern gemulcht wurde (siehe Seite 112). Im Herbst frisch gesetzte Stauden können allerdings noch ein wenig Schutz brauchen. Sie sowie etwas empfindlichere Arten werden am besten mit abgeschnittenen Fichten- oder Tannenzweigen oder einer dünnen Laubschicht abgedeckt. Nadelholzzweige haben sich zum Abdecken bewährt, weil sie mit ihren dicht stehenden Nadeln gut isolieren, aber trotzdem noch Luft durchlassen. Außerdem faulen oder schimmeln sie kaum. Besonders günstig ist Fichtenreisig, weil es im Frühjahr nach und nach seine Nadeln verliert und so zunehmend mehr Licht und Luft durchlässt, wenn sich die ersten Austriebsknospen regen. Wird viel Fichtenreisig zum Abdecken benötigt, können eventuell Forstämter weiterhelfen, in den Städten manchmal auch die Gartenämter. Schutzabdeckungen sollten in jedem Fall luftdurchlässig sein. Neben Fichtenreisig kommen zum Beispiel auch Jute, Sackleinen und Vliese infrage.

Strenge Fröste sind allerdings in vielen Regionen seltener geworden. Stattdessen wird für Stauden, Zwiebel- und Knollenblumen zunehmend die ausgeprägte Winternässe zum Problem. Fichtenreisig sowie Vliese können die Auswirkungen von häufigen Regenfällen etwas abmildern, aber nicht dauerhaft davor schützen. Wenn der Boden völlig durchnässt wird, faulen schlimmstenfalls die Wurzeln und unterirdischen Speicherorgane. Besonders gefährdet sind mediterrane und andere trockenheitsliebende Pflanzen, darunter viele Steingarten- und Steppengewächse. Unter den Klimastauden scheinen neben den heimischen Arten Pflanzen aus der nordamerikanischen Prärie noch am ehesten mit der Winternässe zurechtzukommen (Seite 39).

Sehen Sie über Winter ab und zu nach den im Herbst gepflanzten Stauden: Manchmal schiebt sich nach Frösten der Boden hoch, sodass die Pflanzen nicht mehr richtig sitzen und die Wurzeln teils den festen Bodenkontakt verlieren. Drücken Sie die Pflanzen dann kräftig an. Lockern Sie Winterschutzabdeckungen an den ersten warmen Vorfrühlingstagen, und entfernen Sie sie spätestens, wenn sich der erste zarte Austrieb zeigt.

Verblühte einjährige **Sommerblumen** werden komplett weggeschnitten oder herausgezogen und kommen auf den Kompost. Wachsen keine Mehrjährigen auf demselben Beet, lockert man die gesamte Fläche dann tiefgründig mit Grabegabel oder Spaten. Bereits ausgepflanzte Zweijährige wie Goldlack und Tausendschön werden mit etwas Fichtenreisig oder Gartenvlies abgedeckt, noch in Töpfen stehende Pflanzen bringt man an einen hellen, kühlen Platz im Haus.

Die frühjahrsblühenden **Zwiebel- und Knollenblumen** befinden sich immer noch in der Ruhephase, wobei nun in den Zwiebeln und Knollen teils schon die Umstimmung auf den Frühjahrsauftrieb erfolgt. Achten Sie bei der Bodenlockerung in Beeten und unter Gehölzen darauf, dass Sie nicht versehentlich die Zwiebeln und Knollen beschädigen. Das lässt sich am besten vermeiden, wenn man die Plätze der Zwiebel- und Knollenblumen gleich nach dem Pflanzen oder nach dem Einziehen dezent mit Stöckchen oder normalerweise für die Aussaat verwendeten Stecketiketten markiert. Ein Abdecken der überwinternden Speicherorgane ist in der Regel nicht nötig; zu den wenigen Ausnahmen gehören die Vorfrühlings-Alpenveilchen sowie Holland-Iris.

Lilien werden ebenso wie Stauden knapp über dem Boden zurückgeschnitten und mit etwas Fichtenreisig abgedeckt. Bei den empfindlicheren Montbretien lässt man die Stängel besser bis zum Frühjahr stehen und deckt die gesamte Pflanzenbasis kräftig mit Laub und Fichtenreisig ab. Wo mit strengen Wintern zu rechnen ist, werden sie besser ebenso wie Knollenbegonien, Dahlien und Gladiolen im Herbst ausgegraben. Bei diesen **nicht winterharten Zwiebel- und Knollenblumen** schneidet man vor dem Frosteintritt die oberirdischen Teile weg, lockert rundum den Boden mit der Grabegabel und gräbt dann die Speicherorgane aus. Nach dem Befreien von Erdresten und langen Wurzelbärten lässt man sie noch etwas abtrocknen und überwintert sie dann an einem frostfreien, aber kühlen, dunklen und möglichst luftigen Platz, bei etwa 4 bis 8 Grad Celsius. Knollenbegonien kommen als Erste an die Reihe, bei Dahlien, Gladiolen und Montbretien kann man die ersten leichten Fröste abwarten. Die Speicherorgane legt man zum Überwintern am besten in mit Sand gefüllte Kisten, der bei Dahlien etwas angefeuchtet wird, bei den anderen trocken bleibt. Sehen Sie über Winter gelegentlich nach, ob alles noch gesund ist, und entfernen Sie Exemplare, die Fäulnis- oder Schimmelstellen zeigen, umgehend.

SCHNITTBLUMEN: SCHÖNHEITEN IN DER VASE

Viele Beetstauden, Sommer-, Zwiebel- und Knollenblumen setzen mit ihren Blüten nicht nur Glanzpunkte im Garten, sondern machen auch als Vasenschmuck in der Wohnung Freude. Nebenbei kann das Herausschneiden von Blütenstielen für die Vase auch die Nachblüte fördern und die Blütezeit verlängern. Schnittblumen sind zwangsläufig ein vergängliches Vergnügen. Aber wenn man sie richtig schneidet, behandelt und versorgt, bieten sie über viele Tage oder sogar einige Wochen einen schönen Anblick.

Die beste **Tageszeit** für das Schneiden ist frühmorgens, idealerweise, wenn die Blätter noch mit Tau überzogen sind. Der nächstbeste Zeitpunkt ist der Abend; ungeeignet sind dagegen die prall besonnten Mittagsstunden, in denen die Blätter gleich nach dem Schnitt viel

Radikaler Rückschnitt im Herbst bei vielen Stauden

Dahlienknollen sind nicht winterhart, sie überwintern am besten in frostfreien Kellerräumen.

Wasser verdunsten. Wenn Sie mehrere Blumen auf einmal schneiden oder nicht gleich zurück ins Haus kommen, stellen Sie alles gleich nach dem Abschneiden in einen Eimer mit Wasser und an einen schattigen Platz.

Das ideale **Blühstadium** ist je nach Blume verschieden und hängt oft auch von der Art des Blütenstands ab. Grundsätzlich hat man am längsten von den Blüten, wenn man sie recht früh, noch vor dem vollen Aufblühen schneidet. Allerdings verharren dann manche Arten in diesem Stadium, während sich andere auch in der Vase willig entfalten. Hier lohnt sich oft das Ausprobieren. Etliche Pflanzen mit markanten Einzelblüten, zum Beispiel Mohn, Pfingstrose, Iris und Narzisse, kann man schon schneiden, wenn die Knospen gerade erst so weit entfaltet sind, dass die Blütenblätter ihre Farbe deutlich zeigen.

Christrosen und Nelken dagegen werden erst mit geöffneten Blüten geschnitten. Auch bei dichten, doldenartigen Blütenständen mit kleinen Einzelblüten wie bei Scharfgarbe und Phlox wartet man, bis sie weitgehend aufgeblüht sind; ebenso bei den meisten Korbblütlern wie Astern, Sonnenblumen und Zinnien. Falls gut erkennbar, sind zwei bis drei geöffnete Kreise der Röhrenblüten in der Mitte, also in der Blütenscheibe, ein guter Anhaltspunkt für den Vasenschnitt von Korbblütlern.

Stehen wenige Blüten büschelartig beisammen, etwa bei Duftwicke und Gladiole, schneidet man am besten, nachdem sich die ersten ein oder zwei Blüten geöffnet haben. Bei Blumen mit trauben- und kerzenähnlichen Blütenständen, zum Beispiel Rittersporn und Löwenmäulchen, sollte das untere Drittel aufgeblüht sein, die Partie darüber noch knospig, aber schon etwas Farbe zeigen. Lupinen allerdings kommen erst an die Reihe, nachdem die Kerzen weitgehend erblüht sind.

Sehr wichtig ist ein **präziser Schnitt** ohne Quetschungen an der Schnittstelle, mit einem scharfen, sauberen Messer oder einer guten Gartenschere für harte Stängel. Sehr feste, fast schon holzige Stängel, etwa bei Herbstastern und -chrysanthemen, werden bis in den weicheren Bereich zurückgeschnitten. Versehen Sie nach Entfernen der unteren Blätter das Stielende mit einem schrägen, lang gezogenen Anschnitt über die ganze Stielbreite; das verbessert die Wasseraufnahme.

Damit sich die Blumen in der Vase lange halten, sollte das Gefäß unbedingt sauber sein, ebenso das Wasser, damit keine fäulniserregenden Bakterien auftreten. Handelsübliche Frischhaltemittel, die ins Wasser gegeben werden, sind durchaus hilfreich und wirksam.

PFLANZENSCHUTZ IM BLUMENGARTEN

Manche Stauden sind so robust, dass sie zeitlebens kaum einen Schädling sehen. Doch leider finden die Plagegeister auch allerhand Schmack- und Nahrhaftes unter den Blumen.

Zu den Lieblingsspeisen zählen oft zarter Austrieb und junge Blätter, teils auch die gehaltvollen Zwiebeln und Knollen. Selbst Blüten bleiben nicht verschont. Gerade Blumen ziehen aber auch viele nützliche Helfer an, die Schaderreger sehr wirksam in Schach halten können.

HUNGRIGE NÜTZLINGE

Die allgegenwärtigen **Blattläuse** können in manchem Frühjahr und Sommer so massiv auftreten, dass man schon fast die Lust verliert und auf Bekämpfungsversuche verzichtet. Doch nicht selten reduziert sich die Plage unverhofft, besonders in vielseitig bepflanzten Gärten. Denn die vielen Läuse präsentieren sich für die Tiere, die wir als Nützlinge einstufen, wie ein gedeckter Tisch. Bei solch einem guten Nahrungsangebot vermehren sich viele dieser Helfer auch reichlich, sodass mit etwas Glück die Läusegefahr weitgehend gebannt ist, bevor die Pflanzen stärkeren Schaden erleiden.

Blattläuse stehen auf dem Speisezettel vieler Nützlinge: Marienkäfer, die am Tag bis zu 150 Läuse verputzen, Ohrwürmer mit derselben Fraßmenge pro Nacht, Florfliegen (siehe Seite 28), deren gefräßige Larven auch als Blattlauslöwen bekannt sind, Schwebfliegen (siehe Seite 28), Raubwanzen, Spinnen und nicht zuletzt zahlreiche Vögel.

Auch die meisten anderen Schädlinge haben ihre Gegenspieler. Schlupfwespen zum Beispiel legen ihre Eier in Läusen, Schmetterlingsraupen, Käferlarven oder Fliegen ab; ihre Larven fressen dann die befallenen Tiere von innen auf. Laufkäfer flitzen hauptsächlich nachts über den Boden und räumen unter Insekten, Würmern und Schnecken auf. Raubwanzen stellen Insekten und Spinnmilben nach, Raubmilben saugen solche Tiere aus, Raupenfliegen parasitieren Schmetterlingsraupen. Und die nicht immer beliebten Spinnen sind eifrige, vielseitige Insektenjäger.

Ähnlich verhält es sich mit dem oft gescholtenen Maulwurf, der sich kaum an Pflanzen vergreift, sondern viele Bodenschädlinge frisst. Auf dem umfangreichen Speisezettel von Igeln und Spitzmäusen stehen Schnecken, Würmer, Käfer, Larven und teils sogar Wühlmäuse. Vögel dezimieren besonders während der Brutzeit Insekten, Raupen und Würmer. Zuweilen machen auch Fledermäuse im Garten Jagd auf nachtaktive Falter und Käfer.

Wer besondere Lebensbereiche wie Teich, Steingarten und Trockenmauer einrichtet, kann zudem auf Kröten, Frösche, Eidechsen und Blindschleichen hoffen, die sich von Schnecken und verschiedenen Insekten ernähren.

Marienkäfer und Ohrwürmer fressen teils sogar Mehltaupilze. Ansonsten hilft das nützliche Gewimmel in einem ausreichend mit Humus versorgten Boden, unter der Erde lebende Schaderreger im Zaum zu halten, seien es Schadpilze, pflanzenschädliche Nematoden oder überwinternde Insekten.

Der in Wäldern, Streuobstwiesen und Parks verbreitete Tigerschnegel siedelt sich auch

Raupe vom invasiven Buchsbaumzünsler
(Cydalima perspectalis)

gern im Garten an. Es handelt sich um eine über 10 cm lange Nacktschnecke mit „raubkatzenartigem" dunklem Fleckenmuster auf hellgraubraunem Grund. Sie ist überwiegend nachtaktiv und versteckt sich tagsüber zum Beispiel unter Steinen oder im Komposthaufen. Zur Nahrung des Tigerschnegels gehören neben toten Pflanzenresten zuweilen auch Gemüse. Trotzdem wird er von manchen Gärtnern sehr geschätzt, weil er auch andere, schädliche Schnecken sowie deren Eier fressen soll. Im Internet findet man sogar Anbieter, die gezüchtete Tigerschnegel versenden, damit sie gezielt als Nützlinge ausgesetzt werden. Dass sie aber tatsächlich Schädlinge wie die gefürchtete Kapuzinerschnecke deutlich dezimieren können, halten Schneckenexperten für sehr unwahrscheinlich.

HELFER ANLOCKEN UND FÖRDERN

Damit die Nützlinge ihre Aktivitäten im Garten entfalten, diesen oft besuchen oder sich gar darin ansiedeln, brauchen sie ein einladendes Angebot: mit passenden Rückzugs-, Überwinterungs- und Nistplätzen und reichlich Nahrung. Toleriert man öfter einen kleinen Schädlingsbesatz, wenn die Pflanzen kaum gefährdet sind, kann man sich auf Dauer am besten auf die Helfer verlassen – denn schließlich kommen sie ja, weil sie Hunger haben.

Bei Insekten sind oft die Larven die eifrigsten Schädlingsvertilger; die erwachsenen Tiere dagegen ernähren sich teils nur von Pollen und Nektar. Da lässt sich gerade im Blumengarten ideal vorsorgen: mit vielen **Wildblumen und -stauden** mit ungefüllten, gut zugänglichen Blüten. Manche Nützlinge mögen besonders Doldenblütler wie Dill, Kerbel, Fenchel und Wilde Möhre, Kräuter wie Borretsch und Kamille sowie blühende Brennnesseln; sie schätzen zum Beispiel aber auch Ringelblume, Schafgarbe, Kornblume und Margerite. (Siehe auch „Wilde Gesellen und Insektenhelfer", Seite 27 ff.)

Eine **naturnahe Gestaltung** macht den Garten generell für Nützlinge attraktiver: Blütenhecken und heimische Wildsträucher, Blumenwiese, Steingarten und Trockenmauer, Gartenteich mit vielfältiger Bepflanzung und nicht zuletzt ein paar ruhige Ecken, in denen Brennnesseln und andere Wildkräuter etwas Raum zur freien Entfaltung bekommen. Besonders einladend sind solche wilden Winkel, wenn sie zudem mit Holz-, Laub- und Steinhaufen Unterschlupf und **Überwinterungsplätze** bieten. Hier stellen sich zum Beispiel gern Igel, Kröten und Blindschleichen, aber auch nützliche Insekten ein. Marienkäfer, Florfliegen und andere kleine Nützlinge überwintern bevorzugt in Dachböden, Geräteschuppen oder Garagen, sofern sie durch ein paar Ritzen einen Zugang finden. Ohrwürmer besiedeln ab Frühjahr gern mit Holzwolle oder Stroh gefüllte Töpfe, die mit der Öffnung nach unten an den Ästen eines Obstbaums aufgehängt werden. Unterstützende **Nisthilfen** lasen sich nicht nur für Vögel bereitstellen, sondern auch für Fledermäuse und manche Insekten – bis hin zum kompletten „Insektenhotel". Naturschutzverbände können beim Bezug oder auch Selbstbau solcher Hilfsmittel weiterhelfen; außerdem mit detaillierten Informationen, welche Formen, Größen, Ausführungen und Anbringungsorte für die jeweiligen Tiere ideal sind.

Entscheidend ist schließlich auch, dass – wenn überhaupt – nur **Pflanzenschutzmittel** eingesetzt werden, die als nützlingsschonend ausgewiesen sind.

SCHADERREGER BEKÄMPFEN

Im Allgemeinen gilt es vor allem, möglichst gut vorzubeugen: durch die Standortwahl, gut angepasste Pflege, Fördern von Nützlingen und aufmerksames Achten auf erste Anzeichen von Schaderregern. Bei einem akuten Befall reichen dann oft schon **einfache Maßnahmen** wie Absammeln oder Abstreifen von Schädlingen und Entfernen erkrankter Pflanzenteile. Und wenn es die Blumen einmal stark erwischt hat, ist es meist am sinnvollsten, sie komplett zu entfernen, statt sie mühsam mit Pflanzenschutzmitteln am Leben zu erhalten – zumal bei stark befallenen Pflanzen oft Ansteckungsgefahr droht.

In neuerer Zeit hat das Angebot an käuflichen **Pflanzenstärkungsmitteln** zugenommen. Sie dienen der allgemeinen Gesunderhaltung der Pflanzen und enthalten pflanzliche oder mineralische Stoffe, teils auch Mikroorganismen. Solche Stärkungsmittel unterliegen in Deutschland der Kontrolle und Zulassung durch das Bundesamt für Verbraucherschutz und Lebensmittelsicherheit (BVL) – ebenso wie die gezielt gegen Schaderreger einsetzbaren Pflanzenschutzmittel.

Pflanzenschutzmittel töten anders als die Stärkungsmittel die Schädlinge effektiv ab, haben demnach eine Giftwirkung. Deshalb ist Vorsicht geboten, um weder der eigenen Gesundheit noch anderen Lebewesen zu schaden. Im Haus- und Kleingartenbereich dürfen nur Präparate angewendet werden, die auf der Verpackung für nichtberufliche Anwender ausgewiesen sind, sofern man nicht gerade über einen speziellen Sachkundenachweis verfügt. Das heißt im Klartext auch, dass nur noch relativ ungefährliche Mittel zugelassen sind und keine üblen „Giftkeulen", wie sie früher in Privatgärten öfter eingesetzt wurden. Trotzdem sollte man keinesfalls leichtfertig damit umgehen.

Beachten Sie bei der Auswahl solcher Mittel, dass sie jeweils nur für spezielle Anwendungsbereiche zugelassen sind, das heißt für ganz bestimmte Schaderreger an genau genannten Pflanzengruppen und Kulturen. Ein Mittel, das nur gegen Spinnmilben an Zimmerpflanzen zugelassen ist, darf zum Beispiel nicht an Zierpflanzen im Freien eingesetzt werden.

Käufliche **Naturstoffmittel** gegen Schädlinge sind oft besonders umweltschonend, zum Beispiel solche auf der Basis von Neembaum-Extrakten (Azadirachtin), Kaliseife und Rapsölen.

Auch Präparate mit Pyrethrinen, zum Beispiel gegen Blattläuse und Weiße Fliegen, werden aus Naturstoffen gewonnen, nämlich aus bestimmten Chrysanthemenblüten. Trotzdem sollte man sie sehr vorsichtig einsetzen, denn sie haben ein breites Wirkungsspektrum und erfassen so auch Nützlinge. Sie dürfen nicht auf blühende oder von Bienen beflogene Pflanzen ausgebracht werden.

Ganz gleich, ob die Mittel auf Natur- oder synthetischen Wirkstoffen basieren: Beachten Sie genau die Dosierungsangaben und Sicherheitsempfehlungen des Herstellers sowie Angaben zum optimalen Anwendungszeitraum und zur maximalen Anwendungshäufigkeit.

Für das **Ausbringen** empfehlen sich eine sicherheitsgeprüfte Gartenspritze (GS-Zeichen) und feste, körperbedeckende Kleidung, bei Präparaten mit Gefahrenkennzeichnung auch Handschuhe und eine Schutzmaske. Spritzen Sie nur bei windstillem Wetter und am besten bei etwas bedecktem Himmel. In der Regel sollten die Blätter, auch auf den Unterseiten, und andere befallene Pflanzenteile so behandelt werden, dass sie tropfnass sind. Abweichende Anwendungsmethoden lassen sich jeweils dem Beipackzettel entnehmen.

Bewahren Sie Pflanzenschutzmittel an einem recht kühlen, trockenen Platz auf, zu dem Kinder keinen Zugang haben (am besten in einem abschließbaren Schrank), und entsorgen Sie eventuelle Reste nur über den Sondermüll.

SELBST HERGESTELLTE PFLANZENAUSZÜGE

Biogärtner nutzen schon seit Langem Zubereitungen aus verschiedenen Pflanzen, um Schädlinge und Krankheiten mit naturnahen Mitteln einzudämmen. Viele dieser Auszüge wirken ebenso wie käufliche Pflanzenstärkungsmittel vor allem vorbeugend. Sie können teils aber auch bereits vorhandene Schaderreger reduzieren. Die „Rohstoffe" wie Zwiebeln, Kamille und Schafgarbe liefert oft schon der Garten, andere wie Ackerschachtelhalm und Rainfarn kann man in der Landschaft sammeln, in Fachgeschäften oder über Spezialversender beziehen. Wermutkraut zum Beispiel bekommt man auch in Apotheken und Drogerien.

Man unterscheidet folgende Zubereitungsarten:

- **Brühe:** Pflanzenteile 24 Stunden in kaltem Wasser einweichen, dann 20 bis 30 Minuten bei geringer Hitze sieden lassen, nach Abkühlung absieben.
- **Tee:** Pflanzenteile mit kochendem Wasser übergießen, 10 bis 15 Minuten ziehen lassen, abseihen; nach Abkühlung verwendungsfähig.
- **Kaltwasserauszug:** Pflanzenteile ein bis zwei Tage in kaltes Wasser legen, anschließend absieben.

- **Jauche:** Pflanzenteile in einer Tonne ansetzen und mit Wasser übergießen. Die Tonne an sonnigem Platz aufstellen und täglich umrühren, zur Geruchsbindung etwas Gesteinsmehl zugeben und dann gären lassen. Nach Abklingen der Bläschen- und Schaumbildung und Absinken der Pflanzenreste zum Boden ist die Jauche verwendungsfähig.

Für die **Zubereitung** eignen sich abdeckbare Fässer, Tonnen oder Steingutgefäße. Grundrezept: jeweils 100 bis 150 Gramm frisches oder 10 bis 20 Gramm getrocknetes Kraut auf 1 Liter Wasser ansetzen, soweit in der Übersicht nicht anders angegeben. Oft müssen die Auszüge vor dem Spritzen oder Ausgießen verdünnt werden (zum Beispiel 1:5 = ein Teil Extrakt auf fünf Teile Wasser). Zum Spritzen kann man etwas Kalischmierseife als Haftmittel hinzufügen.

Pflanzenauszüge bringt man am besten alle ein bis zwei Wochen vorbeugend aus, bei einem akuten Befall etwas häufiger. Sie empfehlen sich besonders für „kritische" Phasen, vor allem beim Heranwachsen der jungen Pflanzen, nach pilzfördernden Regenperioden oder auch in trockenen Sommerwochen mit erhöhter Schädlingsgefahr.

Jauchen aus Brennnesseln sowie Beinwellblättern eignen sich auch als Naturdünger für nährstoffliebende Sommerblumen und Stauden. Sie müssen dann aber unbedingt im Verhältnis 1:10 mit Wasser verdünnt werden.

FRASSSCHÄDEN AN BLÄTTERN UND BLÜTEN

Zu den größten Schrecken im Blumenbeet gehören die **Schnecken.** Besonders im feuchten Frühjahr und Frühsommer treten sie oft in Massen auf und machen sich über Jungpflanzen und den zarten Austrieb von Stauden her. Besonders gern fressen sie an Rittersporn, Funkien, Lupinen, Margeriten, verschiedenen Iris-Arten, Dahlien, Studentenblumen, Schmuckkörbchen und Zinnien. Junge Blätter und Triebe werden oft komplett abgefressen. Ansonsten sieht man große, unregelmäßige Löcher in den Blättern oder an den Blatträndern, an Stängeln abgeschabte Partien, teils auch angefressene Knospen und Blüten. Charakteristisch sind glänzende Schleimspuren auf Pflanzenteilen und der Erdoberfläche. Die Übeltäter sind meist Nacktschnecken ohne Gehäuse, je nach Art und Alter 1–16 Zentimeter lang und braun, rötlich, orange, grau, schwarz, gelb oder weißlich. Sonne und Trockenheit vertragen sie schlecht. Deshalb verstecken sie sich tagsüber in Erdspalten, unter Steinen oder dichtem Bewuchs und gehen erst abends oder nach Regenfällen auf Fraßtour. Zum Glück gibt es recht viele Blumen, die den Schnecken nicht schmecken oder nur selten angefressen

STÄRKENDE PFLANZENAUSZÜGE

Pflanzenteile	Zubereitung	Einsatzbereich (Verdünnung)
Ackerschachtelhalmkraut	Brühe, Jauche	Pilzkrankheiten, Spinnmilben (1:5)
Brennnesselkraut	Kaltwasserauszug	Blattläuse, Weiße Fliegen (unverdünnt)
Farnkraut (Wedel von Adler- und Wurmfarn)	Jauche	Blatt-, Schildläuse, Schnecken (1:10); Pilzkrankheiten (unverdünnt)
Kamillenblüten	Kaltwasserauszug	Fäulnishemmung, Pflanzenstärkung (1:5)
Knoblauchzehen (frisch, 70 g)	Tee	Pilz- und Bakterienkrankheiten (unverdünnt), Spinnmilben (1:5)
Rainfarn, blühendes Kraut (frisch 30 g, getrocknet 3 g)	Tee, Brühe, Jauche	Blattläuse, Erdflöhe, andere Schädlinge, Mehltau und Rostpilze (Tee 1:3, andere Zubereitungen unverdünnt)
Salbeikraut	Tee	Erdraupen (1:3)
Schafgarbe, blühendes Kraut	Kaltwasserauszug	Pilzkrankheiten (1:10)
Wermut, blühendes Kraut (frisch 30 g, getrocknet 3 g)	Tee, Brühe	Blattläuse, Erdflöhe (unverdünnt)
Wermut, blühendes Kraut (wie zuvor genannt)	Jauche	Raupen, Läuse, Ameisen (unverdünnt)
Zwiebelschalen und -blätter	Jauche	Pilzkrankheiten (1:10)

werden. So kann man in stark geplagten Gärten auf weniger anfällige Pflanzen ausweichen. Von Sommerblumen werden manchmal „schneckenresistente" Samenmischungen angeboten. Ansonsten können Sie vorbeugen, indem Sie in den gefährlichsten feuchten Phasen auf Mulchen verzichten, die Bodenoberfläche oft bearbeiten sowie nur morgens beziehungsweise vormittags gießen. Entfernen Sie gründlich die kleinen, weißen Eierknäuel, falls Sie diese bei der Bodenbearbeitung oder im Kompost entdecken.

Beete und andere geschlossene Pflanzungen können mit einem Schneckenzaun aus Stahlblech oder Kunststoff umgeben werden. Der sollte mindestens zehn Zentimeter über und unter die Erdoberfläche reichen und oben einen scharf abgewinkelten oder wenigstens halbrunden Rand haben; dann gehört er zu den wirksamsten Abwehrmaßnahmen. Als Barrieren am Beetrand oder direkt um die Pflanzen können auch Fichtennadeln oder -zweige, grober Sand, Splitt, Steinmehl, Sägemehl oder Kaffeesatz ausgebracht werden. Solche Beläge helfen aber meist nur, solange sie trocken sind, und müssen häufig erneuert werden. Für das Fernhalten gibt es zudem käufliche Schneckengranulate mit Lavendelöl zum Ausstreuen, die teils recht gute Wirkung zeigen.

Junge Nacktschnecke beim Blütenfraß. Aus den weißen Eigelegen schlüpfen fertige „Minischnecken".

Zum Fangen eignen sich am besten ausgelegte Bretter, flache Steine, feuchte Säcke oder Rhabarberblätter. Darunter kann man dann frühmorgens und abends die Schnecken absammeln, oft in großer Zahl, und so den Befallsdruck reduzieren. Glattwandige Becher oder käufliche Bierfallen (mit Deckel), die ebenerdig in den Boden eingegraben und gut zur Hälfte mit Bier gefüllt werden, sind ebenfalls gute Schneckenfänger. Allerdings scheinen sie öfter noch weitere Schnecken anzulocken. Für die direkte Bekämpfung bietet der Fachhandel verschiedene Schneckenköder an, nach deren Fraß die Schnecken absterben. Hier empfehlen sich vor allem Köder mit dem Wirkstoff Eisen-III-Phosphat: Der gefährdet keine anderen Gartenbewohner und zerfällt mit der Zeit in nützliche Pflanzennährstoffe.

Schabe-, Fenster-, Loch- und Randfraß an Blättern, Trieben und manchmal auch Blüten, bis hin zum kompletten Kahlfraß, kann auch auf **Schmetterlingsraupen** hindeuten. Recht sichere Anzeichen dafür sind schwärzliche Kotkrümel an den Pflanzen. Gefräßige Raupen treten zum Beispiel an Nelken, Phlox, Pelargonien, Ringelblumen und Studentenblumen auf. Häufig handelt es sich um die Raupen verschiedener Eulenfalter, die als meist graue oder braune Schmetterlinge überwiegend nachts unterwegs sind.

Ihre gelbgrün bis bräunlich oder grau gefärbten Raupen werden je nach Art bis sechs Zentimeter lang und machen sich zum Teil ebenfalls nur nachts ans Fressen. Deshalb erwischt man sie oft nur ab der Dämmerung mithilfe einer Taschenlampe. Trotzdem sind das regelmäßige Ablesen der Raupen sowie das Zerdrücken von Eigelegen (meist an den Blattunterseiten) die besten und wichtigsten Maßnahmen. Stark befallene Pflanzen werden am besten ganz entfernt. Notfalls gibt es auch Pflanzenschutzmittel gegen Raupen.

Große kerben- bis buchtenartige Fraßstellen an den Blatträndern, zum Beispiel bei Primeln, Begonien, Bergenien, Funkien und Pfingstrosen, deuten auf den **Dickmaulrüssler** hin, einen rund zentimetergroßen braunschwarzen Käfer, der nur nachts aktiv ist. Die Käfer können unter ausgelegten Brettern oder nachts mithilfe einer Taschenlampe abgesammelt werden; sie lassen sich bei Berührung sofort fallen, deshalb einen Karton darunter halten. Schlimmere Schäden können allerdings seine weißlichen, im Boden lebenden Larven verursachen (siehe Seite 131).

Sind die Blätter, Knospen oder Blüten von Stockrose, Bechermalve und verwandten Malvengewächsen mit kleinen Löchern zerfressen oder gar siebartig durchlöchert, war der **Malvenflohkäfer** am Werk.

Auch die Larven dieses metallisch blaugrünen, nur bis fünf Millimeter großen Käfers können durch Wurzelfraß zum Absterben ganzer Pflanzen führen. Die Käfer sollte man möglichst frühzeitig absammeln. Welkende Pflanzen werden gleich entfernt, danach der Boden umgegraben, am besten bei kaltem Winterwetter. Bei starkem Befall können gegen die Käfer Pyrethrine und Rapsölpräparate eingesetzt werden.

Ähnlich durchlöchern **Erdflöhe** siebartig die Blätter von Kreuzblütengewächsen wie Goldlack, Levkoje und Schleifenblume, außerdem von Kapuzinerkresse. Die dunklen oder gelb gestreiften, höchstens vier Millimeter kleinen, sehr beweglichen Käfer treten schon zeitig bei trockenem, warmem Wetter auf, bevorzugt an Sämlingen und Jungpflanzen, und laben sich sonst vor allem an Radieschen, Rettich und Kohl. Wichtig ist es, den Boden schon vorbeugend regelmäßig zu lockern und ausreichend feucht zu halten. Saaten und Jungpflanzen können mit feinmaschigen Kulturschutznetzen abgedeckt werden, das Überstäuben mit Gesteinsmehl macht die Pflanzen etwas härter.

Kleine und größere Löcher in Blättern, die an Fraßschäden erinnern, resultieren manchmal auch aus der Saugtätigkeit von **Blattwanzen** (siehe „Saugende Schädlinge" Seite 126).

Umgekehrt werden Schäden durch **Minierfliegen** nicht immer als Fraßsymptome erkannt. Deren gelblich weiße Larven, die ebenso winzig sind wie die Fliegen, fressen sich durch die Blätter, etwa von Herbstchrysanthemen, Nelken, Primeln, Studentenblumen oder Stiefmütterchen. Diese Fraßgänge sieht man dann als hellgrüne bis weiße, meist geschlängelte Linien, die sich verbreitern und in größeren, aufplatzenden Flecken münden können. Teils verbräunen die Linien und Flecken, und die Blätter fallen ab. Betroffene Blätter sollten frühzeitig entfernt werden. Zur Bekämpfung sind verschiedene Mittel, darunter Neempräparate, zugelassen.

Besonders bei Dahlien, Taglilien und Fackellilien fressen **Ohrwürmer** manchmal rundliche Löcher in die Blüten, teils auch große Kerben in Blütenblatt und Blattränder. Da die braunen Insekten mit den großen Zangen am Hinterleib in erster Linie Blattläuse und andere Schädlinge vertilgen, setzt man sie, wenn möglich, am besten in den Nutzgarten oder zu den Rosen um. Als „Fallen" kann man mit Holzwolle oder Stroh gefüllte Töpfe mit der Öffnung nach unten aufhängen: Darin verkriechen sich die Ohrwürmer gern und lassen sich so mitsamt Topf in die Nähe von blattlausgeplagten Pflanzen umsiedeln.

An Blättern und Blütenknospen von Zwiebel- und Knollenblumen, besonders Lilien,

Der Malvenflohkäfer ist mit seinem orangeroten Kopf eine auffällige Erscheinung und frisst gern an Stockrosen.

Minierfliege und Fraßgänge ihrer Larven in einem Chrysanthemenblatt

Lilienhähnchen mit ihren teils von Kot umhüllten Larven. Die rötlichen Eigelege (Detailbild) findet man an den Blattunterseiten.

Schadbild der Grünen Pfirsichblattlaus. Links ungeflügelte und Jungläuse, rechts eine geflügelte Laus

Kaiserkronen und Maiglöckchen, fressen ab Ende März öfter glänzend rote, bis acht Millimeter große Käfer, die **Lilien- und Zwiebelhähnchen,** sowie ihre schmutziggrauen, rund zentimeterlangen Larven. Die Fraßlöcher sind dicht aneinander gereiht und oft länglich. Bei starkem Befall sind die Blätter komplett zerfressen, die Blüte bleibt aus, oder die Pflanze stirbt sogar ganz ab. Sammeln Sie die Käfer und Larven möglichst frühzeitig und regelmäßig ab. Für Notfälle sind Pyrethrine (pflanzlich) und chemische Mittel zugelassen.

Wenn bei Lilien die Blütenknospen vertrocknen oder faulen und abfallen oder nach dem Öffnen die Blütenblätter verkrüppelt sind, haben meist die kleinen hellen Maden der **Lilienminierfliege** zugeschlagen. Ein ähnliches Schadbild kann an Taglilien auftreten, wobei teils einzelne Blütenknospen stark anschwellen und warzenartige Beulen zeigen. Ursache sind hier die weißen Maden der **Hemerocallis-Gallmücke,** die oft zu Hunderten in den Knospen sitzen. Betroffen sind vor allem früh blühende Sorten. In beiden Fällen hilft nur, befallene und abgefallene Knospen zu entfernen, möglichst noch, bevor sich die Maden herausbohren und weiter verbreiten.

Amseln zerhacken des Öfteren die Blüten von Krokussen – aber nur von gelben. Zuweilen werden auch Blüten von Primeln und Alpenveilchen zerpflückt. Dies geschieht nach Einschätzung von Vogelexperten, weil sie diese Blüten an die Schnäbel von potenziellen Konkurrenten ums Revier erinnern, sodass sie sich daran abreagieren. Flatternde Streifen aus Aluminium und ähnliche Utensilien zeigen höchstens kurz eine abschreckende Wirkung. Etwas besser sollen zwischen die Blumen gelegte oder gesteckte Handbesen helfen, da die Vögel sie möglicherweise für Katzen halten.

SAUGENDE SCHÄDLINGE

Die meist sehr kleinen saugenden Schädlinge stechen das Pflanzengewebe mit einem Saugrüssel oder Stachel an, um an den Zellsaft zu kommen. Dabei können viele von ihnen auch Virus- und andere Krankheiten übertragen. Vor allem Blattläuse, Spinnmilben, Thripse und Weiße Fliegen treten hauptsächlich bei trockenem, warmem Wetter auf; besonders geballt an geschützten Plätzen, etwa auf Terrasse und Balkon.

Zur **Vorbeugung** ist deshalb ausreichendes Gießen wichtig und regelmäßiges Bodenlockern und Mulchen hilfreich. Vermeiden Sie zu stickstoffreiche Dünger, die für die Sauger den „Nährwert" der Pflanzen erhöhen. Zum **Bekämpfen** genügt oft wiederholtes Abstreifen, Abwischen, bei robusten Pflanzen auch Abspritzen mit kräftigem Wasserstrahl sowie das Entfernen stark befallener Blätter und Triebe. Gegen die meisten dieser Schädlinge sind Pflanzenschutzmittel zugelassen, mehrere auf Naturstoffbasis wie Neem, Pyrethrum, Kaliseife oder Rapsöl.

Die grünen, schwarzen, braunen, gelben, rötlichen oder grauen, 2–6 Millimeter großen **Blattläuse** können an den unterschiedlichsten Pflanzen auftreten. Sie sitzen oft in dichten Kolonien auf den Blattunterseiten oder an Triebspitzen und Knospen, bevorzugt an jungen Pflanzenteilen. Typische Schadbilder sind gekräuselte, eingerollte Blätter, deformierte

Triebspitzen, Knospen und Blüten sowie klebrige, teils schwärzliche Beläge (Honig- beziehungsweise Rußtau). Neben den bereits genannten Maßnahmen kann mehrmaliges Spritzen mit Rainfarn-, Brennnessel- oder Wermutauszügen den Befall eindämmen.

Spinnmilben und Thripse kommen in allen Pflanzengruppen vor, allerdings eher an Sommer-, Zwiebel- und Knollenblumen als an Stauden. Sie sitzen meist an den Blattunterseiten und sind so winzig, dass man sie mit dem bloßen Auge kaum erkennt. **Spinnmilben,** die nicht zu den Insekten, sondern zu den Spinnentieren zählen, sind grün, gelb, braun oder rötlich und rundlich bis oval. An den Blättern sieht man zunächst die zahlreichen Saugstellen als helle Pünktchen. Sie verschmelzen zunehmend zu hellgrauen bis bronzefarbenen Flecken, die Blätter rollen sich teils ein und fallen ab. Öfter sind die Pflanzen zudem mit feinen Gespinsten überzogen. Spritzen mit Knoblauchtee hilft beim Eindämmen. **Thripse** oder Blasenfüße, auch bekannt als Gewittertierchen, sind schlanke Insekten. Sie rufen sehr ähnliche Saugschäden hervor wie die Spinnmilben, wobei die Pünktchen im Gegenlicht oft silbrig wirken. Häufig erkennt man an den Blattunterseiten außerdem schwarze, glänzende Kotfleckchen. Bei starkem Befall können Triebspitzen und Blüten verbräunt und verkrüppelt sein.

Weiße Fliegen (Mottenschildläuse) befallen fast nur Sommerblumen wie Studentenblumen und Petunien. Beim Berühren der Blätter fliegen die 2–3 Millimeter kleinen, weißen Tierchen, die an den Unterseiten sitzen, oft zahlreich auf. Ihr Saugen verursacht kleine, gelbe Flecken an den Blättern, die bei starkem Befall welken und abfallen. Häufig sind zudem klebrige, teils schwärzliche Beläge.

Blattwanzen sind flach schildförmige, 5–10 Millimeter lange, graugrüne bis bräunliche, sehr bewegliche Insekten und schädigen zum Beispiel Herbstchrysanthemen, Dahlien und Ziersalbei-Arten. Sie saugen bevorzugt an jungen Blättern, Trieben und Knospen, was sich oft erst zeigt, wenn die betroffenen Pflanzenteile wachsen. Dann kommt es zu Verkrüppelungen und zum Aufbrechen des Gewebes, wobei durch das Aufreißen kleine und größere Löcher entstehen. Ablesen oder Abspritzen lassen sich die Wanzen am besten frühmorgens, wenn sie noch träge sind.

Die bräunlichen, oft dunkel gezeichneten, zentimetergroßen **Schaumzikaden** treten öfter an Wiesenblumen wie Margeriten auf sowie beispielsweise an Astilbe und Kokardenblume. Bei starkem Befall verkrüppeln Blätter, Triebe und Blüten, an den Stängeln finden sich schaumartige weiße Flocken oder Tropfen („Kuckucksspeichel"). Kleinere, bei Blattberührung aufspringende Zikaden ohne Schaumbildung saugen an Dahlien. Die Blätter zeigen dann weißliche Sprenkel, hellen bei starkem Befall ganz auf, rollen sich ein und fallen ab.

Die kleinsten Sauger sind die nur unter dem Mikroskop erkennbaren **Nematoden** oder Älchen. Viele dieser durchscheinenden Fadenwürmer sind nützliche Bodenlebewesen, manche parasitieren sogar andere Schädlinge. Doch einige bevorzugen leider lebende Pflanzen als Nahrung, wobei sie durch feucht-warme Verhältnisse gefördert werden. Einen Befall durch **Wurzelnematoden,** zum Beispiel an Stiefmütterchen, Primeln, Narzissen und

Blattwanzenschaden an Dahlienblättern; im Detailbild eine Grüne Futterwanze

Tulpen, erkennt man nur am kümmerlichen Wuchs und schließlich Welken der Pflanzen, die im Beet oft nesterweise absterben. An Wurzeln und Zwiebeln sind dann beim Aufgraben Missbildungen, Gallen oder Zysten zu erkennen.

Auch **Stängelnematoden,** etwa an Phlox, Storchschnabel, Ringelblumen, Tulpen und Gladiolen, führen oft zum Welken und Absterben der Pflanzen. Zuvor sind die Stängel, Blattstiele und Blätter aufgeschwommen, häufig verdreht und reißen teils auf; die Blätter sind zudem gewellt oder gekräuselt.

Ähnliche Symptome können **Blattnematoden** verursachen, beispielsweise an Anemonen, Rudbeckien, Zinnien und Narzissen. Hier sieht man oft an den unteren Blättern wässrig gelbliche, eckige Flecken, die bald braun bis schwarz werden. Blattnematoden können bis zu zwei Jahre im Boden überdauern, Stängel- und Wurzelnematoden fünf Jahre und länger. Sie sind ein wichtiger Grund dafür, dass man dieselben Blumen nicht immer an derselben Stelle pflanzen sollte – erst recht nicht nach einem Nematodenbefall. Schadnematoden treten besonders oft auf zu schweren, feuchten und sauren Böden sowie an häufig über die Blätter gegossenen Pflanzen auf, was schon auf die nötigen Vorbeugemaßnahmen hinweist. Mit Blattnematoden befallene Pflanzen kann man manchmal noch durch Entfernen betroffener Teile retten; doch meist ist es besser, wie bei Wurzel- und Stängelnematoden die ganzen Pflanzen mitsamt möglichst großem Erdballen auszugraben und zu entsorgen (nicht auf den Kompost geben). Danach das Loch mit kochendem Wasser übergießen und Gartengeräte gründlich reinigen.

Nach einem Befall sowie zur Vorbeugung gegen Wurzelnematoden hilft eine Gründüngung mit Studentenblumen (siehe Seite 90), Ringelblumen oder nematodenresistenten Ölrettich- und Senfsorten, die die Schädlinge effektiv eindämmen können. Mit Pflanzenschutzmitteln lassen sich all diese schädlichen Nematoden nicht bekämpfen.

BLATTBELÄGE UND BLATTFLECKEN

Die häufigsten Ursachen für Blattflecken und -beläge, die teils auch die Blüten erfassen, sind **Pilzkrankheiten.** Lebensweise und Vermehrung dieser Schaderreger sind an Feuchtigkeit gebunden. Entsprechend treten sie besonders in oder nach feuchten Perioden auf.

Vorbeugend hilft alles, was ein unnötiges Vernässen der Pflanzen vermeidet und ein schnelles Abtrocknen der Blätter nach Regenfällen fördert:

- genügend große Pflanzabstände und etwas luftige Standorte,
- Blätter und Blüten nicht benässen, sondern direkt in den Wurzelbereich gießen,
- am besten vormittags gießen; abends nicht zu spät,
- Anzuchten, Sämlinge und Jungpflanzen nicht zu nass halten.

Da Schadpilze oft längere Zeit im Boden überdauern und teils auf bestimmte Gattungen oder Pflanzenfamilien spezialisiert sind, emp-

VIRUS- UND BAKTERIEN-KRANKHEITEN

Zur Vorbeugung gegen diese Krankheiten ist Hygiene besonders wichtig. Bei Befallsverdacht sollte man Geräte, besonders Gartenscheren und Messer, nach jedem Gebrauch gründlich säubern, bei sicherem und sehr wahrscheinlichem Befall mit hochprozentigem Alkohol oder durch Hitze desinfizieren. Auch Hände, Handschuhe und Schuhe werden nach Kontakt am besten sorgfältig gereinigt. Verdächtige und befallene Pflanzen dürfen keinesfalls auf den Kompost kommen, sondern werden über die Mülltonne entsorgt. Das ist auch bei der Bekämpfung von vielen Pilzkrankheiten ratsam.

fiehlt sich generell das Neupflanzen derselben Art, zum Beispiel nach einer Teilung, an anderer Stelle. So können sich die Schaderreger nicht ganz so einfach im Boden etablieren. Auch eine zurückhaltende Stickstoffdüngung beugt Pilzkrankheiten vor.

Im Fachhandel werden verschiedene Pflanzenstärkungsmittel angeboten, die, mehrmals ausgebracht, die Widerstandskräfte der Pflanzen erhöhen. Dasselbe bewirken selbst hergestellte Auszüge und Brühen zum Beispiel aus Knoblauch, Zwiebel, Ackerschachtelhalm, Scharfgarbe und Rainfarn, die manchmal auch die Schaderreger nach leichtem Befall noch eindämmen können (siehe Seite 122). Teils bekommt man Pilzkrankheiten schon in den Griff, wenn man betroffene Pflanzenteile frühzeitig entfernt. Zur **Bekämpfung** der häufigsten Pilzkrankheiten an Zierpflanzen sind diverse Pflanzenschutzmittel zugelassen.

Echter Mehltau ist einer der häufigsten Schadpilze und zugleich als „Schönwetterpilz" eine Ausnahme: Ihm genügt zur Ausbreitung der nächtliche Tau. Er tritt deshalb vor allem auf, wenn die Tage warm und trocken sind, die Nächte aber deutlich kühler, vor allem im Spätsommer und in sonnigen Frühjahrswochen.

Dann können etliche Pflanzen befallen werden, zum Beispiel Astern, Phlox, Rittersporn, Duftwicken, Löwenmäulchen, Zinnien und Knollenbegonien. Typisch ist der namensgebende weiße bis grauweiße, mehlige, abwischbare Belag auf den Blattoberseiten, teils auch auf Trieben, Knospen und Blüten.

Beim **Falschen Mehltau** dagegen findet sich blattunterseits ein grauer bis graubrauner Belag, oberseits sieht man nur gelbe oder braune Flecken. Er kommt seltener vor und tritt beispielsweise an Christrosen, Mohn und Pri meln auf.

Mit den Mehltauarten kann man manchmal den **Grauschimmel** (Botrytis) verwechseln, der besonders bei feuchtwarmem Wetter viele Pflanzen heimsuchen kann, vor allem wenn diese geschwächt oder überdüngt sind; so etwa Tausendschön, Nelken, Pelargonien, Pfingstrosen, Dahlien, Gladiolen und Lilien. Auf anfangs braunen Blattflecken bildet sich ein weißgrauer, schimmelartiger Belag, der auch auf Stängel, Knospen, Blüten, Zwiebeln und Knollen übergreifen kann. Oft faulen die befallenen Teile.

Echter Mehltau an Phlox (Flammenblume). Das Tulpenfeuer ist eine besondere Variante des Grauschimmels.

Weißer Chrysanthemenrost an der Blattober- und -unterseite

Spezielle Ausprägungen von Botrytis an Zwiebelblumen sind **Tulpenfeuer** und **Narzissenfeuer.** Ein deutlicher grauer Belag zeigt sich hier nur bei anhaltend feuchter Witterung. Auffälliger sind oft die missgebildeten, teils abgeknickten oder zerfetzten, mit fahlgrauen bis braunen Flecken „versengten" Blätter. Die Stiele sind verkümmert und verkrüppelt, Blattspitzen und -ränder teils violett gefärbt, Blütenblätter hell gefleckt. Die Zwiebeln bleiben klein, mit runden, eingesunkenen, bräunlichen Flecken.

Zeigen sich auf Blattoberseiten gelbliche, rötliche oder bräunliche Punkte oder Flecken und unterseits stäubende Pusteln, die meist rostbraun oder gelblich bis orange gefärbt sind und zum Winter hin dunkel – dann handelt es sich um **Rostpilze,** die an vielen Pflanzen vorkommen; darunter Stockrosen, Nelken, Löwenmäulchen, Glockenblumen, Kapuzinerkresse und Narzissen. Eine gefährliche, da ausbreitungsstarke Variante ist der **Weiße Chrysanthemenrost** an Herbstchrysanthe-

Flecken an Pfingstrosenblättern durch ein Ringfleckenvirus

Fusarium-Welke an Narzissenblätternl

men: Dessen Auftreten muss dem zuständigen Pflanzenschutzamt gemeldet werden! Zunächst verursacht er kleine blassgrüne bis weißliche Flecken, dann erscheinen auf der Blattunterseite weiße bis weißgraue, teils wachsartige Pusteln. Ähnlich präsentiert sich der etwas harmlosere **Weiße Rost,** zum Beispiel an Blaukissen, Duftsteinrich, Goldlack, Sonnenblume und Flockenblume.

Pilzliche Blattflecken unterschiedlicher Größe, Form und Farbe treten an etlichen Pflanzen auf, darunter Ringelblumen, Nelken, Glockenblumen, Primeln, Phlox, Pfingstrosen und Dahlien. Sie haben häufig einen helleren, dunkleren oder rötlichen Rand. Teils vertrocknen sie innen und brechen aus. **Bakterielle Blattflecken** dagegen, etwa an Storchschnabel, Begonien, Pelargonien, Mohn und Rittersporn, wirken wässrig bis ölig, sind anfangs oft hell, später braun bis schwarz, zeigen sich öfter auch an Trieben und geben sich eindeutig zu erkennen, falls Schleim austritt. Entfernen Sie Blumen bei Verdacht auf Bakterienbefall umgehend und sorgfältig, denn Bakterien bringen die Pflanzen oft zum Absterben und sind häufig sehr infektiös. Zudem gibt es gegen sie kein wirksames Bekämpfungsmittel.

Dasselbe gilt für **Viruskrankheiten,** die oft durch Blattläuse und andere saugende Schädlinge übertragen werden. Sie verursachen oft recht charakteristische Blattflecken und -veränderungen, vor allem:

- mosaikartige Scheckung mit helleren und dunkleren Flecken, Blätter häufig gekräuselt, verdreht oder verschmälert, Blüten teils deformiert; zum Beispiel an Funkien, Herbstchrysanthemen, Rittersporn, Dahlien und Lilien,
- gelbliche Blattflecken, die sich bronzeartig verfärben und verbräunen, auch auf Stängeln und Blattstielen, Pflanzen oft im Wuchs gestaucht; zum Beispiel an Anemonen, Astern, Primeln, Fleißigen Lieschen, Studentenblumen und Gladiolen,
- ringförmige, hellgrüne, gelbliche oder bräunliche Flecken; vor allem an Pfingstrosen,
- gelbe Längsstreifen, Blätter teils wellig, schlaff herabhängend, teils deformiert, weich werdende Zwiebeln und Knollen; an Tulpen, Narzissen und anderen Zwiebelblumen.

WUCHSSTÖRUNGEN UND WELKEN

Wenn Pflanzen deutlich im Wuchs zurückbleiben oder welken, kann das viele verschiedene Ursachen haben. Sofern beim Aufgraben der Wurzeln keine Fraß- oder Krankheitsanzeichen zu sehen sind, liegt es nicht selten an **Standort oder Pflege.** Zu viel oder zu wenig Licht, verdichteter, zu nasser, zu kalkhaltiger oder zu saurer Boden, mangelnde, übermäßige oder sehr unausgewogene Wasser- und Nährstoffversorgung – das sind in der Praxis häufige Gründe für schlechten Wuchs, schlimmstenfalls bis hin zum Welken und Absterben. Stauden sind aber auch manchmal nur „in die Jahre gekommen" und können oft durch Teilung ihre frühere Wuchs- und Blühfreude wiedergewinnen.

Besonders problematisch sind nicht sichtbare und auch anhand der Wurzelsymptome nur schwer identifizierbare Schaderreger wie **Wurzelnematoden** (siehe „Saugende Schädlinge“, Seite 126). Ähnlich verhält es sich mit **Viruskrankheiten,** die teils nur zu stark gestauchtem, stockendem Wuchs führen, etwa bei Dahlien, Herbstchrysanthemen und Anemonen. Bei den verschiedenen **Welkepilzen** ist oft zumindest erkennbar, was grundsätzlich die Ursache ist. Häufig zeigen sich schon an oberirdischen Teilen Faulstellen und dunkle Verfärbungen, mit der Zeit auch Schimmel- und Pilzrasen. Solche Welkekrankheiten können an zahlreichen Blumen auftreten, von Astern über Krokusse bis Zinnien; meist bei feuchtkühlem Wetter und oft gefördert durch zu feuchten Stand und zu nasse Haltung (siehe auch Vorbeugung gegen Pilzkrankheiten, Seite 128).

Spezielle Welken und Fäulen treten an **Zwiebeln und Knollen** auf, teils hervorgerufen durch Pilze, teils auch durch Bakterien. Oft fallen sie erst auf, wenn die Speicherorgane nicht mehr austreiben (siehe auch Grauschimmel, Seite 129). Bei Narzissen, Hyazinthen und Schneeglöckchen fressen manchmal auch die bis 1,5 Zentimeter langen Larven der **Narzissenfliege** in den Zwiebeln – mit ähnlichen Folgen wie bei einem Pilzbefall.

Bei allen pilzlichen sowie nicht genau identifizierbaren **Welken und Fäulen** sollte man die Pflanzen, Zwiebeln und Knollen umgehend entfernen und über den Hausmüll entsorgen – und dieselbe Art für mehrere Jahre nicht mehr an den alten Platz pflanzen. Empfehlenswert ist zudem eine sehr gründliche Bodenbearbeitung und, wenn nötig, -verbesserung. Das Einschalten einer Gründüngung als „Bodenkur“ kann hilfreich sein.

Nicht erfreulicher, aber leichter zu ergründen sind Fraßschaden durch **Wühlmäuse.** Die im Boden lebenden Tiere graben – anders als Maulwürfe – hochovale bis rundliche Gänge und werfen nur flache Erdhaufen auf. Sie fressen stark an Wurzeln, Zwiebeln und Knollen, sodass die Pflanzen meist plötzlich absterben. Abwehrpflanzen wie Kaiserkrone und Wolfsmilch helfen oft fast ebenso wenig wie Vertreibungsmethoden mit Geräuschen. Besser bewährt haben sich das Einsetzen von Zwiebelblumen in Körben, das häufige Zerstören der Gänge sowie das Ausbringen von käuflichen Kartuschen mit vertreibenden Gasen in den Gängen. Zu den wirksamsten Maßnahmen gehört das Aufstellen von Wühlmausfallen in den Gängen, am besten im Spätherbst und über Winter. Wenn es nicht anders geht, bleiben einem giftige Wühlmausköder aus dem Fachhandel.

Die Maulwurfsgrille zerstört beim Graben ihrer Gänge Wurzeln und frisst zuweilen auch daran.

Typischer Fraßschaden des Dickmaulrüsslers an Rhododendron. Im linken Detailbild seine im Boden lebende Larve

Ähnliche Auswirkungen hat der Fraß von **Maulwurfsgrillen** an den unterirdischen Pflanzenteilen. Die braunschwarzen, bis fünf Zentimeter langen Tiere, deren Vorderbeine zu kräftigen Grabschaufeln umgebildet sind, graben fingerdicke Gänge, wodurch sich manchmal auch Sämlinge und Jungpflanzen aus dem Boden lösen. Zum Fangen der Tiere kann man glattwandige große Dosen oder Einmachgläser ebenerdig eingraben; sternförmig ausgelegte, auf die Fallen zulaufende Latten verbessern den Fangerfolg.

Stärkere unterirdische Fraßschäden verursachen oft **im Boden lebende Larven:** von Dickmaulrüsslern (siehe Seite 124), Eulenfaltern (Seite 124), Mai- und Junikäfern (Engerlinge), Schnellkäfern (Drahtwürmer) und Wiesen-

Spinnmilben an Blatt von Gartenpflanze

schnaken. Soweit möglich, sollte man die Käfer absammeln. Gegen Dickmaulrüsslerlarven bietet der Fachhandel spezielle Nematodenpräparate an, die in Wasser gelöst und ausgegossen werden. Die gelblich braunen, schlanken Drahtwürmer kann man mit Salatpflänzchen oder halbierten Kartoffeln sowie vorgequollenen Getreidekörnern im Boden ködern. Ansonsten gilt beim Auftreten solcher Schädlinge dasselbe, was bei pilzlichen Welken empfohlen wurde.

AUSWIRKUNGEN DES KLIMAWANDELS

Wuchsstörungen und Welken sind auch deutliche Auswirkungen der anhaltenden Trockenheit und extremen Hitze, unter der viele Blumen und Stauden aufgrund des Klimawandels leiden. Dem entsprechen die auf Seite 104 ausführlich beschriebenen Folgen eines Wassermangels (siehe „Kein Wachstum ohne Wasser"). Dasselbe gilt umgekehrt für die dort genannten Symptome übermäßiger Wassergaben: Die treten häufig auch nach Starkregen auf. Und die mittlerweile oft anhaltende Winternässe bei zugleich milderen Temperaturen kann zum Faulen und Absterben von Stauden, Zwiebel- und Knollenblumen führen (siehe „Im Herbst und Winter", Seite 115).

Dürre und Hitze haben den stärksten Einfluss auf das **Auftreten von Schaderregern:** Die Gefährdung durch wärmeliebende Schädlinge nimmt zu, die Ausbreitung der auf Feuchte angewiesenen Pilzkrankheiten nimmt tendenziell ab. Wichtige Ausnahme: der Echte Mehltau, der kaum Feuchtigkeit braucht, die Wärme liebt und in den letzten Jahren oft allgegenwärtig war (siehe Seite 129).

Vor allem die hitzeverträglichen Spinnmilben werden zunehmend zur Plage, ebenso die kleinen Erdflöhe. Auch Weiße Fliegen, Zikaden und Thripse machen sich häufiger im Garten breit und beschränken sich nicht mehr aufs Gewächshaus. Blattläuse und andere Freilandschädlinge überleben milde Winter und sind oft schon sehr zeitig unterwegs. Weil auch Pflanzen früher austreiben und wachsen, finden die Schädlinge dann schon ausreichend Nahrung. Andererseits sind bei warmer Witterung auch ihre Gegenspieler, nämlich Nützlinge wie Marienkäfer und Florfliegen, früher zugange; ebenso Vögel, von denen manche nach dem Winter besonders großen Hunger auf Läuse, Raupen und andere Insekten haben. Außerdem wurde zum Beispiel schon beobachtet, dass die überwinternden Blattläuse teils von speziellen Pilzkrankheiten befallen werden.

Eine grundsätzlich stärkere Ausbreitung von Schädlingen wegen der milden Winter konnte durch die Wissenschaft noch nicht bestätigt werden. Trotzdem ist ratsam, bereits im Vorfrühling Ausschau zu halten, um notfalls eine erste Schaderregerwelle gleich einzudämmen. Zudem treten nun öfter mehr Generationen pro Jahr auf, und der Befall hält im Herbst länger an. So werden dann auch späte Pflanzenschönheiten häufiger geplagt.

Dass sich wärmeliebende, **eingewanderte oder eingeschleppte Schädlinge** ausbreiten, ist vor allem im Obstanbau ein großes Problem; beispielsweise die ungemein vermehrungsfreudige Kirschessigfliege, deren Maden die Früchte vieler Obstarten von innen zerfressen. Auch bei Ziergehölzen haben sich manch gefährliche Neuzugänge breitgemacht, darunter der Buchsbaumzünsler. Der spielt auch im Blumengarten eine Rolle, wenn seine Raupen den beliebten Einfassungsbuchs rund um die Beete zerfressen.

Ansonsten sind Blumen und Stauden durch neue Schädlinge noch nicht allzu stark bedroht. Gebietsweise kann der aus Südeuropa eingewanderte Baumwollkapselwurm auftreten. Es handelt sich um die Raupe eines unscheinbaren Nachtfalters. Sie frisst an zahlreichen verschiedenen Pflanzen, darunter mehrere Gemüse sowie Nelken, Chrysanthemen und Pelargonien (Geranien). Aus Ostafrika wurde die Grüne Reiswanze eingeschleppt. Die gut zentimetergroße Baumwanze verursacht nicht nur Saugschäden an Obstgehölzen, sondern auch an Ziersträuchern, Gemüse, Rosmarin, Sonnenblume und Malven. Beide Schädlinge können bei uns nur in sehr warmen Regionen überwintern, sodass ihre Ausbreitung bisher begrenzt ist.

Ganz anders bei der **Kapuzinerschnecke,** auch bekannt als Spanische Wegschnecke. Diese große Nacktschnecke verträgt deutlich mehr Sonne, Wärme und Trockenheit, als man

Grüne Reiswanze

Spanische Wegschnecke

es sonst von solchen Weichtieren kennt. Sie hat sich gewaltig ausgebreitet und teils schon andere Schneckenarten verdrängt. Die rund 10 cm langen, oft rötlich bis bräunlich gefärbten Kapuzinerschnecken fressen an fast allen krautigen Pflanzen. Neben Gemüse und Kräutern schmecken ihnen besonders Studentenblumen (Tagetes), Rittersporn, Astern, Funkien, Sonnenblumen und Levkojen. Dass die Kapuzinerschnecke einen bitteren, zähen Schleim absondert, verdirbt Igeln, Vögeln und anderen Schädlingsvertilgern den Appetit. Dies alles macht die sehr gefraßige Schnecke zu einem gefährlichen Schädling. Der öfter empfohlene Tigerschnegel, ebenfalls eine Nacktschnecke, kann zwar Kapuzinerschnecken angreifen, schafft es aber kaum, diese wirksam im Zaum zu halten (siehe Seite 119). Indische Laufenten dagegen räumen effektiv unter den Schnecken auf. Sie brauchen allerdings recht viel Platz und Pflege sowie eine Möglichkeit, im Garten zu planschen.

STAUDEN

STAUDEN IM PORTRÄT Hier stellen wir Ihnen die schönsten Stauden in strukturierten Beschreibungen vor. Die Reihenfolge richtet sich dabei alphabetisch nach den botanischen Namen. Wir starten mit der Erklärung, was die im Folgenden verwendeten Symbole bedeuten.

PFLANZENSYMBOLE

Standort
Wasserbedarf
Pflegeleicht
Familie
Blütezeit
Blütenfarbe
Wuchshöhe
Giftig/Hautreizend

BALKAN-BÄRENKLAU

Acanthus hungaricus

Akanthusgewächse (Acanthaceae) Juli bis August weißlich rosa 60–120 cm

Viele denken bei „Bärenklau" zuerst an Heracleum mantegazzianium, bekannt als Riesen-Bärenklau. Doch mit dieser invasiven Art, die starke Hautreizungen hervorrufen kann (siehe Seite 22), haben die Acanthus-Bärenklaue nichts gemein. Sie sind auch als Bärentatzen bekannt. Es handelt sich um pflegeleichte, naturnahe Großstauden mit schönen langen Ähren aus weißlich purpurrosa Blüten und dekorativen fiederteiligen Blättern.
Die Bärenklaue gehören zu den Pflanzen aus Süd- und Südosteuropa, die mit praller Sonne und zeitweiliger Trockenheit gut zurechtkommen. Vor allem der Balkan-Bärenklau (Acanthus hungaricus) wird deshalb zu den Klimastauden gezählt. Er hat auch für Hummeln und große Wildbienen allerhand zu bieten, wird aber von Schnecken verschmäht.

Arten und Sorten: Bei der etwas kompakter wachsenden Sorte 'White Lips' heben sich die großen, strahlend weißen Lippenblüten besonders schön von den hellvioletten Hochblättern ab. Ebenso ansprechend präsentiert sich der etwas kleinere Stachelige Bärenklau (A. spinosus) mit stachelig gezähnten Blatträndern. Er breitet sich allerdings mit der Zeit kräftig über Ausläufer aus, sodass eine Wurzelsperre ratsam ist.
Verwendung: Am besten einzeln oder höchstens drei als Gruppe, da sehr raumgreifend; in Beeten, in naturnahen Bereichen, am Gehölzrand, im Steingarten, auch im großen Kübel. Gute Nachbarpflanzen sind zum Beispiel Katzenminze, hohe Schafgarben, Prachtkerze (Gaura lindheimeri), Herzblättriger Meerkohl (Crambe cordifolia) und Schleierkraut (Gypsophila paniculata). Blütenstände für Vasenschnitt geeignet.
Standort: Gern vollsonnig, auch halbschattig. Boden gut durchlässig, nährstoffreich, am liebsten frisch, akzeptiert aber auch trockene Böden.
Pflanzen: Im Frühjahr oder Herbst, mit mindestens 70 cm Abstand.

Balkan-Bärenklau (Acanthus hungaricus)

Pflegen: Braucht an geeigneten Standorten kaum Pflege. Gießen nur bei lang anhaltender Trockenheit; allerdings über Winter und bei Dauerregen möglichst vor Vernässung schützen. Die ansprechenden Fruchtstände über Winter stehen lassen, erst im Frühjahr nah am Boden abschneiden. Zum Austrieb auf nährstoffarmen Böden etwas Kompost geben.
Vermehren: Durch Teilung im Frühjahr, Aussaat oder Wurzelschnittlinge.

SCHAFGARBE

Achillea

Korbblütengewächse (Asteraceae) *Juni bis August/September* *rosa, rot, weiß, gelb, orange* *40–120 cm*

Schafgarben sind robuste, langlebige Sommerblüher, die oft nochmals im Frühherbst einen Nachflor bringen. Sie bilden aufrechte, lockere Horste mit meist stark gefiederten, dunkel- bis graugrünen, aromatisch duftenden Blättern. Auch die flachen Blütendolden duften und werden häufig von Bienen und anderen Insekten besucht. Die bei uns heimische Gewöhnliche Schafgarbe (Achillea millefolium) hat sich seit alters als Heilpflanze bewährt. Auszüge aus Kraut und Blüten werden traditionell gegen Arthritis, Fieber, Erkältungen und Bluthochdruck eingesetzt.

Arten und Sorten: Angeboten werden vor allem Sorten und Hybriden der Gewöhnlichen Schafgarbe (Achillea millefolium) und der Gold- oder Hohen Garbe (A. filipendulina). Solche Züchtungen sind auch als Edelgarben im Handel. Die Sorten von A. millefolium wachsen meist 50–80 cm hoch und blühen in Rot-, Rosatönen oder Weiß, seltener gelb oder orange. Bei den oft hochwüchsigen Sorten (bis 120 cm) der Goldgarbe dominieren kräftiges Gelb (zum Beispiel 'Coronation Gold') und leuchtendes Rot (zum Beispiel 'Feuerland'). Zunehmend werden auch Sorten der nur 40–60 cm hohen, gelb blühenden Goldquirlgarbe (A. clypeolata) angeboten. Die etwa 60 cm hohe Sumpfschafgarbe (A. ptarmica) blüht weiß und bevorzugt feuchte Böden.

Goldgarbe, Hohe Garbe (Achillea filipendulina)

Goldgarbe, Hohe Garbe (Achillea filipendulina)

Verwendung: Einzeln oder in kleinen Gruppen; in Beeten, Rabatten und naturnahen Bereichen, an Zäunen. Je nach Blütenfarbe sind zum Beispiel Bartiris, Katzenminze, Margerite und Sonnenhut hübsche Partner.
Standort: Sonnig, auch vollsonnig. Boden gut durchlässig, humos, nährstoffreich, mäßig trocken bis frisch, für die Sumpfschafgarbe feucht. Sorten mit graugrünen bis silbrigen Blättern sind recht trockenheitsverträglich.
Pflanzen: Vorzugsweise im Frühjahr; je nach Wuchshöhe mit 30–50 cm Abstand.
Pflegen: Bei anhaltender Trockenheit gießen, doch keinesfalls nass halten. Hohe Sorten stützen. Im Sommer abgeblühte Stängel unten wegschneiden, um eine Nachblüte zu fördern. Im Spätjahr alle Stängel knapp über dem Boden zurückschneiden. Im Herbst oder Frühjahr mit Kompost versorgen. Am besten alle drei bis vier Jahre teilen und neu verpflanzen.
Vermehren: Durch Teilung im Frühjahr oder Spätherbst. Manche Arten und Sorten können auch im Frühjahr aus Samen vorgezogen werden (Lichtkeimer).

EISENHUT

Aconitum

Hahnenfußgewächse (Ranunculaceae) Juli bis August, Herbsteisenhut September bis Oktober
blauviolett, dunkelblau, weiß, rosa oder hellgelb
100–150 cm

Eisenhüte zählen zu den prächtigsten Stauden für halbschattige Plätze, etwa am Rand von Strauchgruppen. Sie bilden breite Horste mit kräftigen Stängeln, die handförmig gelappte, tief eingeschnittene, dunkelgrüne Blätter tragen. Ihre Blüten erinnern an stahlblaue Ritterhelme, deshalb der Name Eisenhut. Zwei auffallend große Blütenblätter, darüber ein beschirmendes „Helmblütenblatt": Das erscheint wie geschaffen für Hummeln, die dieses Landeangebot sehr zu schätzen wissen. Auch andere Wildbienen sammeln gern Pollen und Nektar verschiedener Eisenhüte.

Vorsicht: Eisenhüte enthalten in allen Teilen das hochgiftige Aconitin! Dieses Alkaloid kann auch über die Haut aufgenommen werden. Fassen Sie deshalb die Pflanzen nur mit Handschuhen an – erst recht die Wurzelstöcke, in denen die Giftstoffe besonders stark konzentriert sind.
Arten und Sorten: Der stattliche Blaue Eisenhut (Aconitum napellus) wächst bei uns wild in Gebüschen und Wäldern und gehört zu den klassischen Bauergartenstauden. Seine blauvioletten Blüten erscheinen von Juli bis August; Sorten gibt es auch in Dunkelblau, Weiß oder Rosa. Der etwas kleinere Garteneisenhut (A. x cammarum) blüht ebenfalls im Sommer, in schönen Blautönen, die Sorte 'Bicolor' zweifarbig blauweiß.
Der aus China stammende Herbsteisenhut (A. carmichaelii) entfaltet seine Blüten erst ab September; meist wird die dunkelblauviolette 'Arendsii' angeboten.
Etwas aus der Reihe fällt der bei uns heimische Gelbe oder Fuchseisenhut (A. lycoctonum subsp. vulparia): Diese Wildstaude blüht zwischen Juni und August hellgelb.
Verwendung: Einzeln oder in kleinen Gruppen; in Beeten, Rabatten und naturnahen Berei-

chen, am Gehölz- und Teichrand, im feuchten Mauerschatten. Schön mit Astilben, Herbstanemonen, Waldgeißbart und Farnen. Als Schnittstaude geeignet.
Standort: Halbschattig, im lichten Gehölzschatten oder absonnig. Boden humos, nährstoffreich, frisch bis feucht.
Pflanzen: Vorzugsweise im Frühjahr, mit 40 cm Abstand. Bei Herbstpflanzung den Wurzelbereich mit einer Laubschicht schützen.
Pflegen: Bei Trockenheit gründlich gießen, besonders an sonnigeren Plätzen. Tragen Sie bei allen Arbeiten mit Pflanzen- und Wurzelkontakt Handschuhe! Nach dem Verblühen Blütenstände bis zu den oberen Stängelblättern zurückschneiden. Im Frühjahr Kompost mit untergemischten Hornspänen einarbeiten oder organischen Volldünger bzw. Langzeitdünger geben. Falls die Blüh- und Wuchsfreude nachlässt, durch Teilen verjüngen.
Vermehren: Durch Teilung im Frühjahr, bei den Sommerblühern auch im Herbst gleich nach der Blüte. Zur Anzucht aus Samen im November in Gefäße säen (Kaltkeimer).

Herbsteisenhut (Aconitum carmichaelii)

Frauenmantel (Alchemilla mollis)

FRAUENMANTEL

Alchemilla mollis

Rosengewächse (Rosaceae)
Juni bis Juli *grünlich gelb* *30–50 cm*

Der ursprünglich in Südosteuropa und Vorderasien beheimatete Frauenmantel gilt in vielen Regionen Mitteleuropas als eingebürgert. Verwildert aus früheren Pflanzungen, wächst er bei uns in Parks, Friedhöfen und auf frischen Wiesen. Im Garten hat sich die breit halbkugelig wachsende Staude als Begleit- und Füllpflanze zwischen höheren Stauden und Sträuchern bewährt. Hier besticht sie im Sommer mit ihrem gelblichen Blütenschleier, der zahlreiche Wildbienen und Schmetterlinge anzieht. Für Zierde sorgen aber vor allem die rundlichen, gekerbten, samtig graugrünen Blätter, die oft morgens an den Rändern große, auffällige Wassertropfen ausscheiden.

Arten und Sorten: Die häufigste und wichtigste Art ist der Weiche Frauenmantel (Alchemilla mollis). Zuweilen wird auch der Zwergige Frauenmantel (A. erythropoda) angeboten, der sich mit nur 10–20 cm Höhe und kissenartigem Wuchs besonders gut als Bodendecker eignet. Ebenso niedrig bleibt der polsterbildende Alpenfrauenmantel (A. alpina) mit handförmigen, glänzend grünen Blättern.
Verwendung: In kleineren oder größeren Gruppen; in Beeten, Rabatten und naturnahen Bereichen, am Gehölz- und Teichrand, Alpenfrauenmantel auch im Steingarten. Als Bodendecker, Beeteinfassung und als Begleitpflanze für höhere Blütenstauden, Rosen und andere Kleinsträucher. Passt gut zum Beispiel zu Glockenblumen, Primeln und Astilben. Schmucke Schnittstaude für gemischte Sträuße.
Standort: Sonnig bis halbschattig. Boden humos, nährstoffreich, am besten lehmig, frisch.
Pflanzen: Im Frühjahr oder Herbst, mit 30–40 cm Abstand; für Verwendung als Bodendecker mit fünf bis sieben Pflanzen pro m^2.

Japananemone (Anemone hupehensis var. japonica)

Pflegen: Bei anhaltender Trockenheit gründlich gießen, besonders an sonnigen Standorten. Nach der Blüte bodennah zurückschneiden; so können Sie auch der Ausbildung von Samenständen und damit einer übermäßigen Vermehrung durch Selbstaussaat vorbeugen.
Im zeitigen Frühjahr die alten Blätter entfernen, bevor die neuen Triebe erscheinen. Alle ein bis zwei Jahre im Frühjahr mit Kompost oder organischem Volldünger versorgen.
Vermehren: Durch Teilung im Spätherbst oder Frühjahr. Zur Anzucht aus Samen im November in Gefäße säen (Kaltkeimer). Noch einfacher ist es, die Samenstände stehen zu lassen, nach der Reife auszuschütteln und den Boden leicht feucht zu halten: Dann keimen oft schon bald zahlreiche Sämlinge, die Sie im folgenden Frühjahr verpflanzen können.

HERBSTANEMONE, JAPANANEMONE

Anemone hupehensis

Hahnenfußgewächse (Ranunculaceae)
August bis Oktober *hell- bis dunkelrosa oder weiß* *60–120 cm*

Die charmanten Herbstanemonen mit den einfachen, schalenförmigen Blüten stammen ursprünglich aus China, werden aber schon seit vielen Jahrhunderten auch in Japan kultiviert. Dort entstanden die ersten Formen und Hybriden mit halb und stärker gefüllten Blüten, die als Japananemonen bezeichnet werden. Botanisch heißen sie Anemone hupehensis var. japonica; häufig finden Sie dafür die vereinfachte Bezeichnung A. japonica, seltener auch A. x hybrida. Herbstanemonen wachsen buschig aufrecht, die Japananemonen oft besonders stattlich. Sie haben dreiteilige, leicht behaarte, mattgrüne Blätter. Die meisten Sorten breiten sich mit kurzen Ausläufern langsam, aber nachhaltig aus.

Vorsicht: Alle Pflanzenteile enthalten Giftstoffe, die Haut- und Schleimhautreizungen hervorrufen können.
Arten und Sorten: Im Handel werden Herbst- und Japananemonen nicht immer einheitlich unterschieden. Wichtiger ist deshalb die jeweilige Sortenangabe und -beschreibung hinsichtlich Blütenfarbe, Blütenfüllung und Wuchshöhe. Schöne, bewährte Sorten sind zum Beispiel die einfach blühende, rosa 'Septembercharme' (70–80 cm hoch), die halb gefüllt blühende, strahlend weiße 'Honorine Jobert' (um 100 cm) und die halb gefüllte, dunkel altrosa 'Bressingham Glow' (80–110 cm). Weiß blühende Sorten gelten als anspruchsvoller, ebenso Züchtungen mit stark gefüllten Blüten, die oft auch etwas regenempfindlich sind. Besonders robust und trockenheitsverträglich ist die Filzige Herbstanemone (Anemone tomentosa) mit einfachen rosa Blüten und unterseits befilzten Blättern. Sie wird 80–120 cm hoch, kann durch Ausläufer stark wuchern und braucht entsprechend viel Platz..
Verwendung: Einzeln oder in kleinen Gruppen; in Beeten und Rabatten, am Gehölzrand, zwischen Sträuchern. Schön zum Beispiel mit Astilben, Eisenhut, Funkien und Farnen. Als Schnittstaude geeignet.
Standort: Am besten halbschattig, im lichten Gehölzschatten oder absonnig; bei guter Wasserversorgung auch recht sonnig. Boden humus- und nährstoffreich, frisch bis feucht.
Pflanzen: Vorzugsweise im Frühjahr, je nach Wuchshöhe mit 30–50 cm Abstand. Im Herbst gesetzte Anemonen haben öfter Probleme, heil über den ersten Winter zu kommen.
Pflegen: Bei Trockenheit regelmäßig gießen und am besten mulchen. Hohe und großblütige Sorten stutzen. In den ersten Jahren die Pflanzenbasis über Winter mit Laub abdecken; das ist auch später empfehlenswert, wenn besonders starke Fröste drohen. Abgeblühte Triebe erst im Frühjahr zurückschneiden. Im Frühjahr mit Kompost versorgen, an nährstoffärmeren Plätzen auch mit organischem Volldünger.
Vermehren: Durch Teilung bzw. Abtrennen der Ausläufer im Frühjahr oder durch im Spätherbst geschnittene, etwa 5 cm lange Wurzelschnittlinge.

FÄRBERKAMILLE

Anthemis tinctoria

Korbblütengewächse (Asteraceae)
Juni bis September *gelb* *30–60 cm*

Botanisch ganz korrekt heißt diese Pflanze heute Cota tinctoria, wird wegen ihrer Ähnlichkeit zur Hundskamille aber oft noch als Anthemis geführt. Dem entspricht auch der deutsche Name Färber-Hundskamille. Sie wächst oft ausdauernd, ist aber eher kurzlebig.
In Mitteleuropa kann man die Färberkamille an Wegrändern und Straßengräben finden, in Weinbergen, auf Trockenrasen, Felshängen und sogar auf Schutthalden. Teils ist sie dort aus früherem Anbau ausgewildert, denn sie wurde vielfach als Färberpflanze gesät: Ihre Blütenkörbe eignen sich gut, um Textilien eine kräftige gelbe Farbe zu verleihen. In manchen Regionen wird sie heute noch für diese Zweck auf Feldern angebaut.
Im Garten kann man aber auch einfach das lang anhaltende, goldgelbe Leuchten mitsamt dem Blätter- und Blütenduft genießen. Damit

Färberkamille (Anthemis tinctoria)

zieht diese pflegeleichte Klimastaude auch zahlreiche Honig- und Wildbienen, Schwebfliegen und Schmetterlinge an.

Arten und Sorten: Neben der „halbwilden" Ursprungsart gibt es mehrere ansprechende Sorten mit besonders üppiger Blüte, teils mit noch intensiverem Duft. Dazu zählen zum Beispiel die zitronengelbe 'E. C. Buxton', 'Susanna Mitchell' mit blassgelben Blüten und silbrig blauem Laub und die nur 25–40 cm hohe, goldgelb blühende 'Dwarf Form'.
Verwendung: Einzeln oder in kleinen Gruppen auf trockenen Freiflächen, in Wildstaudenpflanzungen und naturnahen Beeten, im Steingarten, auf Dächern, kompakte Sorten auch in Kübeln; als Schnittblumen geeignet. Schön in Gesellschaft von Steppensalbei, Schafgarbe, Katzenminze und Gräsern wie Blaustrahlhafer.
Standort: Sonnig, gern vollsonnig. Boden gut durchlässig, am besten nährstoffarm und sandig. Auf häufig feuchtem, stickstoffreichem Boden bildet die Färberkamille hauptsächlich Blätter und wenig Blüten.

Gewöhnliche Akelei (Aquilegia vulgaris)

Pflanzen: Im Frühjahr oder im Frühherbst; die Ursprungsart mit rund 50 cm Abstand; Sorten je nach Größe etwas näher beisammen.
Pflegen: Kaum nötig. Das Entfernen von Verblühtem kann den Flor verstärken. Ein Rückschnitt gegen Anfang/Mitte September auf rund 10 cm fördert die Bildung neuer, kräftiger Triebe und die Lebensdauer.
Vermehren: Durch (flache) Aussaat im März/April oder August/September; durch Teilung nach Rückschnitt im Frühherbst.

AKELEI
Aquilegia

Hahnenfußgewächse (Ranunculaceae)
Mai bis Juni, Goldakelei Juni bis August
blau, violett, rosa, rot, gelb oder weiß, auch zweifarbig *40–70 cm*

Akeleien gehören zu den attraktivsten Frühsommerblühern. Sie bilden lockere, breite Horste mit grundständigen, gelappten, satt- bis blaugrünen Blättern. Darüber erheben sich im späten Frühjahr zahlreiche Stängel mit nickenden, glockenförmigen Blüten, die nach hinten gerichtete Sporne tragen und von einem sternartigen Kranz aus Hüllblättern umgeben sind. Teils sind diese äußeren Hüllblätter anders gefärbt als der innere Blütenblattkreis. Die kurzlebigen Stauden überdauern nur wenige Jahre, versamen sich aber oft von selbst und sorgen so für ihren Fortbestand. Beim Bestäuben helfen Hummeln, Wildbienen und Schmetterlinge, die Akeleien sehr gern besuchen.

Vorsicht: Akeleien enthalten giftige Blausäureverbindungen, Kontakt mit den Blättern kann zu Hautreizungen führen.
Arten und Sorten: Die in Europa verbreitete Gewöhnliche Akelei (Aquilegia vulgaris) wird für den Garten als blauviolett blühende Wildform angeboten, außerdem in Sorten mit blauen, violetten, weinroten, rosa, weißen und mehrfarbigen, teils auch gefüllten Blüten. Sie zählt zu den klassischen Bauerngartenstauden.

Weitere heimische Arten sind die leuchtend blau blühende Alpenakelei (A. alpina) und die Schwarzviolette Akelei (A. atrata) mit dunkelvioletten Blüten. Aus Ostasien kommt die nur 10–30 cm hohe Zwergfächerakelei (A. flabellata) mit blauweiß, rötlich weiß und rein weiß blühenden Sorten. Besonders farbenfroh präsentiert sich die aus Nordamerika stammende Langspornige Akelei (A.-Caerulea-Hybriden) mit großen, lang gespornten Blüten. Zu ihr gehören Sorten mit blauen, violetten, roten, gelben, weißen und öfter auch mit zweifarbigen Blüten. Ebenfalls aus Amerika kommt die rund 80 cm hohe Goldakelei (A. chrysantha), deren große, gelbe Blüten erst ab Juni erscheinen.

Verwendung: Einzeln oder in kleinen Gruppen; in Beeten, Rabatten und naturnahen Bereichen, am Gehölzrand, Alpen-, Schwarzviolette und Zwergfächerakelei auch im Steingarten. Hübsche Nachbarn sind zum Beispiel Purpurglöckchen, Storchschnabel und Funkien. Als Schnittstaude geeignet.

Standort: Besser halbschattig als in voller Sonne; nur Alpen- und Schwarzviolette bevorzugen sonnige Plätze. Boden gut durchlässig, humos, frisch bis mäßig trocken; für die Schwarzviolette Akelei kalkreich, für die Alpenakelei kalkarm.

Pflanzen: Am besten im Herbst, mit 25–30 cm Abstand.

Pflegen: Bei anhaltender Trockenheit gießen. Gelegentlich im Frühjahr etwas Kompost geben. Entfernen Sie regelmäßig die schon an blühenden Pflanzen gebildeten Früchte, wenn Sie keine Selbstaussaat wünschen. Andernfalls kann es nötig werden, die Sämlinge auszudünnen.

Vermehren: Durch Aussaat im Frühjahr oder gleich nach der Samenreife in Gefäße. Bei den meisten Arten fördert eine kühle Phase die Keimung, die meist unregelmäßig erfolgt und teils recht lang dauert.

Waldgeißbart (Aruncus dioicus)

WALDGEISSBART

Aruncus dioicus

Rosengewächse (Rosaceae) *Juni bis Juli*
cremeweiß *120–200 cm*

Diese majestätische, langlebige Staude wächst auf der gesamten Nordhalbkugel wild in feuchten Wäldern. Wo im Garten genügend Platz ist, kann sie jeden nicht allzu trockenen Schattenplatz zieren. Zum besonders eindrucksvollen Blickfang wird der Waldgeißbart, wenn sich im Sommer über den großen, gefiederten, frischgrünen Blättern die lang gestielten, weißen bis cremefarbenen, bis 50 cm langen Blütenrispen erheben. Die dicht buschigen Stauden wachsen anfangs nur sehr langsam.

Arten und Sorten: Die Sorten 'Whirlwind' und 'Kneiffii' haben fiederschnittige, geschlitzt wirkende Blätter, 'Whirlwind' gilt als robuster. Als zierliche Variante wird der 30–40 cm hohe Zwerggeißbart (Aruncus aethusifolius) angeboten. Er bietet hübsches, fein geschlitztes Laub, das sich im Herbst rötlich verfärbt, und

Kissenaster (Aster dumosus)

verträgt nicht ganz so viel Schatten wie der Waldgeißbart.

Verwendung: Einzeln oder in kleinen Gruppen; am Gehölzrand, unter Bäumen und hohen Sträuchern, im feuchten Mauerschatten, am Teichrand. Besonders ansprechend vor dunklem Hintergrund, schön mit Eisenhut, Silberkerze, Glockenblume, Fingerhut und Farnen.

Standort: Halbschattig bis schattig. Boden humus- und nährstoffreich, frisch bis feucht.

Pflanzen: Vorzugsweise im Frühjahr, mit rund 80 cm Abstand.

Pflegen: Bei Trockenheit gründlich gießen, besonders an sonnigeren Plätzen. Nach dem Verblühen Blütenstände wegschneiden, wenn keine Selbstaussaat gewünscht ist. Kann bei Bedarf auch im Spätherbst oder Frühjahr komplett zurückgeschnitten werden. Im Frühjahr gelegentlich mit Kompost versorgen.

Vermehren: Durch Anzucht oder Aussaat im Frühjahr (Kühlkeimer). Eine Teilung (im Frühjahr oder Herbst) ist nur bei jüngeren Exemplaren möglich.

ASTERN FÜR TROCKENE STANDORTE

Aster

Korbblütengewächse (Asteraceae) Juli/August bis September/Oktober meist violett, blau oder weiß meist 50–90 cm

Den Anblick schöner Asternblüten genießen, sich am munteren Besuch von Bienen und Schmetterlingen erfreuen – aber nicht ständig ans Gießen denken müssen? Das ermöglicht eine ganze Reihe von naturnahen, pflegeleichten Asternarten, die sich zunehmender Beliebtheit erfreuen. Manche sind heimisch, andere stammen aus nordamerikanischen Prärien, aus Asien oder aus dem Mittelmeeraum. Teilweise wurden sie erst in neuerer Zeit als Gartenpflanzen entdeckt. Deshalb findet man sie im Handel manchmal mit unterschiedlichen deutschen und botanischen Namen. Ob sie wirklich zur Gattung Aster gehören, ist bei mehreren Arten umstritten – so etwa bei der Goldhaaraster, die zuweilen als Galatella linosyris angeboten wird. Zum Teil entwickeln sich solche „halbwilden“ Astern anfangs nur mäßig und entfalten erst nach zwei bis drei Jahren ihre volle Schönheit. Viele passen am besten in eher lockere Gestaltungen und Steinanlagen, zumal sie sich gern von selbst ausbreiten. Manche machen sich aber auch sehr schön in sonnigen Beeten. Die meisten dieser Arten bereichern den Herbst mit ihrer Blütenfülle. Wenn sie schon im Juli oder früh im August loslegen, werden sie auch als Sommerastern bezeichnet.

Arten und Sorten: Man kann diese Fülle an Arten und Sorten ein wenig nach Verwendung und Standortvorlieben unterteilen. Solche „Gruppen“ lassen sich aber nicht genau abgrenzen, die Übergänge sind fließend. Vielseitig verwendbar, auch für Beete mit frischem Boden:

- **Bergaster:** Blütezeit Juli/August bis September, mit vielen Sorten in Violett-, Blau- und Rosatönen, 40–60 cm hoch; liebt Sonne, Wärme, Trockenheit und einen kalkhaltigen, durchlässigen Boden, trocken bis frisch; heimisch

Herbstastern (Aster dumosus, A. novi-belgii und A. novae-angliae)

- **Pyrenäen-Aster** (Aster pyrenaeus): Blütezeit August bis Oktober, hell violettrosa, meist mit der Sorte 'Lutetia' angeboten, 50–70 cm hoch; sehr robust, liebt Sonne, Wärme, Trockenheit und einen kalkhaltigen Boden, trocken bis frisch; aus den französischen Pyrenäen

Für sonnige Flächen, aber auch für halbschattige Gehölzränder:

- **Wildaster** (Aster ageratoides): Blütezeit August bis Oktober, mit mehreren Sorten in Violetttöen, auch weiß, 60–90 cm, Sorte 'Nanus' nur bis 20 cm; gut für den Gehölzrand geeignet, verträgt auch Halbschatten; aus Ostasien
- **Waldaster, Sperrige Aster** (Aster divaricatus): Blütezeit August bis September, weiß, 50–70 cm hoch; gut für den Gehölzrand geeignet, verträgt auch Halbschatten; aus Nordamerika
- **Herzblattaster, Großblättrige Aster** (Aster macrophyllus): Blütezeit August bis September, in Weiß ('Albus') und violett ('Twilight'), 70–100 cm hoch; gut für den Gehölzrand geeignet, verträgt auch Halbschatten; aus Nordamerika, ähnlich Waldaster

Besonders trockenheitsverträglich, für eher nährstoffarme Freiflächen:

- **Thomsons Aster** (Aster thomsonii): Blütezeit Juli bis September, hell violettblau, 70–90 cm hoch, Sorte 'Nanus' nur bis 50 cm; aus dem Himalaya. Volle Sonne und ein eher leichter Boden sind notwendig
- **Hochland-Aster** (Aster ptarmicoides): Blütezeit August bis September, weiß, 40–70 cm hoch, Blätter wintergrün; für Prärie ebenso wie sonnigen Gehölzrand; aus Prärien Nordamerikas
- **Seidenaster** (Aster sericeus): blauviolett, silbergraue Blätter, 30–60 cm hoch; besonders trockenheitsverträglich; aus Prärien Nordamerikas

Zwei gut gartentaugliche, heimische Wildastern fallen etwas aus dem Rahmen. Das ist zum einen die rund 60 cm hohe Goldhaaraster (Aster linosyris), die von August bis Oktober blüht: mit gelben Blütenköpfchen ohne Strahlenblüten. Diese stehen in doldenähnlichen Ständen beisammen und erinnern eher an Rainfarn als andere Astern. Mit ihren wolligen Samenständen bleibt die Goldhaaraster auch über Winter ansprechend. Dagegen bietet die nur bis 25 cm hohe Alpenaster (Aster alpinus) „typische" und recht größe Asternblüten mit Strahlenblättern, violett mit großer gelber Mitte. Diese erscheinen aber bereits im Mai und Juni. Wie der Name schon andeutet, passt die hübsche Alpenaster besonders gut in Steingärten und Felssteppen. Beide Arten bevorzugen kalkhaltige Böden.

Verwendung: In kleinen und größeren Gruppen; teils in Beeten und Rabatten, oft aber besser in naturnahen Bereichen: Wildstaudenwiesen, Steppen- und Präriegärten, Steingärten, Kiesbeete, Felssteppen, an trockenen Gehölzrändern. Passende Partner sind je nach Standort und Gestaltung zum Beispiel Kugeldistel, Storchschnabel-Arten, Goldnessel, Bergenie, Elfenblumen, Purpurglöckchen, Reitgräser (Calamagrostis), Blaustrahlhafer und Silberährengras.

Herzblattaster (Aster macrophyllus) ‚Albus')

Standort: Sonnig bis vollsonnig, manche auch halbschattenverträglich. Boden je nach Art trocken bis frisch, nährstoffarm bis normal; für alle gut durchlässig, keinesfalls Staunässe.
Pflanzen: Im Frühjahr oder Herbst, je nach Wuchshöhe und Ausbreitungsfreude mit 40–60 cm Abstand.
Pflegen: Die meisten dieser Arten kann man weitgehend sich selbst überlassen, nachdem sie gut eingewachsen sind. Bei anhaltender Trockenheit und Hitze sind aber viele für gelegentliche und dann auch kräftige Wassergaben dankbar. Rückschnitt im Frühjahr allgemein empfehlenswert, ebenso Teilung und Verpflanzen alle drei bis vier Jahre. Für die kalkliebenden Astern von Zeit zu Zeit ein wenig langsam wirkenden Kalkdünger ausstreuen. Stark ausläuferbildende Arten eindämmen, wenn nötig.
Vermehren: Über Aussaat, Stecklinge oder Teilung im Frühjahr.

Glattblattaster (Aster novi-belgii)

HERBSTASTERN, HOHE ARTEN

Aster

Korbblütengewächse (Asteraceae)
September bis Oktober/November
rosa, rot, violett, blau, weiß *80–150 cm*

Ebenso wie die Kissenaster (Seite 148) wurden auch die hochwüchsigen, aus Nordamerika stammenden Herbstastern von Botanikern zur Gattung Symphyotrichum gestellt. Und ebenso wie diese findet man sie im Handel überwiegend noch unter dem vertrauten botanischen Namen Aster.
Die hohen Herbstastern bilden breite Horste mit lanzettlichen, kräftig grünen Blättern und sind neben den Herbstchrysanthemen (Seite 157) die wichtigsten Garanten für Blütenpracht bis weit ins Spätjahr hinein. Darüber freuen sich auch Bienen, Hummeln und Schmetterlinge, weil sie in der pollen- und nektarreichen Blüten noch einmal gute Reserven vorm Winter auftanken können. Ihre straff aufrechten, oben oft stark verzweigten Stängel übersäen sich mit unzähligen, kleinen oder bis 5 cm großen Korbblüten. In Weiß, Blau, Violett und Rosa verleihen sie dem Herbstgarten ein romantisches Flair, mit leuchtenden Rottönen kommt auch die prunkvolle Fernwirkung nicht zu kurz. Die kontrastierende gelbe Blütenmitte macht den üppigen Flor noch reizvoller.

Arten und Sorten: Zu den beliebtesten Herbstblühern überhaupt zählen die Glattblattastern (Aster novi-belgii), die meist 100–150 cm hoch und teils fast meterbreit wachsen. Ähnlich präsentieren sich die Raublattastern (A. novae-angliae), die ihren Namen den samtig behaarten Blättern verdanken. Anders als bei den Glattblattastern schließen die meisten Sorten abends und oft auch bei trübem Wetter ihre Blüten. Dafür sind die Raublattastern etwas robuster und weniger krankheitsanfällig. Von beiden Arten gibt es etliche Sorten, die das gesamte Farbenspektrum der Astern abdecken, teils auch mit halb gefüllten und gefüllten Blüten. Vor allem die Glattblattastern leiden oft unter Echtem Mehltau, der die Blätter mit einem weißlichen Belag überzieht. Sehen Sie sich deshalb am

besten nach Sorten und Neuzüchtungen um, die als weniger mehltauanfällig gelten. Daneben gibt es noch eine ganze Reihe schöner Herbstastern, von der 60–80 cm hohen, mittel- bis großblütigen A. x frikartii (verschiedene Violetttöne) bis zur 90–120 cm hohen Myrtenaster (A. ericoides), die sich oft bis in den November mit einer überreichen Fülle kleiner Blüten in Weiß, Rosa oder Blau schmückt.
Verwendung: Einzeln oder in kleinen Gruppen; in Beeten und Rabatten, am besten im hinteren Bereich, an Zäunen. Schön mit Herbstchrysanthemen, Sonnenhut, Goldrute und hohen Ziergräsern wie Chinaschilf und Federgras. Vor allem die Glattblattastern sind gute Schnittstauden.
Standort: Sonnig, aber nicht allzu heiß; möglichst luftig, um Mehltaubefall vorzubeugen. Boden gut durchlässig, humos, nährstoffreich, frisch.
Pflanzen: Vorzugsweise im Frühjahr oder Spätherbst, je nach Wuchshöhe mit 40–80 cm Abstand.
Pflegen: Bei Trockenheit regelmäßig und kräftig gießen; gleichmäßige Bodenfeuchte beugt Mehltau vor. Bei Glattblatt- und Raublattastern können Sie die Blütenfülle und Standfestigkeit fördern und teils auch die Blühdauer verlängern, indem Sie vor der Knospenbildung (bis etwa Ende Mai) die Triebspitzen um 10–20 cm einkürzen. Hohe Sorten stützen. Nach der Blüte zurückschneiden. Im Frühjahr gut mit Kompost oder organischem Dünger versorgen. Am besten alle drei bis vier Jahre teilen und neu verpflanzen.
Vermehren: Durch Teilung im Frühjahr oder Spätherbst oder durch Stecklinge im Frühjahr. Gelegentlich werden Samen für eine Anzucht im Frühjahr angeboten.

Rauhblattaster (Aster novae-angliae)

KISSENASTER

Aster dumosus

Korbblütengewächse (Asteraceae)
August/September bis Oktober
rosa, rot, violett, blau, weiß *20–50 cm*

Seit einiger Zeit werden manche Astern von Botanikern zur Gattung Symphyotrichum gestellt, so auch die aus Nordamerika stammende Kissenaster: Sie heißt nun streng genommen Symphyotrichum dumosum. Doch in vielen Katalogen und Gärtnereien wird sie nach wie vor als Aster dumosus geführt. Ihre reich blühenden Sorten wirken wie kleine Schwestern der hohen Glattblattastern (A.novi-belgii; Seite 147) und sind beliebte Insektenweiden. Tatsächlich handelt es sich meist um Hybriden, die durch Kreuzungen mit Glattblattastern entstanden sind. Sie haben schmale, kräftig grüne Blättchen und wachsen als halbrunde Kissen, die sich teils mit der Zeit polsterartig ausbreiten.

Arten und Sorten: Angeboten werden mehrere Sorten, die sich hauptsächlich in der Blütenfarbe unterscheiden. Die meisten werden 30–40 cm hoch und blühen von September bis Oktober, die Blütenkörbchen sind meist einfach, bei einigen halb gefüllt und durch die auffällige gelbe Blütenmitte sehr apart. Vielfach bewährt haben sich zum Beispiel 'Blauer Gletscher' (blauviolett), 'Herbstgruß vom

Gartenastilbe (Astilbe x arendsii)

Bresserhof' (rosarot, schon ab August) und 'Niobe' (weiß).
Verwendung: In kleinen und größeren Gruppen; im Vordergrund von Beeten und Rabatten, als Einfassung, in Pflanzgefäßen. Dazu passen zum Beispiel Mädchenauge, Prachtscharte, Rudbeckie und Blauschwingel.
Standort: Sonnig, auch vollsonnig; möglichst luftig, um Mehltaubefall vorzubeugen. Boden gut durchlässig, humos, frisch.
Pflanzen: Am besten im Frühjahr oder Spätherbst, mit 25–30 cm Abstand.
Pflegen: Bei Trockenheit regelmäßig gießen; gleichmäßige Bodenfeuchte mindert das Auftreten von Mehltau. Nach der Blüte zurückschneiden. Im Frühjahr Kompost geben. Alle drei bis vier Jahre teilen und neu verpflanzen.
Vermehren: Durch Teilung im Frühjahr oder Spätherbst oder durch Stecklinge im Frühjahr.

ASTILBE, PRACHTSPIERE

Astilbe

Steinbrechgewächse (Saxifragaceae)
zwischen Juni und September, je nach Art und Sorte *rosa, rot, weiß, cremefarben* *20–120 cm*

Die überwiegend aus Ostasien stammenden Astilben haben schon lange einen festen Platz in unseren Gärten. Mit ihren großen, fedrigen Blütenrispen sind sie eine auffällige Zierde für halbschattige Plätze, und mit ihren ansprechend gefiederten, tiefgrünen Blättern machen sie schon ab dem Austrieb im späten Frühjahr eine gute Figur. Nach der Blüte entwickeln sich rispenförmige Samenstände, die man am besten stehen lässt: Denn sie bieten den ganzen Winter über einen schönen Anblick, besonders wenn sie von Reif oder Schnee bedeckt sind.

Arten und Sorten: Von allen Arten werden Sorten in verschiedenen Blütenfarben angeboten, meist auch wahlweise mit früher (Juli bis August) und späterer Blütezeit (August bis September). Die „klassischen" Prachtspieren sind die Gartenastilben (Astilbe x arendsii), 60–100 cm hoch, mit großen, aufrechten Blütenrispen und einem vielfältigen Sortenangebot in allen Farbnuancen. Lanzen- oder Kerzenspieren (A. chinensis var. taquetii), 80–110 cm hoch, haben lange, straff aufrechte Blütenstände. Die stattlichen Thunberg-Astilben (A. thunbergii) wachsen 90–120 cm hoch und blühen meist früh, mit überhängenden, lockeren Rispen. Japanische Prachtspieren (A. japonica), 50–70 cm hoch, blühen bereits im Juni und Juli, mit aufrechten, lockeren Rispen. Einfachblättrige Prachtspieren (A. simplicifolia) werden nur 30–50 cm hoch und haben leicht überhängende Blütenrispen. Ausgesprochene Zwergastilben mit höchstens 30 cm Höhe sind A. chinensis var. pumila (mit kriechenden Ausläufern) und niedrige Sorten von A. glaberrima.

Verwendung: Einzeln oder in kleinen Gruppen; in Beeten, Rabatten und naturnahen Bereichen, am Gehölz- und Teichrand; Zwergastilben auch als Bodendecker und in Töpfen. Passen gut zu Eisenhut, Funkien, Glockenblumen, Silberkerzen und Waldgeißbart. Als Schnittstauden geeignet.

Bergenie (Bergenia cordifolia)

Standort: Vorzugsweise halbschattig, im lichten Gehölzschatten oder absonnig; bei guter Wasserversorgung auch recht sonnig. Boden humus- und nährstoffreich, möglichst kalkarm, frisch bis feucht.

Pflanzen: Im Frühjahr oder Herbst, je nach Wuchshöhe mit 20–50 cm Abstand.

Pflegen: Bei Trockenheit gründlich gießen, besonders an sonnigeren Plätzen. Junge Pflanzen in kalten Wintern mit Laub oder Fichtenreisig schützen. Im Frühjahr die alten Triebe und Samenstände herausschneiden. Im Herbst oder Frühjahr mit Kompost versorgen. Am besten alle drei bis vier Jahre teilen und neu verpflanzen.

Vermehren: Durch Teilung im Frühjahr oder Spätherbst. Manche Arten und Sorten können auch im Frühjahr aus Samen vorgezogen werden (Lichtkeimer, meist auch Kühlkeimer).

BERGENIE

Bergenia cordifolia

Steinbrechgewächse (Saxifragaceae)
April bis Mai/Juni *rosa, rot, violett, weiß*
30–45 cm

Diese Staude ist auch unter dem Namen Altai-Bergenie bekannt, aufgrund ihrer Herkunft aus dem Altai-Gebirge in der Mongolei. Züchtungen werden teils als Bergenia-Hybriden bezeichnet. Die breit buschigen Pflanzen, die sich mit kriechenden Rhizomen ausbreiten, sind ausgesprochen robust und anspruchslos. Ihre großen, ovalen, tiefgrünen, ledrigen Blätter bleiben meist auch über Winter erhalten und verfärben sich im Herbst oft rötlich oder bronzefarben. Die glockenförmigen Blüten stehen in dichten, doldenartigen Ständen beisammen. Sie werden häufig von Bienen, Hummeln und Schwebfliegen beflogen.

Arten und Sorten: Es gibt eine ganze Reihe von Sorten in zahlreichen Rosa- und Rottönen bis hin zu Violett sowie in Weiß. Die meisten blühen von April bis Mai, manche auch schon ab März, andere von Mai bis Juni. Bei einigen wie 'Herbstblüte' und 'Morgenröte' (beide rosa) erscheint im Herbst nochmals eine Nachblüte.

Verwendung: Einzeln oder in kleinen Gruppen; in Beeten, Rabatten und naturnahen Bereichen, am Gehölz- und Teichrand, im Steingarten; niedrige Sorten auch in Töpfen. Schön mit Gämswurz, Frauenmantel, Glockenblumen und Astilben.

Standort: Am besten halbschattig oder absonnig, bei guter Wasserversorgung auch sonnig; gedeiht selbst im stärkeren Schatten, blüht dann aber schwächer. Wächst auch auf weniger guten Böden, am besten jedoch in humosem, nährstoffreichem, frischem Boden.

Pflanzen: Vorzugsweise im Spätherbst oder Frühjahr, mit 30–50 cm Abstand.

Pflegen: Bei anhaltender Trockenheit gießen, vor allem in heißen, regenarmen Wochen. Eine Mulchschicht, besonders über Winter, ist günstig. Im Frühjahr die welken Blätter entfernen und mit Kompost versorgen. Unschön oder kahl gewordene Pflanzen können im Frühjahr kräftig zurückgeschnitten werden.

Vermehren: Durch Teilung nach der Blüte oder im Spätherbst; oder durch Rhizomschnittlinge im Frühjahr. Auch eine Aussaat im Frühjahr ist möglich (Lichtkeimer).

KAUKASUS-VERGISSMEINNICHT

Brunnera macrophylla

Borretschgewächse (Boraginaceae)
April bis Juni *blau, weiß* *30–50 cm*

Die Herkunft des Kaukasus-Vergissmeinnicht verrät schon sein Name. Seine kleinen, blauen Blüten, die an dicht verästelten Stängeln erscheinen, erinnern zwar an das Vergissmeinnicht (Myosotis); mit diesem ist er aber nur entfernt verwandt. Auch Bienen und Hummeln wissen die früh erscheinenden Blütchen zu schätzen. Die unkomplizierte, langlebige Staude bildet breite, dichte Horste mit großen, herzförmigen, ansprechenden Blättern, die bei manchen Sorten sehr attraktiv gefärbt und gemustert sind. Sie treiben im Frühjahr recht spät aus, bleiben dann aber bis in den frühen Winter hinein erhalten.

Kaukasus-Vergissmeinnicht (Brunnera macrophylla)

Arten und Sorten: Neben der reinen Art werden einige Sorten mit schön gefärbten Blättern und meist blauen Blüten angeboten; so zum Beispiel 'Looking Glass' mit silbrig weißem Laub, 'Jack Frost' mit silbrigen, grün geaderten Blättern und 'Hadspen Cream' mit cremefarben gerandeten Blättern. 'Betty Bowring' hat reingrüne Blätter und weiße Blüten.

Verwendung: Einzeln oder in kleinen Gruppen; am Gehölz- und Teichrand, unter lichten Gehölzen, im nicht zu trockenen Mauerschatten, in Rabatten. Hübsche Partner sind Elfenblume, Gämswurz, Primeln und Tränendes Herz.

Standort: Am besten halbschattig, im lichten Gehölzschatten oder absonnig, bei guter Wasserversorgung auch sonnig. Boden humos, nährstoffreich und frisch.

Pflanzen: Vorzugsweise im Herbst, mit 30–40 cm Abstand.

Pflegen: Bei anhaltender Trockenheit gießen, besonders an sonnigeren Plätzen. Nach dem Verblühen Blütenstände wegschneiden. Im Frühjahr mit etwas Kompost versorgen.

Bergminze (Calamintha nepeta)

Vermehren: Durch Teilung im Herbst oder zeitigen Frühjahr. Wurzelschnittlinge können im Spätherbst und Winter geschnitten werden, die daraus wachsenden Nachkömmlinge von buntblättrigen Sorten bilden aber nur grüne Blätter. Die reine Art lässt sich auch über Aussaat im Frühjahr vermehren.

KLEINBLÜTIGE BERGMINZE

Calamintha nepeta

Lippenblütengewächse (Lamiaceae)
Juli bis September *zart violettblau, weiß*
30–50 cm

Die Bergminze, auch bekannt als Steinquendel, stammt wohl ursprünglich aus dem Süden, ist aber schon lange in Mitteleuropa heimisch. An ihren Naturstandorten auf kalkhaltigen Steinschuttfluren, Felsen und an Mauern sieht man sie heute so selten, dass sie teils als gefährdet eingestuft wird. Im Garten ist sie geradezu ein Paradebeispiel für eine Klimastaude: sonnenliebend, trockenheitsverträglich, sehr pflegeleicht und mit ihren unzähligen duftenden Blütchen umschwärmt von Bienen und anderen Insekten. Auch die eiförmigen Blätter riechen aromatisch, nach einer Mischung aus Minze und Oregano. Sie munden als Tee ebenso wie als Würze für verschiedene Speisen.

Arten und Sorten: Die bis 70 cm hoch wachsende Sorte 'Lila Riese' schmückt sich mit hellvioletten Blüten, die weiß blühende 'White Cloud' bleibt komakter. Auch die weißlich hellblaue 'Triumphator' begnügt sich mit 30–40 cm Höhe und kann sich, da steril, nicht durch Versamen ausbreiten.
Verwendung: Einzeln, in kleinen oder größeren Gruppen, in Beeten und Wildstaudenwiesen, im Steingarten, auch in größeren Pflanzgefäßen. Harmoniert zum Beispiel mit Mädchenauge, Zierlauch, Fetthenne und Heiligenkraut, zudem ein charmanter Rosenbegleiter.
Standort: Sonnig, gern vollsonnig. Boden gut durchlässig, bevorzugt trocken und eher nährstoffarm; kalkverträglich.
Pflanzen: Im Herbst oder Frühjahr, mit rund 35 cm Abstand. Für flächige Bepflanzungen mit acht bis zehn Stück pro Quadratmeter.
Pflegen: Anspruchslos. Nur bei lang anhaltender Trockenheit und Hitze gießen. Kleine Kompostgaben nur auf sehr mageren Standorten nötig. Verwelkte Blütenstände wegschneiden, wenn keine Selbstausaat gewünscht ist; im Frühjahr alle alten Triebe zurückschneiden.
Vermehren: Durch Teilung älterer Pflanzen im Frühjahr oder über Stecklinge. Auch Aussaat ab Vorfrühling möglich (Kühlkeimer).

BESENHEIDE, SOMMERHEIDE

Calluna vulgaris

Heidekrautgewächse (Ericaceae)
zwischen August und Dezember, je nach Sorte
weiß, rosa, lila, rot *20–60 cm*

Streng genommen ist die Besenheide ein Zwergstrauch, doch ebenso wie die Schnee-

heide (Seite 168) wird sie in der gestalterischen Praxis oft den Stauden zugeordnet. Hier bereichert sie die Palette der Spätsommer- und Herbstblüher, gedeiht allerdings nur auf sauren Böden. Das in ganz Europa verbreitete Heidekraut steht für den Garten in zahlreichen Züchtungen zur Verfügung, besticht mit immergrünen, nadelartigen Blättern und glockenförmigen Blütchen, die dicht an dicht entlang der Triebspitzen sitzen.
Mit ihrer späten Blütezeit ist die nektar- und pollenreiche Besenheide eine wertvolle Nahrungspflanze für Honig- und Wildbienen sowie Schmetterlinge.

Arten und Sorten: Die gewaltige Sortenfülle bietet Blüten in Weiß und in den verschiedensten Rosa- und Rotnuancen. Manche Sorten warten zudem mit gelbem, orangerotem oder silbrigem Laub auf. Daneben lohnt es sich, auf die unterschiedlichen Blütezeiten zu achten: Frühe Sorten blühen von August bis September, späte von September bis Oktober, die Knospenblüher teils sogar bis Dezember. Solche Knospenblüher, die unter Markennamen wie 'Gardengirls' und 'Beauty Ladies' im Handel sind, öffnen ihre Knospen nicht vollständig. Für die Blütenwirkung sorgen hier die farbigen, robusten Kelchblätter, die die Knospen umhüllen und selbst bei Regen und Kälte lange Zeit ansehnlich bleiben. Ein großer Nachteil: Für die nahrungssuchende Insektenwelt sind sie nutzlos.
Verwendung: In kleinen und größeren Gruppen; im Heide- und Steingarten, in Beeten und Rabatten, als Einfassung, Bodendecker und in Pflanzgefäßen. Wirkt sehr schön in Kombination mehrerer Sorten mit unterschiedlichen Blütenfarben und -zeiten sowie mit Schneeheiden. Dazu passen zum Beispiel Heidenelke, Ehrenpreis, Katzenminze, Schafgarbe, verschiedene Gräser und kleine Nadelgehölze.
Standort: Vorzugsweise sonnig, auch halbschattig. Boden gut durchlässig, nicht allzu nährstoffreich, zumindest leicht sauer, besser mit einem pH-Wert um 4,5.
Pflanzen: Im Frühjahr oder Frühherbst, mit 15–30 cm Abstand. Wenn nötig, zuvor sauren Rindenkompost oder Torf sowie Sand in den Boden einarbeiten.

Besenheide (Calluna vulgaris)

Pflegen: Am besten mäßig, aber recht regelmäßig gießen, auch in sonnigen Winterwochen; bei Gefäßpflanzung darauf achten, dass die Erde nie ganz austrocknet. Im Frühjahr alle Triebe um die Hälfte zurückschneiden.
Vermehren: Über im Sommer geschnittene Kopfstecklinge.

GLOCKENBLUME, HOHE ARTEN

Campanula

Glockenblumengewächse (Campanulaceae)
Juni bis Juli/August *blau, violett, lila, rosa, weiß* *40–150 cm*

Die große Gattung der Glockenblumen umfasst rund 300 Arten, die auf der gesamten Nordhalbkugel verbreitet sind und recht unterschiedliche Standorte besiedeln, etwa auf Wiesen und Hochstaudenfluren, an Waldrändern oder an felsigen Hängen. Die meisten finden sich in Südosteuropa und Vorderasien, und von dort stammt auch die Mehrzahl der im Garten

Waldglockenblume (Campanula latifolia var. macrantha)

kultivierten Arten. Die hohen und mittelhohen Glockenblumen bilden aufrechte, lockere oder dicht buschige Horste. Ihre glockenförmigen bis schalenartig geöffneten Blüten erscheinen in großen, oft langen Ständen über den eiförmig zugespitzten, frischgrünen Blättern. Glockenblumen sind bei nützlichen Insekten ausgesprochen beliebt. Auch die nicht heimischen Arten werden von recht vielen Wildbienen sowie Schmetterlingen besucht.

Arten und Sorten: Von den meisten der hier genannten Arten gibt es Sorten mit violetten, blauen und weißen Blüten, teils auch rosa bis rötlich. Die 80–100 cm hohe Riesenglockenblume (Campanula lactiflora) zählt zu den schönsten Arten für Beete und Rabatten und blüht von Juni bis August. Ihre Blütenglocken stehen sehr zahlreich in großen Rispen beisammen. Ebenso hoch wachsen Waldglockenblume (C. latifolia var. macrantha) und Pfirsichblättrige Glockenblume (C. persicifolia), beide von Juni bis Juli mit großen Blütenglocken entlang der Stiele. Heimische, bis 100 cm hohe Arten sind die ausläuferbildende Ackerglockenblume (C. rapunculoides) mit blauvioletten Blüten und die Nesselblättrige Glockenblume (C. trachelium) in verschiedenen Farben. Beide blühen bis August, meist schon ab Juni. Die stattliche Höhe der etwas empfindlicheren Pyramidenglockenblume (Campanula pyramidalis) resultiert aus den langen Blütenkerzen in Hellblau oder Weiß: Sie erheben sich über den rosettenartig angeordneten Grundblättern bis 150 cm hoch und öffnen sich ab Juli.
Schöne mittelhohe Arten (meist 40–70 cm) sind die Knäuelglockenblume (C. glomerata) mit dichten Büscheln aus kleinen Blüten und die Punktierte Glockenblume (C.-punctata-Hybriden) mit großen, hängenden, hell gefleckten Blüten. Die meisten Sorten beider Arten blühen von Juni bis August und breiten sich durch Ausläufer aus.

Verwendung: Einzeln oder in kleinen Gruppen; in Beeten, Rabatten und naturnahen Bereichen, am Gehölzrand, als Rosenbegleiter. Glockenblumen lassen sich je nach Standorten mit vielen anderen Stauden kombinieren, zum Beispiel mit Rittersporn, Phlox, Schafgarbe, Taglilie, Astilbe und Fingerhut. Als Schnittstauden geeignet.

Standort: Sonnig bis halbschattig. Boden gut durchlässig, humos, nährstoffreich, neutral bis kalkhaltig, mäßig trocken bis frisch. Acker- und Nesselblättrige Glockenblume sowie Knäuel-, Pfirsich- und Pyramidenglockenblumen sind recht trockenheitsverträglich, Riesen- und Waldglockenblume mögen es eher feucht.
Pflanzen: Vorzugsweise im Frühjahr, je nach Wuchshöhe mit 30–60 cm Abstand.
Pflegen: Bei Trockenheit gießen. Hohe Sorten stützen. Gleich nach der Blüte zurückschneiden, wenn keine Selbstaussaat gewünscht wird, ansonsten kann der Rückschnitt bis Herbst warten. Für die Pyramidenglockenblume ist Winterschutz empfehlenswert. Alle paar Jahre im Frühjahr Kompost geben. Bei sich stark ausbreitenden Arten wie der Knäuelglockenblume Sämlinge und Ausläuferpflanzen des Öfteren entfernen.
Vermehren: Durch Teilung im Frühjahr oder Spätsommer nach der Blüte. Reine Arten und manche Sorten können auch durch Aussaat im Frühjahr vermehrt werden (Lichtkeimer, teils auch Kühlkeimer).

GLOCKENBLUME, NIEDRIGE ARTEN

Campanula

Glockenblumengewächse (Campanulaceae)
Juni bis Juli/August *blau, violett, lila, rosa, weiß* *10–40 cm*

Die niedrigen, sich meist polster- oder teppichartig ausbreitenden Glockenblumen sind besonders genügsam und gehören zum bewährten Sortiment für Steingärten. Fast alle lassen sich auch in anderen naturnahen Bereichen einsetzen, ebenso im Vordergrund von Rabatten sowie in Trögen und Töpfen. Wie die höheren Arten haben auch diese Glockenblumen Bienen und anderen Insekten viel zu bieten.

Arten und Sorten: Diese Arten blühen meist von Juni bis August. Sehr beliebt und vielseitig verwendbar ist die 20–40 cm hohe Karpatenglockenblume (Campanula carpatica). Sie bildet kompakte Horste, breitet sich nur langsam aus und hat breitglockige Blüten, je nach Sorte blau, violett oder weiß. Die ebenso hohe Wiesenglockenblume (C. patula), ist eine heimische, horstbildende Wildstaude mit blauvioletten, sternartig geöffneten Blüten. Als weitere Wildstaude für den Garten hat sich die sich teppichartig ausbreitende Rundblättrige Glockenblume (C. rotundifolia) bewährt. Sie blüht ausdauernd von Mai bis September, mit blauen oder weißen Glocken. Die meisten anderen niedrigen Glockenblumen werden nur 10–15 cm hoch und bilden mit Ausläufern recht schnell größere Polster. Hierzu zählt die Zwergglockenblume (C. cochleariifolia) mit mittelgroßen, blauen oder weißen Blüten. Mit kleinen, sehr zahlreichen Glöckchen in Blau oder Weiß wartet die Dalmatiner Glockenblume (C. portenschlagiana) auf, mit sternförmigen, blauen Blütchen die Gargano-Glockenblume (Campanula garganica), die keine Ausläufer bildet. Sternförmig sind auch die blauen oder violetten Blütchen der Hängepolster-Glocken-

Knäuelglockenblume (Campanula glomerata)

Nesselblättrige Glockenblume (Campanula trachelium)

blume (C. poscharskyana), die mit langen Trieben teppichartig wächst.
Verwendung: In kleinen und größeren Gruppen; im Steingarten, auf Trockenmauern, im Vordergrund von Beeten und Rabatten, auf Wiesen, unter lichten Gehölzen, zwischen Wegplatten, in Gefäßen. Gute Nachbarpflanzen sind zum Beispiel Bergenie, kleine Nelken, Schleierkraut (Gypsophila) und andere Steingartenpflanzen.
Standort: Vorzugsweise sonnig, auch halbschattig. Boden gut durchlässig, kann recht mager und sandig sein, trocken bis frisch; für Wiesen- und Rundblättrige Glockenblume am besten leicht sauer, für die anderen neutral bis kalkhaltig.
Pflanzen: Vorzugsweise im Frühjahr, je nach Wuchshöhe mit 15–30 cm Abstand.
Pflegen: Bei lang anhaltender Trockenheit gießen. Nach der Blüte zurückschneiden, wenn keine Selbstaussaat gewünscht wird. Wenn nötig, des Öfteren Sämlinge, Ausläuferpflanzen und Rhizome ausdünnen.
Vermehren: Wie hohe Glockenblumenarten.

Bergflockenblume (Centaurea montana)

BERGFLOCKENBLUME

Centaurea montana

Korbblütengewächse (Asteraceae)
Mai bis Juli *blau, violett, rosa, weiß*
40–50 cm

Diese mehrjährige Verwandte der Kornblume (Seite 247) wächst wild in den mittel- und südeuropäischen Bergregionen. Schon unsere Vorfahren kultivierten sie vor langer Zeit in den Bauerngärten. Die Bergflockenblume bildet lockere Horste mit lanzettlichen, dunkelgrünen Blättern an behaarten Stängeln. Sie kann sich durch kriechende Ausläufer ausbreiten, ebenso durch die reichlich gebildeten Samen. Zur Bestäubung der Blüten verhelfen ihr zahlreiche Bienen und Hummeln.

Arten und Sorten: Neben der reinen Art mit kräftig blauen Blüten gibt es Sorten in Hellblau, Dunkelviolett, verschiedenen Rosatönen und Weiß. Alle zeigen in der Mitte der Blütenkörbchen eine mehr oder weniger ausgeprägte rötliche bis tief violettrote Färbung. Die bis 80 cm hohe, sonnenliebende Kaukasus-Flockenblume (Centaurea dealbata) blüht von Juni bis Juli tiefrosa und bringt im Herbst nochmals einen Nachflor, wenn man sie nach der ersten Blüte kräftig zurückschneidet.
Verwendung: In kleinen Gruppen; in Beeten, Rabatten und naturnahen Bereichen, am Gehölzrand, im Steingarten. Passt gut zu Fingerhut, Storchschnabel, Frauenmantel und Akelei. Als Schnittstaude geeignet.
Standort: Sonnig bis halbschattig, auch im lichten Gehölzschatten. Boden gut durchlässig, nicht allzu nährstoffreich, mäßig trocken bis frisch.
Pflanzen: Vorzugsweise im Herbst, mit 30–40 cm Abstand.
Pflegen: Bei anhaltender Trockenheit gießen, an sonnigen Plätzen etwas häufiger. Nach der Blüte verblühte Stängel unten wegschneiden. Nur alle paar Jahre im Frühjahr etwas Kompost geben. Falls nötig, unerwünschte Sämlinge und Ausläufer entfernen.
Vermehren: Durch Teilung, Wurzelschnittlinge oder Aussaat im Frühjahr.

ROTE SPORNBLUME

Centranthus ruber

Geißblattgewächse (Caprifoliaceae) Juni bis September rot, weiß 50–80 cm

Ursprünglich im Mittelmeerraum, Nordwestafrika und Kleinasien zu Hause, hat sich die Spornblume allmählich auch in kühleren Regionen verbreitet. Bei uns wächst sie mancherorts zerstreut und gilt als eingebürgert. Sie wird auch schon seit Langem als Gartenzierde geschätzt. Mit leuchtend purpur- bis rosaroten Blütendolden über blaugrünen Blättern ist sie eine sommerlange Augenweide – und eine hervorragende Insektenweide. Sie versamt sich gern von selbst, wird aber nicht allzu aufdringlich. Die Spornblume kommt mit Trockenheit und Hitze gut zurecht und zählt deshalb zu den Klimasstauden.

Spornblume (Centranthus ruber)

Arten und Sorten: Bewährt haben sich zwei hübsche rot blühende Sorten ('Coccineus' und 'Rosenrot') und zwei ebenso ansprechende Vertreter mit weißen Blüten ('Albus' und die etwas höhere 'Albiflorus').
Verwendung: Einzeln oder in kleinen Gruppen; in sonnigen Beeten, in wiesenartigen Pflanzungen, im Stein- und Steppengarten, auf Trockenmauern, als Rosenbegleitpflanze; auch in Kübeln. Schön in Gesellschaft von Lavendel, Schafgarbe, Fetthenne, Sonnenhut und Ziergräsern. Als Schnittstaude geeignet.
Standort: Sonnig, gern vollsonnig. Boden gut durchlässig, trocken bis frisch, möglichst kalkhaltig.
Pflanzen: Im Frühherbst oder im Frühjahr, mit 40–50 cm Abstand.
Pflegen: Bei längerer Trockenheit gelegentlich gießen. Eine dünne Mulchschicht aus Kies oder Splitt ist vorteilhaft. Zum Düngen reicht eine mäßige Kompostgabe im Frühjahr. Verblühte Stiele entfernen, wenn keine Selbstaussaat gewünscht ist. Ein leichter Rückschnitt im Sommer kann zu einer Nachblüte führen. Im Spätherbst oder Frühling bodennah zurückschneiden.
Vermehren: Am einfachsten durch Zulassen der Selbstaussaat. Im Fachhandel sind auch Samen erhältlich. Eine Teilung ist wegen der langen Pfahlwurzel etwas knifflig; dazu im Frühjahr vorsichtig ausgraben und die Wurzel in zwei bis drei Teilstücke zertrennen.

HERBSTCHRYSANTHEME

Chrysanthemum x grandiflorum

Korbblütengewächse (Asteraceae)
zwischen August und November, je nach Sorte
alle Farben außer Blau 40–120 cm

Wenn der Garten im Spätsommer und Herbst noch einmal in üppiger Farbenpracht aufleuchten soll, sind die Herbstchrysanthemen unverzichtbar. Man bezeichnet sie auch als Gartenchrysanthemen oder Winterastern, und an botanischen Namen finden sich neben Chrysanthemum x grandiflorum unter anderen Chrysanthemum-Indicum-Hybriden und Dendranthema x grandiflorum. Die ursprünglich in Ostasien beheimateten Stammformen dieser Chrysanthemen werden schon seit Jahrhunderten in Europa kultiviert und miteinander gekreuzt. So sind unzählige Hybriden und Sorten entstanden, zu denen immer wieder neue Züchtungen kommen. Die buschig wachsenden Stauden mit ihren üppigen Blütenköpfchen und den fiederartig eingeschnittenen, dunkel- bis graugrünen, oft aromatisch duftenden Blättern bleiben unverkennbar. Über Sorten mit einfachen, ungefüllten Blüten freuen sich spät fliegende Bienen und Schmetterlinge.

Arten und Sorten: Achten Sie bei der Auswahl zunächst darauf, ob es sich um ausgewiesene Sorten für den Garten handelt; die für die Balkonpflanzung angebotenen Chrysanthemen sind oft nicht ausreichend winterhart. Ansonsten haben Sie die Wahl zwischen verschiedenen Wuchshöhen, Blütenformen – von margeritenartig einfach bis hin zu gefüllten, opulenten Bällen – und Blütenfarben in nahezu allen Schattierungen, mit Ausnahme blauer Töne. Auch die Blütezeit unterscheidet sich je nach Sorte. Frühe Sorten legen bereits im August los, sehr späte erst im Oktober, wobei sich über gut zwei Monate immer wieder neue Blüten öffnen, bei mildem Wetter teils sogar bis in den Dezember hinein.

Verwendung: Einzeln oder in Gruppen; in Beeten und Rabatten, niedrige Sorten in Pflanzgefäßen. Sehr attraktiv in Kombination mehrerer Sorten mit unterschiedlichen Blütenfarben und -zeiten; hübsche Partner sind Herbstastern und Gräser wie Blauschwingel und Federborstengras. Als Schnittstaude geeignet.

Standort: Sonnig, am besten etwas geschützt. Boden durchlässig, humos, nährstoffreich und frisch.

Pflanzen: Vorzugsweise im Frühjahr, mit 30–50 cm Abstand.

Pflegen: Bei Trockenheit kräftig gießen. Hohe Sorten stützen. Welke Blüten ausputzen oder verblühte Blütenstände über den Blättern wegschneiden. Erst im Frühjahr komplett zurückschneiden. Über Winter die Pflanzenbasis mit Fichtenreisig oder Laub abdecken. Im Frühjahr Kompost oder organischen Dünger geben, falls nötig, im Juni oder Juli nochmals nachdüngen.

Vermehren: Durch Teilung im Frühjahr oder durch im Frühjahr oder Frühsommer geschnittene Kopfstecklinge.

Herbstchrysanthemen (Chrysanthemum x grandiflorum)

Herbstchrysanthemen (Chrysanthemum x grandiflorum)

SILBERKERZE

Cimicifuga

Hahnenfußgewächse (Ranunculaceae)
zwischen Juli und Oktober, je nach Art
weiß, cremeweiß *120–200 cm*

Von diesen stattlichen Halbschattenstauden gibt es mehrere Arten, die teils aus Nordamerika, teils aus Ostasien stammen und zu verschiedenen Zeiten ihre eleganten, weißen, leicht duftenden Blütenkerzen entfalten. Diese werden oft von Bienen, Hummeln und Schwebfliegen umschwärmt. Alle bilden stattliche, breit aufrechte Horste und werden mit den Jahren zunehmend attraktiver. Auch außerhalb der Blütezeit sind sie mit ihren mehrteiligen, gefiederten, bei manchen Sorten dunkel rotbraun gefärbten Blättern ein ausgesprochener Blickfang.

Vorsicht: Kontakt mit dem Pflanzensaft kann Hautrötungen und Blasenbildung verursachen.
Arten und Sorten: Bei den meisten Arten und Sorten erheben sich die Blütenstände 150–200 cm über den Boden. Die Julisilberkerze (Cimicifuga racemosa) blüht von Juli bis August mit leicht überhängenden Ständen. Die Lanzensilberkerze (C. racemosa var. cordifolia) besticht von August bis Oktober mit straff aufrechten, schlanken Kerzen, die Kandellaber- oder Augustsilberkerze (C. dahurica) zur selben Zeit mit verzweigten, rispenartigen Blütenständen. Die Septembersilberkerze (C. ramosa) zeigt von September bis Oktober ihre aufrechten, leicht geschwungenen Blütenkerzen. Bei der je nach Sorte 120–180 cm hohen Oktobersilberkerze (C. simplex) erstreckt sich die Blütezeit von September bis weit in den Oktober hinein. Von beiden spät blühenden Arten gibt es einige besonders dekorative Sorten mit dunkel- bis schwarzrotem Laub, teils auch mit rosa überhauchten Blütenständen.
Verwendung: Einzeln oder in kleinen Gruppen; in Beeten und Rabatten, am Gehölzrand, vor dunkler Nadelgehölzkulisse. Schön mit Astilben, Eisenhut, Funkien und Farnen.
Standort: Halbschattig, im lichten Gehölzschatten oder absonnig. Boden gut durchlässig, humus- und nährstoffreich, frisch.
Pflanzen: Vorzugsweise im Frühjahr, mit 60–80 cm Abstand.
Pflegen: Bei Trockenheit kräftig gießen. Im Spätherbst bodennah zurückschneiden. Im Frühjahr mit Kompost versorgen.
Vermehren: Durch Teilung im Frühjahr.

Septembersilberkerze (Cimicifuga ramosa)

MÄDCHENAUGE

Coreopsis

Korbblütengewächse (Asteraceae) *Juni bis September/Oktober* *gelb, rosa, weiß* *meist 30–60 cm*

Die in Nord- und Zentralamerika beheimateten Pflanzen mit dem schönen Namen Mädchenauge zählen zu den ausdauerndsten Blühern im Staudenbeet und erfreuen überwiegend mit sonnigen Gelbtönen. Sie wachsen in buschigen, meist halbhohen Horsten. Ihre frisch- bis sattgrünen Blätter sind schmal lanzettlich, teils gefiedert, bei einigen Arten auch so dünn, dass sie nadelähnlich wirken. Das leuchtende Gelb der Blüten lockt neben vielen Bienen und Hummeln auch Schwebfliegen an.

Arten und Sorten: Sehr attraktiv, aber leider recht kurzlebig ist das 40–80 cm hohe Großblumige Mädchenauge (Coreopsis grandiflora) mit üppigen Blüten in leuchtendem Goldgelb. Die halb gefüllten Sorten 'Early Sunrise' und 'Presto' (nur 25 cm hoch) blühen oft bis in den Oktober hinein. Das gilt auch für das Kleine Mädchenauge (C. lanceolata), das meist in den 20–40 cm hohen Sorten 'Rotkehlchen' und 'Sterntaler' angeboten wird; beide haben schmucke goldgelbe Blüten mit einem braunroten Ring in der Mitte. Diese Art ist ebenfalls eher kurzlebig. Das Quirlblättrige Mädchenauge (C. verticillata) zeichnet sich durch kurze, nadelartige, filigrane Blätter und leuchtende Blütensterne aus. Beliebte Sorten sind 'Grandiflora' (goldgelb, 60 cm hoch), 'Moonbeam' (zart hellgelb, 40 cm) und 'Zagreb' (goldgelb, 30 cm,

Lanzettblättriges Mädchenauge (Coreopsis lanceolata)

ausläuferbildend). Mit ähnlichen Blättern und teils ungewöhnlichen Blütenfarben wartet das 30–40 cm hohe Rosa Mädchenauge (C. rosea) auf; 'American Dream' zum Beispiel blüht rosa, 'Sangria' kräftig dunkelrot. Ein ganz anderes Erscheinungsbild bietet das Hohe Mädchenauge (C. tripteris), dessen große, hellgelbe Blüten an bis 180 cm hohen, gut standfesten Stängeln erscheinen; diese langlebige Art bildet Ausläufer.
Verwendung: In kleinen Gruppen in Beeten und Rabatten, auch in großen Töpfen; Hohes Mädchenauge vorzugsweise einzeln, im Beethintergrund oder am sonnigen Gehölzrand. Passen sehr schön zu Rittersporn, Steppensalbei, Indianernessel und roten Schafgarben. Gute, haltbare Schnittstauden.
Standort: Sonnig, auch vollsonnig. Boden gut durchlässig, humos, mäßig trocken bis frisch.
Pflanzen: Im Herbst oder Frühjahr, mit 30–40 cm Abstand, das Hohe Mädchenauge mit rund 100 cm Abstand.
Pflegen: Bei anhaltender Trockenheit gießen. Verblühte Körbchen regelmäßig entfernen. Durch bodennahen Rückschnitt gegen Ende September beraubt man Großblumiges und Kleines Mädchenauge zwar ihrer letzten Blüten, kann so aber ihre Lebensdauer verlängern. Andere Arten nach der Blüte ebenfalls kräftig zurückschneiden, das Rosa Mädchenauge nur um zwei Drittel. Im Frühjahr mit Kompost versorgen. Am besten alle zwei bis drei Jahre durch Teilung verjüngen.
Vermehren: Durch Teilung oder Stecklinge im Frühjahr. Von manchen Sorten werden Samen für eine Anzucht im Frühjahr angeboten.

RITTERSPORN

Delphinium

Hahnenfußgewächse (Ranunculaceae)
Juni bis Juli, Nachblüte August bis Oktober
blau, violett, weiß, rosa, auch zweifarbig
70–120 cm

Mit ihren imposanten, noblen Blütenkerzen, meist in wunderschönen Blautönen, sind die stattlichen Rittersporne der Inbegriff von Prachtstauden. Ihren Namen erhielten sie wegen der teils ritterhelmartig geformten Blüten, die einen Sporn am obersten Blütenblatt tragen. Diesen können zum Beispiel Hummeln als „Landeplatz" anfliegen: Sofern ihre Blüten nicht gefüllt sind, werden Rittersporne auch von der Insektenwelt geschätzt. Sie bilden straff aufrechte, breite Horste mit handförmig gelappten, tiefgrünen Blättern. Die vielen prächtigen Sorten entstanden als Hybriden aus verschiedenen Arten, die meist in Europa und Asien, teils auch in Nordamerika, beheimatet sind.

Vorsicht: Alle Pflanzenteile sind giftig, besonders die Samen. Der Kontakt mit Blüten und Blättern kann Hautreizungen hervorrufen.
Arten und Sorten: Die hochwüchsigen Staudenrittersporne werden in drei Gruppen unterteilt:

- **Delphinium-Elatum-Hybriden** sind die „klassischen" Rittersporne mit aufrechten, dicht besetzten Blütentürmen an kräftigen Stängeln und bis 6 cm großen Einzelblüten; sie werden 150–200 cm hoch. Hierzu gehören zahlreiche bewährte Sorten wie 'Augenweide' (hellblau mit weißem Auge) und 'Finsteraarhorn' (dunkel violettblau). Häufig angeboten werden auch Züchtungen aus der 'New Millenium'-Serie, die als besonders robust und farbintensiv gelten.
- **Delphinium-Pacific-Hybriden**, auch als Delphinium x cultorum im Handel, wachsen 70–180 cm hoch und bilden üppige Blütenkerzen mit bis zu 7 cm großen Blüten, sind aber oft recht kurzlebig. Schöne Sorten sind zum Beispiel 'Blue Bird' (mittelblau mit weißem Auge), 'Black Knight' (dunkelviolett) und 'Galahad' (weiß).
- **Delphinium-Belladonna-Hybriden** bleiben mit 80–120 cm etwas niedriger und besitzen verzweigte, locker aufgebaute Blütenstände mit kleineren Blüten. Attraktive, bewährte Sorten sind zum Beispiel 'Atlantis' (dunkel violettblau), 'Piccolo' (tiefblau mit weißem Auge) und 'Moerheimii' (weiß).

Daneben gibt es den hübschen, 20–30 cm kleinen Zwergrittersporn (D. grandiflorum) in Enzianblau, Violett oder Weiß, eine kurzlebige Staude, die sich aber oft durch Samen von selbst vermehrt und gut für den Steingarten eignet.

Verwendung: Einzeln oder in kleinen Gruppen in Beeten und Rabatten. Sehr wirkungsvoll als Rosenbegleitpflanze sowie in Gesellschaft von Phlox, Sonnenhut, Indianernessel, Pfingstrose, Türkenmohn und Taglilien. Gute Schnittstaude.
Standort: Sonnig, aber möglichst nicht an prallsonnigen, heißen Plätzen. Boden durchlässig, humos, am besten lehmig, nährstoffreich und frisch.
Pflanzen: Vorzugsweise im Herbst, mit 50–80 cm Abstand.
Pflegen: Bei Trockenheit gründlich gießen. Hohe Sorten stützen. Nach dem ersten Flor im Sommer handbreit über dem Boden zurückschneiden und düngen, um eine Nachblüte zu erhalten (allerdings nicht beim Zwergrittersporn). Im Herbst nochmals zurückschneiden. Im Frühjahr mit Kompost oder Volldünger versorgen, beim Austrieb vor Schneckenfraß schützen.
Vermehren: Durch Teilung im Herbst oder zeitigen Frühjahr; oder durch grundständige Stecklinge mit Wurzelansatz, die im Frühjahr oder Frühsommer abgetrennt, eingetopft und dann

Rittersporn, Delphinium-Belladonna-Hybride Belladonna-Gruppe (Delphinium belladonna, Delphinium-belladonna-Hybride)

Rittersporn, Delphinium-Elatum-Hybride Elatum-Gruppe (Delphinium elatum, Delphinium-elatum Hybride)

im Herbst ausgepflanzt werden. Pacific- und viele Belladonna-Hybriden können im Frühjahr (bei 18–22 °C) aus Samen angezogen werden.

TRÄNENDES HERZ

Dicentra spectabilis

Mohngewächse (Papaveraceae) *Mai bis Juni* *rosa mit Weiß, weiß* *60–80 cm*

Wie kleine Herzen geformte rosa Blüten mit weißen „Tränentropfen", hängend aufgereiht an gebogenen Stängeln: Mit diesem ungewöhnlichen Anblick ist das Tränende Herz eine reizvolle Besonderheit. Die in Ostasien heimische Staude wurde Mitte des 19. Jahrhunderts nach Europa eingeführt und eroberte schnell die Bauerngärten. Ihre buschigen, lockeren Horste mit den blaugrünen, gefiederten Blättern ziehen bald nach der Blüte ein. In der Botanik wurde das Tränende Herz mittlerweile zu Lamprocapnos spectabilis umgetauft. Im Gartenfachhandel findet man es aber meist nach wie vor unter seiner früheren Bezeichnung Dicentra spectabilis.

Vorsicht: Alle Pflanzenteile, besonders die Wurzeln, enthalten Giftstoffe.
Arten und Sorten: Neben der reinen Art werden vom Tränenden Herz Sorten wie 'Valentine' (rosarote Blüten) und 'Alba' (weiße Blüten) angeboten. Die aus Nordamerika stammenden Zwergherzblumen (D. formosa und D. eximia) tragen an rund 30 cm hohen Stängeln hübsche Blüten, die eher an Glöckchen erinnern, ohne die deutlich weißen „Tropfen". Sie blühen von Mai bis August/September und haben filigran gefiedertes Laub. Sehr apart sind die 25–30 cm kleinen, bis Oktober blühenden „Miniaturformen" (D.-Hybriden) wie 'Burning Hearts' mit roten, weiß gerandeten Herzblüten.
Verwendung: Einzeln oder in kleinen Gruppen; in Beeten und Rabatten, am Gehölzrand, in naturnahen Bereichen. Wegen des frühen Einziehens hinter sommergrüne, aber nicht allzu starkwüchsige Nachbarn setzen, zum Beispiel Akeleien und Glockenblumen. Auch für Töpfe geeignet. Schöne Schnittblume.
Standort: Am besten halbschattig, im lichten Gehölzschatten oder absonnig, bei genügend Feuchtigkeit auch sonnig; etwas geschützt. Boden gut durchlässig, humos, frisch; für Zwergherzblumen kalkarm.
Pflanzen: Vorzugsweise im Frühjahr, mit 50–60 cm Abstand, Zwergherzblumen mit 25–30 cm.
Pflegen: Bei Trockenheit gießen, besonders an sonnigen Plätzen. In strengen Wintern mit Laub abdecken. Zum Austrieb mit Kompost versorgen.
Vermehren: Durch Teilung nach der Blüte oder im zeitigen Frühjahr; oder durch im Frühjahr abgetrennte grundständige Stecklinge mit Wurzelansatz. Gelegentlich werden Samen für eine Aussaat im Sommer oder Herbst (Kaltkeimer) angeboten.

Tränendes Herz (Dicentra spectabilis)

FINGERHUT

Digitalis

Wegerichgewächse (Plantaginaceae)
Juni bis Juli/August *rosa, purpurrosa, weiß, gelb* *50–180 cm*

Roter, Großblütiger und Gelber Fingerhut sind bei uns heimisch, aber selten, und stehen unter Naturschutz. An Waldrändern, Lichtungen oder steinigen Hängen beeindrucken sie ebenso wie im Garten mit Glockenblüten in langen Trauben, die sich über dunkel- oder graugrünen Blattrosetten erheben. Vor allem Hummeln und Wildbienen kommen hier gern zu Besuch. Da oft nur kurzlebig oder zweijährig, werden Fingerhüte teils auch als Sommerblumen eingestuft. Doch meist sorgen sie durch reiches Versamen von selbst für ausdauernden Fortbestand. Alle Arten sind wintergrün.

Vorsicht: Alle Pflanzenteile, vor allem die Blätter, sind bei Aufnahme in den Mund hochgiftig und für Kinder sehr gefährlich! Hautkontakt kann außerdem zu allergischen Reaktionen führen.

Arten und Sorten: Der Rote Fingerhut blüht hauptsächlich im Juni und Juli, während bei anderen Arten die Blüte teils etwas später einsetzt, aber bis August anhält. Der meist nur zweijährige Rote Fingerhut (Digitalis purpurea) erreicht mit seinen rosaroten Blütenkerzen eine Höhe von 80–150 cm. Sorten werden unter anderem in Weiß (zum Beispiel 'Alba') und Gelbrosa ('Apricot') angeboten. 'Excelsior' ist eine großblütige Farbmischung in rosa, purpurnen, weißen und mattgelben Tönen.
Der recht langlebige Großblütige Fingerhut (D. grandiflora) wird 60–100 cm hoch und macht mit üppigen, hellgelben Blütenglocken seinem Namen alle Ehre. Zwei- bis mehrjährig wächst der rund 60 cm hohe Gelbe Fingerhut (D. lutea) mit kleinen, zitronengelben Blüten. Der bis 180 cm hohe, zweijährige Rostige Fingerhut (D. ferruginea) aus Südeuropa und Vorderasien ist ein sehr stattlicher Vertreter mit langen, schmalen, kerzengeraden Trauben. Sein Name bezieht sich auf die rostroten Adern der hellgelben Blüten.

Roter Fingerhut (Digitalis purpurea)

Verwendung: Einzeln oder in kleinen Gruppen; in Beeten und Rabatten, am Gehölzrand, in naturnahen Bereichen. Schön zum Beispiel mit Glockenblumen, Silberkerzen, Storchschnabelarten und Gräsern. Als Schnittstaude geeignet.
Standort: Am besten halbschattig oder im lichten Gehölzschatten, bei genügend Feuchtigkeit auch sonnig. Boden gut durchlässig, humos, nährstoffreich, möglichst kalkarm, frisch; Gelber Fingerhut gedeiht auch auf trockenerem Boden.
Pflanzen: Im Frühjahr, mit 30–40 cm Abstand.
Pflegen: Bei anhaltender Trockenheit gießen. Ein Rückschnitt nach der Blüte kann die Lebensdauer verlängern; lassen Sie aber einige Samenstände stehen, sofern Sie die Selbstaussaat nicht komplett verhindern wollen. Im Frühjahr etwas Kompost geben.
Vermehren: Durch Anzucht aus Samen im Frühjahr oder Aussaat ab April direkt ins Freie. Die meisten Arten sind Lichtkeimer; ihre Samen höchstens hauchdünn abdecken.

KAUKASUS-GÄMSWURZ

Doronicum orientale

Korbblütengewächse (Asteraceae)
April bis Mai *gelb* *30–60 cm*

Die in Südosteuropa und Vorderasien beheimatete Gämswurz zierte schon von Jahrhunderten unsere Bauerngärten und ist bis heute einer den beliebtesten Frühjahrsblüher unter den Stauden. Ihre margeritenähnlichen Blüten in fröhlich leuchtendem Goldgelb werden von frischgrünen, herzförmigen Blättern untermalt. Diese ziehen bald nach der Blüte ein und treiben im nächsten Frühling zeitig wieder aus. Die Gämswurz ist im Spätfrühling eine wertvolle Insektenweide, auch für Wildbienen und Schwebfliegen.

Arten und Sorten: Meist wird die Kaukasus-Gämswurz in Sorten angeboten, die den natürlichen Charme der Art bewahrt haben. Dazu gehören 'Finesse' mit sehr feinstrahligen Blüten, 'Magnificum' mit besonders großen und früh erscheinenden Blüten und die kompakte,

nur 35 cm hohe 'Little Leo'. Rund 80 cm hoch wächst dagegen die Wegerich-Gämswurz (D. plantagineum) 'Excelsum'. Ihre besonders großen Blüten öffnen sich von Mai bis Juni.
Verwendung: In kleinen Gruppen; in Beeten und Rabatten, am Gehölzrand, in naturnahen Bereichen, kompakte Sorten auch in Töpfen. Am besten hinter etwas höhere, sommergrüne Stauden pflanzen. Hübsche Pflanzpartner sind rote Tulpen, Traubenhyazinthen und Kaukasus-Vergissmeinnicht. Schöne Schnittblume.
Standort: Sonnig bis halbschattig. Boden durchlässig, humos, nährstoffreich und frisch.
Pflanzen: Am besten im Herbst, mit 20–40 cm Abstand.
Pflegen: Bei Trockenheit gießen, an sonnigen Plätzen recht häufig. Im zeitigen Frühjahr etwas Kompost geben und am besten mulchen. Alle drei bis fünf Jahre durch Teilung verjüngen.
Vermehren: Durch Teilung nach der Blüte oder im Frühherbst. Auch eine Anzucht aus Samen im Frühjahr ist möglich.

Arten und Sorten: Neben der reinen Art mit purpurrosa Blüten gibt es zahlreiche Sorten, die teils auch als Echinacea-Hybriden geführt werden. Sie decken ein breites Farbspektrum von Rosatönen über Rot, Orange und Goldgelb bis Weiß ab, manche blühen bis Mitte Oktober. Sehr attraktiv sind zum Beispiel 'Vintage Wine' (tief purpurrosa), 'Tiki Torch' (leuchtend orange) und 'Tomato Soup' (leuchtend rot). Ein naher Verwandter ist der Blasse Sonnenhut (E. pallida) mit langen, schmalen, hellrosa Blütenblättern.
Verwendung: In kleinen Gruppen; in Beeten, Rabatten und naturnahen Bereichen. Passt gut zu Phlox, Rittersporn, Herbstastern und Lavendel. Als Schnittstaude geeignet, auch die Samenstände für Herbststräuße.
Standort: Sonnig, auch vollsonnig. Boden durchlässig, humos, nährstoffreich und frisch bis mäßig trocken.
Pflanzen: Vorzugsweise im Frühjahr, mit 30–40 cm Abstand.
Pflegen: Bei längerer Trockenheit gießen. Zum Vermeiden von Selbstaussaat nach der Blüte

ROTER SONNENHUT

Echinacea purpurea

Korbblütengewächse (Asteraceae) Juli bis September/Oktober purpurrosa, rot, orange, gelb, weiß 60–100 cm

Die Namen Roter, Purpur- oder Scheinsonnenhut weisen schon auf die Ähnlichkeit dieser aus Nordamerika stammenden Staude mit den gelben Sonnenhüten (Rudbeckia, Seite 197) hin. Wegen ihrer kugeligen, stachelig wirkenden Samenstände wird sie auch Igelkopf genannt. Den botanischen Namen Echinacea kennen viele vom Echinacin, einem Extrakt dieser Pflanzen, der gegen Erkältungskrankheiten eingesetzt wird. Die anspruchslosen, schon in alten Bauerngärten beliebten Blüher wachsen horstartig, mit straff aufrechten Stängeln und schmal eiförmigen, sattgrünen Blättern. Ihre großen Blütenkörbe mit der aufgewölbten, braunroten Mitte ziehen zahlreiche Schmetterlinge und andere Insekten an.

Gämswurz (Doronicum orientale)

Roter bzw. Purpursonnenhut (Echinacea purpurea)

zurückschneiden, andernfalls im Frühjahr, um über Winter den Anblick der Samenstände zu genießen. Im Frühjahr mit Kompost versorgen. Alle drei bis vier Jahre durch Teilung verjüngen.
Vermehren: Durch Teilung im Frühjahr, durch im Winter geschnittene Wurzelschnittlinge oder durch Anzucht aus Samen im Frühjahr.

KUGELDISTEL

Echinops

Korbblütengewächse (Asteraceae) Juli bis September blau, weiß 50–120 cm

Die in Ost- und Südosteuropa sowie Westasien beheimateten Kugeldisteln sind mit ihren igelartigen, bis zu 4 cm großen Blütenbällen aparte Erscheinungen. Die aus zahlreichen Einzelblütchen geformten Kugeln bieten reichlich Nektar und Pollen und sind deshalb häufig von Bienen und Hummeln umschwärmt. Die straff aufrechten Stängel tragen distelähnliche, gefiederte, graugrüne, unterseits oft graufilzig behaarte Blätter, meist mit kleinen Dornen.

Arten und Sorten: Nach ihren Herkunftsgebieten heißen die beiden wichtigsten Arten Ruthenische Kugeldistel (Echinops ritro) und Banater Kugeldistel (E. bannaticus). Besonders eindrucksvoll wirken die bis 120 cm hohen Echinops-bannaticus-Sorten 'Taplow Blue' und 'Blue Glow' mit tiefblau gefärbten Blütenbällen. Etwas kompakter wächst die weiß blühende 'Star Frost'.
Aber auch die bis 100 cm hohe E. ritro ist eine markante Erscheinung mit großen, stahlblauen Blütenkugeln. Ihre Sorte bleibt ein wenig kleiner, zeigt intensiver gefärbte Blüten und hat unbedornte Blätter.
Verwendung: Einzeln oder in kleinen Gruppen, in naturnahen und steppenartigen Gestaltungen, auch in Beeten und Rabatten. Schön mit Rotem Sonnenhut, Schafgarbe und Skabiose. Gute Schnitt- und Trockenblumen.
Standort: Sonnig, gern vollsonnig und warm. Boden gut durchlässig, nicht zu schwer und nicht allzu nährstoffreich, gern sandig und kalkhaltig, trocken bis frisch.
Pflanzen: Im Frühjahr oder Herbst, je nach Wuchshöhe und -breite mit 40–70 cm Abstand.
Pflegen: Bei anhaltender Trockenheit gelegentlich gießen. Verwelkte Blütenstände über den oberen Stängelblättern zurückschneiden, um unerwünschter Selbstaussaat vorzubeugen. Im Spätherbst bis knapp über dem Boden zurückschneiden. Nur alle paar Jahre im Frühjahr etwas Kompost geben.
Vermehren: Durch Teilung oder Wurzelschnittlinge im Spätherbst oder Frühjahr. Die reinen Arten auch durch Aussaat oder Anzucht im Frühjahr.

ELFENBLUME

Epimedium

Sauerdorngewächse (Berberidaceae) April bis Mai gelb, weiß, rosa, violett, rot 15–40 cm

Diese Pflanzen mit dem märchenhaften Namen wachsen wild in Wäldern in Ostasien, Vorderasien und im Mittelmeerraum. Im Garten haben sie sich als schattenverträgliche Bodendecker mit besonderem Charme bewährt. Manche Elfenblumen breiten sich mit Ausläufern und Rhizomen zu Teppichen aus, andere bilden breite, polsterartige Horste. Sie warten mit hübschen, filigranen Blüten auf, doch teils sind diese so zierlich und zwischen dem Laub versteckt, dass man sie nur beim näheren Hinsehen würdigen kann. Doch das hält kleine Wildbienen nicht davon ab, erfolgreich das Nektar- und Pollenangebot der Elfenblumen zu nutzen.
Sehr ansprechend wirken die dicht stehenden, meist dreiteiligen Blätter mit herzförmigen Abschnitten, die oft attraktiv gemustert oder rötlich gerandet sind. Der Frühjahrsaustrieb ist meist bronzefarben. Mehrere Arten behalten ihre Blätter über Winter und ersetzen sie erst im Frühjahr durch neue. Das Laub verfärbt sich dann im Herbst kupferfarben bis rötlich und bereichert so auch den winterlichen Garten.

Kugeldistel (Echinops)

Elfenblume (Epimedium grandiflorum)

Oft brauchen Elfenblumen etwas Zeit, um richtig Fuß zu fassen. Doch wenn sie sich einmal etabliert haben, behaupten sich die meisten als verlässliche Bodendecker, auch zwischen den kräftigen Wurzeln von Gehölzen.

Arten und Sorten: Im Gartenfachhandel kann man rund 15 verschiedene Arten dieser zarten Schönheiten finden, oft nur unter botanischen Namen. Viele tragen ein „x" im Namen, das auf Hybridkreuzungen hinweist. Die sind aber nicht unbedingt durch Menschenhand entstanden, sondern häufig als Naturhybriden.
Robuste wintergrüne, teppichbildende, 20–40 cm hohe Bodendecker sind E. x perralchicum 'Frohnleiten', die Schwarzmeer-Elfenblume (E. pinnatum subsp. colchicum) und die Schwefel-Elfenblume (E. x versicolor 'Sulphureum') mit rotbraun gemusterten Blättern. Ihre kleinen Blüten leuchten kräftig gelb.
Zu den auffälligsten Blühern gehört die polsterartig wachsende, sommergrüne, rund 20 cm hohe Großblumige Elfenblume (Epimedium grandiflorum). Ihre bis 4,5 cm großen, lang gespornten Blüten sind je nach Sorte rosa, rot, violett, gelb oder weiß.
Wintergrüne, ausläuferbildende Elfenblumen mit großen Blüten sind zum Beispiel die Rote Elfenblume (E. x rubrum; rotgelbe Blüten und rotbraun gemusterte Blätter) und die 30–40 cm hohe Warley-Elfenblume (E. x warleyense, zum Beispiel 'Orangekönigin'). Auch unter den gezüchteten Hybriden finden sich markante Blüher, etwa 'Amber Queen' mit bernsteinfarbenen, auffällig gespornten Blüten an langen Stielen.
Verwendung: In kleinen und größeren Gruppen; als Bodendecker vor und unter Gehölzen und an anderen beschatteten Plätzen. Schön zwischen Rhododendren und in der Nachbarschaft von Funkien, Kaukasus-Vergissmeinnicht und Schattengräsern.
Standort: Halbschattig bis schattig, allerdings nicht im tiefsten Vollschatten. Boden durchlässig, humos, nährstoffreich, kalkarm, frisch bis feucht.
Pflanzen: Am besten im späten Frühjahr nach der Blüte (als Containerpflanze); andernfalls zeitig im Frühherbst; mit rund 30 cm Abstand, etwa 10 Pflanzen je m².
Pflegen: Bei Trockenheit regelmäßig gießen. Im Herbst gelegentlich mit etwas Kompost versorgen und das Falllaub von Gehölzen liegen lassen. Günstig ist das Abdecken mit einer dünnen Laubschicht, besonders in den ersten Jahren. Bei wintergrünen Elfenblumen im Spätwinter oder Vorfrühling die alten Blätter wegschneiden, damit die Blüten gut sichtbar werden.
Vermehren: Durch Teilung nach der Blüte oder im Frühherbst. Möglich ist auch das Abtrennen und Eintopfen von Rhizomstücken im Herbst; diese über Winter mäßig warm stellen und im späten Frühjahr auspflanzen.

SCHNEEHEIDE

Erica carnea

Heidekrautgewächse (Ericaceae)
zwischen November und Mai, je nach Sorte
rosa, rot, violett, weiß *15–40 cm*

Die Schnee- oder Winterheide ist wie die Besenheide (Seite 152) ein buschiges Zwergge-

hölz. Als immergrüner Winterblüher bereichert sie den Garten in der kalten, sonst eher tristen Jahreszeit mit ihren dicht gereihten kleinen Glockenblüten und nadelartigen Blättchen.
Mit ihren außergewöhnlichen Blütezeiten ist sie eine wertvolle Insektenweide für im Herbst und Vorfrühling fliegende Bienen und Hummeln.
In Europa wächst die Schneeheide wild in den Alpen, häufig auf Kalkgestein. Deshalb gedeiht sie, anders als die meisten Heidekrautgewächse, auch im Garten auf kalkhaltigen Böden und lässt sich so leicht ins Staudenbeet integrieren.

Arten und Sorten: Im Angebot ist eine Reihe von Sorten, die in Rosa-, Rottönen oder weiß blühen und teils auch durch besonders gefärbtes Laub auffallen. Die Blütezeiten variieren beträchtlich: 'Winter Beauty' (hellrosa) zum Beispiel blüht schon ab November bis März, 'Winter Rubin' (rot) von Dezember bis Anfang April, 'Golden Starlet' (weiß, gelbes Laub) von Februar bis April, 'Vivellii' (violettrot, bronzefarbenes Laub) von März bis Mai.
Ähnlich präsentiert sich die etwas höhere Englische Heide (Erica x darleyensis), deren Sorten meist von November bis April/Mai blühen. Auch sie verträgt mäßig kalkhaltige Plätze, ist aber weniger winterhart als die Schneeheide. Andere Heiden, etwa die Glockenheide (E. tetralix), sind Sommerblüher und brauchen sauren Boden.
Verwendung: In kleinen und größeren Gruppen; im Heide- und Steingarten, in Beeten und Rabatten, als Einfassung, Bodendecker und in Pflanzgefäßen. Pflanzungen, die Sorten mit verschiedenen Blütezeiten und -farben kombinieren, bieten über Monate blühendes Heideflair, stimmig unterstützt von Heidenelke, Ehrenpreis, Gräsern wie Blaustrahlhafer und kleinen Nadelgehölzen. Schneeheiden können aber auch in jeder Staudenrabatte, in kleinen Gruppen in den Vordergrund gesetzt, den Winter- und Frühlingspart übernehmen.
Standort: Bevorzugt sonnig, auch halbschattig. Boden gut durchlässig, humos, frisch, am liebsten schwach sauer, aber auch kalkhaltig.
Pflanzen: Am besten im Frühherbst, auch noch möglich bis November; mit 20–30 cm Abstand.
Pflegen: Bei anhaltender Trockenheit gießen, auch über Winter bei frostfreiem Boden. Nach der Blüte um etwa ein Drittel zurückschneiden. Alle paar Jahre mit Kompost versorgen.
Vermehren: Über im Frühsommer geschnittene, halb verholzte Stecklinge.

FEINSTRAHLASTER

Erigeron-Hybriden

Korbblütengewächse (Asteraceae)
Juni bis Juli, Nachblüte im September
violett, rot, rosa, weiß 40–80 cm

Die auch als Berufkraut bekannten Feinstrahlastern wirken wie sommerblühende Varianten der Herbstastern (Seite 146) mit schmalen, filigranen Blütenblättern (Zungenblüten) rund um die orangegelbe Mitte. Sie ziehen viele Honig- und Wildbienen an. Feinstrahlastern bilden buschige, dicht verzweigte Horste mit schmalen, satt- bis dunkelgrünen Blättern. Die aus nordamerikanischen Wildarten gekreuzten

Schneeheide (Erica carnea)

Feinstrahlaster (Erigeron-Hybride)

Zwerg-Feinstrahlaster (Erigeron karvinskianus)

Hybriden werden teils auch als Erigeron speciosus geführt. Sie sind an und für sich robust, brauchen aber gleichbleibende Feuchtigkeit und gedeihen schlecht auf schweren Böden.

Arten und Sorten: Man findet im Handel eine überschaubare Zahl von Sorten, die alle recht attraktiv sind; beispielsweise die altbewährte 'Dunkelste Aller' (blauviolett),'Rosa Juwel' (violettrosa), 'Sommerneuschnee' (weiß) und die niedrige, polsterähnlich wachsende 'Mrs. E. H. Beale' (hellviolett).

Als Zwerg-Feinstrahlaster oder Spanisches Gänseblümchen wird Erigeron karvinskianus angeboten, eine wenig winterharte, oft nur einjährig kultivierte Verwandte. Die rund 20 cm hohe, mattenartig wachsende Pflanze besticht mit weißen, oft rosa überhauchten Blüten von Mai bis September und eignet sich auch gut für Balkonkästen.

Verwendung: In kleinen Gruppen; in Beeten und Rabatten, als Rosenbegleitpflanze, in naturnahen Bereichen. Passt schön zu Mädchenauge, Phlox, Sonnenbraut und Sonnenhut. Gute Schnittstaude; erst nach dem Aufblühen schneiden.

Standort: Sonnig, gern vollsonnig und warm. Boden gut durchlässig, nicht zu tonhaltig, nährstoffreich, frisch bis feucht.

Pflanzen: Im Herbst oder Frühjahr, mit 30–40 cm Abstand.

Pflegen: Bei Trockenheit regelmäßig gießen, am besten mulchen. Höhere Sorten stützen. Durch bodennahen Rückschnitt nach dem Sommerflor lassen sich die Pflanzen oft zu einer Nachblüte im September anregen. Das gelingt besonders bei noch jungen, gut versorgten Exemplaren und hängt zum Teil auch von der Sorte ab. Nach dem Rückschnitt düngen und im Frühjahr zum Austrieb mit etwas Kompost versorgen. Alle drei bis fünf Jahre durch Teilung verjüngen.

Vermehren: Durch Teilung oder Stecklinge im Frühjahr oder Frühsommer.

ALPENMANNSTREU

Eryngium alpinum

Doldenblütengewächse (Apiaceae) Juli bis August blau, violett 60–80 cm

Das auch als Edeldistel bekannte Alpenmannstreu wächst in den Alpen und im Jura verstreut auf steinigen Bergwiesen und steht als Wildpflanze unter strengem Naturschutz. Die im Garten eher kurzlebige Staude bildet straff aufrechte Horste mit im oberen Bereich stark verzweigten Blütenstängeln. Die dunkelgrünen Blätter sind an der Basis herzförmig und lang gestielt, an den Stängeln handförmig gefiedert und bestachelt. Stachelig sind auch die stahlblauen, fiedrig geschlitzten Hüllblätter, die den kegelförmigen, bläulichen Blütenstand umgeben. Auf Bienen, Schmetterlinge und andere Insekten wirken diese reizvoll gestalteten Blüten wie Magneten.

Arten und Sorten: Sorten des Alpenmannstreu wie 'Blue Star' und die großblumige 'Superbum' bieten ein noch kräftigeres, teils auch dunkleres Blau als die reine Art.

Ähnlich präsentieren sich verwandte Arten wie die nur 30–40 cm hohe Spanische Edeldistel (Eryngium bourgatii) mit zartblauen Blüten und stark zerteilten, weiß geaderten Blättern. Das Flachblättrige Mannstreu (E. planum) wächst je nach Sorte 30–80 cm hoch und wartet mit intensivem Blau auf.
Das 40–80 cm hohe Zabels Mannstreu (E. x zabelii) besticht mit besonders großen blauen Blütenköpfen, das bis 80 cm hohe Elfenbeinmannstreu (E. giganteum) mit silbrig weißen Blüten. Bis 180 cm Höhe erreicht das Yuccablättrige Mannstreu (E. yuccifolium) mit grünlich weißen Blütenköpfen bis zum September und langen, schmalen, zugespitzten Blättern.
Verwendung: Einzeln oder in kleinen Gruppen; in naturnahen Bereichen wie Steppen- und Kiesbeeten, im Steingarten, in Beeten und Rabatten. Gute Nachbarpflanzen sind Schafgarbe, Sonnenbraut, Steppensalbei und Wollziest. Aparte Schnitt- und Trockenblume.
Standort: Sonnig und warm, am besten vollsonnig. Boden gut durchlässig, kann recht mager und sandig oder steinig sein, kalkhaltig, trocken bis frisch.
Pflanzen: Im Herbst oder Frühjahr, mit 40–50 cm Abstand.
Pflegen: Gießen wird höchstens bei lang anhaltender Trockenheit nötig. Wegen der noch im Winter zierenden Samenstände erst im Frühjahr bodennah zurückschneiden.
Vermehren: Durch Aussaat zwischen Herbst und Frühjahr, am besten gleich nach der Samenreife (Kühlkeimer). Sorten bewahren oft besser ihre Eigenschaften, wenn sie über Wurzelschnittlinge (zwischen Sommer und Frühjahr) vermehrt werden.

Alpenmannstreu (Eryngium alpinum)

KOKARDENBLUME

Gaillardia x grandiflora

Korbblütengewächse (Asteraceae)
Juli bis September *rot, orange, gelb, meist zweifarbig* *30–75 cm*

Mit ihren großen, leuchtenden Korbblüten an aufrechten Stängeln erinnern die Kokardenblumen an farbenprächtige Sonnenblumen. Die meist roten, in gelbe Spitzen auslaufenden Blütenkörbe heben sich ansprechend von den graugrünen, schmalen Blättern ab und erhalten oft Bienenbesuch. Bei diesen Kokardenblumen handelt es sich um Kreuzungen aus zwei Wildarten, die im Süden der USA beheimatet sind. Ihre Herkunft macht sich manchmal durch eine geringere Winterhärte bemerkbar. Obwohl sie auch mit einem geringen Nährstoff- und Wasserangebot zurechtkommen, lohnt sich eine gute Pflege, da man so die Lebensdauer der eher kurzlebigen Stauden fördern kann.

Arten und Sorten: Die Sorten werden im Handel auch als Gaillardia-Hybriden oder unter dem Namen der dominierenden Kreuzungsart G. aristata geführt und dann Prärie-Kokarden genannt. Sie unterscheiden sich nicht nur in den Blütentönen, sondern teils auch deutlich in der Wuchshöhe. Das reicht von der 30 cm kleinen 'Kobold' (rot mit gelben Spitzen) über rund 50 cm hohe Züchtungen wie 'Burgunder' (weinrot) bis hin zu 75 cm hohen Schönheiten wie 'Amber Wheels' (goldgelb mit bernsteinroter Mitte) und 'Tokajer' (orange mit kurzen gelben Spitzen).

Verwendung: Einzeln oder in kleinen Gruppen in Beeten und Rabatten, im Bauerngarten; auch in Pflanzgefäßen. Schöne Kombinationen ergeben sich zum Beispiel mit Rittersporn, Glockenblumen, Feinstrahlaster und Sonnenhut. Hübsche, aber nur kurz haltbare Schnittstaude.

Standort: Sonnig, gern vollsonnig und warm. Boden gut durchlässig, am besten sandig mit guter Nährstoffversorgung, mäßig trocken bis frisch.

Pflanzen: Vorzugsweise im Frühjahr, mit 30–40 cm Abstand.

Pflegen: Bei anhaltender Trockenheit gießen. Höhere Sorten, wenn nötig, stützen. Verwelkte Blüten am besten regelmäßig entfernen. Im Frühherbst, gleich nach der Blüte, bis auf die grundständigen Blätter zurückschneiden; das fördert die nächstjährige Blüte und erhöht die Lebensdauer. In rauen Wintern mit etwas Laub und Fichtenreisig abdecken. Im Frühjahr Kompost oder organischen Volldünger geben, auf nährstoffarmen Sandböden im Sommer nachdüngen.

Kokardenblume (Gaillardia-Hybride)

Vermehren: Am einfachsten durch Anzucht aus Samen im Frühjahr. Möglich ist auch ein Vermehren über Wurzelschnittlinge im zeitigen Frühjahr oder Herbst sowie über Stecklinge, die man im späten Frühjahr von jungen Wurzelsprösslingen, die neben der Pflanzenbasis entspringen, schneidet.

STORCHSCHNABEL

Geranium

Storchschnabelgewächse (Geraniaceae)
zwischen Mai und Oktober, je nach Art
rosa, rot, violett, blau, weiß *10–100 cm*

Die Gattung Geranium ist mit gut 300 Arten in allen Erdteilen vertreten, vorzugsweise in den kühl-gemäßigten Klimazonen. Schon im 16. Jahrhundert wurden erste Arten wie Blutstorchschnabel (Geranium sanguineum) und Felsenstorchschnabel (G. macrorrhizum) in europäischen Gärten kultiviert. Bis heute sind über 20 weitere hinzugekommen, die überwiegend aus Europa oder Vorderasien stammen; dazu viele, oft besonders lang und reich blühende Geranium-Hybriden.

Die meisten wachsen breit buschig, teils verbreiten sie sich kriechend über Rhizome oder teppichartig über Ausläufer. Ihre ansprechenden Blätter sind meist handförmig gelappt oder geschlitzt und sattgrün; manche Arten und Sorten warten zudem mit gelber oder roter Herbstfärbung auf, einige mit wintergrünem Laub. Die hübschen schalen- bis tellerförmigen Blüten bestehen aus fünf Blütenblättern. Oft sind sie reizvoll durch dunklere Adern gezeichnet. Aus den Blüten entwickeln sich schlanke, an Vogelschnäbel erinnernde Früchte, nach denen die Gattung ihren Namen bekam. Robust, dankbar, mit reicher Blütenpracht und zugleich mit naturnahem Flair: Das alles macht die Storchschnäbel zu wertvollen Stauden, die sich dank ihrer Vielfalt fast überall im Garten einsetzen lassen.

Arten und Sorten: Die gewaltige Arten- und Sortenfülle, die durch die unterschiedliche

Bezeichnung der Hybriden noch unübersichtlicher wird (siehe auch Seite 11), macht die Auswahl nicht gerade einfach.
Überlegen Sie als Erstes die vorgesehene Verwendung. Dabei ist zunächst entscheidend, ob die Pflanzen horst- oder teppichbildend wachsen und welchen Lichtanspruch sie haben: Nahezu alle vertragen Sonne, viele auch Halbschatten, nur wenige stärkere Beschattung. Wählen Sie dann nach passender Wuchshöhe und bevorzugter Farbe, und achten Sie auch auf die unterschiedlichen Blütezeiten.
Horstbildende Arten und Sorten, die sich nicht oder kaum ausbreiten, sind meist für Freiflächen mit Wildstaudencharakter und Gehölzränder ausgewiesen; fast alle lassen sich aber auch in Beeten und Rabatten sowie als charmante Rosenbegleiter einsetzen. Sie können grob unterteilt werden in:

- **Stattliche Vertreter** wie die 60–90 cm hohe Geranium-Collinum-Hybride 'Nimbus' (violettblaue Blüten von Juni bis August, sehr fein gefiedertes Laub).
- **Mittelgroße,** 40–60 cm hohe Sorten zum Beispiel von Prachtstorchschnabel (G. x magnificum; violettblau, Juni bis Juli, gelborange Herbstfärbung) und Wiesenstorchschnabel (G. pratense; violett, blau, helllila, weiß, Juni bis August).
- **Niedrige,** 30–40 cm hohe Sorten, etwa vom Himalaya-Storchschnabel (G. himalayense; violettblau, Juni bis Juli) oder G.-Hybriden wie 'Anne Thomson' (magentarot, Juni bis September) und 'Rozanne' (violettblau, Mai bis Frostbeginn); Letztere mit bis 1,5 m langen Trieben, die dem Boden aufliegen.

Einige horstbildende Arten haben speziellere Ansprüche, breiten sich oft durch Selbstaussaat aus und passen nur in naturnahe Bereiche. Dazu gehören der feuchtigkeitsliebende, 30–60 cm hohe Sumpfstorchschnabel (G. palustre; dunkelrosa, Juni bis August), der am besten im Halbschatten wachsende, 40–60 cm hohe Waldstorchschnabel (G. sylvaticum; violett, blau, weiß, Juni bis Juli) und der noch schattenverträglichere, 50–70 cm hohe Braune Storchschnabel (G. phaeum; braunviolett, weiß, Mai bis Juli).

Prachtstorchschnabel (Geranium x magnificum)

Brauner Storchschnabel (Geranium phaeum)

Als Boden- und Flächendecker kommen vor allem ausläuferbildende Arten infrage. Sie lassen sich nach Lichtansprüchen unterteilen:

- **Ausgesprochene Sonnenliebhaber,** besonders geeignet für Steingärten und steppenartige Pflanzungen; beispielsweise der 20–40 cm hohe Blutstorchschnabel (G. sanguineum; rosa, rot, weiß, Juni bis August) und der rund 25 cm hohe Cambridge-Storchschnabel (G. x cantabrigiense; rosa, weiß, Mai bis Juli), beide mit roter Herbstfärbung und teils wintergrün. Nicht wuchernde, 15–20 cm hohe Polster bildet dagegen der Graue Storchschnabel (G. cinereum; rosa, rot, Juni bis September) mit graugrünen Blättern.
- **Sonne und Halbschatten** vertragen zum Beispiel der 20–30 hohe Felsenstorchschnabel (G. macrorrhizum; rosa, rot, weiß, Mai bis Juli, teils wintergrün) und der etwas höhere Pyrenäen-Storchschnabel (G. endressii; rosa, Juni bis August).
- Im **Halbschatten und tieferen Schatten** sowie gegen den Wurzeldruck von Gehöl-

Grauer Storchschnabel (Geranium cinereum)

zen behaupten sich der Bergwald-Storchschnabel (G. nodosum; rosa, hellviolett, Juni bis September) und der Veränderliche Storchschnabel (G. versicolor; weiß mit dunkelrosa Adern, Juni bis August), beide 30–50 cm hoch.

Verwendung: Wie bei „Arten und Sorten“ beschrieben; in kleinen oder größeren Gruppen. Storchschnäbel lassen sich harmonisch mit vielen anderen Stauden kombinieren, zum Beispiel mit Glockenblumen, Lupinen, Mädchenauge, Pfingstrosen, Phlox, Schafgarben, Lilien und Ziergräsern.
Standort: Die Lichtansprüche sind unter „Arten und Sorten“ genannt. Boden gut durchlässig, humos, nährstoffreich, für die meisten Arten mäßig trocken bis frisch.
Pflanzen: Im Herbst oder Frühjahr, je nach Wuchshöhe mit 20–50 cm Abstand, Bodendecker mit 10 bis 12 Stück je m^2.
Pflegen: Die meisten Storchschnäbel müssen nur bei lang anhaltender Trockenheit gegossen werden. Nach der Blüte zurückschneiden, wenn keine Selbstaussaat gewünscht wird; bei Frühblühern folgt dann teils noch ein Nachflor. Im Spätherbst oder Frühjahr mit einer Kompostschicht mulchen. Wenn die Blüh- und Wuchsfreude nachlässt, teilen und neu verpflanzen.
Vermehren: Durch Teilung im Frühjahr oder Spätherbst. Manche Arten und Sorten können auch im Spätherbst (Kaltkeimer) oder Frühjahr aus Samen angezogen werden.

SONNENBRAUT

***Helenium*-Hybriden**

Korbblütengewächse (Asteraceae) zwischen Juni und September/Oktober gelb, orange, rot, rotbraun, auch zweifarbig 60–160 cm

Die „Bräute der Sonne“ sind ursprünglich in Nordamerika zu Hause. Dort wachsen die Wildarten, aus denen die Gartenhybriden gekreuzt wurden, in Prärien, auf feuchten Wiesen oder an sonnigen Waldrändern. Dass unterschiedliche Arten beteiligt waren, zeigt sich in den recht variablen Höhen und Blütezeiten. Allen gemeinsam ist ein breit buschiger Wuchs mit aufrechten Stängeln und schmal eiförmigen bis lanzettlichen, tiefgrünen Blättern. Mit ihrer reichen Fülle an leuchtend gefärbten Korbblüten, die zahlreiche Bienen anlocken, machen sie in prachtvollen Beeten ebenso eine gute Figur wie in naturnahen Pflanzungen.

Arten und Sorten: Zu den frühesten und mit rund 70 cm Höhe zugleich niedrigsten Blühern gehören zwei Arten, die öfter neben den Hybriden angeboten werden: Hoopes Sonnenbraut (Helenium hoopesii) mit orangegelben, feinstrahligen Blüten im Mai und Juni und Bigelovs Sonnenbraut (H. bigelovii) 'The Bishop' mit tiefgelben Blüten mit brauner Mitte im Juni und Juli. Die meisten Hybridsorten haben ihre Hauptblütezeit im Juli und August, wobei manche schon gegen Ende Juni loslegen, zum Beispiel 'Waltraut' (orangebraun) und 'Moerheim Beauty' (rot), beide 80–100 cm hoch. Beginnt die Blüte etwas später, reicht sie häufig in den September hinein, etwa bei 'Flammenrad' (orangerot mit gelben Spitzen, 140 cm) und 'Ruby Tuesday' (dunkelrot, 70 cm). Bei sehr spätem Blühbeginn gegen Ende Juli/August hält die Pracht teils bis zum Oktober an, zum Beispiel bei der bis 160 cm hohen 'Kugelsonne' (gelb).
Verwendung: Einzeln oder in kleinen Gruppen; in Beeten und Rabatten, im Bauerngarten, in naturnahen Pflanzungen. Schön zum Beispiel mit Indianernessel, Phlox, Rittersporn und Herbstastern. Als Schnittstaude geeignet.
Standort: Sonnig, gern vollsonnig, und warm. Boden gut durchlässig, humos, nährstoffreich und frisch.
Pflanzen: Im Herbst oder Frühjahr, je nach Wuchshöhe mit 40–70 cm Abstand.
Pflegen: Bei Trockenheit regelmäßig gießen. Hohe Sorten stutzen. Verblühte Körbchen am besten regelmäßig entfernen. Im Spätherbst oder Frühjahr die verblühten Triebe bodennah zurückschneiden und die Pflanzen mit Kompost oder organischem Volldünger versorgen. Bei nachlassender Blühfreude (meist erst nach zehn Jahren) durch Teilung verjüngen.
Vermehren: Durch Teilung im Frühjahr oder Spätherbst oder im Frühjahr durch geschnittene Stecklinge. Manche Wildarten und ihre Sorten können im Frühjahr aus Samen angezogen werden.

SONNENAUGE

Heliopsis helianthoides var. scabra

Korbblütengewächse (Asteraceae)
Juli bis September · *gelb, orangegelb*
80–140 cm

Wie bei Sonnenbraut (Helenium) und Sonnenblume (Helianthus, Seite 254) stand der altgriechische Sonnengott Helios Pate bei der botanischen Namensgebung von Heliopsis helianthoides. Und ebenso wie diese „Sonnenpflanzen" stammt das Sonnenauge aus den nordamerikanischen Prärien. Die locker buschig wachsenden Stauden mit den großen, schmal eiförmigen, sattgrünen Blättern haben auch sonst viel Ähnlichkeit mit der Sonnenbraut, sind aber noch robuster, trockenheitsverträglicher und recht standfest – und Garanten für sonniges, leuchtkräftiges Gelb. Das zieht auch zahlreiche Bienen, Hummeln und Schwebfliegen an, die das gute Nektar- und Pollenangebot ausgiebig nutzen, sofern die hübschen Korbblüten nicht dicht gefüllt sind.

Sonnenbraut (Helenium-Hybride)

Arten und Sorten: Die meisten Sorten werden stattliche 120–140 cm hoch und haben einfache Blütenkörbe, wie etwa 'Venus' (orangegelb) und 'Summer Nights' (goldgelb mit oranger Mitte), halb gefüllte wie 'Spitzentänzerin' oder dicht gefüllte Blütenkörbe wie 'Sommersonne' (beide goldgelb). Nur rund 80 cm hoch wächst 'Asahi' (sehr dicht gefüllt, orangegelb).
Verwendung: Einzeln oder in kleinen Gruppen; in Beeten und Rabatten, im Bauerngarten, in naturnahen Pflanzungen. Passen gut zu Indianernessel, Margeriten, Rittersporn, Sonnenbraut und Herbstastern. Sehr gute Schnittstauden.
Standort: Sonnig, gern vollsonnig, und warm. Boden gut durchlässig, humos, nährstoffreich und frisch bis mäßig trocken.
Pflanzen: Im Herbst oder Frühjahr, mit 50–70 cm Abstand.
Pflegen: Bei Trockenheit des Öfteren gießen. Wenn nötig, stützen. Verblühte Körbchen am besten regelmäßig entfernen. Im Herbst bis knapp über dem Boden zurückschneiden. Im Frühjahr Kompost oder organischen Volldünger geben. Bei nachlassender Blühfreude (meist erst nach zehn Jahren) durch Teilung verjüngen.

Sonnenauge (Heliopsis helianthoides var. scabra)

Vermehren: Durch Teilung im Frühjahr oder Spätherbst oder im Frühjahr geschnittene Stecklinge. Auch eine Anzucht aus Samen im Frühjahr ist möglich (nur hauchdünn abdecken).

CHRISTROSE, LENZROSE

Helleborus

Hahnenfußgewächse (Ranunculaceae)
zwischen November und April, je nach Sorte
weiß, hellgelb, grün, rosa, rot, purpurn
20–40 cm

Als einer der raren Winterblüher ist die in manchen Alpenregionen wild wachsende Christ- oder Schneerose (Helleborus niger) im Garten ein wahres Kleinod. Gegen Ende der Blütezeit werden die weißen Blütenblätter, die eigentlich Kelchblätter sind, rosa überhaucht, dann grün, und bleiben so weiterhin ansehnlich. Danach sorgen die handförmig gelappten, noch über Winter tiefgrünen Blätter für einen schmucken Anblick. Für Wildbienen, die früh unterwegs sind, gehören diese Stauden zu den ersten Nahrungsquellen. Andere Arten dieser Gattung, die auch Nieswurz genannt wird, sind keine „echten" Christrosen, denn sie blühen meist erst im Frühjahr, sodass der Name Lenzrosen besser passt.

Vorsicht: Alle Pflanzenteile sind stark giftig! Der Pflanzensaft kann zu Hautreizungen führen.
Arten und Sorten: Von der Christrose (Helleborus niger), die ihre weißen Blüten meist von Ende Dezember bis März entfaltet, gibt es Sorten wie 'Praecox' und 'Joshua', die schon ab November blühen. Aus Kreuzungen dieser Art mit einer Hybride ist die zunehmend häufiger angebotene H. x ericsmithii entstanden, die von Januar bis April blüht; von ihr gibt es Sorten mit weißen, cremefarbenen, grünlichen und rosa Blüten.

Dieses Farbspektrum erweitern die Lenzrose (H. orientalis) und ihre Hybriden noch um purpurrote und gelbliche Töne, wobei die bis 8 cm großen Blüten teils attraktiv gezeichnet sind. Bei diesen prachtvollen Sorten erstreckt sich die Blütezeit meist von Februar bis April.

Verwendung: Einzeln oder in kleinen Gruppen, am Gehölzrand, in Beeten, Rabatten und Steingärten, auch in Töpfen. In die Nachbarschaft passen Frühjahrszwiebelblumen und -primeln, Schneeheide, Storchschnäbel und kalktolerante Farne. Als Schnittstaude geeignet.

Standort: Halbschattig, im lichten Gehölzschatten, auch an helleren, aber nicht prallsonnigen Plätzen. Boden durchlässig, humos, nährstoffreich, kalkhaltig und frisch.

Pflanzen: Am besten im Frühherbst, mit 20–40 cm Abstand. Jungpflanzen, die schon im November oder noch früher blühen, sind häufig vorgetrieben für Balkon- oder kurzfristige Zimmerhaltung; wenn überhaupt, überstehen sie den Winter im Garten nur nach allmählicher Abhärtung.

Pflegen: Bei anhaltender Trockenheit gießen. Im Herbst mit Kompost, Laub- oder Rindenhumus mulchen, das Falllaub unter Gehölzen am besten liegen lassen. Ab dem Spätwinter welke Blätter wegschneiden. Nach der Blüte Samenstände entfernen, wenn keine Selbstaussaat gewünscht wird.

Vermehren: Durch Teilung im Frühjahr nach der Blüte oder im Herbst. Eine Anzucht aus Samen oder Direktsaat zwischen Frühsommer und Frühherbst (Kaltkeimer) ist möglich, die Jungpflanzen blühen aber erst nach mehreren Jahren.

Christrose (Helleborus niger)

Lenzrose (Helleborus Hybride)

TAGLILIE

Hemerocallis

Affodillgewächse (Asphodelaceae)
zwischen Mai und September, je nach Sorte
alle Farben außer reinem Blau und Weiß, oft in Gelb- und Rottönen 40–120 cm

Wundervolle, oft duftende Blüten, die an Lilien erinnern, aber nur einen Tag halten: So kam diese in Ostasien beheimatete Gattung zu ihrem Namen Taglilie. Da Taglilien aber an jedem Blütenstiel etliche Knospen ansetzen, die sich nach und nach entfalten, blühen sie über etwa vier Wochen reich und unermüdlich.

Obwohl die Pflanzen mit ihren langen, grasartigen, überhängenden Blättern und den blattlosen Blütenschäften an Zwiebelblumen erinnern, sind sie Stauden mit verdickten Speicherwurzeln und mit den Lilien nicht näher verwandt. Bei den robusten, langlebigen Gartenformen handelt es sich überwiegend um Hybriden aus verschiedenen Arten, die seit dem frühen 20. Jahrhundert intensiv gezüchtet werden. Mittlerweile gibt es weltweit Zehntausende von Sorten.

Arten und Sorten: Manche spezialisierte Versandgärtnereien haben über 100 Hemerocallis-Hybriden im Angebot. Die Farbvielfalt der Blüten lässt – außer reinem Blau und Weiß – kaum Wünsche offen. Viele Sorten bestechen zudem mit aparter mehrfarbiger Zeichnung oder andersfarbigem Schlund.

Um die Auswahl ein wenig vorzusortieren, helfen neben der Blütenfarbe vor allem drei Kriterien:

Taglilie (Hemerocallis-Hybride)

- Die **Blütengröße** ist das Hauptunterscheidungsmerkmal: Großblütige Sorten haben über 11,5 cm große Blüten, kleinblütige zwischen 7,5 und 11,5 cm, miniaturblütige bleiben unter 7,5 cm Durchmesser. Daneben gibt es verschiedene Blütenformen wie stern- und trichterförmig, spinnenförmig ('Spider') mit schmalen Blütenblättern sowie gefüllt blühende Sorten.
- **Blütezeit:** Frühe Sorten blühen im Mai/Juni, mittlere im Juli, späte im August, teils bis September. Remontierende Sorten wie 'Stella de Oro' (früh; goldgelb) und 'Black Plush' (mittel; dunkelrot mit gelbem Schlund) bringen nach Rückschnitt oft eine Nachblüte.
- **Wuchshöhe:** Niedrige Sorten werden 40–60 cm hoch, mittelhohe (die meisten) 60–80 cm, hohe bis 120 cm. Auch niedrige Sorten können große Blüten entwickeln.

Neben den Hybriden gibt es einige hübsche Wildarten für den Garten, zum Beispiel die Zitronentaglilie (H. citrina) mit zitronengelben, abends intensiv duftenden Blüten und die starkwüchsige, gut halbschattenverträgliche Braunrote Taglilie (H. fulva) mit braunorangen Blüten, beide 80–120 cm hoch.

Verwendung: Einzeln oder in kleinen Gruppen; in Beeten und Rabatten, am Gehölzrand, in wiesenartigen Bereichen. Besonders attraktiv mit Nachbarn, die das „fehlende" Blau beisteuern, etwa Bartiris, Glockenblumen, Rittersporn und Steppensalbei.

Standort: Vorzugsweise sonnig, auch halb- und lichtschattig. Boden durchlässig, humos, nährstoffreich und frisch bis mäßig trocken.

Pflanzen: Im Herbst oder Frühjahr, mit 50–80 cm Abstand.

Pflegen: Bei längerer Trockenheit gießen. Taglilien überdauern zwar auch anhaltende Trockenphasen, die Blüten bleiben dann aber klein oder werden abgestoßen. Abgeblühte Stängel entfernen, im Herbst oder Frühjahr welke Blätter handbreit über dem Boden zurückschneiden. Wintergrüne Sorten in den ersten Jahren mit leichtem Winterschutz abdecken. Im Frühjahr mit Kompost oder organischem Volldünger versorgen.

Vermehren: Durch Teilung im Frühjahr oder im Herbst nach der Blüte. Eine Anzucht aus Samen ist im Frühjahr möglich; bei den Hybridsorten fallen die Nachkommen aber häufig anders aus als die Eltern.

FUNKIE

Hosta

Spargelgewächse (Asparagaceae) zwischen Juni und September weiß, rosa,hellblau, lila, violett 10–120 cm

Die Heimat der auch als Herzblattlilien bezeichneten Funkien liegt in Ostasien. Dort wachsen sie wild in Bergwäldern und feuchten Wiesen, an schattigen Hängen und Gewässerufern. Im 19. Jahrhundert gelangten die ersten der rund 50 Arten in europäische und amerikanische Gärten und begeisterten bald Pflanzenliebhaber mit ihren großen lanzettlichen bis eiförmigen, unterschiedlich getönten Blättern und den teils duftenden Blütentrauben, die sich an

Funkie (Hosta fortunei und Hosta sieboldiana)

langen Stängeln über dichten, halbkugeligen Horsten erheben.

Trotz der recht ansehnlichen Blüten werden die Funkien vor allem als schattenverträgliche, langlebige Blattschmuckstauden geschätzt. Der einzige Wermutstropfen sind Schnecken, die besonders gern am spät erscheinenden neuen Blattaustrieb fressen.

Arten und Sorten: Gartentaugliche Funkien gibt es in Arten, in vielen Arthybriden und insgesamt über 4 000 Sorten. Sie gehören zu den formenreichen Stauden, die man am besten in gut sortierten Gärtnereien oder nach Bildern und Beschreibungen in Katalogen oder auf Websites aussucht. Bezeichnungen wie Grünblatt-, Blaublatt-, Gelbblatt- und Weißrandfunkien bieten nur einen ungefähren Anhaltspunkt für die vielfältigen Farbnuancen und unterschiedlichen weißen oder gelben Ränder und Zeichnungen. Die Blattoberfläche kann glatt, wellig oder gewölbt sein.

Achten Sie unbedingt auf die Wuchshöhe und -breite: Eine über 100 cm hohe Grüne Riesenfunkie (Hosta elata) beansprucht mit der Zeit fast einen Quadratmeter Fläche. Die meisten Funkien begnügen sich mit Höhen zwischen 30 und 80 cm, Miniatur- oder Zwergfunkien sogar mit 10–30 cm.

Natürlich spielen auch die Blüten eine Rolle. Sie erscheinen je nach Art und Sorte Juni bis Juli, Juli bis August oder, seltener, August bis September. Besonders große, weiße, intensiv duftende Blüten entfaltet ab August die 60 cm hohe Lilienfunkie (H. plantaginea) mit frischgrünen Blättern. Starken Duft bieten auch die Hosta-Hybriden 'Fragrant Dream' (weiß, ab Juni, gelb gerandete Blätter, 60–70 cm hoch) und 'Fragrant Blue' (helllila, ab Juli, blaugrüne Blätter, 40 cm).

Besondere Beachtung verdienen Sorten, die von Schnecken weitgehend verschont bleiben, zum Beispiel sehr attraktive Hosta-Hybriden wie 'El Nino' mit blauen, weiß gerandeten Blättern und hell violettblauen Blüten und 'Devon Green' mit glänzend dunkelgrünen, herzförmigen Blättern und lavendelfarbenen Blüten.

Verwendung: Einzeln oder in kleinen Gruppen; in Beeten und Rabatten, vor und unter Gehölzen, im Teichumfeld, kleinere Funkien auch in Pflanzgefäßen. Harmonieren gut mit Astilben, Glockenblumen, Primeln, Silberkerzen, Schattengräsern und Farnen.

Standort: Am besten halbschattig, lichtschattig oder absonnig, möglichst luftfeucht; viele vertragen auch stärkeren Schatten, manche bei guter Wasserversorgung auch sonnigen Stand. Boden durchlässig, humos, nährstoffreich, neutral bis leicht sauer und frisch.

Pflanzen: Am besten im Frühjahr, mit 30–70 cm Abstand je nach Wuchshöhe, Miniatur-Funkien mit 10–20 cm.

Pflegen: Bei Trockenheit regelmäßig gießen. Mit Kompost oder Rindenhäcksel mulchen, hohe Sorten gelegentlich mit organischem Dünger versorgen. Verwelkte Blütenstände können, müssen aber nicht zurückgeschnitten werden; ebenso die welken Blätter im Herbst oder zeitigen Frühjahr. Besonders beim Austriebsbeginn vor Schnecken schützen. Möglichst nicht umpflanzen.

Vermehren: Durch Teilung im Frühjahr oder Herbst.

BARTIRIS

Iris-Barbata-Hybriden

Schwertliliengewächse (Iridaceae) zwischen April und Juni, je nach Sorte in allen Farben, oft zwei- oder mehrfarbig 15–120 cm

Zur Gattung Iris gehören mehrere schöne Gartenpflanzen, die wegen ihrer langen, schmalen, spitz zulaufenden Blätter auch als Schwertlilien bekannt sind. Manche davon bilden Zwiebeln, andere wie die Bartiris überdauern mit fleischigen Rhizomen. Einige rhizombildende Arten, zum Beispiel die Sibirische Schwertlilie (Iris sibirica), lieben feuchte Standorte und eignen sich als markante Stauden für den Teichrand.

Bartiris dagegen gedeihen in normalen und eher trockenen Böden und sind mit ihren schmucken, teils duftenden Blüten in allen Regenbogenfarben beliebte Beetstauden. Sie bilden breite, fächerartige Horste mit aufrechten schwertförmigen, frisch- bis graugrünen Blättern, über denen sich Schäfte mit jeweils mehreren Blüten erheben. Die aparten Blüten bestehen aus sechs miteinander verwachsenen Kronblättern. Drei davon stehen mehr oder weniger aufrecht und bilden den sogenannten Dom. Die anderen drei hängen herab, sind meist noch größer und zeigen an der Basis bürstenartige Auswüchse. Diese „Bärte" heben sich oft farblich ab. Auch Dom und Hängeblätter können unterschiedlich gefärbt sein. Bartiris, die manchmal auch als Iris x germanica geführt werden, sind über Jahrhunderte durch Kreuzung verschiedener Arten aus Europa und Vorderasien entstanden. Seit dem 20. Jahrhundert wurden besonders in den USA unzählige Sorten gezüchtet.

Blühende Weißrand-Funkie (Hosta sieboldii)

Arten und Sorten: Bartiris werden nach Wuchshöhe in drei Gruppen unterteilt, wobei auch die Blütengröße, die von 5 bis 20 cm Breite reichen kann, und die Blütezeit eine Rolle spielen. Häufig findet man noch die Unterteilung in Barbata-Gruppen, immer mehr setzen sich aber die englischen Gruppenbezeichnungen samt entsprechenden Abkürzungen durch.

- **Hohe Bartiris** (Barbata-Elatior-Gruppe) oder Tall Bearded (TB): Sie werden über 70 cm hoch und blühen von Mai bis Juni, mit bis zu 20 cm breiten Blüten. Dies ist die wichtigste und sortenreichste Gruppe.
- **Mittelhohe Bartiris** (Barbata-Media–Gruppe) oder Intermediate Bearded (IB): Diese 40–70 cm hohen Sorten blühen ab Anfang Mai oder Ende April, mit rund 10 cm breiten Blüten. Sorten, die wie die hohen Bartiris etwas später blühen, werden als Border Bearded (BB) bezeichnet; wenn sie zudem noch kleinere Blüten haben, als Miniature Tall Bearded (MTB).
- **Niedrige Bartiris** (Barbata-Nana-Gruppe) oder Standard Dwarf Bearded (SDB): Sie werden nur 20–40 cm hoch und blühen von April bis Mai, mit Blüten, die kleiner als 10 cm sind. Noch kleinere Stängel und Blüten haben die Miniature Dwarf Bearded (MDB), die schon ab Ende März blühen.

Den mittelhohen und hohen Bartiris ähnelt Iris germanica, eine alte Kulturform der Bauerngärten mit lila oder weißen Blüten. Daneben gibt es schöne naturnahe Arten für sonnige, trockene Plätze, etwa die 30–40 cm hohe Pflaumen-

Bartiris (Iris x germanica)

duftiris (I. graminea) mit violetten Blüten und die 60–80 cm hohe Bleiche Schwertlilie (I. pallida) mit lavendelblauen Blüten. Ihre Blüten erscheinen von Mai bis Juni und verströmen einen fruchtigen Duft.

Verwendung: Einzeln oder in kleinen Gruppen; in Beeten und Rabatten, in Steppenpflanzungen und anderen naturnahen Bereichen; niedrige Bartiris auch im Steingarten und in Pflanzgefäßen. In Beeten passen Bartiris gut zu Pfingstrosen, Schafgarben, Taglilien und Türkischem Mohn, in steppenähnlichen Arrangements zu Katzenminze, Lavendel, Zierlauch und Ziergräsern. Hohe und mittelhohe Sorten eignen sich als prächtige Schnittblumen.

Standort: Sonnig, gern vollsonnig und warm. Boden gut durchlässig, nicht zu schwer, nährstoffreich, kalkhaltig, trocken bis frisch.

Pflanzen: Am besten nach der Blüte, im Spätsommer oder Frühherbst, mit 20–40 cm Abstand, je nach Wuchshöhe; auch eine Frühjahrspflanzung ist möglich. Die Rhizome flach einsetzen, sodass das obere Drittel noch herausragt.

Pflegen: Bei anhaltender Trockenheit gießen. Dauernässe und -feuchte kann zu Fäulnis führen, deshalb weder zu viel wässern noch mulchen. Abgeblühte Stiele auf Handbreite zurückschneiden, braune Blattspitzen keilförmig herausschneiden. Im Frühjahr alte Blätter entfernen und mit gut ausgereiftem Kompost oder organischem Dünger versorgen; übermäßige Stickstoffdüngung vermeiden. Den Austrieb und junge Knospen vor Schneckenfraß schützen. Alle drei bis fünf Jahre durch Teilung verjüngen.

Vermehren: Durch Teilung im Spätsommer oder Frühherbst.

FACKELLILIE

Kniphofia-Hybriden

Affodillgewächse (Asphodelaceae) Juli bis September gelb, orange, rot, weißlich, oft zweifarbig 40–120 cm

Andere Schönheiten aus Südafrika lassen sich bei uns meist nur als Balkonblumen oder Kübelpflanzen kultivieren, doch Fackellilien

Hohe Bartiris (Iris-Barbata-Elatior-Hybride)

Fackellilie (Kniphofia-Hybriden)

vertragen schon einige Minusgrade. Mit ihren großen, fackelartig leuchtenden Blütenkolben, die von unten nach oben aufblühen, bringen sie einen Hauch von Exotik ins Staudenbeet. Aus ihren dicken Rhizomen wachsen rosettenartige Horste mit schmalen, grasähnlichen, wintergrünen Blättern und kräftigen Blütenschäften.

In ihrer Heimat werden Fackellilien von Nektarvögeln bestäubt. Bei uns übernehmen das Hummelarten und andere Insekten mit langem Saugrüssel. Aber auch Bienen und Schmetterlinge lieben die nektargefüllten Röhrenblüten, die die großen „Fackeln" bilden.

Arten und Sorten: Wichtigste Stammart der Hybriden ist Kniphofia uvaria, und so werden öfter dieselben Sorten mal dieser Art zugerechnet, mal als Kniphofia-Hybriden geführt. Die meisten erreichen mit ihren Blütenstielen 80–100 cm Höhe, etwa die bewährte 'Royal Standard' mit unten gelben, oben feuerroten Blütenkolben. Eine der zierlichsten Sorten ist die 40–50 cm hohe 'Little Maid' mit cremegelben Blütenständen, eine der stattlichsten die bis 120 cm hohe 'Nobilis' in tiefem Orangerot. Angeboten werden auch Sorten der ähnlichen, rund 50 cm hohen K. hirsuta, vor allem 'Fire Dance' (unten grüngelb, oben rot) und der 60–80 cm hohen K. galpinii, die von August bis Oktober meist orange getönte Blütenkerzen emporschiebt.

Verwendung: Einzeln oder in kleinen Gruppen; in Beeten, Rabatten und lockeren Pflanzungen. Schön zum Beispiel mit Ehrenpreis, Glockenblumen, Herbstastern, Skabiosen und Ziergräsern. Aparte Schnittstaude.
Standort: Sonnig, gern vollsonnig, und warm. Boden gut durchlässig, nicht zu schwer, humos, nährstoffreich, mäßig trocken bis frisch.
Pflanzen: Am besten im Frühjahr, auch als Containerpflanzen, je nach Wuchshöhe mit 40–60 cm Abstand.
Pflegen: Bei anhaltender Trockenheit gießen, vor der Blüte etwas häufiger, aber nicht zu feucht halten. Im Herbst die Blätter locker zusammenbinden und den Wurzelbereich mit Laub oder Rindenmulch und Fichtenreisig gut abdecken. Im Frühjahr welke Blütentriebe und Blätter handbreit über dem Boden abschneiden und Kompost oder organischen Volldünger geben.
Vermehren: Durch Teilung im Frühjahr.

LAVENDEL

Lavandula angustifolia

Lippenblütengewächse (Lamiaceae)
Juli bis August *blauviolett, weiß, rosa*
30–80 cm

Als breiter Busch, der von unten her verholzt, ist der Lavendel ein typischer Halbstrauch, der aber ins Blumenbeet ebenso gut passt wie in naturnahe Staudenpflanzungen. Seine langen, schlanken Blütenähren, die oft von Hummeln besucht werden, verstärken im Sommer den aromatischen Duft der schmalen, graugrünen Blättchen. Als immergrüne Pflanze ist er auch im winterlichen Garten nicht zu übersehen.

Trotz seiner mediterranen Herkunft übersteht der Lavendel Fröste recht gut, und an trockenen, heißen, mageren Standorten erweist er sich geradezu als Überlebenskünstler.

Arten und Sorten: Der 60–80 cm hohe Echte Lavendel (Lavandula angustifolia) mit blauvioletten Blüten ist der „Klassiker" im Garten, nicht zuletzt auch wegen seiner Winterhärte. Von ihm gibt es eine ganze Reihe von Sorten mit unterschiedlichen Wuchshöhen und Blüten in diversen Blau- und Violettönen, in Rosa und Weiß. Eine der beliebtesten ist die altbewährte 'Hidcote Blue', 40 cm hoch, mit dunkel blauvioletten Blütenähren.
Verschiedene Blütentöne zeigen auch die Sorten des Lavandin (L. x intermedia). Dieser in der Provence zur Gewinnung des Lavandinöls angebaute Lavendel hat besonders große Blütenstände, etwas breitere Blätter, wird teils bis 90 cm hoch und sollte in raueren Regionen über Winter gut geschützt werden.
Verwendung: Einzeln oder in kleinen Gruppen; in Beeten und Rabatten, als Rosenbegleitpflanze, für Einfassungs- und Dufthecken, in steppenartigen Pflanzungen, als Duft- und Würzkraut; auch in großen Töpfen. Lavendel lässt sich besonders gut mit trockenheitsverträglichen Stauden kombinieren, zum Beispiel Bartiris, Fetthenne, Goldrute, Katzenminze und Rotem Sonnenhut.
Standort: Sonnig, gern vollsonnig und warm. Boden gut durchlässig, nicht zu nährstoffreich, am besten sandig und kalkhaltig, trocken; verträgt aber auch normalen Gartenboden.
Pflanzen: Am besten im Frühjahr, mit 30–40 cm Abstand. Bei Herbstpflanzung mit Winterschutz versehen.
Pflegen: Höchstens bei extremer Trockenheit gießen. Das Zurückschneiden verblühter Stängel kann die Blütezeit etwas verlängern. In rauen Lagen Wurzelbereich und Basis vorm Winter mit etwas Laub und Fichtenreisig abdecken. Im Frühjahr um etwa ein Drittel einkürzen, gelegentlich ein bis zwei der ältesten Triebe ganz herausschneiden. Nach dem Frühjahrsschnitt etwas Kompost geben.
Vermehren: Durch im Frühjahr geschnittene, etwa 10 cm lange Kopfstecklinge. Auch eine Anzucht aus Samen im Frühjahr ist möglich.

GARTENMARGERITE

Leucanthemum x superbum

Korbblütengewächse (Asteraceae)
Juli bis August *weiß* *30–80 cm*

Bei all der bunten Staudenpracht kommt das strahlende Weiß der Margeriten manchmal etwas kurz. Dabei sind die buschig aufrechten Stauden mit ihren sattgrünen, lanzettlichen Blättern wahre Muntermacher, wenn sie ihre schmucken weißen Blütenkörbe mit der goldgelben Mitte nach der Sonne drehen. Die ursprünglich aus den Pyrenäen stammenden, großblumigen Garten- oder Sommermargeriten sind zwar Züchtungen, bringen aber mit ihren einfach blühenden Sorten das Flair von frischen Wiesen in den Garten – mitsamt einem reichen Besuch von Bienen, Hummeln und Schwebfliegen.

Arten und Sorten: Gartenmargeriten finden sich im Handel als Leucanthemum x superbum und unter der älteren Bezeichnung Leucanthemum-Maximum-Hybriden. Es gibt schöne ein-

Lavendel (Lavandula angustifolia)

Gartenmargerite (Leucanthemum x superbum, Leucanthemum-Maximum-Hybride)

fach blühende Sorten wie die 60 cm hohe 'Gruppenstolz' und die mit nur 30 cm kompakte 'Dwarf Snow Lady'; außerdem reizvolle Züchtungen mit halb und dicht gefüllten Blüten, zum Beispiel 'Christine Hagemann' und 'Eisstern', beide 80 cm hoch.
Besonders naturnah wirkt die bei uns heimische, 60–70 cm hohe Wiesenmargerite (L. vulgare), die schon im Mai und Juni blüht und nach einem Rückschnitt mit einem Nachflor im September aufwartet. Eine ausgesprochen reich blühende Sorte ist 'Maikönigin'.
Verwendung: Einzeln oder in kleinen Gruppen; in Beeten und Rabatten, im Bauerngarten, in Wiesen. Passt gut zu Phlox, Rittersporn, Sonnenhut und – durch ihre „universell" einsetzbare Blütenfarbe – zu vielen anderen Stauden und Sommerblumen. Als Schnittstaude geeignet.
Standort: Sonnig. Boden gut durchlässig, nicht zu schwer, humos, nährstoffreich, frisch bis mäßig trocken.
Pflanzen: Im Frühjahr oder Herbst, mit 30–50 cm Abstand.
Pflegen: Bei Trockenheit regelmäßig gießen, aber nicht zu nass halten. Abgeblühte Blütenstände gleich bis zu den oberen Stängelblättern zurückschneiden, im Spätherbst oder zeitigen Frühjahr welke Stängel handbreit zurückschneiden. Im Frühjahr mit Kompost oder organischem Volldünger versorgen. Austrieb vor Schneckenfraß schützen. Alle drei bis vier Jahre durch Teilung verjüngen.
Vermehren: Durch Teilung im Frühjahr oder Spätherbst. Von manchen Sorten sind Samen für eine Anzucht im Frühjahr erhältlich (Lichtkeimer).

PRACHTSCHARTE

Liatris spicata

Korbblütengewächse (Asteraceae) Juli bis September violettrosa, weiß 30–90 cm

Dass die aus Nordamerika stammende Ährige Prachtscharte ein Korbblütler ist, also eine Verwandte von Astern und Margeriten, sieht man ihr auf den ersten Blick nicht an. Körbchenförmig sind hier die kleinen Teilblütenstände, die sich zu einer langen Ähre vereinen. Diese blüht von oben nach unten auf und wird rege von Schmetterlingen, Hummeln und Bienen besucht. Die Prachtscharte überdauert mit einem knolligen Wurzelstock und wird manchmal auch als Knollenpflanze angeboten. Sie bildet recht schmale Horste aus aufrechten, meist unverzweigten Stängeln, die rundum mit schmalen Blättern besetzt sind und an der Spitze je eine Ähre hervorbringen.
Arten und Sorten: 'Floristan Violett' ähnelt der reinen Art, tendiert aber mehr ins Violette und bildet bis 50 cm lange Ähren. Dasselbe gilt für die weiß blühende Variante 'Floristan Weiß'. 'Kobold' dagegen erreicht mit kurzen, violetten Ähren nur etwa 40 cm Höhe.
Verwendung: Einzeln oder in kleinen Gruppen in Beeten und Rabatten sowie naturnahen Bereichen und prärieartigen Pflanzungen. Wirkt schön mit Glockenblumen, Indianernessel, Sonnenbraut und Sonnenhut. Als Schnittstaude geeignet.

Standort: Sonnig, gern vollsonnig und warm. Boden durchlässig, nicht zu schwer, humos, nährstoffreich, frisch bis mäßig trocken.
Pflanzen: Im Frühjahr oder Herbst, mit rund 30 cm Abstand.
Pflegen: Bei Trockenheit gießen, aber nicht zu nass halten. Abgeblühte Stängel am besten gleich zurückschneiden. Im Frühjahr mit etwas Kompost versorgen. Bei nachlassender Wuchs- und Blühfreude durch Teilung verjüngen. Auf Wühlmäuse achten, die gern am Wurzelstock fressen.
Vermehren: Durch Teilung oder Aussaat im Frühjahr.

Prachtscharte (Liatris spicata)

LUPINE

Lupinus-polyphyllus-Hybriden

Schmetterlingsblütengewächse (Fabaceae)
Juni bis August *in allen Farben, auch zweifarbig* *50–100 cm*

Die in Nordamerika beheimatete Vielblättrige Lupine (Lupinus polyphyllus) wurde im 19. Jahrhundert in Europa eingeführt und bald zu einer verbreiteten Zierpflanze, besonders in den Bauerngärten. Über breiten Horsten mit ansprechenden, handförmig geteilten Blättern erheben sich lange, kerzenartige Trauben mit Schmetterlingsblüten, die von unten nach oben aufblühen und viele Hummeln und Bienen anziehen. Sie sind bei der Ursprungsart meist blau. Durch Einkreuzen anderer Lupinen entstanden robustere, reichblütigere Hybriden in zahlreichen Farbtönen.
Liegt der Garten in der Nähe von Berg- und Wildwiesen oder am Waldrand, sollte man besser auf Lupinen verzichten. Mit ihrer starken Ausbreitung über Samen und Ausläufer werden sie manchmal schon im Garten lästig. Wenn sie auch auf naturnahe Standorte „ausbüchsen", können sie die ursprüngliche Vegetation verdrängen und so auch selten gewordene Wildpflanzen bedrohen.
Vorsicht: Die Pflanzen enthalten giftige Alkaloide, konzentriert in den Samen.

Arten und Sorten: Die „typischen" Lupinen werden 70–100 cm hoch und sind in allen Regenbogenfarben sowie Weiß erhältlich. Seit Jahrzehnten dominieren hier die bewährten, farbkräftigen Russell-Hybriden, benannt nach dem Züchter George Russell, das Angebot; etwa 'Kastellan' (Blau mit Weiß) und 'Kronleuchter' (Gelb). In neuerer Zeit sind die Westcountry- Lupinen hinzugekommen, die sich durch große, besonders leuchtkräftige Blütenkerzen und gute Standfestigkeit auszeichnen und das Farbspektrum durch weitere Nuancen bereichern, so etwa 'Manhattan Lights' in Purpur mit Gelb.
Daneben gibt es die kompakteren, rund 60 cm hohen Nanus-Russell-Sorten, die als „Gallery"-Serie eingeführt wurden und je nach Farbe zum Beispiel 'Gallery Rosa' heißen. Ähnliche niedrige Sortenserien sind 'Lulu', 'Minarette' und 'Gartenzwerg', die man meist nur als Samen in bunten Farbmischungen bekommt, kaum als Jungpflanzen.
Verwendung: Einzeln oder in kleinen Gruppen in Beeten und Rabatten, im Bauerngarten. Passende Nachbarn sind zum Beispiel Margeri-

Lupine (Lupinus-Polyphyllus-Hybride)

ten, Sonnenhut, Storchschnabel und Türkischer Mohn. Als Schnittstaude geeignet.
Standort: Sonnig und warm. Boden gut durchlässig, nicht allzu schwer und nährstoffreich, kalkarm, frisch.
Pflanzen: Am besten im Frühjahr, auch im Frühherbst, mit 40–50 cm Abstand.
Pflegen: Bei anhaltender Trockenheit gießen. Hohe Sorten, wenn nötig, stützen. Verblühte Kerzen gleich herausschneiden, das führt oft zu einer Nachblüte. Im Herbst die welken Triebe bis knapp über dem Boden zurückschneiden. Im Frühjahr mit etwas Kompost versorgen und den Austrieb vor Schneckenfraß schützen. Wegen der tief reichenden Pfahlwurzeln ist vom Verpflanzen ebenso abzuraten wie vom Versuch einer Teilung.
Vermehren: Durch grundständige, etwa 10 cm lange Stecklinge, die im Frühjahr mitsamt Wurzelansatz abgetrennt werden. Noch einfacher ist die Anzucht aus Samen, die von mehreren Sorten erhältlich sind. Diese vor der Aussaat im Frühjahr 24 Stunden in Wasser vorquellen lassen und dann gut mit Erde abdecken.

INDIANERNESSEL

Monarda-Hybriden

Lippenblütengewächse (Lamiaceae)
Juni/Juli bis August/September, je nach Sorte
rosa, rot, violett, weiß *30–140 cm*

Zur Familie der Lippenblütengewächse gehören Kräuter wie Oregano und Salbei, und so verwundert es nicht, dass sich auch die Indianernesseln durch aromatisch duftende Blätter auszeichnen. In ihrer ursprünglichen Heimat, den nordamerikanischen Prärien, wurden die Blätter von den indianischen Ureinwohnern zur Bereitung schmackhafter Tees geerntet. Bienen, Hummeln und Schmetterlinge bevorzugen die ebenfalls duftenden, röhrenartigen Lippenblüten, die in dichten, fedrig wirkenden Quirlen übereinander an den Stängeln sitzen. Mit ihren meist leuchtend roten oder rosa Tönen heben sie sich wunderschön von den dunkelgrünen, schmal eiförmigen Blättern ab.

Arten und Sorten: Die meisten Sorten sind Hybriden, werden aber oft nach der jeweils dominierenden Elternart, Monarda didyma oder M. fistulosa, benannt. Achten Sie bei der Auswahl auf die Unterschiede in der Wuchshöhe und Blütezeit und bevorzugen Sie Sorten mit geringer Mehltauanfälligkeit. Hierzu zählen zum Beispiel 'Gardenview Scarlet', mit 120 cm eine der stattlichsten Sorten (rote Blüten), die 80–100 cm hohe 'Marshall's Delight' (rosarot), die etwa 70 cm hohe 'Bee Happy' (karminrot) und die nur 40–50 cm hohe 'Fireball' (leuchtend rot)
Verwendung: Einzeln oder in kleinen Gruppen; in Beeten und Rabatten, im Bauerngarten, in prärieartigen Pflanzungen. Schön mit Feinstrahlaster, Glockenblumen, Herbstastern und Sonnenbraut. Als Schnittstaude geeignet.
Standort: Sonnig, auch absonnig. Boden gut durchlässig, nicht zu schwer, am besten sandig, humos, nährstoffreich, frisch bis mäßig trocken.
Pflanzen: Vorzugsweise im Frühjahr, mit 40–50 cm Abstand.
Pflegen: Bei längerer Trockenheit gießen, aber nicht zu nass halten. Hohe Sorten, wenn nötig, stützen, zum Blühbeginn etwas Dünger geben. Nach der Blüte handbreit über dem Boden zurückschneiden. Im Frühjahr mit Kompost oder organischem Dünger versorgen. Nach drei bis fünf Jahren durch Teilung verjüngen.
Vermehren: Durch Teilung im Frühjahr oder Herbst. Von manchen Indianernesseln werden Samen für die Anzucht im Frühjahr angeboten (Lichtkeimer).

KATZENMINZE

Nepeta × faassenii

Lippenblütengewächse (Lamiaceae)
Mai bis Juli, Nachblüte im August/September
violettblau *30–90 cm*

Lange Zeit wurden Katzenminzen, die wild in Südeuropa, Nordafrika und Asien verbreitet sind, nur gelegentlich als dankbare Bodendecker an prallsonnigen Plätzen gepflanzt – und waren sonst vor allem dafür bekannt, dass sich gern Katzen in ihnen wälzen. Tatsächlich enthalten die Pflanzen einen hormonartigen Duftstoff, der Katzen anzieht und diese kurzzeitig in einen regelrechten Rausch versetzen kann. Nicht zuletzt wegen der zunehmend heißen, trockenen Sommer sind Katzenminzen mittlerweile zu wahren „Gartenstars" geworden. Denn sie begeistern nicht nur durch ihre Robustheit, sondern auch mit ihren violettblauen Wolken aus unzähligen Lippenblütchen in lockeren Quirlen, die von Bienen, Hummeln und Schmetterlingen umschwärmt werden. Dazu kommt der angenehm herb-würzige Duft der meist graugrünen, in der Form an Pfefferminze erinnernden Blätter.

Arten und Sorten: Die breit buschig wachsende Blaue Katzenminze (Nepeta × faassenii) hat sich schon lange bewährt. Sehr reich blühend sind ihre 60–90 cm hohen Sorten 'Six Hills Giant' (violettblau) und 'Walker's Low' (dunkelviolett), die 50–70 cm hohen Sorten 'Dropmore' (lilablau) und 'Gletschereis' (silbrig blau) sowie die nur 30 cm hohe 'Senior' (violettblau). Unter den zahlreich angebotenen weiteren Katzenminzen sind unter anderen erwähnenswert: die 20–40 cm hohen N.-racemosa-Sorten 'Snowflake' (weiß) und 'Superba' (lilablau, ab April), die 30–40 cm hohen N.-nervosa-Sorten 'Pink Cat' (rosa) und 'Schneehäschen' (weiß) und die teils über 100 cm hohe Großblumige Katzenminze (N. grandiflora) mit blauvioletten oder zartrosa Blüten. Mit intensivem Citrusaroma, das Katzen eher meiden, duftet die 30–60 cm hohe, weißblütige Zitronen-Katzenminze (N. cataria subsp. citriodora).

Verwendung: In kleinen oder größeren Gruppen; in Beeten und Rabatten, als Rosenbegleiter, als Einfassung und Bodendecker, im Steingarten; auch in Pflanzgefäßen. Katzenminzen passen gut zu Bartiris, Lilien, Mädchenauge, Schafgarbe und Storchschnabel.

Standort: Sonnig, gern vollsonnig, und warm. Boden gut durchlässig, mäßig nährstoffreich, auch mager und steinig, trocken bis frisch.

Pflanzen: Am besten im Frühjahr, mit 30–40 cm Abstand, als Bodendecker sechs bis acht Pflanzen pro Quadratmeter.

Pflegen: Nach dem ersten Sommerflor etwa 5 bis 10 cm über dem Boden zurückschneiden; die Pflanzen treiben dann bald wieder aus und bringen nach rund sechs Wochen eine üppige Nachblüte. Gut eingewachsene Exemplare überstehen „Katzenattacken" meist schadlos; junge Pflanzen, wenn nötig, mit einem Drahtgitter oder übergestülpten Drahtkorb schützen. Bei nachlassender Blühfreude durch Teilung verjüngen.

Vermehren: Durch Teilung im Frühjahr oder Kopfstecklinge im Frühsommer. Von manchen Arten und Sorten gibt es Samen für eine Anzucht im Frühjahr (Lichtkeimer).

Indianernessel (Monarda-Hybride)

PFINGSTROSE

Paeonia

Pfingstrosengewächse (Paeoniaceae) Mai bis Juni rosa, rot, violett, weiß, cremefarben, auch mehrfarbig 50–100 cm

So edel wie Rosen und um Pfingsten in voller Blütenpracht: Schon der Name verrät, warum

diese breit buschigen Pflanzen mit ihren dekorativen, gefiederten, dunkelgrünen Blättern und den großen, oft duftenden Blüten seit jeher hoch geschätzt werden. Manche von ihnen verholzen und sind deshalb als Strauchpäonien bekannt. Bei den Staudenpäonien, um die es hier geht, sterben dagegen die oberirdischen Teile im Herbst ab. Sie überdauern mit kräftigen, teils knolligen Rhizomen im Boden, um im Frühjahr neu auszutreiben.
Pfingstrosen brauchen mehrere Jahre, um sich voll zu entfalten und reich zu blühen. Doch dann werden sie, am richtigen Platz gesetzt, immer schöner – und über 80 Jahre alt. Die einfachen und nur halb gefüllten Arten und Sorten haben auch für Bienen & Co. allerhand zu bieten.
Der „Klassiker" unter den Staudenpfingstrosen ist die aus Südeuropa stammende Bauernpfingstrose (P. officinalis), die schon im frühen Mittelalter mitteleuropäische Kloster- und Bauerngärten zierte. Ab Ende des 18. Jahrhunderts erhielt sie Konkurrenz aus Ostasien durch die Einführung der noch prächtigeren P. lactiflora, die in China schon seit Jahrhunderten kultiviert und gezüchtet wurde. Bald etablierte sie sich in Europa und wird heute als Edelpfingstrose in unzähligen Sorten angeboten.

In den 1950er-Jahren gelang dann dem japanischen Fachmann Toichi Itoh ein wahres Kunststück: Er kreuzte eine Edelpfingstrose, also eine Staude, mit der gelb blühenden Strauchpfingstrose Paeonia lutea. Daraus entstanden die „Intersektionellen Hybriden", die heute in zahlreichen Sorten angeboten werden. Man nennt sie oft auch Itoh-Hybriden, nach dem Namen ihres ursprünglichen Züchters. Beim Wuchs dieser Pfingstrosen haben sich die Staudeneltern durchgesetzt: Die Pflanzen ziehen im Herbst ein und treiben im Frühjahr wieder aus. Sie verholzen allerdings ein wenig an der Basis und sind somit Halbsträucher. Der Erbanteil der Sträucher zeigt sich aber vor allem an den besonders großen Blüten und den gelben Farbtönen, die bei den Staudenpfingstrosen sonst selten vorkommen. Dabei zeichnen sie sich trotz dieser schönen „Last" meist durch gute Standfestigkeit aus und gelten als robust und gesund.

Katzenminze (Nepeta × faassenii)

Pfingstrose (Paeonia officinalis)

Vorsicht: Alle Pflanzenteile sind leicht giftig.
Arten und Sorten: Die Blüten der Bauernpfingstrosen (Paeonia officinalis) öffnen sich schon früh im Mai. Mit 50–80 cm bleiben die Pflanzen vergleichsweise kompakt. Trotzdem brauchen gerade Sorten mit gefüllten Blüten, zum Beispiel 'Rubra Plena' (tiefrot), meist eine Stütze. Eine schöne einfach blühende Sorte ist 'Mollis' (dunkelrosa).
Bei den Edelpfingstrosen, die größere Blüten und eine gewaltige Vielfalt an Farbtönen bieten, standen neben P. lactiflora auch andere ostasiatische Arten Pate. Sie wachsen recht straff nach oben, meist etwa meterhoch. Viele fallen schon im Frühling mit rotem Austrieb ins Auge.
Beachten Sie bei der Auswahl neben der bevorzugten Blütenfarbe vor allem, ob Ihnen einfache, anemonenförmige, halb oder dicht gefüllte Blüten lieber sind und ob Sie Wert auf intensiven Duft legen.
Sorten mit früher Blütezeit legen teils schon Ende April los, späte Sorten erst gegen Mitte/

Edelpfingstrose (Paeonia lactiflora)

Ende Mai. Die Wuchshöhe liegt meist zwischen 70 und 100 cm.
Auch bei den intersektionellen Pfingstrosen, also den Itoh-Hybriden, gibt es mittlerweile eine große Auswahl attraktiver Sorten. Sie wachsen ähnlich hoch, aber breiter als die Edelpfingstrosen. Manche beschränken sich auch auf 50–60 cm Wuchshöhe, beispielsweise die hübsche gelb blühende 'Yellow Dream'. Die wohl höchste Sorte ist 'Sonoma Rosy Future': Sie erreicht bis 140 cm Höhe und ihre eindrucksvollen, kräftig rosa Blüten einen Durchmesser von 20 cm.
Große, halb gefüllte oder einfache, leicht duftende Blüten gehören zu den Vorzügen der Itoh-Hybriden. Sie öffnen sich oft erst ab Ende Mai, nach und nach über einen längeren Zeitraum. Häufig ändern sich die Farbtöne vom Aufblühen bis zum Verblühen – wunderschön zum Beispiel bei ‚Cora Louise'. Ihre Blüten sind beim Öffnen zartlila und verfärben sich dann cremeweiß mit violettroten Flecken in der Blütenmitte. Aparte Besonderheiten sind beispielsweise auch ‚Lollipop' mit hellgelben, violett gestreiften, halb gefüllten Blüten und ‚Scarlet Heaven' mit leuchtend roten, einfachen Blüten.
Zu den attraktiven Wildarten gehört etwa die 60 cm hohe Netzblattpfingstrose (P. tenuifolia) mit dunkelroten Blüten (bei 'Plena' gefüllt) und sehr fein geschlitzten Blättern.

Verwendung: Vorwiegend einzeln, auch in kleinen Gruppen; in Beeten und Rabatten, im Bauerngarten. Hübsche Nachbarn sind – in gebührendem Abstand – Akelei, Bartiris, Glockenblume, Rittersporn und Storchschnabel.

Standort: Sonnig, über Mittag auch leicht beschattet. Boden gut durchlässig, bevorzugt lehmig, humos, nährstoffreich, frisch bis mäßig trocken.

Pflanzen: Wurzelnackte Pflanzen nur im Herbst, Containerpflanzen auch im zeitigen Frühjahr, je nach Wuchshöhe mit 60–100 cm Abstand. Die Triebknospen an den Rhizomen dürfen höchstens 3 cm unter die Erdoberfläche kommen, sonst bleibt die erste Blüte lang aus. Zuvor eine Pflanzgrube mit dem Durchmesser der späteren Wuchsbreite ausheben, den Boden in der Pflanzgrube gründlich lockern; in schweren Böden eine Drainageschicht aus Kies oder Sand einbringen. Nach Herbstpflanzung in rauen Lagen mit Fichtenreisig abdecken.

Pflegen: Bei Trockenheit gießen, besonders kurz vor der Blüte leicht feucht halten. Sorten mit schweren Blüten stützen. Verwelkte Blüten am besten regelmäßig herausschneiden. Im Spätherbst die Stängel bis etwa 5 cm über dem Boden zurückschneiden. Zum Austrieb mit gut ausgereiftem Kompost oder organischem Volldünger versorgen, im Sommer nach der Blüte nachdüngen. Möglichst nicht umpflanzen.

Vermehren: Durch Teilung im Herbst (nur bei älteren Exemplaren).

TÜRKISCHER MOHN

Papaver orientale

Mohngewächse (Papaveraceae)
zwischen Mai und Juli, je nach Sorte
rot, orange, lila, rosa, weiß *50–100 cm*

Um 1700 machte sich eine französische Expeditionsgruppe auf, um die Pflanzenwelt des Osmanischen Reiches zu erkunden. Dort stießen sie auf eine ausdauernde Mohnart, die den bekannten einjährigen Klatschmohn (Seite 264) an Blütengröße und Farbintensität deutlich übertraf. Bald wurde der Türkische oder Orientalische Mohn zu einer beliebten Gartenpflanze, anfangs besonders in Großbritannien, später dann auch in Deutschland.
Die bis 20 cm großen, weithin leuchtenden, seidig zerknittert wirkenden Blüten bieten im Frühsommer ein wunderschönes Schauspiel. Sie ziehen oft Insekten an, darunter auch mehrere Wildbienen. Nach der Blüte welken die Stängel mit den gefiederten, behaarten, grünen bis graugrünen Blättern, doch schon ab Frühherbst treiben die Horste neu aus und bleiben über Winter grün.

Vorsicht: Der Milchsaft in den Stängeln ist leicht giftig.
Arten und Sorten: Dank intensiver Züchtung gibt es Sorten in vielen schönen Farbtönen, von denen sich in der Blütenmitte meist pechschwarze Flecken abheben. Manche präsentieren sich auch mit gefüllten Blüten. Die Blütezeit variiert ein wenig, sodass frühe Sorten schon Anfang Mai in voller Pracht dastehen und späte teils noch im Juli blühen. Die meisten werden 70–80 cm hoch, etwa die bewährte, flammend rote 'Türkenlouis' mit gefransten Blütenblättern und die strahlend weiße 'Black and White' mit violetten bis schwarzen Flecken. Recht kompakt wächst zum Beispiel die 'Kleine Tänzerin' (60 cm, lachsrosa), sehr stattlich 'Beauty of Livermere' (100 cm, tief scharlachrot).
Verwendung: Einzeln oder in kleinen Gruppen; in Beeten und Rabatten, im Bauerngarten. Wegen des frühen Einziehens hinter andere, sommergrüne Stauden setzen. Schön in Kombination verschiedenfarbiger Sorten sowie mit Lupine, Mädchenauge, Margerite und Rittersporn.

Türkischer Mohn (Papaver orientale)

Standort: Sonnig, gern vollsonnig, und warm. Boden gut durchlässig, am besten sandig, humos, nicht zu nährstoffreich, frisch bis trocken.
Pflanzen: Am besten im Herbst, mit 50–60 cm Abstand.
Pflegen: Bei Trockenheit gießen, aber nicht vernässen. Hohe und sehr großblütige Sorten stützen. Nach der Blüte bis zum Boden zurückschneiden. Im Frühjahr mit Kompost oder organischem Volldünger versorgen. Wegen ihrer kräftigen Pfahlwurzeln sollten ältere Pflanzen nicht mehr umgesetzt werden.
Vermehren: Durch im Herbst abgetrennte Wurzelschnittlinge. Auch eine Anzucht aus Samen im Frühjahr ist möglich.

HOHER STAUDENPHLOX

Phlox paniculata

Sperrkrautgewächse (Polemoniaceae)
zwischen Juni und Oktober, je nach Sorte
rosa, rot, violett, blau, weiß *40–140 cm*

Die Gattung Phlox umfasst 67 Arten, die fast alle in Nordamerika beheimatet sind. Nachdem die ersten im 18. Jahrhundert nach Europa eingeführt wurden, begannen sie ihren Siegeszug in den Gärten und erhielten wegen ihrer leuchtenden Blütenfarben auch den Namen Flammenblumen. Charakteristisch sind die kuppel- bis ballähnlichen Scheindolden, in denen die teller- oder radförmigen Einzelblüten dicht beisammen stehen.
Obwohl seither etliche Phlox-Arten nach Europa kamen, wurde der Hohe Stauden- oder Sommerphlox (Phlox paniculata) bald zum Favoriten und ist es bis heute geblieben – nicht zuletzt dank der vielen Züchtungen in unzähligen Farbnuancen. Er beeindruckt mit aufrechten, dichten Horsten, bei denen die schmalen, frisch- bis dunkelgrünen Blätter die großen Blütenstände schön untermalen. Bei vielen Sorten duften die Blüten recht intensiv, vor allem zur wärmsten Tageszeit. Das kann je nach Standort mittags oder gegen Abend sein. Dann locken die süßlichen oder auch etwas herberen Düfte zahlreiche Schmetterlinge und Bienen an.

Hoher Staudenphlox (Phlox paniculata)

Arten und Sorten: Bei den Sorten variieren nicht nur die Blütenfarben, sondern auch die Blütenzeiten und die Wuchshöhen. Des Weiteren gibt es Unterschiede in der Mehltauanfälligkeit und der Beständigkeit der Blütenfarben; denn dunklere Töne neigen öfter zum Verblassen, besonders in praller Sonne.
Frühe Sorten wie 'Aida' (violettrot, 80 cm hoch) öffnen ihre Blüten teils schon ab Juni, späte wie 'Freudenfeuer' (orangerot mit dunklem Auge, bis 100 cm) erst ab August und blühen dann bis September, sehr späte wie 'Kirmesländler' (weiß mit rotem Auge, bis 120 cm) sogar bis Oktober. Nur rund 40 cm hohe Sorten mit mittlerer Blütezeit bietet die „Flame"-Serie in verschiedenen Farben, zum Beispiel 'Purple Flame' (lila).
Der Frühsommerphlox (Phlox x arendsii) ist ein früh blühender Verwandter des Hohen Staudenphlox. Seine meist 40–60 cm hohen Sorten entfalten ihre rosa, lila oder weißen Blüten von Anfang Juni bis Juli. Mit demselben Farbspektrum wartet ab etwa Mitte Juni der 60–100 cm hohe Wiesenphlox (P. maculata) auf. Diese eher feuchteliebende Art beeindruckt mit besonders üppigen Blütenständen. Der 80–120 cm hohe Großblattphlox (P. amplifolia) blüht zur selben Zeit wie der Hohe Staudenphlox in rosa, violetten und weißen Sorten und ist die robusteste unter den hohen Arten und verträgt Hitze und Trockenheit ebenso wie Halbschatten.
Verwendung: Einzeln oder in Gruppen in Beeten und Rabatten, im Bauerngarten. Gute Begleiter sind zum Beispiel Feinstrahlaster, Mädchenauge, Margerite und Sonnenhut. Als Schnittstauden geeignet.
Standort: Idealerweise sonnig, aber ohne pralle Mittagssonne und nicht zu heiß; im Zweifelsfall besser an einem absonnigen oder licht- bis halbschattigen Platz. Boden durchlässig, gern lehmig, humos, nährstoffreich und frisch.

Pflanzen: Im Frühjahr oder Herbst, mit 40–50 cm Abstand.
Pflegen: Bei Trockenheit regelmäßig gießen; Mulchen ist sehr günstig. Bei Bedarf stützen. Abgeblühte Blütenstände am besten gleich herausschneiden. Im Spätjahr bodennah zurückschneiden. Im Frühjahr mit Kompost oder organischem Volldünger versorgen. Bei nachlassender Blühfreude durch Teilung verjüngen.
Vermehren: Durch Teilung im Frühjahr oder Spätherbst, durch im Herbst abgetrennte Wurzelschnittlinge oder im Frühjahr bis Sommer geschnittene grundständige Stecklinge.

Hoher Staudenphlox (Phlox paniculata)

PHLOX, NIEDRIGE ARTEN

Phlox

Sperrkrautgewächse (Polemoniaceae)
zwischen April und Juni, je nach Art
rosa, rot, violett, blau, weiß *5–40 cm*

Niedrige, sich kriechend ausbreitende Phloxe bezaubern ebenso wie die hohen Staudenphloxe mit schmucken, duftenden Blüten, die sich bereits im Frühjahr und Frühsommer öffnen und damit für viele Bienenarten und andere Insekten attraktiv sind. Die kuppelähnliche Form der Blütenstände tritt weniger hervor; stattdessen präsentieren sich diese Arten als blütenübersäte Polster.

Arten und Sorten: Als Polster-, Teppich- oder Moosphlox ist Phlox subulata bekannt. Diese sonnenliebende Art wächst 10–15 cm hoch und bildet mit kriechenden Trieben breite, wintergrüne Polster, die im April und Mai mit Blüten bedeckt sind. Von ihr gibt es etliche Sorten, die rosa, rot, violett, lilablau oder weiß blühen. Der ebenfalls als Polsterphlox bezeichnete P. douglasii wirkt wie eine zierlichere Variante. Seine 5–10 cm flachen, rasenartigen Polster breiten sich weniger stark aus, die feinen wintergrünen Blättchen sind nadelähnlich. Er blüht von Mai bis Juni, je nach Sorte rosa, rot, lila oder weiß.
Wie sein Name schon ahnen lässt, bevorzugt der Waldphlox (P. divaricata) halbschattige Plätze. Er bildet 30–40 cm hohe, lockere, breite Polster, blüht von Mai bis Juni in Blau-, Violetttönen oder weiß und verströmt abends einen intensiven Blütenduft. Der 10–30 cm hohe Wanderphlox (P. stolonifera) kann sich mit Ausläufern weiter ausdehnen als die anderen Arten, wuchert jedoch nicht allzu stark. Seine von April bis Juni erscheinenden Blüten sind blau, lila oder weiß und duften betörend.
Verwendung: In kleinen Gruppen. Polsterphloxe (Phlox subulata, P. douglasii) vor allem im Steingarten und als Weg-, Terrassen- und Rabatteneinfassung. Wald- und Wanderphlox am Gehölzrand oder zwischen lichten Gehölzen, Waldphlox auch in Beeten.
Standort: Für die Polsterphloxe sonnig und warm, auf gut durchlässigen, trockenen bis frischen, nicht allzu nährstoffreichen Böden. Für Waldphlox halbschattig, für Wanderphlox sonnig bis halbschattig, auf humosen, kalkarmen, frischen Böden.
Pflanzen: Vorzugsweise im Frühherbst, mit 30 cm Abstand, P. douglasii etwas enger.
Pflegen: Bei Phlox subulata fördert ein Rückschnitt nach der Blüte den kompakten, polsterförmigen Wuchs. Beide Polsterphloxe in kalten

Wintern mit Fichtenreisig abdecken. Wald- und Wanderphlox bei längerer Trockenheit gießen, gelegentlich mit etwas Kompost versorgen. Bei nachlassender Blühfreude durch Teilung verjüngen.

Vermehren: Durch Teilung im Spätherbst oder zeitigen Frühjahr oder durch im Frühjahr bis Sommer geschnittene Stecklinge.

SALOMONSSIEGEL

Polygonatum

Spargelgewächse (Asparagaceae) Mai bis Juni weiß, grünlich weiß meist 40–80 cm

Geradezu ehrwürdig klingt der deutsche Name dieser Stauden, der an den biblischen König Salomon erinnert. Profaner ist ein anderer Gattungsname, nämlich Weißwurzen.
Der bezieht sich auf die oft weißen, knotigen unterirdischen Rhizome, mit denen die Polygonatum-Arten überdauern. Sie wachsen wild in lichten Wäldern, Gebüschen und an Waldrändern. Zwei als Gartenstauden beliebte Arten sind in Mitteleuropa heimisch, nämlich das Echte und das Vielblütige Salomonssiegel. Anders als viele Schattenstauden sind die Salomonssiegel recht trockenheitsverträglich. Deshalb werden sie mittlerweile häufiger angeboten und gepflanzt. Zudem haben sie einen ganz eigenen Charme, mit ihren lanzettlichen Blättern an unverzweigten Stielen und den kleinen weißen Blütenglöckchen, die an herabgebogenen Trieben aufgereiht nach unten hängen. Die Salomonssiegel wirken wie größere, elegante Varianten der Maiglöckchen (Seite 216), mit denen sie nah verwandt sind. Wenn Hummeln und Wildbienen die Frühsommerhitze plagt, fliegen sie auf Nahrungssuche gern die schattig stehenden Polygonatum-Arten an.

Vorsicht: Die Pflanzen enthalten Giftstoffe. Das kann vor allem beim „Naschen" der ab August blauschwarz reifenden Beeren gefährlich werden, mit Folgen wie starker Übelkeit, Erbrechen und Durchfall.

Arten und Sorten: Gern gepflanzt wird das 20–40 cm hohe Echte Salomonssiegel (Polygonatum odoratum). Man kennt es auch als Wohlriechende Weißwurz, weil seine Blüten angenehm nach Bittermandeln duften und sogar als Blütenessenzen zubereitet werden. Besonders attraktiv ist die Sorte 'Variegatum' mit cremeweißen Blatträndern. Ansprechend wirkt auch das 50–60 cm hohe Vielblütige Salomonssiegel (P. multiflorum) mit zahlreichen weißen, an den Spitzen grünlichen Blütchen. Diese beiden heimischen Arten sind die wichtigsten Eltern von Hybridkreuzungen, die als Garten-Salomonssiegel (Polygonatum x hybridum) angeboten werden. Bewährter Vertreter ist die Sorte 'Weihenstephan' mit bis zu 120 cm Höhe und recht großen Blütenglöckchen. Sie bietet zudem eine attraktive gelbbraune Herbstfärbung. Die Pflanzen entwickeln sich anfangs oft etwas träge, werden dann aber zunehmend wuchsfreudiger.
Noch eindrucksvoller wächst das nordamerikanische Große Salomonssiegel (P. biflorum), das anderthalb Meter hoch werden kann. Es braucht allerdings mehr Feuchtigkeit als die anderen Arten und kann sich mit den Jahren stark ausbreiten.

Polster-, Teppichphlox (Phlox subulata)

Echtes Salomonssiegel (Polygonatum odoratum) oder Garten-Salomonssiegel (Polygonatum x hybridum) 'Weihenstephan'

Das aus Ostasien stammende Zwerg-Salomonssiegel (P. humile, syn. P. falcatum), dagegen begnügt sich mit 10–20 cm Wuchshöhe und bleibt entsprechend schmal, sodass es trotz seiner Ausbreitungsfreude keine allzu großen Flächen überwuchert, Auch diese Art mag es etwas feuchter.

Verwendung: Einzeln oder in kleinen Gruppen am Gehölzrand, in beschatteten Gartenbereichen; Zwerg-Salomonssiegel auch in größeren Pflanzgefäßen. Passende Begleiter sind Bergenie, Bergwald-Storchschnabel (Geranium nodosum), Schaumblüte (Tiarella cordifolia) und Wurmfarn (Dryopteris filix-mas).

Standort: Halbschattig bis schattig, absonnig; Echtes Salomonssiegel auch etwas sonniger. Boden durchlässig, humos, frisch bis mäßig trocken, bevorzugt kalkhaltig.

Pflanzen: Vorzugsweise im Herbst, mit 30–50 cm Abstand; Zwerg-Salomonssiegel mit 20 cm Abstand, für Flächenbepflanzung rund zehn Stück pro Quadratmeter.

Pflegen: Kaum nötig. Bei anhaltender Trockenheit gießen. Im Frühjahr verblühte Stiele zurückschneiden und mit Kompost versorgen. Auf Schnecken und Afterraupen (Larven der Blattwespe) achten; wenn sie die Blätter völlig zerfressen, bleibt nur noch ein kompletter Rückschnitt.

Vermehren: Durch Teilung oder Rhizomschnittlinge im Herbst.

PRIMEL

Primula

Primelgewächse (Primulaceae) zwischen März und August, je nach Art in allen Farben außer Blau 5–60 cm

Die Primeln oder Schlüsselblumen sind mit über 400 Arten in den gemäßigten Zonen der gesamten Nordhalbkugel verbreitet. Die meisten bevorzugen feuchte, mäßig besonnte, eher kühle Standorte, in der Natur wie im Garten. Die große Palette gartenwürdiger Primeln reicht von anmutigen heimischen Wildstauden bis zu asiatischen Schönheiten mit exotischem Flair. Charakteristisch sind die grundständigen Rosetten aus großen, rundlichen bis schmal ei-

Japanische Etagenprimel (Primula japonica)

förmigen, oft gerunzelten Blättern, über denen sich die unbeblätterten Blütenstängel erheben. Die trichterförmigen, an den Spitzen schalen- oder glockenartig geöffneten Blüten duften oft zart und angenehm. Besonders die heimischen Schlüsselblumen sind wichtige Insektenweiden. Aber auch Primeln aus anderen Weltgegenden ziehen Bienen, Hummeln und Schmetterlinge an.
Vorsicht: Primeln enthalten in allen Teilen, besonders in den Blütenständen, Stoffe, die allergische Hautreaktionen auslösen können.

Arten und Sorten: Zu den zeitigsten Blühern im März/April mit flachem Wuchs gehören die nur 5–15 cm hohen Kissenprimeln (Primula vulgaris) und Teppichprimeln (P. juliae, auch: P. pruhoniciana) mitsamt ihren Kreuzungen. In ihrer naturnahen Form blüht die Kissenprimel hellgelb. Ihre oft schon ab Februar blühend angebotenen Hybriden gibt es in fast allen Blütenfarben. Bei den Sorten der Teppichprimel überwiegen tiefrote bis violette Töne.
Bei den Doldenprimeln überragen die Stängel die Blätter und tragen jeweils mehrere Blüten an den Spitzen. Charmante heimische, 15–25 cm Vertreter sind die Hohe Schlüsselblume (P. elatior) mit schwefelgelben Blüten von März bis April und die Echte Schlüsselblume (P. veris) mit goldgelben Blüten im April bis Mai. Ein ähnliches Erscheinungsbild, allerdings mit größeren, glockigen, leuchtend gelben Blüten an nur einem Stängel, bietet die Alpenaurikel (P. auricula), die von April bis Juni blüht. Weitere schöne Doldenprimeln sind die Rosenprimel (P. rosea) mit tiefrosa Blüten im März/April und die Sieboldsprimel (P. sieboldii) mit weißen, rosa oder violetten Blüten von Mai bis Juni, beide 20–30 cm hoch. Bei den nostalgisch anmutenden, 10–20 cm hohen, polsterartigen Gartenaurikeln (P. x pubescens) sind die großen Dolden halbkugelig bis rundlich. Sie blühen von April bis Mai, meist rosa, rot, purpurn oder violett mit deutlich abgesetzter gelber Mitte.
Die Kugelprimel (P. denticulata) trägt große kugelige Dolden auf bis zu 30 cm hohen Stängeln. Sie blüht von März bis Mai, je nach Sorte lila, rosa, rot oder weiß.
Bei den Etagenprimeln sind mehrere quirlartige Blütenstände etagenartig übereinander angeordnet. Sie blühen erst im Sommer, wobei die 40–60 cm hohe Japanische Etagenprimel (P. japonica) von Mai bis Juli den Auftakt macht, mit rosa, roten oder weißen Blüten. Von Juni bis August blühen dann die ebenso hohen P. bulleyana und P. x bullesiana, in hübschen pastelligen Gelb-, Orange-, Rot- und Rosatönen. Ebenfalls im Sommer blüht die aparte, 50–60 cm hohe Tibet-Glockenprimel (P. florindae). Ihre großen Dolden setzen sich aus bis zu 40 lang gestielten, hängenden, hellgelben Blüten zusammen.
Verwendung: Einzeln oder in kleinen Gruppen; am Gehölzrand, im Teichumfeld, in Beeten und Rabatten, teils auch im Steingarten; Kissenprimeln auch in Pflanzgefäßen. Je nach Blütezeit lassen sich zum Beispiel Frühlingszwiebelblumen, Bergenie, Frauenmantel, Funkien und Glockenblumen hinzu gesellen. Höhere Sorten sind als Schnittblumen geeignet.
Standort: Am besten halbschattig, im lichten Gehölzschatten oder absonnig; an feuchten, nicht allzu heißen Plätzen auch sonnig. Boden durchlässig, humos, frisch bis feucht. Die Wild-

arten mögen eher nährstoffarme Standorte, die Echte Schlüsselblume verträgt auch trockenere Böden. Die „exotischeren", meist aus Asien stammenden Arten bevorzugen oft kalkarme Plätze, die Alpenaurikel braucht dagegen kalkhaltigen Boden.

Pflanzen: Im Herbst oder Frühjahr, je nach Wuchshöhe mit 15–30 cm Abstand.

Pflegen: Bei Trockenheit regelmäßig gießen, am besten mulchen. Abgeblühte Stiele herausschneiden, wenn keine Selbstaussaat gewünscht wird. Im Frühjahr etwas Kompost geben.

Vermehren: Durch Teilung im Frühjahr oder Spätherbst oder durch Wurzelschnittlinge im Frühjahr. Manche Primeln können auch aus Samen angezogen werden, je nach Art im Frühjahr oder Herbst (Kaltkeimer wie Echte Schlüsselblume); alle sind Lichtkeimer.

Kugelprimel (Primula denticulata)

Etagenprimel (Primula bulleyana)

SONNENHUT

Rudbeckia

Korbblütengewächse (Asteraceae) zwischen Juli und Oktober, je nach Sorte gelb, orange 50–200 cm

Mit ihren großen goldgelben Blüten mit schwarzbrauner Mitte kann man die aus Nordamerika stammenden Sonnenhüte oder Rudbeckien zu den Prachtstauden zählen. Doch die meisten Sorten haben zugleich naturnahen Charme und werden gern von Schmetterlingen und Bienen besucht. Zum „wilden" Flair gehört auch, dass sich manche stark durch Ausläufer und Selbstaussaat ausbreiten können. Sonnenhüte bilden breite Horste mit straff aufrechten Stängeln und eiförmigen bis breit lanzettlichen, gesägten, tiefgrünen Blättern.

Arten und Sorten: Der „Klassiker" unter den Sonnenhüten ist die groß- und reichblütige Rudbeckia fulgida var. sullivantii 'Goldsturm', 60–80 cm hoch, auch als Leuchtender Sonnenhut bekannt. Ihre Blüten öffnen sich zwischen Mitte Juli und August und zieren oft bis in den Oktober hinein. Sie kann mit den Jahren recht ausbreitungsfreudig werden. Als „zahmer" gilt die ähnliche, bis 100 cm hohe R. fulgida var. deamii.

Sehr stattlich, bis 200 cm hoch, wächst der Fallschirmsonnenhut (R. nitida 'Herbstsonne'). Er präsentiert von August bis September gelbe Korbblüten mit emporgewölbter grüner Mitte und hängenden Blütenblättern (Zungenblüten). Vom Schlitzblättrigen Sonnenhut (R. laciniata) gibt es einige Sorten mit gefüllten, wie gelbe Bälle wirkenden Blüten. Als recht kompakte, standfeste Sorte hat sich die rund 80 cm hohe 'Goldquelle' bewährt, mit zitronengelben Blüten im August und September.

Die Palette wurde in neuerer Zeit bereichert durch den oft nur einjährig kultivierten, monatelang blühenden Rauen Sonnenhut (R. hirta) und den Oktobersonnenhut (R. triloba). Der ist ebenfalls kurzlebig, sorgt aber durch Selbstaussaat für seinen Fortbestand. Oft wird die sehr attraktive Sorte 'Prairie Glow' angeboten, die ab August gelb blüht und sich bis zum Herbst hin orange verfärbt.

Verwendung: Einzeln oder in kleinen Gruppen; in Beeten und Rabatten, am Gehölzrand, in naturnahen Bereichen. Sehr schön mit Feinstrahl- und Herbstastern, Phlox und hohen Ziergräsern. Als Schnitt- und Trockenblume geeignet.
Standort: Sonnig und warm. Boden durchlässig, gern lehmig, humos, nährstoffreich, und frisch.
Pflanzen: Am besten im Frühjahr, mit 50–60 cm Abstand.
Pflegen: Bei Trockenheit des Öfteren gießen. Zum Auseinanderfallen neigende Büsche locker zusammenbinden. Verwelkte Blütenstängel bis zu den obersten Blättern wegschneiden, wenn Selbstaussaat vermieden werden soll. Im Herbst oder zeitigen Frühjahr bodennah zurückschneiden.
Vermehren: Am besten alle drei bis vier Jahre durch Teilung verjüngen und so auch vermehren. Idealer Zeitpunkt ist der Herbst nach der Blüte, möglich auch im Frühjahr. Neue Stücke in nährstoffreiches Substrat setzen. Von manchen Arten und Sorten sind Samen für Anzucht und Direktsaat im Frühjahr erhältlich (meist Kühlkeimer, Lichtkeimer).

Schlitzblättriger Sonnenhut (Rudbeckia laciniata)

Sommer-, Steppensalbei (Salvia nemorosa)

STEPPENSALBEI

Salvia nemorosa

Lippenblütengewächse (Lamiaceae)
Mai/Juni bis Juli, Nachblüte bis September
blau, violett, rosa, weiß *30–80 cm*

Unter den weltweit rund 1 000 Salbeiarten gibt es nicht nur hervorragende Tee-, Würz- und Heilkräuter, sondern auch so manch attraktive Blüher. Doch obwohl immer wieder interessante Neuheiten auf den Markt kommen, ist der in Europa und Vorderasien beheimatete Steppen- oder Sommersalbei immer noch die beliebteste mehrjährige Zierform. Kein Wunder, denn die robuste, winterharte Staude wartet mit außerordentlich zahlreichen und farbintensiven Lippenblüten in dichten, langen Ähren auf – auch zum Vergnügen vieler Bienen. Den schönen Anblick begleiten die lanzettlichen, runzligen, matt- bis tiefgrünen Blätter mit aromatischem Duft.

Arten und Sorten: Die Sorten des Steppensalbeis blühen in verschiedenen Blau-, Violett-, Rosatönen sowie in Weiß. Die meisten wachsen 40–60 cm hoch, etwa die bewährte 'Blauhügel' (rein blau). Zu den stattlichsten Sorten gehört die bis 80 cm hohe 'Amethyst' (rosaviolett), zu den kompaktesten 'Marcus' (dunkel violettblau) mit nur 30 cm.
Der bei uns heimische, rund 50 cm hohe Wiesensalbei (S. pratensis) blüht schon ab Mai mit locker aufgebauten Blütenständen, violettblau oder in rosa und weißen Sorten, und eignet sich gut für naturnahe Pflanzungen. Als Herbst- oder Präriesalbei wird S. azurea 'Grandiflora' angeboten, eine bis 120 cm hoch wachsende Staude, die von August bis Oktober mittelblaue Blüten in lockeren Quirlen zeigt. Sie sollte in rauen Wintern etwas abgedeckt werden.

Skabiose (Scabiosa caucasica)

Reich blühende einjährige Arten sind Mehlsalbei (S. farinacea) und Feuersalbei (S. splendens) (Seite 268).

Verwendung: Einzeln oder in kleinen Gruppen; in Beeten und Rabatten, als Rosenbegleiter, in steppenartigen Pflanzungen, im Steingarten. Harmoniert zum Beispiel mit Mädchenauge, Rotem Sonnenhut, Schafgarbe, Storchschnabel und Türkenmohn.

Standort: Sonnig, gern vollsonnig und warm. Boden gut durchlässig, mäßig nährstoffreich, kalkhaltig, frisch bis mäßig trocken.

Pflanzen: Am besten im Frühjahr, mit 30–40 cm Abstand.

Pflegen: Bei anhaltender Trockenheit gelegentlich gießen. Nach dem ersten Sommerflor bis knapp über dem Boden zurückschneiden; nach rund sechs Wochen folgt in der Regel eine kräftige Nachblüte. Im Frühjahr dann die alten Stängel bodennah wegschneiden und gelegentlich etwas Kompost geben. Nach sechs bis zehn Jahren durch Teilung verjüngen.

Vermehren: Durch Teilung im Frühjahr oder durch im Frühjahr bis Sommer geschnittene Grund- oder Kopfstecklinge.

SKABIOSE

Scabiosa caucasica

Geißblattgewächse (Caprifoliaceae) Juli bis September blau, weiß 60–90 cm

Die aus dem Kaukasus stammenden Skabiosen, auch bekannt als Witwenblumen, sind dankbare, trockenheitsverträgliche Blüher. Sie bilden lockere Horste mit aufrechten, wenig verzweigten Stängeln, graugrünen, lanzettlichen Grundblättern und fiederspaltigen Stängelblättern. Ebenso wie bei den Korbblütengewächsen besteht eine Blume, die wie eine große Blüte erscheint, aus vielen kleineren Einzelblüten. Die Mitte der Blütenkörbchen setzt sich aus knopfartigen Blütchen zusammen, die Randblüten sind so gestaltet wie die Blütenblätter bei „normalen" Blüten und ziehen Schmetterlinge und Bienen geradezu magisch an.

Arten und Sorten: Die wenigen angebotenen Sorten der Kaukasus-Skabiose variieren mäßig in der Wuchshöhe und bieten verschiedene

Purpurfetthenne (Sedum telephium)

schöne Blaunuancen, wie zum Beispiel 'Clive Greaves' (hell violettblau), oder strahlendes Weiß, wie die etwas niedrigere 'Perfecta Alba'. Die bei uns heimische Taubenskabiose (Scabiosa columbaria) bleibt mit 40–70 cm etwas niedriger und blüht oft noch länger als S. caucasica, bis in den Oktober hinein. Ihre hübschen Blüten sind blauviolett, bei manchen Sorten auch rosa oder weiß.

Meist einjährig wird die Samtskabiose (S. atropurpurea) gezogen, eine aparte Beet-, Balkon- und Schnittblume. Besonders auffällig sind ihre Sorten mit tief rubinroten Blütenbällen.

Verwendung: In kleinen Gruppen; in Beeten, Rabatten und naturnahen Bereichen. Passt gut zu Fackellilie, Rotem Sonnenhut, Schafgarbe, Sonnengut und Steppensalbei. Als Schnittstaude geeignet.

Standort: Sonnig, auch vollsonnig, und warm. Boden durchlässig, humos, nährstoffreich und frisch bis mäßig trocken.

Pflanzen: Vorzugsweise im Frühjahr, mit 35–40 cm Abstand.

Pflegen: Bei lang anhaltender Trockenheit gießen. Verblühte Köpfchen gleich bis zu den Verzweigungsstellen zurückschneiden, das verlängert die Blütezeit und beugt Selbstaussaat vor. In strengen Wintern ist leichtes Abdecken der Basis ratsam. Im Frühjahr mit Kompost versorgen. Nach drei bis fünf Jahren durch Teilung verjüngen.

Vermehren: Durch Teilung im Frühjahr, Stecklinge im Frühsommer oder Anzucht aus Samen im Frühjahr.

PURPURFETTHENNE

Sedum telephium

Dickblattgewächse (Crassulaceae) · Juli/August bis September · rosa, rot, cremegelb · 35–60 cm

Schon der Familienname Dickblattgewächse weist auf die fleischigen, „fetten" Blätter hin, in denen diese Pflanzen Wasser speichern können.

Bei der von Europa bis Sibirien verbreiteten Purpur- oder Großen Fetthenne sind die Blätter oval, gezähnt, meist grau- bis blaugrün, und zeigen im Herbst eine ansprechende gelbe Färbung. Mit ihren großen, flach gewölbten Blütenschirmen an aufrechten Stängeln gehört sie zu den besonderen Zierden im spätsommerlichen und herbstlichen Garten und ist auch für Bienen und Hummeln sehr attraktiv. Die doldenartigen Stände mit den sternförmigen Einzelblütchen wirken schon ansprechend, wenn sie noch grün sind – und auch noch nach der Blüte, nachdem sie sich in braunrote Samenstände verwandelt haben. Im Frühjahr überbrückt die Fetthenne die Zeit bis zur nächsten Blüte als hübsche Blattschmuckpflanze.

Arten und Sorten: Die Sorten der Purpurfetthenne (Sedum telephium) und der sehr ähnlichen Japan-Fetthenne (S. spectabile) werden teils auch als Sedum-Hybriden geführt. Zu noch etwas mehr Verwirrung kann beitragen, dass sie mittlerweile von Botanikern der Gattung Hylotelephium zugeordnet wurden. Eine altbewährte, prächtige, stattliche Züchtung ist 'Herbstfreude' mit anfangs rosa, später braunroten Blüten. Etwas kompakter wächst zum Beispiel 'Munstead Purple' (purpurrot), nur rund 40 cm groß werden 'Sunkissed' (cremegelb) und 'Karfunkelstein' (karminrosa, mit schwarzrotem Laub). Von der Japan-Fetthenne gibt es auch Sorten mit rein weißen (zum Beispiel 'Iceberg') und pinkfarbenen Blüten (zum Beispiel 'Neon'). Wie eine kleine Variante dieser hohen Fetthennen wirkt das Felsenfettblatt (S. cauticola) mit niederliegenden Trieben und rosaroten Blüten im August und September. Zur Gattung Sedum gehören außerdem mehrere flach wachsende, polster- bis rasenbildende Arten, die sich hauptsächlich im Sommer mit gelben oder weißen Blütchen übersäen: beispielsweise gelber und weißer Mauerpfeffer (S. acre, S. album), Tripmadam (S. reflexum; gelb) und Goldfetthenne (S. floriferum 'Weihenstephaner Gold') sowie als rosarot blühender Vertreter S. spurium. Solche sehr anspruchslosen Arten eignen sich besonders für den Steingarten und können sogar Trockenmauern und Dächer begrünen.

Verwendung: Einzeln oder in kleinen Gruppen; in Beeten und Rabatten, im Steingarten, in steppenartigen Pflanzungen, auch in großen Töpfen. Schön mit Alpenmannstreu, Herbstastern, Sonnenhut, Steppensalbei und Ziergräsern.

Standort: Am liebsten vollsonnig, vertragen aber auch lichten Gehölzschatten. Boden gut durchlässig, gern sandig oder kiesig, nicht zu nährstoffreich, trocken.

Pflanzen: Am besten im Frühjahr, mit jeweils 30–50 cm Abstand.

Pflegen: Nur bei lang anhaltender Trockenheit gelegentlich gießen. Erfreuen Sie sich über Winter an den ansprechenden Samenständen, und schneiden Sie die Stängel erst im Frühjahr knapp über dem Boden weg. Alle paar Jahre im Frühjahr etwas Kompost geben.

Vermehren: Durch Teilung im Frühjahr oder durch von Frühjahr bis Sommer geschnittene Trieb- und Kopfstecklinge. Die reine Art kann im Frühjahr aus Samen angezogen werden.

Goldrute (Solidago-Hybriden)

GOLDRUTE

Solidago

Korbblütengewächse (Asteraceae) zwischen Juli und Oktober, je nach Art gelb 40–100 cm

Die überwiegend in Nordamerika beheimateten Goldruten sind mit ihren üppigen goldgelben Blütenrispen auffällige Spätsommer- und Herbstzierden und damit auch wichtige Nektar-. und Pollenlieferanten für die Insektenwelt. Sie bilden meist dichte Horste mit lanzettlichen, hellgrünen, herb aromatisch duftenden Blättern.

Doch leider breiteten sich zwei Arten nach ihrer Einführung als Zierpflanzen sehr aufdringlich aus: Die Kanadische und die Späte Goldrute (Solidago canadensis und S. gigantea) haben sich vielerorts in der freien Natur angesiedelt und verdrängen so heimische Wildpflanzen. Diese beiden Arten werden deshalb auch im Pflanzenhandel zunehmend seltener angeboten.

Manche Hybrid-Sorten der Kanadischen Goldrute gelten allerdings weiterhin als geeignet,

Ähriger Ehrenpreis (Veronica spicata)

weil sich ihre Samen- und Ausläuferverbreitung in Grenzen hält und recht gut kontrollierbar ist. Dazu kommen andere attraktive Goldruten-Arten, die kaum aus dem Garten ausbüchsen.

Arten und Sorten: Als gartentauglich haben sich die 50–70 cm hohen, reich blühenden Solidago-Hybriden wie 'Goldenmosa' und 'Strahlenkrone' bewährt, die meist im Juli und August blühen, teils bis in den September hinein. Eine ähnliche Blütenfülle bietet die bis 100 cm hohe S. rugosa 'Fireworks' von August bis Oktober; sie breitet sich mit ihren Rhizomen maßvoll aus.

Die 60 cm hohe Goldbandrute (S. caesia) wartet von September bis Oktober mit zierlichen, langen Blütenrispen auf. Auch die heimische Gewöhnliche Goldrute (S. virgaurea) kann sich mit ihren lockeren Blütenrispen von Juli bis September durchaus sehen lassen. Neben der 60–100 cm hohen Art gibt es von ihr auch eine 10 cm kleine Zwergform (S. virgaurea subsp. minuta).

Verwendung: Einzeln oder in kleinen Gruppen; in Beeten und Rabatten, am Gehölzrand, in prärieartigen Pflanzungen. Harmoniert zum Beispiel mit Indianernessel, Phlox, Rittersporn und Herbstastern. Als Schnittstaude geeignet.

Standort: Sonnig, toleriert auch leichte Beschattung. Boden durchlässig, humos, nährstoffreich, frisch bis mäßig trocken.

Pflanzen: Im Herbst oder Frühjahr, mit 40–50 cm Abstand.

Pflegen: Bei Trockenheit des Öfteren gießen. Bei Bedarf stützen. Abgeblühte Blütenstände ausschneiden, um Selbstaussaat zu vermeiden. Im Spätherbst bis knapp über dem Boden zurückschneiden. Überhandnehmende Rhizome abstechen und Schösslinge entfernen. Im Frühjahr mit Kompost versorgen.

Vermehren: Durch Teilung im Spätherbst oder Frühjahr oder durch Stecklinge im Frühsommer. Von der Gewöhnlichen Goldrute sind Samen für eine Anzucht im Frühjahr erhältlich.

EHRENPREIS

Veronica

Wegerichgewächse (Plantaginaceae)
zwischen Mai und September, je nach Art
blau, violett, rosa, weiß 30–100 cm

Schon vor geraumer Zeit wurden einige der Ehrenpreisarten „offiziell" in Pseudolysimachion umbenannt, doch im Handel finden Sie sie meist noch unter dem vertrauteren Namen Veronica. Die überwiegend in Süd-, Südosteuropa und Vorderasien beheimateten, anspruchslosen Stauden bereichern mit ihren bienenumschwärmten Blütenkerzen über lanzettlichen, meist grünen Blättern vor allem naturnahe Pflanzungen. Ihre Horste breiten sich oft über kriechende Rhizome langsam aus.

Ähriger Ehrenpreis (Veronica spicata)

Arten und Sorten: Die meisten Sorten des Ährigen Ehrenpreises (Veronica spicata) werden rund 40 cm hoch und blühen hauptsächlich im Juli und August; manche starten schon etwas früher, andere recht spät und blühen dann oft bis September. Schöne Sorten sind zum Beispiel 'Rotfuchs' in kräftigem Rosarot, 'Fairytale' in Zartrosa und der nur 10 cm hohe, leuchtend blau und früh blühende 'Blauteppich'. Bei der rund 20 cm hohen V. spicata subsp. incana mit den Sorten 'Silbersee' und 'Silberteppich' werden die blauen Blüten von silbrig graugrünen Blättern untermalt.
Der 50–100 cm hohe Wiesen- oder Große Kerzenehrenpreis (V. longifolia) blüht zur selben Zeit und wirkt mit seinen langen Blütenkerzen wie eine größere Ausgabe des Ährigen Ehrenpreises. Auch von ihm gibt es blau, rosa und weiß blühende Sorten, darunter die besonders stattliche 'Blauriesin'.
Die etwa 30 cm hohen Sorten des Büschelehrenpreises (Veronica teucrium) zeigen schon von Mai bis Juli locker traubenartige Blütenstände in Blau oder Weiß.
Daneben gibt es einige Steingartenspezialisten, die flache Polster oder Kissen bilden, etwa den Armenischen Ehrenpreis (V. armena) mit blauen Blüten im Mai und Juni, sowie den vor allem für Teichränder geeigneten Bachehrenpreis (V. beccabunga, siehe Seite 209).

Verwendung: In kleinen Gruppen; für naturnahe Pflanzungen, Wiesenehrenpreis auch für Beete und Rabatten, die anderen auch im Steingarten. Schön zum Beispiel mit Fackellilie, Mädchenauge und Schafgarbe.
Standort: Sonnig, Ähriger und Büschelehrenpreis gern vollsonnig. Boden gut durchlässig, humos, mäßig nährstoffreich, für den Ährigen Ehrenpreis trocken, für den Büschelehrenpreis eher frisch, für den Wiesenehrenpreis frisch bis feucht.
Pflanzen: Vorzugsweise im Frühjahr, mit 30–40 cm Abstand.
Pflegen: Der Ährige Ehrenpreis benötigt kaum Wassergaben, der Büschelehrenpreis nur gelegentlich; den Wiesenehrenpreis dagegen bei anhaltender Trockenheit regelmäßig gießen. Verblühte Blütenstände gleich bis zu oberen Stängelblättern herausschneiden, im Herbst die Stängel handbreit über dem Boden wegschneiden. Wiesenehrenpreis im Frühjahr mit Kompost versorgen. Bei nachlassender Blühfreude durch Teilung verjüngen.
Vermehren: Durch Teilung im Frühjahr; die Arten und manche Sorten auch durch Anzucht aus Samen im Frühjahr (Lichtkeimer).

POLSTERSTAUDEN UND BODENDECKER FÜR SONNIGE PLÄTZE

Name	Blüte	Höhe, Wuchs	Standort, Hinweise
Stachelnüsschen Acaena-Arten	Juni bis Juli weiß, unscheinbar; zierende rotbraune Stachelfrüchte	5–10 cm, teppichartig; meist blaugrüne Blätter, wintergrün	Durchlässiger, recht magerer Boden
Gänsekresse Arabis caucasica	April bis Mai weiß	10–20 cm, mattenartig; graufilzige Blätter	Auch für Halbschatten; durchlässiger, normaler bis magerer Boden; nach der Blüte zurückschneiden
Alpenaster (Bild) Aster alpinus	Mai bis Juni weiß, rosa, blau, violett	15–30 cm, polsterbildend	Durchlässiger, normaler bis magerer Boden; nach der Blüte zurückschneiden (siehe auch S. 146)
Blaukissen (Bild) Aubrieta-Hybriden	April bis Mai blau, rosa, lila, rot, weiß	10 cm, polsterbildend; winter- bis immergrün	Durchlässiger, nährstoffreicher, kalkhaltiger Boden; nach der Blüte zurückschneiden
Felsensteinkresse Aurinia saxatilis (auch: Alyssum saxatile)	April bis Mai gelb	20–40 cm, polsterbildend; graugrüne Blättchen, winter- bis immergrün	Durchlässiger, sandiger, auch magerer Boden
Niedrige Glockenblumen (Bild) Campanula-Arten	Juni bis August blau, violett, rosa, weiß	10–20 cm, polsterbildend	Auch für Halbschatten; durchlässiger, normaler bis magerer Boden (siehe auch S. 153)
Heidenelke Dianthus deltoides	Juni bis August rosa, weiß	5–20 cm, polsterbildend	Durchlässiger, recht magerer, am besten kalkarmer Boden; nach der Blüte zurückschneiden
Pfingstnelke Dianthus gratianopolitanus	Mai bis Juli rosa, rot, weiß, auch zweifarbig	5–15 cm, polsterbildend; meist mit blau- bis graugrünen Blättern, winter- bis immergrün	Durchlässiger, recht magerer Boden
Niedrige Enziane (Bild) Gentiana-Arten	Zwischen April und Oktober je nach Art blau, hellviolett, weiß	5–20 cm, polster- bis rasenartig; teils winter- bis immergrün	Auch für Halbschatten; durchlässiger, humoser, mäßig nährstoffreicher Boden; je nach Art kalkmeidend, kalkliebend oder kalktolerant
Niedrige Storchschnäbel Geranium-Arten	Zwischen Mai und August, je nach Art rosa, rot, violett, blau, weiß	10–40 cm, kissen- bis teppichartig; teils mit rotbraunem Laub oder attraktiver Herbstfärbung	Auch für Halbschatten; durchlässiger, humoser, mäßig nährstoffreicher Boden (siehe auch S. 172)
Teppichschleierkraut (Bild) Gypsophila repens	Mai bis Juli weiß, rosa	10–30 cm, polster- bis teppichartig; graugrüne Blätter	Durchlässiger, recht magerer Boden
Schleifenblume (Bild) Iberis sempervirens	April bis Mai weiß	15–25 cm, polsterbildend; immergrün	Durchlässiger, normaler bis magerer Boden; nach der Blüte zurückschneiden
Steinsame Lithodora diffusa	Mai bis Juli blau, weiß	10–15 cm, niederliegend, teppichartig; immergrün	Durchlässiger, normaler bis magerer, kalkarmer Boden
Polsterphlox Phlox douglasii, Phlox subulata	April bis Juni rosa, lila, rot, weiß	5–15 cm, polster- bis teppichartig; winter- bis immergrün	Durchlässiger, normaler bis magerer Boden; Rückschnitt nach der Blüte günstig (siehe auch S. 115)
Rotes Seifenkraut Saponaria ocymoides	Mai bis Juli rosarot, weiß	10–20 cm, polster- bis rasenartig	Durchlässiger, mäßig nährstoffreicher, kalkhaltiger Boden

Name	Blüte	Höhe, Wuchs	Standort, Hinweise
Goldfetthenne Sedum floriferum	Juni bis Juli gelb	15–20 cm, flach ausgebreitet bis teppichartig; rötliche Herbstfärbung, wintergrün	Durchlässiger, mäßig nährstoffreicher Boden
Wollziest Stachys byzantina	Juni bis August rosa bis violett, in weiß behaarten Ständen	20–40 cm, niederliegend, kriechend; silbrig graue Blätter, wintergrün	Durchlässiger, bevorzugt magerer Boden, sehr trockenheitsverträglich
Echter Ehrenpreis Veronica officinalis	Juni bis August blau	10–30 cm, kriechend, teppichartig	Auch für Halbschatten; durchlässiger, magerer, kalkarmer Boden

Links: Alpenaster (Aster alpinus), rechts: Blaukissen (Aubrieta-Hybriden)

Links: Niedrige Glockenblume (Campanula-Arten); rechts: Niedrige Enziane (Gentiana-Arten)

Links: Teppichschleierkraut (Gypsophila repens); rechts: Schleifenblume (Iberis sempervirens)

BODENDECKER FÜR SCHATTIGE PLÄTZE

Name	Blüte	Höhe, Wuchs	Standort, Hinweise
Günsel Ajuga reptans	Mai bis Juni blau, violett, weiß	10–20 cm, teppichartig, wuchert recht stark; Sorten mit rötlichen und gemusterten Blättern, winter- bis immergrün	Halbschattig, auch sonnig; lehmig humoser, frischer Boden
Haselwurz Asarum europaeum	März bis Mai rotbraun, unscheinbar	10–20 cm, teppichartig; glänzend grüne Blätter, immergrün	Halbschattig bis schattig; humoser, kalkhaltiger, frischer Boden; giftig!
Zwergastilbe Astilbe chinensis var. Pumila	August bis September violettrosa	25–30 cm, kriechend, starke Ausläuferbildung	Halbschattig, auch sonnig; humoser, kalkarmer, frischer Boden (siehe auch S. 150)
Teppichhartriegel Cornus canadensis	Juni bis Juli weiß; rote Früchte	10–20 cm, teppichartig; rote Herbstfärbung, wintergrün	Halbschattig, auch sonnig; humoser, kalkarmer, frischer Boden
Elfenblumen mit Ausläufern Epimedium-Arten	April bis Mai gelb, rötlich, rosa	20–40 cm, kriechend bis teppichartig, teils starke Ausläuferbildung; Sorten mit schön gemusterten Blättern	Halbschattig bis schattig; humoser, frischer bis feuchter, leicht saurer Boden (siehe auch S. 166)
Waldmeister Galium odoratum	Mai bis Juni weiß	10–30 cm, teppichartig; ansprechende Blattquirle	Halbschattig bis schattig; humoser, frischer bis feuchter Boden
Bergwaldstorchschnabel Geranium nodosum	Mai bis August rosa, violett	30–50 cm, aufrecht, ausläuferbildend und sich versamend; glänzend dunkelgrüne Blätter	Halbschattig bis schattig; humoser, kalkarmer, frischer Boden (siehe auch S. 174)
Goldnessel Lamiastrum galeobdolon	Mai bis Juni gelb	15–25 cm, teppichartig, wuchert recht stark; Sorten mit silbrig gefleckten Blättern, wintergrün	Halbschattig bis schattig; humoser, frischer bis feuchter Boden
Gefleckte Taubnessel Lamium maculatum	Mai bis Juli rosa, violett, weiß	15–25 cm, teppichartig, wuchert recht stark; Blätter silbrig gefärbt oder gemustert, wintergrün	Halbschattig bis schattig; humoser, frischer bis feuchter Boden
Lungenkraut Pulmonaria-Arten	März bis Mai blau, rosa, violett, rot, weiß	20–35 cm, kissenartig; oft mit silbrig gemusterten Blättern	Halbschattig; humoser, frischer bis feuchter Boden
Moossteinbrech Saxifraga x arendsii	April bis Mai rosa, rot, weiß	10–20 cm, polsterartig; dichte Blattrosetten, wintergrün	Halbschattig; humoser, frischer Boden
Kaukasus-Beinwell Symphytum grandiflorum	April bis Mai blau, rosarot, gelb	20–30 cm, teppichartig, wuchert recht stark; große, dunkelgrüne Blätter	Halbschattig, auch sonnig; humoser, trockener bis frischer Boden
Schaumblüte Tiarella cordifolia	April bis Mai weiß	10–30 cm, teppichartig; rötliche Herbstfärbung, wintergrün	Halbschattig bis schattig; humoser, am besten kalkarmer, frischer Boden
Immergrün Vinca major, Vinca minor	April bis Mai blau, violett, rosa, rot, weiß	10–40 cm, kriechend bis teppichartig, V. minor stärker wuchernd; immergrün	Halbschattig bis schattig; humoser, bevorzugt kalkhaltiger, frischer Boden; giftig!
Duftveilchen Viola odorata	März bis April blau, violett, rosa, weiß, gelb	10–15 cm, teppichartig; herzförmige, dunkelgrüne Blätter	Halbschattig, auch sonnig; humoser, trockener bis frischer Boden
Golderdbeere Waldsteinia geoides, Waldsteinia ternata	April bis Mai gelb	10–30 cm, kissen- bis teppichartig, W. ternata wuchernd; immergrün	Halbschattig bis schattig; humoser, frischer Boden

ZIERGRÄSER

Name	Blüten/Fruchtstände	Höhe, Wuchs	Standort, Hinweise
Reitgras Calamagrostis x acutiflora	Juni bis Juli gelb-braun, in aufrechten, schlanken, langen Rispen	60–150 cm; straff aufrechte Horste	Sonnig; noch über Winter sehr attraktiv; 'Overdam' mit weiß gestreiften Blättern
Morgensternsegge Carex grayi	Juni bis August grüne, sternkugelförmige Blüten- und Samenstände	60–80 cm; aufrecht, buschig	Sonnig bis halbschattig; feuchter Boden, schön am Teich- und Gehölzrand
Japansegge Carex morrowii 'Variegata'	Mai bis Juli gelbe Ähren	40 cm; Horste mit überhängenden, weiß gerandeten Blättern; wintergrün	Halbschattig, auch mäßiger Gehölzschatten; ähnliche Sorten mit gelben oder weißlichen Rändern
Pampasgras Cortaderia selloana	September bis November silbrig weiß in großen, federartigen Büscheln	150–250 m; breite, aufrechte Horste, überhängend	Sonnig, geschützt; noch über Winter sehr attraktiv; vor Winternässe und Frösten schützen
Blauschwingel Festuca cinerea	Juni bis Juli gelblich braun in schlanken Rispen	20–40 cm; polsterförmig bis halbkugelig; graublaue Blätter, wintergrün	Sonnig, gern vollsonnig; trockenheitsverträglich
Goldenes Japangras Hakonechloa macra	Juli bis August gelb-grün, in lockeren Rispen	30–60 cm; dichte Horste mit überhängenden, goldgelben Blättern	Halbschattig, lichter Gehölzschatten; frischer bis feuchter Boden; Sorten mit helleren oder weißen Längsstreifen, z. B. 'Albostriata'
Schneemarbel Luzula nivea	Juni bis Juli weiß, in knäuelartigen Büscheln	20–40 cm; lockere Horste, polsterartig; wintergrün	Halbschattig bis schattig; gut für Gehölzunterpflanzung geeignet
Chinaschilf Miscanthus sinensis	September bis Oktober silbrig, weiß oder rötlich, in fedrigen Rispen	50–250 cm; straff aufrechte, breite Horste	Sonnig; zahlreiche Sorten in verschiedenen Höhen und Blütentönen, teils mit hübsch gemusterten Blättern
Lampenputzergras Pennisetum alopecuroides, Pennisetum orientale	Juli bis Oktober gelbbraun oder rosa bis silbrig, in fedrigen Ähren	50–130 cm: kompakte Horste mit überhängenden Blättern	Sonnig; noch über Winter sehr attraktiv; mehrere Sorten in verschiedenen Höhen und Blütentönen
Silberährengras Stipa calamagrostis (auch: Achnatherum calamagrostis)	Juli bis September gelblich weiß in fedrigen, überhängenden Rispen	50–100 cm; aufrechte bis überhängende Horste, blaugrüne Blätter	Sonnig, gern vollsonnig; trockenheitsverträglich; noch über Winter sehr attraktiv

STAUDEN FÜR DEN TEICHRAND

Name	Blüte	Höhe, Wuchs	Standort, Hinweise
Schneckenknöterich Bistorta affinis	Juli bis September rosa, weiß	15–25 cm; teppichartig; orangerote Herbstfärbung	Sonnig bis halbschattig; frischer bis feuchter Boden
Sumpfdotterblume Caltha palustris	April bis Mai gelb, weiß	20–40 cm; horstartig, buschig	Sonnig bis halbschattig; feuchter bis sumpfiger Boden, bis 10 cm Wassertiefe; giftig!
Sumpfwolfsmilch Euphorbia palustris	Mai bis Juni gelb	80–120 cm; horstartig, ausläuferbildend	Sonnig bis halbschattig; feuchter bis sumpfiger Boden, bis 10 cm Wassertiefe
Echtes Mädesüß Filipendula ulmaria	Juni bis August cremeweiß	80–150 cm; horstartig, ausläuferbildend	Sonnig bis halbschattig; feuchter Boden
Kleines Mädesüß Filipendula vulgaris	Juni bis August weiß	30–50 cm; horstartig	Sonnig bis halbschattig; frischer bis feuchter Boden
Bachnelkenwurz Geum rivale	Mai bis Juni rosa, purpurn, cremegelb	20–40 cm; horstartig, buschig	Sonnig bis halbschattig; frischer bis feuchter Boden
Sumpfschwertlilie Iris pseudacorus	Mai bis Juli gelb	80–100 cm; horstartig aufrecht, kriechende Ausbreitung	Sonnig bis halbschattig; feuchter bis sumpfiger Boden, bis 30 cm Wassertiefe
Sibirische Schwertlilie Iris sibirica	Mai bis Juni blau, blauviolett, weiß	50–100 cm; horstartig aufrecht	Sonnig; frischer bis feuchter Boden
Purpurgreiskraut Ligularia dentata	Juli bis September orangegelb	60–120 cm; horstartig, buschig; dunkelrotbraune Blätter	Sonnig bis halbschattig; frischer bis feuchter Boden
Pfennigkraut Lysimachia nummularia	Mai bis Juli gelb	5–10 cm; teppichartig, ausläuferbildend; wintergrün	Sonnig bis halbschattig; frischer bis sumpfiger Boden
Blutweiderich Lythrum salicaria	Juli bis September purpurrot, rosa	60–120 cm; horstartig aufrecht	Sonnig bis halbschattig; feuchter bis sumpfiger Boden, bis 20 cm Wassertiefe
Gauklerblume Mimulus-Arten	Juni bis September gelb, orange, rot	15–50 cm; horstartig, buschig, ausläuferbildend	Sonnig bis halbschattig; feuchter bis sumpfiger Boden
Sumpfvergissmeinnicht Myosotis palustris	Mai bis September blau, rosa, weiß	20–40 cm; kissenartig, kriechend	Sonnig bis halbschattig; feuchter bis sumpfiger Boden, bis 10 cm Wassertiefe
Etagenprimeln Primula bulleyana, Primula x bullesiana	Juni bis August gelb, orange, rot, rosa	40–60 cm; horstartig, aufrecht	Halbschattig, absonnig; frischer bis feuchter Boden (siehe auch S. 196)
Kugelprimel Primula denticulata	März bis Mai lila, rosa, rot, weiß	20–30 cm; horstartig, aufrecht	Halbschattig, absonnig; frischer bis feuchter Boden (siehe auch S. 196)
Japanische Etagenprimel Primula japonica	Mai bis Juli rosa, rot, weiß	40–60 cm; horstartig, aufrecht	Halbschattig, absonnig; frischer bis feuchter Boden (siehe auch S. 196)
Rosenprimel Primula rosea	März bis April rosa	20–30 cm; horstartig, aufrecht	Halbschattig, absonnig; frischer bis feuchter Boden (siehe auch S. 196)

Name	Blüte	Höhe, Wuchs	Standort, Hinweise
Dreimasterblume Tradescantia x andersoniana	Juni bis September blau, violett, rosa, weiß	30–50 cm; horstartig, buschig	Sonnig bis halbschattig; frischer bis feuchter Boden
Trollblume Trollius europaeus	Mai bis Juni gelb	40–50 cm; horstartig, buschig	Sonnig; feuchter Boden; giftig!
Bachehrenpreis, Bachbunge Veronica beccabunga	Mai bis August blau	20–30 cm; teppichartig, ausläuferbildend	Sonnig bis halbschattig; feuchter bis sumpfiger Boden

FARNE

Name	Blätter/Wedel	Höhe, Wuchs	Standort, Hinweise
Pfauenradfarn Adiantum pedatum	Fein gefiedert, hell- bis blaugrün	40–50 cm; buschig, aufrecht bis überhängend	Halbschattig bis schattig; feuchter, saurer Boden
Frauenfarn Athyrium filix-femina	Fein gefiedert, helllgrün	50–90 cm; breit buschig	Halbschattig bis schattig; feuchter, saurer bis neutraler Boden
Rippenfarn Blechnum spicant	Gefiedert, kräftig grün, wintergrün	30–50 cm; dicht buschig, aufrecht	Halbschattig bis schattig; feuchter, saurer Boden
Wurmfarn Dryopteris filix-mas	Groß, gefiedert, dunkelgrün, teils wintergrün	80–120 cm; aufrechte, trichterförmige Horste	Sonnig bis schattig; verträgt selbst mäßig trockenen Boden; 'Crispa' mit krausen Wedeln
Straußfarn Matteucia struthiopteris	Groß, gefiedert; sporentragende Wedel kurz und wintergrün	100–150 cm; aufrechte, trichterförmige, majestätische Horste	Halbschattig bis schattig; feuchter, saurer Boden; breitet sich mit Ausläufern stark aus
Königsfarn Osmunda regalis	Groß, gefiedert, gelblich grün, aufrecht	80–120 cm; breit aufrechte, buschige, stattliche Horste	Halbschattig bis schattig; feuchter, saurer Boden; 'Purpurascens' mit rötlichem Austrieb und rötlichen Stielen
Hirschzungenfarn Phyllitis scolopendrium	Zungenartig, ganzrandig, gewellt, glänzend grün, teils wintergrün	40–60 cm; kompakte, trichterförmige Horste	Halbschattig bis schattig; feuchter, kalkhaltiger Boden
Tüpfelfarn Polypodium vulgare	Gefiedert, mittel- bis dunkelgrün, ledrig	20–40 cm; breit aufrecht, kriechende Ausbreitung	Halbschattig bis schattig; frischer bis mäßig trockener, neutraler bis saurer Boden
Weicher Schildfarn Polystichum setiferum	Fein gefiedert, matt- bis dunkelgrün, wintergrün	40–70 cm; breite, buschige Horste	Halbschattig bis schattig; feuchter, saurer Boden

ZWIEBEL- UND KNOLLENBLUMEN

DIE BLUMEN DER ZWIEBEL- UND KNOLLENPFLANZEN Hier finden Sie prägnante Kurzporträts mit allen wichtigen Angaben für die Auswahl und Pflege prächtiger Blütenpflanzen, die im nächsten Jahr wiederkommen.

PFLANZENSYMBOLE

Standort
Wasserbedarf
Pflegeleicht
Familie
Blütezeit
Blütenfarbe
Wuchshöhe
Giftig/Hautreizend

ZIERLAUCH

Allium

Amaryllisgewächse (Amaryllidaceae) zwischen Mai und August, je nach Art violett, blau, rosa, rot, weiß, gelb 20–150 cm

Auf den ersten Blick mag es merkwürdig erscheinen, dass die prächtigen Zierlauch-Arten ebenso zur Gattung Allium gehören wie Küchenzwiebel und Gemüselauch. Doch wenn sich der Schnittlauch im Sommer mit hellvioletten Blütenbällchen schmückt, lässt er schon erahnen, welcher Zierwert in manchen seiner Verwandten steckt. Die meisten Zierlauch-Arten stammen aus sommertrockenen Regionen in Südeuropa, Vorder- oder Zentralasien. Ihre im Boden überdauernden Zwiebeln kommen in der Regel auch mit unserer Winterkälte und -feuchtigkeit gut zurecht.

Im Frühjahr treiben je nach Art schmale, grasähnliche oder breit riemenförmige, frisch- bis blaugrüne Blätter aus, die oft recht breite Horste bilden. Darüber erheben sich kräftige unbeblätterte Stängel, an deren Spitzen sich meist kugelförmige Stände aus unzähligen kleinen Sternblütchen entfalten – bei den stattlichsten Arten mit bis zu 30 cm Durchmesser. Die Blätter beginnen teils schon während der Blüte zu welken und ziehen früh ein. Doch selbst nach dem Verblühen bieten die Zierlauch-Arten mit ihren auffälligen gelblichen Samenständen etwas fürs Auge. Die Blütenbälle haben große Anziehungskraft auf Honig-, Wildbienen und andere Insekten.

Arten und Sorten: Bereits im Mai und Juni erscheinen die großen violetten Blütenbälle des Iranlauchs (Allium aflatunense) an bis zu 100 cm hohen Schäften über blaugrünen Blättern; besonders prachtvoll ist die Sorte 'Purple Sensation'. Noch majestätischer präsentiert sich zur selben Zeit der 150 cm hohe Allium 'Gladiator' mit lilarosa Blütenbällen. Weiße Kugeln sind das Markenzeichen der rund 100 cm hohen Allium-Hybriden 'Mount Everest' und 'Mont Blanc'. Ein weiterer Frühblüher ist der nur 20–25 cm hohe Blauzungenlauch (A. karataviense) mit zartvioletten Blütenkugeln und breiten graublauen Blättern, die lange ansehnlich bleiben.

Im Juni und Juli blühen die meisten Arten. Darunter der stattliche, bis 150 cm hohe Rie-

Sternkugellauch (Allium christophii)

senlauch (A. giganteum) mit kompakten violetten Blütenbällen. Etwas niedriger bleiben die Allium-Hybriden 'Globemaster' (hellviolett) und 'Ambassador' (dunkelviolett), die üppige, bis 30 cm große Blütenkugeln tragen. Ähnlich große Blütenstände bietet der nur rund 50 cm hohe, blaugrün belaubte Sternkugellauch (A. christophii); seine lockeren Kugeln setzen sich aus hellviolett schimmernden Blütensternen zusammen. Mit kornblumenblauen, dichten Blütenkugeln über grasartigen Blättern wartet der 50 cm hohe Blaulauch (A. caeruleum) auf. Der Schwarzpurpurne Lauch (A. atropurpureum), 80 cm hoch, bezaubert mit weinroten, halbkugeligen Dolden, der zierliche Goldlauch (A. moly), 20–30 cm hoch, mit ungewöhnlich goldgelben Halbkugeln über blaugrünem Laub. Zu den Besonderheiten zählt auch der 30 cm hohe Gelbe Lauch (A. flavum) mit hellgelben, hängenden Glockenblütchen in lockeren Dolden, von Juni bis August. Im Juli/August präsentiert der rund 80 cm hohe Kugellauch (A. sphaerocephalon) seine purpurroten, kegelförmigen, dicht gepackten Blütenstände.

Verwendung: Einzeln oder in kleinen Trupps, niedrige Arten auch in größeren Gruppen; in Beeten und Rabatten, im Steppen- und Steingarten. Schöne Nachbarn sind zum Beispiel Bartiris, Sommersalbei und Ziergräser; hohe sommerblühende Stauden wie Phlox, Glockenblumen und Schafgarbe können die früh welkenden Blätter verdecken. Arten mit großen Blütenständen eignen sich meist auch gut für den Schnitt.

Standort: Sonnig, Goldlauch auch halbschattig. Boden gut durchlässig, humos, nährstoffreich, am besten leicht kalkhaltig, mäßig trocken bis frisch.

Pflanzen: Zwiebeln im Herbst stecken, je nach Größe 5–20 cm tief, mit 25–60 cm Abstand.

Pflegen: Im Frühjahr zum Austrieb mit Kompost oder organischem Volldünger versorgen. Bei stark versamenden Arten wie Goldlauch Samenstände wegschneiden, wenn keine Selbstaussaat gewünscht wird.

Vermehren: Durch Teilen der Horste beziehungsweise Abnehmen von Brutzwiebeln im Spätsommer, nach dem Einziehen der Blätter. Auch eine Aussaat ist möglich (Kaltkeimer), aber langwierig; es dauert meist mehrere Jahre, bis die Pflanzen blühen.

STRAHLENANEMONE

Anemone blanda

Hahnenfußgewächse (Ranunculaceae)
März bis April *blau, violett, rot, rosa, weiß*
10–20 cm

Die in Vorderasien und Südosteuropa beheimateten Strahlenanemonen, auch bekannt als Frühlingsanemonen, Blaue oder Balkan-Windröschen, sind attraktive kleine Frühjahrsblüher mit markanten sternförmigen Blüten und gute Insektenweiden. Aus ihren kleinen, schwärzlichen Knollen treiben im zeitigen Frühling zarte, kurze Stängel mit handförmig geteilten, mattgrünen Blättern, die nach der Blüte einziehen. An zusagenden Plätzen breiten sich Strahlenanemonen gern durch Selbstaussaat zu kleinen Kolonien aus.

Vorsicht: Alle Pflanzenteile enthalten schwach giftige Stoffe, die bei Berührung Hautreizungen hervorrufen können.
Arten und Sorten: Neben der blau blühenden Art werden Sorten wie 'Blue Shades' (intensives Blau), 'White Splendour' (weiß), 'Charmer' (rosa), 'Radar' (purpurrot mit weißer Mitte) und 'Violet Star' (violett mit weißer Mitte) angeboten, zuweilen auch in bunten Prachtmischungen. Bis 40 cm hoch wachsen die etwas frostempfindlichen Kronenanemonen (Anemone coronaria), ebenfalls Knollenpflanzen, die ab April besonders farbenprächtige, teils gefüllte Blüten hervorbringen und gern als Schnittblumen verwendet werden.
Robust und schattenverträglich sind dagegen das im Frühjahr weiß oder blau blühende Buschwindröschen (A. nemorosa) und das Gelbe Windröschen (A. ranunculoides), beides heimische, niedrige, rhizombildende Stauden, die sich teppichartig ausbreiten.
Verwendung: In kleinen Gruppen; vor und unter lichten Gehölzen, im Steingarten, in Wiesen, gut zum Verwildern geeignet; schön mit anderen Frühjahrsblühern wie Traubenhyazinthen, Wildtulpen und Primeln.
Standort: Sonnig bis halbschattig, im lichten Gehölzschatten. Boden gut durchlässig, humos, kalkhaltig, mäßig trocken bis frisch.
Pflanzen: Knollen im Herbst pflanzen, 5–8 cm tief, mit 10–15 cm Abstand. Am besten legen Sie die meist recht trockenen Knollen vor der Pflanzung einige Stunden in lauwarmes Wasser.
Pflege: Im Herbst dünn mit Kompost überstreuen und in rauen Lagen über Winter mit etwas Laub abdecken.
Vermehren: Durch Abnehmen von Brutknollen nach der Welke der Blätter oder im Spätsommer.

Strahlenanemone (Anemone blanda)

KNOLLENBEGONIE

Begonia x tuberhybrida

Schiefblattgewächse (Begoniaceae) *Mai bis Oktober* *gelb, orange, rot, rosa, weiß, auch zweifarbig* *20–50 cm*

Diese prachtvollen Sommerblüher stammen ursprünglich aus Mittel- und Südamerika. Seit dem 19. Jahrhundert wurden aus knollenbildenden Wildarten unzählige Sorten gezüchtet, zu denen immer wieder neue hinzukommen. Die buschig wachsenden Pflanzen mit den großen, gezähnten, grünen oder auch bräunlichen Blättern sind in unseren Breiten nicht winterhart. Öfter werden sie deshalb auch nur einjährig kultiviert, besonders bei Verwendung als Balkonpflanzen.

Arten und Sorten: Die fast unüberschaubare Vielfalt der Sorten wird je nach Blütengröße in Riesen-, groß-, mittel- und kleinblumige Knollenbegonien unterteilt. Die „Riesen" weisen bis zu 20 cm Blütendurchmesser auf und werden bis 50 cm hoch, kleinblumige Sorten begnügen sich mit 5 cm Durchmesser und 20–30 cm Höhe. Blüten gibt es in allen Nuancen von Gelb, Orange, Rot, Rosa und Weiß, wobei Sie zudem zwischen Sorten mit einfachen, halb gefüllten und gefüllten Blüten sowie mit ganzrandigen, gefransten und gerüschten Blütenblättern wählen können. Daneben warten manche Sorten mit dekorativen rotbis schwarzbraunen oder dunkel geaderten Blättern auf. Für Blumenampeln und andere Pflanzgefäße gibt es außerdem Hängebegonien mit bis zu 60 cm langen Trieben.
Verwendung: In kleinen und größeren Gruppen auf Beeten und Rabatten; niedrige Sorten auch in Balkonkästen und Töpfen, Hängesorten in Ampeln. Schön zum Beispiel mit Fleißigen Lieschen, Pantoffelblumen und Löwenmäulchen.
Standort: Am besten halbschattig, auch sonnig oder stärker beschattet; im Schatten fällt die Blüte allerdings schwächer aus. Etwas geschützter Platz. Boden gut durchlässig, humos, nährstoffreich, frisch.
Pflanzen: Die Knollen erst Mitte Mai auspflanzen; mit der hohlen Seite nach oben 2–3 cm tief in den Boden drücken, je nach Wuchshöhe mit 20–40 cm Abstand. Sie können die Knollen auch schon im März in Töpfen mit Blumenerde vortreiben. Stellen Sie diese bei 16–18 °C auf und nach dem Erscheinen der ersten Triebe möglichst hell. Die dann gegen Mitte Mai ins Freie gesetzten Jungpflanzen wachsen schnell an und blühen schon zeitig.
Pflegen: Gleichmäßig feucht, aber nicht zu nass halten. Im Garten alle drei bis vier Wochen, in Pflanzgefäßen alle ein bis zwei Wochen mit Volldünger versorgen. Hohe, großblumige Begonien an einen Stützstab binden; Verblühtes regelmäßig entfernen. Zum Überwintern im Oktober, vor Frosteintritt, die Triebe kurz über den Knollen wegschneiden, die Knollen von anhaftender Erde säubern und einige Tage abtrocknen lassen. Bis zum Wiederauspflanzen im nächsten Mai werden sie am besten an einem kühlen (5–8 °C), dunklen Platz gelagert.
Vermehren: Im Frühjahr bereits angetriebene Knollen in Teilstücke mit jeweils ein bis zwei Triebknospen zerschneiden und nach dem Eintauchen der Schnittflächen in Holzkohlepulver einzeln in Töpfe pflanzen. Von manchen Sorten werden Samen angeboten; die Anzucht ist aber recht langwierig und gelingt nicht immer.

Knollenbegonie (Begonia x tuberhybrida)

Sternhyazinthe, Schneeglanz (Chionodoxa forbesii)

Verwendung: In kleinen und größeren Gruppen; am Gehölzrand, unter laubabwerfenden Sträuchern, in Wiesen, in kleinen Grüppchen auch in Beeten und Rabatten. Schön mit Narzissen und Botanischen Krokussen.
Standort: Sonnig bis halbschattig, im lichten Gehölzschatten. Boden gut durchlässig, humos, nährstoffreich und frisch.
Pflanzen: Die Zwiebeln im Herbst 6–8 cm tief stecken, mit 5–10 cm Abstand.
Pflegen: Bei ausgeprägter Frühjahrstrockenheit gelegentlich gießen. Pflanzflächen in Wiese und Rasen erst mähen, nachdem das Laub vollständig eingezogen ist. Gelegentlich im Herbst oder zeitigen Frühjahr mit Kompost überstreuen.
Vermehren: Durch Teilung größerer Bestände nach dem Einziehen der Blätter.

SCHNEEGLANZ

Chionodoxa forbesii

Spargelgewächse (Asparagaceae)
März bis April blau, rosa 15–20 cm

Diese auch als Schneestolz und Sternhyazinthen bekannten, robusten Frühjahrsblüher sind in der Westtürkei beheimatet und bilden mit der Zeit großflächige Teppiche, die aber Nachbarpflanzen kaum bedrängen. Im zeitigen Frühling schieben sich zwischen den schmalen, aufrechten Blättern kurze Schäfte mit lockeren Trauben aus lilablauen Sternblüten mit weißer Mitte nach oben. Bienen, Hummeln und Schwebfliegen freuen sich über das zeitige Nahrungsangebot.

Arten und Sorten: Häufig angebotene, schöne, recht großblütige Sorten sind 'Blue Giant' in kräftigem Blau und 'Pink Giant' in hellem Rosa. Der Große Schneeglanz (Chionodoxa luciliae) hat noch etwas größere, hellviolette Blüten, ist auch als weiß blühende Sorte erhältlich und breitet sich weniger stark aus.

MAIGLÖCKCHEN

Convallaria majalis

Spargelgewächse (Asparagaceae)
Mai bis Juni weiß, rosa 15–25 cm

Das in europäischen Wäldern verbreitete Maiglöckchen ist keine „echte" Zwiebelpflanze, sondern überdauert mit einem Rhizom. Da es aber in seiner Erscheinungs- und Lebensweise Zwiebel- und Knollenblumen ähnelt, wird es diesen öfter zugeordnet und häufig auch von Blumenzwiebelversendern angeboten.
Mit ihrem kriechenden Rhizom und mit Ausläufern breiten sich Maiglöckchen mit der Zeit zu Teppichen aus. Im Frühjahr treiben sie je zwei, seltener drei breit lanzettliche, aufrechte Blätter. Dazwischen schiebt sich der zierliche Schaft hoch, an dem sich die nickenden, intensiv und lieblich duftenden Glockenblüten entfalten. Daraus können sich leuchtend rote, kugelige Beeren entwickeln. Ab Spätsommer welken die Blätter und ziehen ein.

Vorsicht: Maiglöckchen sind in allen Teilen hoch giftig! Besonders die auffälligen, appetitlich aussehenden Beeren können für Kinder sehr gefährlich werden.

Arten und Sorten: Neben der reinen Art werden gelegentlich Sorten angeboten, zum Beispiel 'Plena' mit gefüllten Blüten, 'Rosea' mit zartrosa Blüten und 'Albostriata' mit weiß gestreiften Blättern.
Verwendung: In kleinen und größeren Gruppen; unter und vor Gehölzen, mit deren Wurzeldruck sie gut zurechtkommen. Hübsche Partner sind Elfenblumen, Duftveilchen, Immergrün und Taubnesseln. Beliebte, duftende Schnittblumen.
Standort: Halbschattig, im lichten Gehölzschatten, auch absonnig. Boden durchlässig, humos und frisch.
Pflanzen: Getopfte Jungpflanzen vorzugsweise im Herbst oder zeitigen Frühjahr, mit 20–25 cm Abstand. Rhizome, die oft erst ab Ende Oktober erhältlich sind, im Herbst oder Frühjahr etwa 3 cm tief einpflanzen.
Pflegen: Welke Blätter im Herbst zurückschneiden, dann mit Kompost überstreuen. Das Falllaub von Gehölzen liegen lassen oder mit dünner Laubschicht mulchen. Gelegentlich Ausläufer entfernen, wenn die Pflanzen zu stark wuchern und Nachbarn verdrängen.
Vermehren: Durch Teilung im Herbst, nach dem Welken der Blätter.

MONTBRETIE

Crocosmia × crocosmiiflora

Schwertliliengewächse (Iridaceae) · Juli bis September · orange, rot, gelb · 60–100 cm

Elegante Blütenähren in warm leuchtenden Farben und mit exotischem Flair: Damit zierten die aus Südafrika eingeführten Montbretien schon im 19. Jahrhundert viele Bauerngärten. Früher war es üblich, wie bei Dahlien und Gladiolen die Knollen im Herbst aus dem Boden zu nehmen und drinnen zu überwintern.
Das empfiehlt sich in Regionen mit sehr kalten und/oder nassen Wintern nach wie vor. Doch oft lassen sich Montbretien mit entsprechenden Vorkehrungen auch draußen recht gut über den Winter bringen. Dann können sie sich auch mit ihren nicht allzu stark wuchernden Ausläufern über die Jahre etwas ausbreiten. Die schmalen, langen, schwertförmigen Blätter treiben erst recht spät, gegen Ende April oder Anfang Mai, aus.

Arten und Sorten: Die Sorten werden meist als Züchtungen der Hybridform Crocosmia × crocosmiiflora angeboten, teils auch als C. masoniorum. Altbewährt und immer noch empfehlenswert ist die bis 100 cm hoch wachsende, robuste 'Lucifer' mit scharlachroten Blüten. Die meisten anderen Sorten werden 60–70 cm hoch und bieten hübsche orangerote oder gelbe Blüten. Eine besondere Schönheit ist 'Emily McKenzie', mit gelborangen, innen rot gefleckten Blüten.
Verwendung: Einzeln oder in kleinen Gruppen; in Beeten und Rabatten, im Bauerngarten, in steppenartigen Pflanzungen; auch im Kübel. Harmoniert zum Beispiel gut mit Alpenmannstreu, Dahlien, Sonnenbraut, Steppensalbei und Chinaschilf. Prächtige Schnittblume.
Standort: Sonnig, auch absonnig, warm, etwas geschützt. Boden gut durchlässig, am

Maiglöckchen (Convallaria majalis)

Montbretie (Crocosmia × crocosmiiflora)

Garten-, Frühlingskrokus (Crocus-Hybride, Crocus vernus)

besten sandig, humos, nährstoffreich, frisch bis mäßig trocken. Da die Knollen bei Dauernässe, besonders über Winter, zum Faulen neigen, empfiehlt es sich, vor der Pflanzung reichlich Sand oder feinen Splitt einzuarbeiten.

Pflanzen: Die Knollen im späten Frühjahr 5–10 cm tief pflanzen, mit 30–40 cm Abstand. Auch getopfte Jungpflanzen am besten im Frühjahr setzen.

Pflegen: Bei anhaltender Trockenheit zurückhaltend gießen. Im Herbst die Basis mit einer dicken Laubschicht und Fichtenreisig abdecken. Gegen Ende März den Winterschutz entfernen, welke Blätter und Stängel zurückschneiden und eine rund 3 cm dicke Kompostschicht ausbringen; diese nicht mit Hacke oder Kultivator einarbeiten, sonst drohen Verletzungen der Knollen. In rauen Lagen die oberirdischen Teile im Herbst wegschneiden, die Knollen drinnen kühl, dunkel und trocken überwintern und gegen Anfang Mai wieder auspflanzen.

Vermehren: Über im Frühjahr abgetrennte und gleich wieder eingepflanzte Brutknöllchen oder Ausläufer.

KROKUS

Crocus

Schwertliliengewächse (Iridaceae) zwischen Februar und April oder September bis Oktober blau, violett, purpurn, rosa, gelb, orange, weiß, auch mehrfarbig 5–15 cm

In Mittel- und Südeuropa, Nordafrika sowie Vorder- und Westasien gibt es rund 90 verschiedene Krokusarten, die an Waldrändern, in Wäldern, auf Wiesen oder steinigen Flächen und Hängen wachsen. Im Garten haben großblumige Züchtungen und Hybriden die größte Bedeutung. Doch auch unter den naturnahen Krokussen finden sich viele anmutige Schönheiten, die sich besonders gut zum Verwildern eignen und teils – ganz „untypisch" – erst im Herbst blühen. Allen gemeinsam sind die schönen Blütenkelche, oft mit weit herausragenden orangen Staubgefäßen, die aus zwiebelähnlichen Knollen treiben und sich an kurzen Schäften knapp über dem Boden erheben, sowie die grasartigen Blätter, die häufig erst nach den Blüten erscheinen. Krokusse, besonders die Wildarten, sind wertvolle, nektarreiche Bienenweiden.

Arten und Sorten: Als erste öffnen im Februar und März früh blühende Botanische Krokusse ihre Blüten. Es handelt sich um gärtnerisch ausgelesene Wildarten, von denen es teils auch verschiedene Sorten gibt. Hierzu zählen zum Beispiel der Bunte Krokus (Crocus chrysanthus), häufig zweifarbig, etwa Weiß mit Violett, der goldgelbe Taschkent-Krokus (C. korolkowii) und der Elfenkrokus (C. tommasinianus) in intensiven Blau- und Violett tönen.

Im März und April sind die prächtigen großblumigen Gartenkrokusse an der Reihe, die in nahezu allen Farben, auch mit schönen Zeichnungen und Streifenmustern, angeboten werden. Sie sind meist Züchtungen des Frühlingskrokus (C. vernus) und öfter auch als Crocus-Hybriden im Handel.

Im September und Oktober können herbstblühende Botanische Krokusse den Reigen ergänzen, etwa der Prachtkrokus (C. speciosus), von dem es mehrere Sorten in Blautönen und Weiß gibt, der helllila, purpurn gestreifte C. laevigatus und der blauviolette Safrankrokus (C. sativus).
Verwendung: In kleinen und größeren Gruppen; auf Beeten und Rabatten, in Rasen und Wiese, am Gehölzrand, im Steingarten; in Pflanzgefäßen. Die Frühjahrsblüher lassen sich schön mit anderen Zwiebel- und Knollenblumen kombinieren, etwa mit Narzissen, Wildtulpen, Strahlenanemonen und Winterlingen.
Standort: Vorzugsweise sonnig, auch absonnig bis halbschattig. Boden gut durchlässig, gern sandig, humos, nicht allzu nährstoffreich, mäßig trocken bis frisch.
Pflanzen: Frühlingskrokusse von September bis November, Herbstkrokusse im August und September, je nach Größe der Zwiebelknollen 5–10 cm tief und mit 5–10 cm Abstand.
Pflegen: Kaum nötig; allerdings können häufige Fraßschäden an den Zwiebelknollen Abwehrmaßnahmen gegen Mäuse und Wühlmäuse erfordern. Nach der Blüte die Blätter vollständig welken und einziehen lassen, auch im Rasen.
Vermehren: Durch Teilung und Abnehmen von Brutknollen im Herbst.

VORFRÜHLINGS-ALPENVEILCHEN

Cyclamen coum

Primelgewächse (Primulaceae) Februar bis März rosa, rot, weiß 10–15 cm

Alpenveilchen oder Cyclamen waren lange Zeit fast nur als Zimmerpflanzen bekannt. Doch mittlerweile stehen einige hübsche Arten für den Garten zur Verfügung und erfreuen sich zunehmender Beliebtheit – allen voran das in Südosteuropa und Vorderasien beheimatete Vorfrühlings-Alpenveilchen, das durch Versamen mit der Zeit kleine Teppiche bildet. Für die Bestäubung sind hauptsächlich Hummeln zuständig. In milden Wintern öffnet es seine rosa Blüten mit den nach oben gereckten Kronblättern manchmal schon im Dezember, zuweilen sogar über einer Schneedecke. Die rundlichen bis nierenförmigen, dunkelgrünen, oft silbrig gefleckten Blätter ziehen über Sommer ein und treiben im Herbst wieder aus. Während die Blüten bei Minustemperaturen unbeschadet eine Pause

Vorfühlings-Alpenveilchen (Cyclamen coum)

einlegen, können die wintergrünen Blätter bei starken Frösten abfrieren.

Vorsicht: Alle Pflanzenteile, besonders die Knollen, enthalten Giftstoffe.
Arten und Sorten: Die Sorte 'Album' hat weiße Blüten mit dunkelrosa Flecken an der Basis, 'Rubrum' blüht karminrot, und 'Silverleaf' besticht mit silbrig weiß gefärbten Blättern und rosaroten Blüten. Ganz ähnlich präsentieren sich das Wilde oder Sommer-Alpenveilchen (Cyclamen purpurascens), das von Juli bis September rosa blüht, und das Efeublättrige oder Herbst-Alpenveilchen (C. hederifolium) mit rosa oder weißen Blüten im September und Oktober.
Verwendung: In kleinen Gruppen; am Gehölzrand, unter lichten, Laub abwerfenden Gehölzen, mit deren Wurzeldruck das Alpenveilchen gut zurechtkommt, im Steingarten und in Töpfen. Passt gut zu Christrose, Schneeglöckchen, Botanischen Krokussen, Haselwurz und Farnen.

Dahlie (Dahlia-Hybride) mit gefüllten, rundlichen Blüten

Einfach blühende, ungefüllte Dahlie (Dahlia-Hybride)

Standort: Halbschattig, im lichten Gehölzschatten, auch absonnig; etwas windgeschützt. Boden durchlässig, humos, gern kalkhaltig, frisch bis trocken, nicht zu feucht.
Pflanzen: Die Knollen im September rund 5 cm tief pflanzen oder im Frühjahr getopfte Jungpflanzen setzen, mit 20–30 cm Abstand.
Pflegen: Bei sehr trockenem Frühlingswetter zurückhaltend gießen. Im Herbst mit etwas Laub und Fichtenreisig abdecken, das Falllaub von Gehölzen liegen lassen. Im Frühjahr etwas Kompost geben.
Vermehren: Nur über Aussaat beziehungsweise Anzucht, am besten im Sommer (Kaltkeimer).

DAHLIE

Dahlia-Hybriden

Korbblütengewächse (Asteraceae) Juni bis Oktober in allen Farben außer reinem Blau, auch mehrfarbig 20–150 cm

Dahlien wurden schon von den Azteken kultiviert und als Symbole der Sonne verehrt, denn ihre ursprüngliche Heimat liegt in den Hochebenen Mexikos und Guatemalas. Nachdem in Europa Ende des 18. Jahrhunderts die ersten eingeführten Dahlien erblühten, begannen bald die Suche nach weiteren bezaubernden Wildarten und das Kreuzen solcher Schönheiten. Mittlerweile gibt es Tausende von Sorten, die mit sehr unterschiedlichen Blütenformen aufwarten können und immer wieder durch Züchtungen mit neuen Farbnuancen und reicher Blüte ergänzt werden.
Frosthärte lässt sich den mittelamerikanischen Schönheiten allerdings nicht anzüchten: Die Knollen müssen in der Regel im Herbst aus dem Boden genommen, drinnen überwintert und im nächsten Frühjahr wieder ausgepflanzt werden. Dahlien bilden buschige Horste mit kräftigen Stängeln und meist dreiteiligen, gezähnten, sattgrünen Blättern. Dahlien mit einfachen, ungefüllten Blüten bieten Bienen und anderen Insekten bis in den Herbst hinein Nahrung.

Arten und Sorten: Nach ihrer Blütenform und -größe werden die Dahliensorten in Klassen unterteilt, wobei sich in jeder dieser Gruppen sowohl stattliche als auch kompakte Züchtungen finden. Die anfängliche Einteilung in zehn Dahlien-Klassen wurde mittlerweile auf 13 erweitert: Einfach blühende Dahlien, Anemonenblütige Dahlien, Halskrausendahlien, Seerosendahlien, Dekorative Dahlien (Schmuckdahlien), Balldahlien, Pompondahlien, Kaktusdahlien, Semikaktusdahlien, Hirschgeweihdahlien, einfache und gefüllte Orchideenblütige Dahlien sowie „Diverse Dahlien" mit anderen Blütenformen.

Es lohnt sich, Kataloge und Websites mit Sortenbildern aus all diesen Klassen zu betrachten, denn alle haben ihren eigenen Reiz und bieten eine gewaltige Formenvielfalt. Gesonderte Erwähnung verdienen die Mignon-Dahlien, die zu den einfach blühenden Sorten zählen. Diese reich blühenden, meist nur 40–50 cm hohen Dahlien eignen sich gut für Pflanzgefäße. Topmix-Dahlien sind kleinblütig und teils noch etwas niedriger. Eine weitere handelsübliche „Spezialgruppe" sind sogenannte **Beetdahlien**: Hierbei handelt es sich um niedrige, 40–70 cm hohe gefüllt blühende Dahlien verschiedener Blütenformen, die sich gut für flächige Bepflanzungen eignen.

Verwendung: Einzeln oder in kleinen Gruppen auf Beeten und Rabatten; niedrige Sorten in Pflanzgefäßen. Schön mit Herbstastern, Herbstchrysanthemen, Rittersporn, Purpurfetthenne und Sonnenhut. Als Schnittblumen geeignet.

Standort: Sonnig. Boden durchlässig, humos, nährstoffreich und frisch, aber nicht zu feucht.

Pflanzen: Ab Mitte April bis Anfang Mai, je nach Wuchshöhe mit 20–100 cm Abstand. Setzen Sie die Knollen so tief ein, dass sie 3–5 cm mit Erde bedeckt sind, und schlagen Sie für hohe Sorten am besten gleich einen Stützstab ein. Für eine frühere Blüte können die Knollen ab März in Töpfen bei 15–20 °C vorgetrieben werden; in dem Fall erst Mitte Mai auspflanzen.

Pflegen: Nach dem Erscheinen der ersten Triebe bei Trockenheit gießen. Den Austrieb vor Schnecken schützen. Zwei bis drei Wochen nach dem Austrieb düngen (mit mineralischem oder organischem Volldünger), bei Bedarf kurz vor Blühbeginn nachdüngen. Verblühtes regelmäßig herausschneiden.

Im Herbst nach den ersten leichten Frösten die Stängel 5–10 cm über dem Wurzelhals abschneiden, die Knollen am besten noch ein paar Tage ausreifen lassen und dann herausnehmen. Erdreste leicht abklopfen, etwas abtrocknen lassen und die Knollen bei 4–8 °C dunkel und luftig lagern.

Vermehren: Durch Knollenteilung im Frühjahr: mit Messer oder Gartenschere so zertrennen, dass jedes Teilstück einen Teil des Wurzelhalses mit einem Triebauge behält. Für eine Stecklingsvermehrung die Knollen ab Februar warm vortreiben und die etwa 10 cm langen Jungtriebe nach Entwicklung von zwei Blattpaaren schneiden und in Töpfe stecken.

Dahlia-Hybride aus der Klasse Dekorative Dahlien

Winterling (Eranthis hyemalis), nächste Seite

Kaiserkrone (Fritillaria imperialis)

WINTERLING

Eranthis hyemalis

Hahnenfußgewächse (Ranunculaceae)
Februar bis März *gelb* *5–10 cm*

Der ursprünglich aus Südosteuropa stammende Winterling ist nicht nur einer der allerfrühesten Blüher im Jahr, sondern auch der erste, der einen intensiven blumigen Duft verströmt und zeitig ausfliegenden Bienen Nahrung bietet. Die kräftig gelben, kugeligen, schalenartig geöffneten Blüten lassen sich weder von Schnee noch von Frost schrecken und erheben sich über handförmig eingeschnittenen Blättern, die wie eine Halskrause wirken. Bald nach der Blüte ziehen sie ein. Die kleinen Knollenblumen breiten sich durch Selbstaussaat und kurze Ausläufer teppichartig aus.

Vorsicht: Alle Pflanzenteile, besonders die Knollen, sind giftig.
Arten und Sorten: Eranthis hyemalis wird meist ohne Sortenangaben angeboten. Nur vereinzelt sieht man Züchtungen oder Auslesen wie 'Grünling' mit unregelmäßig grün gestreiften, goldgelben Blüten Der ähnliche E. cilicica aus Kleinasien öffnet seine etwas größeren Blüten ein wenig später und hat feiner zerteilte Blätter. Gelegentlich findet man im Handel auch E. x tubergenii, eine großblütige Kreuzung dieser beiden Arten, die keine Samen ansetzt und sich deshalb nicht ausbreitet. Davon gibt es auch Sorten in leicht variierenden Gelbtönen, etwa 'Guinea Gold'.
Verwendung: In kleinen und größeren Gruppen; am Gehölzrand, unter Laub abwerfenden Gehölzen, in Wiesen und Rasenflächen, im Steingarten. Passt gut zu Christrose, Schneeglöckchen, Märzenbecher und Blausternen.
Standort: Halbschattig, im lichten Gehölzschatten, bei guter Wasserversorgung auch sonnig. Boden durchlässig, humos, frisch bis leicht feucht.
Pflanzen: Im Herbst, am besten schon im September, die Knollen rund 6 cm tief und mit 5–10 cm Abstand stecken. Lassen Sie zuvor die trockenheitsempfindlichen Knollen einige Stunden oder über Nacht in lauwarmem Wasser vorquellen.
Pflege: Nicht nötig. Sich unerwünscht stark ausbreitende Teppiche können durch Abstechen mit dem Spaten eingedämmt werden.
Vermehren: Durch Teilung größerer Bestände nach der Blüte, wenn die Blätter zu welken beginnen.

KAISERKRONE

Fritillaria imperialis

Liliengewächse (Liliaceae) *April bis Mai*
orange, gelb, rot *70–100 cm*

Die im Nahen Osten und Vorderasien heimische Kaiserkrone war schon im alten Orient eine hoch geschätzte Gartenpflanze. Ab dem 16. Jahrhundert wurde sie auch in Mitteleuropa gepflanzt und prägte bald in vielen Bauerngärten die Frühjahrsszenerie. So haftet ihr ein etwas nostalgisches Flair an, obwohl sie als imposante Erscheinung in jedem Gestaltungsstil eine gute Figur macht.

Aus der faustgroßen Zwiebel treibt ein kräftiger Blütenschaft, der im unteren Bereich von schmalen, leicht überhängenden Blättern umgeben ist. Darauf thront ein Kranz aus hängenden, großen Glockenblüten, über dem ein Blattschopf aufragt. Die Pflanzen, besonders die Zwiebeln, verströmen einen etwas unangenehmen Geruch. Der hilft oft, Wühlmäuse von den Kaiserkronen fernzuhalten, reicht aber kaum aus, um auch benachbarte Zwiebelpflanzen zu schützen.

Vorsicht: Alle Pflanzenteile, vor allem die Zwiebeln, enthalten giftige Stoffe und können Hautreizungen hervorrufen.
Arten und Sorten: Beliebte Sorten sind 'Aurora' mit orangeroten Blüten, 'Lutea' (gelb), 'Rubra' (ziegelrot) und die meterhohe 'Early Sensation', die ihre zartgelben Blüten bereits im März öffnet.
Die in Europa heimische, nur bis 30 cm hohe Schachbrettblume (Fritillaria meleagris), auch Kiebitzei genannt, hat sehr ansprechende Blüten mit einem hell- und dunkelpurpurnen Würfelmuster. Daneben gibt es weiß blühende Sorten. Die Schachbrettblume eignet sich gut, um an feuchten, sonnigen bis halbschattigen Plätzen zu verwildern. Eine ausgesprochen sonnen- und wärmeliebende Schönheit ist die rund 80 cm hohe Persische Kaiserkrone (F. persica), mit langen Kerzen aus dunkelvioletten, hängenden Glockenblüten.
Verwendung: In kleinen Gruppen; in Beeten und Rabatten, im Bauerngarten, vor Gehölzen. Zu Kaiserkronen passen zum Beispiel Narzissen, Tulpen, Goldlack und Vergissmeinnicht.
Standort: Sonnig. Boden gut durchlässig, humos, nährstoffreich, gern etwas kalkhaltig und frisch.
Pflanzen: Am besten schon im August, spätestens im September, und bald nach dem Kauf, da die Zwiebeln keine Hülle besitzen und leicht austrocknen; mit 40–50 cm Abstand. Pflanzen Sie die Zwiebeln 20–30 cm tief ein und etwas schräg, sodass in der hohlen Spitze kein Wasser stehen bleiben kann.
Pflegen: Nach dem Austrieb düngen. Bei Frühjahrstrockenheit regelmäßig gießen, aber keinesfalls nass halten. Verwelkte Blütenstiele bis zu den obersten Blätter wegschneiden.

Schneeglöckchen (Galanthus nivalis)

Nach vollständigem Vergilben der Blätter bis knapp über dem Boden zurückschneiden.
Vermehren: Über Brutzwiebeln, die von älteren Pflanzen im Sommer nach dem Welken des Laubs abgetrennt werden.

SCHNEEGLÖCKCHEN

Galanthus nivalis

Amaryllisgewächse (Amaryllidaceae)
Februar bis März *weiß* *10–15 cm*

Unser heimisches Kleines Schneeglöckchen ist ein stets freudig begrüßter Vorfrühlingsbote – nicht selten mit den ersten, zart duftenden Blüten zwischen Schnee und Eis. Sein jährlicher Blühbeginn wird von Beobachtern des Deutschen Wetterdienstes seit Jahrzehnten genau registriert, um den regionalen Verlauf der natürlichen (phänologischen) Jahreszeiten sowie Klimaveränderungen zu beobachten. Dabei zeigt die kleine Zwiebelblume mit den schmalen, riemenförmigen Blättern deutlich, wie

Gladiole (Gladiolus-Hybride)

stark Blütezeiten variieren können: In wintermilden Gegenden öffnet sie ihre nickenden, weißen Blütenglöckchen manchmal schon Ende Dezember, in raueren Höhenlagen teils erst spät im März.
Schneeglöckchen gehören zu den wichtigsten Nahrungsquellen für früh fliegende Hummeln und Bienen. Sie breiten sich gern durch Brutzwiebeln und Selbstaussaat aus.

Vorsicht: Alle Pflanzenteile, besonders die Zwiebeln, sind leicht giftig.
Arten und Sorten: Vom Kleinen Schneeglöckchen (Galanthus nivalis) gibt es einige Sorten wie 'Viridi-Apice' mit grünen Tupfen auf den weißen Blütenspitzen und 'Flore Pleno' mit gefüllten Blüten. Wie eine in allen Teilen etwas größere Ausgabe wirkt G. elwesii; diese aus Südosteuropa und Vorderasien stammende Art wird manchmal als Orientalisches Schneeglöckchen bezeichnet und blüht oft schon besonders früh. Nachdem in neuerer Zeit besonders in Großbritannien eine wahre Schneeglöckchen-Manie ausbrach, führen Zwiebelblumenanbieter oft noch weitere Arten im Programm, wie etwa das breitblättrige G. woronowii, außerdem Züchtungen und Hybriden mit unterschiedlichen grünen oder gelben Flecken auf den weißen Blüten.
Verwendung: In kleinen und größeren Gruppen; in Beeten und Rabatten, vor und unter laubabwerfenden Gehölzen, in Rasen und Wiese, gut zum Verwildern geeignet; auch für Pflanzgefäße. Schön mit anderen Frühblühern wie Winterlingen und Botanischen Krokussen. Hübsche Schnittblume für Frühlingssträuße.
Standort: Sonnig, halbschattig, im lichten Gehölzschatten. Boden durchlässig, humos, frisch bis leicht feucht.
Pflanzen: Im Herbst, am besten schon im September, 5–8 cm tief und mit rund 10 cm Abstand. Achten Sie beim Kauf auf frische, saftige Zwiebeln und stecken Sie diese möglichst bald, da sie rasch austrocknen.
Pflegen: Bei ausgeprägter Frühjahrstrockenheit gelegentlich gießen. Pflanzflächen in Rasen und Wiese erst mähen, nachdem das Laub vollständig eingezogen ist.
Vermehren: Durch Teilung größerer Horste, gleich nach der Blüte, solange die Blätter noch grün sind. Auch ein Teilen während der Blüte ist möglich und fördert gutes Anwachsen der neu verpflanzten Büschel.

GLADIOLE

Gladiolus-Hybriden

Schwertliliengewächse (Iridaceae) Juni bis September gelb, rot, orange, rosa, violett, weiß, auch mehrfarbig 50–150 cm

Die reich blühenden Garten- oder Edelgladiolen sind als Kreuzungen aus verschiedenen Wildarten entstanden, die hauptsächlich in den Grassavannen Südafrikas wachsen. Mittlerweile gibt es solche Hybriden in einer Sortenfülle, die ähnlich eindrucksvoll und unüberschaubar ist wie etwa bei den Dahlien.
Ebenso wie Dahlien tolerieren Gladiolen keine strengen Fröste, sodass die Zwiebelknollen im Herbst ausgegraben werden müssen. Doch das ist eine lohnende Mühe, wenn sich nach dem Neuauspflanzen im Frühjahr wieder die kräftigen Schäfte mit den prachtvollen Blütenähren zwischen den schwertförmigen, satt- bis blaugrünen Blättern hochschieben und alle Blicke auf sich ziehen.

Arten und Sorten: Wie bei anderen sortenreichen Blumen gibt es Unterteilungen in Gruppen, und wie so oft findet man die im Handel nicht immer wieder. Sie bieten aber eine gute Orientierung, um sich einen Überblick über die unterschiedlichen Blütengrößen und Wuchshöhen zu verschaffen:

- **Grandiflorus-, Großblütige, Riesen- oder „Super"-Gladiolen** werden 80–150 cm hoch und haben meist 10–18 cm große Blüten in dichten, langen Ähren.
- **Mittelhohe Gladiolen** wie die gut standfesten Colvillei-Gladiolen wirken wie kompaktere Varianten: 60–100 cm hoch, mit etwas kleineren Blüten in ebenfalls langen Ähren. In diese Größengruppe gehören auch die Butterfly-Gladiolen mit an den Rändern gewellten, meist mehrfarbigen Blüten sowie die Primulinus-Gladiolen,

deren Blüten eine helmförmige Oberlippe aufweisen.

- **Zwerg-, Baby-, kleinblütige oder Nanus-Gladiolen** werden 50–60 cm hoch, sind teils mehrtriebig und tragen 4–5 cm große Blüten in lockeren Ähren. Einige dieser kleinen Sorten gelten als (mäßig) winterhart.
- Für naturnahe Gestaltungen mit Gladiolenflair bieten sich die **Byzantinische Siegwurz** (Gladiolus communis subsp. byzantinus) sowie für feuchte Plätze die **Sumpfsiegwurz** (G. palustris) an. Beide sind frosthart, werden rund 60 cm hoch und blühen im Juni und Juli purpurrot.

Verwendung: In kleinen Gruppen; in Beeten und Rabatten, im Bauerngarten, vor Zäunen und Mauern. Als Begleiter eignen sich viele Beetstauden und Sommerblumen, besonders niedrige Arten, die als Unterpflanzung das straffe Wuchsbild auflockern, zum Beispiel Bartnelken, Duftsteinrich und Polsterphlox. Hohe und mittelhohe Sorten sind prächtige Schnittblumen.

Standort: Sonnig und etwas windgeschützt. Boden durchlässig, humos, nährstoffreich, gern kalkhaltig und frisch.
Pflanzen: Frühestens ab Mitte April, bis Mitte Mai; 10–15 cm tief und je nach Wuchshöhe mit 20–40 cm Abstand.
Pflegen: Den jungen Austrieb etwas abdecken, wenn es im Mai nochmals kühler wird. Nach der Pflanzung, nach Blühbeginn und, falls nötig, nochmals im Juli mit Dünger versorgen. Bei Trockenheit regelmäßig gießen. Hohe Sorten stützen. Verwelkte Blütenstände wegschneiden.
Im Oktober, vor den ersten stärkeren Frösten, ausgraben, Stängelreste auf 5 cm zurückschneiden, die Knollen von Erdresten befreien, etwas abtrocknen lassen und bei 5–10 °C dunkel und luftig überwintern.
Vermehren: Über Brutknollen, die man beim Ausgraben im Herbst abtrennt und im späten Frühjahr auspflanzt. Der Nachwuchs entwickelt sich allerdings recht langsam und blüht auch nach Jahren oft nur bescheiden.

Gladiole (Gladiolus-Hybride)

Gladiole (Gladiolus-Hybride)

HASENGLÖCKCHEN

Hyacinthoides

Spargelgewächse (Asparagaceae)
zwischen April und Juni, je nach Art
blau, rosa, weiß *20–40 cm*

Die Hasenglöckchen wurden früher der Gattung Scilla zugerechnet und wirken tatsächlich wie etwas größere, später blühende Varianten von Scilla, den Blausternen (Seite 234). Die zauberhaften, meist blauvioletten Blütenglöckchen sind nickend in aufrechten bis leicht überhängenden, ährenartigen Ständen aufgereiht und erheben sich über Schöpfen aus riemenartigen, frisch- bis dunkelgrünen Blättern. Hasenglöckchen breiten sich allmählich durch Selbstaussaat und Brutzwiebeln aus.

Vorsicht: Das Spanische Hasenglöckchen ist als leicht giftig eingestuft. Wir empfehlen daher, während der Pflanzung Handschuhe zu tragen.

Arten und Sorten: Das aus Südeuropa stammende Spanische Hasenglöckchen (Hyacinthoides hispanica) wird höher, blüht ein wenig üppiger und etwas später als das westeuropäische Gewöhnliche Hasenglöckchen (H. non-scripta), in England auch bekannt und beliebt als „Bluebell". Dieses zeigt seine Glöckchen öfter schon im April und ist besonders genügsam. Vom Spanischen Hasenglöckchen gibt es einige Sorten in Blautönen, Rosa und Weiß, vom Gewöhnlichen Hasenglöckchen die weiß blühende Form 'Alba'.
Verwendung: In kleinen Gruppen; am Gehölzrand, unter laubabwerfenden Gehölzen, in Wiesen, gut zum Verwildern geeignet. Hübsche Nachbarn für spät blühende Narzissen und Wildtulpen.
Standort: Halbschattig; das Gewöhnliche Hasenglöckchen verträgt etwas stärkeren Gehölzschatten und mag es recht kühl. Boden durchlässig, humos, frisch bis leicht feucht.
Pflanzen: Die Zwiebeln im Herbst 5–10 cm tief stecken, mit 10–20 cm Abstand.
Pflegen: Bei anhaltender Frühjahrstrockenheit gelegentlich gießen, besonders das Spanische Hasenglöckchen. Im Herbst oder Frühjahr mit ein wenig Kompost versorgen, sofern nicht schon das verrottende Falllaub von Gehölzen für Humusnachschub sorgt.
Vermehren: Durch Teilung größerer Bestände oder Abnehmen von Brutzwiebeln, sobald im Sommer die Blätter vergilbt sind.

Hasenglöckchen (Hyacinthoides hispanica)

Hyazinthe (Hyacinthus orientalis)

HYAZINTHE

Hyacinthus orientalis

Spargelgewächse (Asparagaceae) April bis Mai in nahezu allen Farben 20–30 cm

Die aus dem östlichen Mittelmeerraum und Kleinasien stammende Hyazinthe begeistert das Auge mit üppigen, walzenförmigen Blütenständen über einer Rosette aus schmalen, aufrechten Blättern – und die Nase mit betörendem, herb süßlichem Duft. Um den Wohlgeruch direkt um sich zu haben, treibt man sie gern im Zimmer an oder pflanzt sie in Balkonkästen. Sie kann aber auch in Beeten und Rabatten den Frühlingsaspekt optisch und duftend aufs Schönste verstärken. Allerdings sind Hyazinthen als Beetpflanzen nicht ganz so robust und ausdauernd wie die meisten anderen Frühjahrszwiebelblumen.

Arten und Sorten: Hyazinthensorten bieten ein breites Spektrum verschiedener Farbtöne, teils auch mit gefüllten Blüten, wobei sich die Sorten zudem in der Größe der Blütenstände und der Blütezeit ein wenig unterscheiden können. Manche Gärtnereien und Versender führen schöne Sorten wie 'Blue Jacket' (dunkel violettblau) und 'Gipsy Queen' (lachsrosa) im Programm. Häufig werden aber auch bunte Farbmischungen ohne detaillierte Sortenbezeichnungen angeboten. Blaue und weiße Sorten gelten als die unempfindlichsten.

Bei den als Multiflora-Hyazinthen angebotenen Pflanzen treiben mehrere Blütenstände aus derselben Zwiebel. Das resultiert aus einem gärtnerischen Kniff, durch den die Bildung von kleinen Brutzwiebeln angeregt wird, deren

Netziris (Iris reticulata)

Blütentrauben die Hauptblüte ersetzen. In den Folgejahren blühen sie meist wieder einfach. Für die winterliche Treiberei in Hyazinthengläsern oder Töpfen gibt es im Fachhandel speziell vorbehandelte Zwiebeln.

Verwendung: In kleinen Gruppen in Beeten und Rabatten sowie in Kästen, Töpfen und Schalen. Sehr attraktiv in gemischten Blütenfarben und mit kleinen Frühjahrsblühern wie Kissenprimeln, Stiefmütterchen und Vergissmeinnicht.

Standort: Bevorzugt sonnig, auch halbschattig, warm und etwas geschützt. Boden gut durchlässig, humos, nährstoffreich und frisch.

Pflanzen: Die Zwiebeln im Herbst 8–12 cm tief pflanzen, mit 15–20 cm Abstand.

Pflegen: Während der Wachstumszeit gleichmäßig feucht, aber nicht zu nass halten. Verwelkte Blütenstände wegschneiden, jedoch nicht die Blätter: Die müssen welken und einziehen, um Reservestoffe für den nächsten Austrieb einzulagern. Im Herbst oder zeitigen Frühjahr mit etwas Kompost versorgen. In frostigen Wintern mit etwas Fichtenreisig und Laub abdecken. Die Blütenfülle kann schon nach wenigen Jahren nachlassen; dann hilft nur eine Neupflanzung, dies möglichst an einem anderen Platz.

Vermehren: Über Brutzwiebeln, die man nach dem Einziehen der Blätter abnimmt und im Herbst auspflanzt. Die Jungpflanzen blühen allerdings erst nach mehreren Jahren und entwickeln sich nur gut, wenn man regelmäßig ihre Tochterzwiebeln entfernt.

ZWIEBELIRIS

Iris

Schwertliliengewächse (Iridaceae) zwischen Februar und Juni, je nach Art meist blauviolett, gelb, weiß, teils mehrfarbig 10–60 cm

Ebenso wie die rhizombildenden Bartiris (Seite 180) zeichnen sich auch die mit Zwiebeln überdauernden Iris durch ihre langen, schmalen Schwertlilienblätter aus. Und sie haben ebenso attraktive Blüten mit jeweils drei inneren, oft aufrecht stehenden Blättern und drei äußeren, hängenden Kronblättern, die meist größer und auffällig gezeichnet sind.
Im Garten spielen hauptsächlich zwei Gruppen von Zwiebeliris eine Rolle: zum einen kleine, meist früh blühende, ausgesprochen sonnenliebende Wildarten, meist aus Kleinasien, die sich besonders für den Steingarten eignen; zum anderen die im Frühsommer blühenden, züchterisch stark bearbeiteten Holland-Iris, die als Schnittblumen besonders populär sind und sich wie Bartiris in Beeten einsetzen lassen.

Arten und Sorten: Manche der kleinen, nur 10–20 cm hohen Wildarten sind eher etwas für Alpengarten-Spezialisten, doch die Netz- oder Zwergiris (Iris reticulata) hat sich vielfach in Beeten, Steingärtchen und Töpfen bewährt. Sie zeigt schon im Februar und März ihre schmucken violettblauen Blüten mit orangegelben Mittelstreifen. Von ihr gibt es mehrere Sorten in Blau- und Violetttönen sowie in Weiß. Ganz ähnlich präsentiert sich I. histrioides, die die Farbpalette mit purpurvioletten Sorten erweitert.

Die kleine Danford-Iris (I. danfordiae) öffnet ebenfalls ab Februar ihre leuchtend gelbe Blüten, die bis 40 cm hohe Geweihiris (I. bucharica) wartet erst im April und Mai mit gelbweißen Blüten auf. In den Mai und Juni, manchmal in den Juli, fällt die Blütezeit der 40–60 cm hohen Holland-Iris (I. x hollandica), die aus verschiedenen Arten gekreuzt wurde. Das Farbspektrum der Sorten reicht von Weiß über Gelb und Orangebraun bis zu Blau, Violett und dunklem Purpur, häufig mit unterschiedlicher Färbung der Blütenblätter oder aparten Flecken und Mustern. Die Zwiebeln werden oft in Packs mit gemischten Farben angeboten.

Verwendung: In kleinen Gruppen. Die niedrigen Wildarten im Steingarten, am sonnigen Gehölzrand, Netziris auch in Beeten und Pflanzgefäßen; hübsch mit kleinen Polsterstauden. Holland-Iris in Beeten und Rabatten, zwischen Beetstauden und Sommerblumen, oder in einem gesonderten Schnittblumen/beet.

Standort: Sonnig, warm und etwas geschützt. Boden gut durchlässig, für die Wildarten auch sandig bis steinig, eher nährstoffarm und im Sommer möglichst trocken; für die Holland-Iris normaler, trockener bis frischer Gartenboden.

Pflanzen: Im Herbst; die Zwiebeln der kleinen Iris 5 cm tief, am besten auf einer Drainageschicht aus Sand, mit 10–15 cm Abstand; die Zwiebeln der Holland-Iris 7–8 cm tief, mit 20–30 cm Abstand.

Pflegen: Bei anhaltender Trockenheit während der Wachstumszeit zurückhaltend gießen. Nicht zu feucht halten und nicht mulchen. Bei Holland-Iris verwelkte Blüten entfernen und welke Blätter abschneiden. In rauen Lagen alle Arten über Winter leicht mit Laub und Fichtenreisig abdecken. Holland-Iris im Frühjahr etwas Kompost geben, Austrieb und junge Knospen vor Schneckenfraß schützen.

Vermehren: Über Brutzwiebeln, die man nach dem Einziehen der Blätter abnimmt und im Herbst auspflanzt.

Märzenbecher, Frühlingsknotenblume (Leucojum vernum)

MÄRZENBECHER

Leucojum vernum

Amaryllisgewächse (Amaryllidaceae) Februar/ März bis April weiß mit Grün 10–30 cm

Der Märzenbecher, auch bekannt als Frühlingsknotenblume, ähnelt den etwas früher blühenden Schneeglöckchen. Doch seine bauchigen, nickend überhängenden Blütenbecher sind nicht nur größer, sondern mit den grünen Flecken auf den Zipfeln auch sehr markant. Zudem verströmen sie einen angenehmen, leicht süßlichen Duft. Damit gehört der Märzenbecher zu den wertvollen Nahrungsquellen für früh fliegende Insekten. Die ansehnlichen Blätter sind schmal riemenförmig und frischgrün. Die hübsche Zwiebelblume ist in Mittel- und Südeuropa heimisch und wächst wild in Auen-, Schlucht- und Laubmischwäldern. Sie steht in mehreren Bundesländern auf der Roten Liste gefährdeter Pflanzenarten. Deshalb sollte man nur Pflanzen aus gärtnerischer Vermehrung verwenden und keinesfalls Märzenbecher an Naturstandorten ausgraben. Anders

Lilie (Asiatische Hybride)

als die meisten Frühjahrszwiebelblumen bevorzugt sie feuchte Plätze. An passenden Standorten breitet sie sich allmählich von selbst aus, ohne aufdringlich zu werden.

Vorsicht: Alle Pflanzenteile, besonders die Zwiebeln, sind leicht giftig.
Arten und Sorten: Es gibt zwar einige Sorten (Züchtungen), die werden aber für den Hobbygarten sehr selten angeboten. Etwas häufiger findet man die Varietäten Leucojum vernum var. carpathicum mit gelb gefleckten Blütenspitzen und L. vernum var. vagneri, mit zwei Blüten an jedem Stiel. Die Sommerknotenblume (L. aestivum) wird 30–50 cm hoch und blüht erst im Mai und Juni. Ihre weißen, glockigen Blüten hängen zu mehreren an dünnen Stielen.
Verwendung: In kleinen und größeren Gruppen; am Gehölzrand, unter lichten, laubabwerfenden Gehölzen, in feuchten Wiesen, in Beeten und Rabatten; zum Verwildern geeignet; schön in Frühlingssträußen. Bildet bunte Frühjahrsteppiche beispielsweise mit Winterling, Hasenglöckchen, Blaustern, Primeln und Lungenkraut (Pulmonaria officinalis).

Standort: Halbschattig oder absonnig, bei genügend Feuchte auch sonnig. Boden humos, am besten etwas lehmig, frisch bis feucht.
Pflanzen: Im September oder Oktober, 10–15 cm tief und mit 10–20 cm Abstand. Pflanzen Sie möglichst gleich nach dem Kauf oder dem Eintreffen von Versandware, da die Zwiebeln schnell austrocknen.
Pflegen: Bei ausgeprägter Frühjahrstrockenheit gelegentlich gießen, sonst kaum Pflege nötig. Märzenbecher brauchen etwas Zeit, bis sie gut eingewachsen sind; erste Blüten erscheinen oft erst im zweiten Jahr nach der Pflanzung. Nach der Blüte Blätter erst entfernen, wenn vollständig verwelkt.
Vermehren: Durch Ausgraben und Verpflanzen von Tochterzwiebeln und Teilung älterer Bestände, nachdem im Frühling das Laub verwelkt ist.

LILIE

Lilium-Hybride

Liliengewächse (Liliaceae) zwischen Mai und September, je nach Art gelb, rot, orange, rosa, violett, weiß, auch mehrfarbig 40–180 cm

Mit ihren prachtvollen, oft duftenden Blüten wurden Lilien seit jeher hoch geschätzt und verehrt, im antiken Griechenland ebenso wie im Christentum und im alten Japan. Das weist schon darauf hin, dass Lilien weit verbreitet sind: Über 100 Wildarten wachsen in allen Kontinenten der Nordhalbkugel, hauptsächlich in der gemäßigten Klimazone und die meisten von ihnen in Ostasien. Zu den in Europa heimischen Arten zählen unter anderem Feuerlilie, Madonnenlilie und Türkenbundlilie, die schon lang auch als Gartenpflanzen kultiviert werden. Daneben gibt es unzählige Hybriden in einer gewaltigen Sortenfülle.
Alle sind eindrucksvolle Erscheinungen mit oft mehreren, straff aufrechten Stängeln, die mit schmalen Blättern besetzt sind und an den Spitzen trichter- oder schalenförmige Blüten in Büscheln, Dolden oder Trauben entfalten. Häufig sind die Blütenblätter apart gepunktet oder gefleckt, die meist rotbraunen Staubgefäße ragen auffällig heraus. Reich an gutem Nektar und Pollen, ziehen sie zahlreiche Bienen und Hummeln an. Die eigentümlichen großen Zwiebeln der Lilien bestehen nicht aus Schalen, sondern aus dachziegelartig angeordneten Schuppen.

Arten und Sorten: Unter den züchterisch nur wenig bearbeiteten Arten gehören zu den wichtigsten: Feuerlilie (Lilium bulbiferum), 40–100 cm hoch, orangerote Schalenblüten im Juni und Juli; Madonnenlilie (L. candidum), 80–120 cm, strahlend weiße, stark duftende Trichterblüten im Juni und Juli; Türkenbundlilie (L. martagon), 60–120 cm, rosa bis purpurne, dunkel getupfte, duftende Blüten, die mit ihren zurückgeschlagenen Blütenblättern an kleine Turbane erinnern, im Juni und Juli; Königslilie (L. regale), 80–120 cm, trompetenförmige, weiße, rosa gestreifte, innen gelbe, stark duftende Trompetenblüten, Juli bis August.

Die zahlreichen Hybriden werden in acht Sektionen unterteilt. Im Angebot vieler Gärtnereien und Versender finden Sie vor allem Sorten der folgenden Gruppen:

- **Asiatische Hybriden:** meist 60–120 cm hoch, robust, überwiegend aufrecht stehende, kräftig gefärbte, nicht duftende Blüten in dichten Büscheln, meist im Juni bis August.
- **Orientalische Hybriden:** meist 100–150 cm hoch, sehr große, intensiv duftende Blüten in Schalen- oder Türkenbundform, meist im Juli bis August.
- **Tigrinum- oder Tiger-Hybriden:** meist 80–120 cm hoch, Blüten in Türkenbundform, gelb bis rot, dunkel gesprenkelt, zwischen Juni und August.
- **Trompeten- oder Trichterlilien:** meist 120–180 cm hoch, Sorten der Königslilie sowie ähnliche Hybriden, mit weißen, rosa oder gelben, stark duftenden Trompetenblüten, zwischen Juni und August.

Orientalische Hybride (Lilium-Hybride)

Königslilie (Lilium regale)

Als Topf- und Beetlilien werden 40–60 cm hohe Sorten angeboten, überwiegend mit trichterförmigen Blüten in vielen Farbtönen.
Verwendung: In kleinen Gruppen; in Beeten und Rabatten, an Zäunen, am Gehölzrand, niedrige Sorten in Töpfen. Sehr schön mit Rosen, Rittersporn und Glockenblumen. Prächtige Schnittblumen.
Standort: Sonnig, viele auch absonnig oder halbschattig, zum Beispiel Feuer- und Türkenbundlilie; hohe Lilien etwas windgeschützt. Boden gut durchlässig, humos, nährstoffreich und frisch.
Pflanzen: Im September oder Oktober, je nach Zwiebelgröße 10–25 cm tief; Madonnenlilien schon im August und nur so tief, dass die Zwiebelspitze knapp unter die Erdoberfläche kommt. Setzen Sie die Zwiebeln am besten auf eine dicke Drainageschicht aus Sand, feinem Kies oder Splitt.
Pflegen: Zum Austrieb im Frühjahr mit Kompost oder organischem Volldünger versorgen. Wenn Spätfröste auftreten, die zarten Jungtriebe mit Vlies schützen. Bei Trockenheit während der Wachstumszeit regelmäßig gießen, aber nicht nass halten. Ab Mitte März am besten regelmäßig auf Lilienhähnchen (ziegelrote Käfer) kontrollieren; diese ablesen oder notfalls mit Pflanzenschutzmitteln bekämpfen. Hohe Sorten stützen. Verwelkte Blütenstände herausschneiden. Im Herbst die Stängel knapp über dem Boden abschneiden und in rauen Lagen mit Fichtenreisig abdecken.
Vermehren: Durch Abnehmen und Einpflanzen von Zwiebelschuppen im Herbst oder durch Anzucht aus Samen im Frühjahr. Manche Arten, zum Beispiel Feuerlilie, legen kleine Brutzwiebeln (Bulbillen) in den Blattachseln an, die man im Herbst abnehmen und eintopfen kann.

Traubenhyazinthe (Muscari armeniacum)

TRAUBENHYAZINTHE

Muscari armeniacum

Spargelgewächse (Asparagaceae) April bis Mai blau, weiß, rosa 15–25 cm

Kaum ein anderer Frühjahrsblüher kann die Farbe Blau so wirkungsvoll in Szene setzen wie die Traubenhyazinthe mit ihren dichten, aufrechten Blütentrauben – erst recht, wenn sie sich mit den Jahren durch Brutzwiebeln und Selbstaussaat zu Bändern und Teppichen ausbreitet. Ihre grasartigen, kräftig grünen Blätter treiben bereits im Herbst aus. Der Gattungsname Muscari deutet darauf hin, dass die Blüten mancher Arten einen moschusähnlichen, etwas strengen Duft verströmen.

Vorsicht: Die Pflanzen sind in allen Teilen schwach giftig.
Arten und Sorten: Am häufigsten wird die robuste Armenische Traubenhyazinthe (Muscari armeniacum) angeboten, die in Südosteuropa und Vorderasien wild an Berghängen wächst und kobaltblau blüht. Von ihr gibt es einige Sorten in etwas unterschiedlichen Blautönen, etwa die dunkelblaue 'Blue Pearl', außerdem Muscari-Hybriden in Hellblau und Rosa. Hübsche andere Muscari-Arten und -Sorten sind M. aucheri 'Mount Hood' mit blauen, an den Spitzen weißen Blütentrauben, die weiße Kleine Traubenhyazinthe (M. botryoides

'Album'), die schon ab März blühende Himmelblaue Traubenhyazinthe (M. azureum) in Blau oder Weiß. Außerdem die breitblättrige M. latifolium mit unten dunkelblauen, oben hellblauen Blütentrauben und die Schopfige Traubenhyazinthe (M. comosum 'Plumosum') mit fedrig wirkenden, hellvioletten Blütenständen im Mai und Juni.
Verwendung: In kleinen und großen Gruppen; auf Beeten und Rabatten, im Steingarten, vor und unter lichten Gehölzen, gut zum Verwildern geeignet; auch für Pflanzgefäße. Passt sehr schön zu Narzissen, Tulpen und Primeln.
Standort: Am besten sonnig, auch halbschattig. Boden gut durchlässig, humos, sandig, eher trocken als zu feucht.
Pflanzen: Im Herbst die Zwiebeln 6–8 cm tief stecken, mit 5–10 cm Abstand.
Pflegen: Am besten ungestört wachsen lassen. Wenn sich die Horste unerwünscht stark ausbreiten, können Sie übermäßigen Zuwachs mit dem Spaten abstechen.
Vermehren: Durch Teilen der Horste beziehungsweise Abnehmen von Brutzwiebeln im Sommer, nach dem Einziehen der Blätter.

Trompetennarzisse (Narcissus-Hybride)

NARZISSE

Narcissus

Amaryllisgewächse (Amaryllidacae) März bis Mai gelb, weiß, oft mit oranger oder rötlicher Nebenkrone 15–60 cm

Die ursprünglich im Mittelmeerraum beheimateten Narzissen, von denen es über 50 Wildarten gibt, gelangten im 16. Jahrhundert erstmals in mitteleuropäische Gärten. Seitdem wurden sie intensiv gezüchtet und miteinander gekreuzt, sodass es sich bei den Gartenformen meist um Hybriden verschiedenster Arten handelt – mittlerweile mit rund 20 000 Sorten.
Aus den Zwiebeln treiben im Frühjahr riemenförmige oder linealische, frisch- bis blaugrüne Blätter und unbeblätterte Blütenstängel. An diesen öffnen sich je nach Art und Sortengruppe einzelne oder mehrere, teils bis zu 20 Blüten. Diese zeigen bei allen Narzissen grundsätzlich denselben Aufbau: mit einem äußeren Blütenblattkranz (Hauptkrone) und einer inneren Nebenkrone, die auch als „Trompete" bekannt ist.

Vorsicht: Alle Pflanzenteile enthalten Giftstoffe. Besonders der häufige Kontakt mit den Zwiebeln kann allergische Hautreaktionen auslösen.
Arten und Sorten: Um bei der gewaltigen Sorten- und Artenfülle den Überblick zu bewahren, werden die Narzissen in zwölf Klassen unterteilt. Ihre Namen geben oft schon einen Hinweis auf die Blütenform: Trompetennarzissen (Osterglocken), Großkronige Narzissen, Kleinkronige oder Tellernarzissen, Gefüllt blühende Narzissen, Engelstränennarzissen, Alpenveilchennarzissen, Jonquillen (Duftnarzissen), Tazetten, Dichter- oder Poeticus-Narzissen, Spaltkronen- oder Split-Corona-Narzissen, sonstige Hybriden und schließlich gartengeeignete Wildarten.
Die wohl größte und beliebteste Gruppe sind die 40–60 cm hohen Trompetennarzissen oder Osterglocken, mit bekannten Sorten wie

Trompetennarzisse (Narcissus-Hybride)

'Dutch Master' (goldgelb) und 'Mount Hood' (weiß). Sie blühen oft schon ab März, mit einzelnen großen Blüten mit langer Nebenkrone. Zahlreiche Sorten umfassen auch die Großkronigen oder Schalennarzissen, ebenfalls 40–60 cm hoch und schon ab März blühend, mit sehr großen Blüten mit kurzer, schalenförmiger, oft andersfarbiger Nebenkrone, zum Beispiel 'Accent' (weiß, Nebenkrone lachsorange).

Zu den zierlichen Vertretern zählen zum Beispiel die 20–40 cm hohen Alpenveilchennarzissen. Sie bevorzugen Halbschatten und mäßige Feuchtigkeit und blühen oft schon zeitig im März, mit nickenden Blüten mit zurückgeschlagenem Kranz und recht langer, oft andersfarbiger Nebenkrone, etwa 'Jetfire' (gelb, orange Nebenkrone).

Als Beispiel für mehrblütige Narzissen sind die 25–45 cm hohen Tazetten oder Straußnarzissen besonders markant: Sie blühen ab April mit einem „Strauß" von bis zu 20 duftenden, meist kleinen Blüten je Stängel, überwiegend in Weiß oder Hellgelb, mit tiefgelber oder oranger Nebenkrone.

Hübsche Wild- oder Botanische Narzissen sind unter anderen die kleine Reifrocknarzisse (Narcissus bulbocodium) mit trichterförmigen, dunkelgelben Blüten und die goldgelb blühende, wohlriechende Duftnarzisse (N. x odorus), eine natürlich entstandene Arthybride.

Verwendung: In kleinen und größeren Gruppen; auf Beeten und Rabatten, unter lichten Gehölzen, im Steingarten, im Rasen, meist gut zum Verwildern geeignet; auch für Pflanzgefäße, höhere Sorten als Schnittblumen. Narzissen harmonieren je nach Sorte und Blütezeit mit fast allen Frühlingsblühern wie Tulpen, Blausternen, Stiefmütterchen und Blaukissen.

Standort: Sonnig bis halbschattig; für Engelstränen-, Jonquillen-, Tazetten- und Reifrocknarzissen besser sonnig. Boden gut durchlässig, humos, nicht allzu trocken.

Pflanzen: Im Herbst die Zwiebeln je nach Größe 8–15 cm tief stecken (doppelt so tief, wie sie hoch sind), mit 10–20 cm Abstand.

Pflegen: Im Frühjahr bei Trockenheit gießen, aber nicht nass halten. Vor allem hohe, wüchsige Sorten zum Austrieb mit Kompost oder organischem Dünger versorgen.

Vermehren: Durch Teilen größerer Gruppen beziehungsweise Abnehmen von Brutzwiebeln im Sommer, nach dem Einziehen der Blätter.

BLAUSTERNCHEN

Scilla siberica

Spargelgewächse (Asparagaceae)

März bis April *blau, weiß* *10–20 cm*

Die genügsamen Blausternchen stammen aus lichten Wäldern in Vorderasien, Russland und Südosteuropa und verbreiten sich gern durch Selbstaussaat – bei der Bestäubung tatkräftig unterstützt durch Wildbienen. Entsprechend eignen sie sich hervorragend, um im Garten unter sommergrünen Gehölzen Teppiche zu bilden, die im Frühjahr mit blauen Blütensternchen übersät sind. Aus den Zwiebeln treiben breit linealische, aufrechte, frischgrüne Blätter und jeweils mehrere Schäfte mit lockeren Blütentrauben an der Spitze.

Blaustern (Scilla siberica)

Vorsicht: Alle Pflanzenteile, besonders die Zwiebeln, sind leicht giftig.
Arten und Sorten: Neben der blau blühenden Art gibt es die weiße Sorte 'Alba', die als etwas weniger ausbreitungsfreudig gilt. Gar keine Samen bildet die tiefblaue 'Spring Beauty', die deshalb auch für Beete infrage kommt. Als weitere Scilla-Arten werden vor allem der zierlich wirkende Zweiblättrige Blaustern (S. bifolia) in blau, rosa und weiß blühenden Sorten und die schon ab Februar hellblau blühende S. mischtschenkoana angeboten.
Verwendung: In kleinen und größeren Gruppen; vor oder unter laubabwerfenden Gehölzen, in Rasen und Wiese, im Beetvordergrund, im Steingarten; auch in Pflanzgefäßen. Passen gut zu vielen anderen Frühjahrsblumen, etwa Primeln, Narzissen, Tulpen und Krokussen.
Standort: Sonnig bis halbschattig und im lichten Schatten von Gehölzen. Boden durchlässig, humos und frisch bis leicht feucht.
Pflanzen: Die Zwiebeln im Herbst 7–10 cm tief stecken, mit 5–15 cm Abstand. Achten Sie beim Kauf auf frische, saftige Zwiebeln, und pflanzen Sie diese möglichst bald.

Triumphtulpe (Tulipa-Hybride)

Pflegen: Bei ausgeprägter Frühjahrstrockenheit gelegentlich gießen. Pflanzflächen in Rasen und Wiese erst mähen, nachdem das Laub vollständig eingezogen ist. Im Herbst oder im zeitigen Frühjahr mit etwas Kompost überstreuen. Bei unerwünscht starker Ausbreitung mit der Hacke eindämmen.
Vermehren: Durch Teilung größerer Horste nach dem Einziehen des Laubes.

TULPE

Tulipa

Liliengewächse (Liliaceae) zwischen März und Juni, je nach Sorte in allen Farben außer Blau, auch mehrfarbig 10–60 cm

Tulpen, die „Königinnen" unter den Frühjahrszwiebelblumen, haben eine lange und bewegte Geschichte, von den Ursprüngen der Tulpenkultur im alten Persien über ihre hohe Wertschätzung im Osmanischen Reich und die Tulpenmanie im Europa des 17. Jahrhunderts bis zur modernen Züchtung, die Tausende unterschiedlicher Sorten hervorbrachte. Diese prächtigen Gartentulpen sind Kreuzungen aus vielen verschiedenen, meist aus den Steppenregionen Vorderasiens stammenden Arten. Neben den kelch- bis glockenförmigen Blüten, die bei den insektenfreundlichen Wildtulpen oft sternförmig ausgebreitet sind, prägen die breiten, zugespitzten, frisch- bis blaugrünen, meist aufrechten Blätter das Erscheinungsbild dieser Gartenschönheiten. Ihr Laub ist teils auch ansprechend gemustert oder gefleckt.

Vorsicht: Der Pflanzensaft kann allergische Hautreaktionen hervorrufen, besonders bei häufigem Kontakt mit den Zwiebeln.
Arten und Sorten: Fachleute unterteilen die Gartentulpen nach Form und besonderen Merkmalen der Blüten sowie nach Blütezeit in 15 Tulpen-Gruppen. Ein kurzer Überblick, mit nach Blütezeiten zusammengefassten Gruppen:

- **Früh, im März/April:** Einfache und Gefüllte frühe Tulpen, Kaufmanniana-, Fosteriana- und Greigiitulpen. Die drei letztgenannten

Lilienblütige Tulpe (Tulipa-Hybride)

Gruppen sind Hybriden mit erkennbar dominierenden Elternarten und werden auch als Botanische Tulpen bezeichnet.

- **Mittelfrüh, Ende April / Mai:** Triumphtulpen, Darwin-Hybrid-Tulpen.
- **Spät, im Mai / Juni:** Einfache und Gefüllte späte Tulpen, Lilienblütige, Gefranste, Viridiflora-, Rembrandt- und Papageientulpen.

Die 15. Gruppe umfasst die meist im April blühenden, oft duftenden Wildtulpen, mit teils eher grasartigen Blättern. Hierzu zählen beispielsweise die rot-weiß blühende Damentulpe (Tulipa clusiana), die nur rund 10 cm hohe T. humilis mit roten Blüten und die goldgelbe Weinbergtulpe (T. sylvestris). Solche Wildarten verbreiten sich oft durch Selbstaussaat.

Verwendung: In kleinen Gruppen; in Beeten und Rabatten, Wildtulpen auch im Steingarten und naturnahen Pflanzungen zum Verwildern; niedrige Sorten in Pflanzgefäßen, höhere Sorten als Schnittblumen. Je nach Blütezeit eignen sich zahlreiche Frühjahrsblüher für schöne Kombinationen, zum Beispiel Narzissen, Kaiserkrone, Blausternchen, Tausendschön und Vergissmeinnicht.

Standort: Sonnig und warm, Wildtulpen teils auch halbschattig. Boden durchlässig, humos, nährstoffreich und frisch; für viele Wildtulpen eher trocken und nährstoffarm.

Pflanzen: Die Zwiebeln im Herbst 10–15 cm tief pflanzen, mit 10–20 cm Abstand; kleine Wildtulpenzwiebeln etwas flacher und enger.

Pflegen: Gartentulpen bei Trockenheit während der Wachstumszeit gießen, aber nicht zu nass halten. Verblühte Stiele bis zur Hälfte zurückschneiden, die Blätter jedoch welken und einziehen lassen. Im Herbst oder zum Austrieb mit Kompost oder organischem Volldünger versorgen. Am besten die Zwiebeln alle zwei bis drei Jahre nach dem Einziehen des Laubs herausnehmen und an einer anderen Stelle neu pflanzen.

Wildtulpen brauchen an passenden Standorten keine besonderen Pflegemaßnahmen und wachsen am liebsten ungestört.

Vermehren: Durch Abnehmen von Brutzwiebeln nach dem Einziehen der Blätter. Lagern Sie die kleinen Brutzwiebeln vorübergehend kühl, dunkel und trocken, um sie dann im Herbst auszupflanzen.

SOMMERBLUMEN

VERGÄNGLICHE PRACHT

Hier stellen wir unsere Auswahl der dekorativen Sommerblumen vor. Die Steckbriefe enthalten in konzentrierter Form alle wichtigen Angaben für die Auswahl und Pflege im eigenen Garten.

PFLANZENSYMBOLE

Standort
Wasserbedarf
Pflegeleicht
Familie
Blütezeit
Blütenfarbe
Wuchshöhe
Giftig/Hautreizend

STOCKROSE

Alcea rosea

Malvengewächse (Malvaceae) Juli bis September/Oktober rosa, pink, violett, rot, orange, gelb, weiß 150–200 cm

Die zahlreichen Wildformen der Stockrose, auch bekannt als Stockmalve oder Eibisch, wurden vermutlich früh miteinander gekreuzt. Sie stammen wahrscheinlich aus dem östlichen Mittelmeerraum und Vorderasien. Sie werden seit dem späten Mittelalter in Mitteleuropa kultiviert und schmückten schon vor Jahrhunderten die Bauerngärten.
Mit ihren kräftigen, aufrechten Stängeln, den langen Blütenständen, die sich von unten nach oben öffnen, und den großen, handförmig gelappten, rauen Blättern wirken Stockrosen ausgesprochen majestätisch. Gefüllt blühende Sorten sind in der Regel nur zweijährig, einfach blühende wachsen oft mehrjährig und können zudem durch Selbstaussaat zu Dauergästen im Garten werden. Sie sind gute Bienen- und Hummelweiden.

Arten und Sorten: Im Angebot haben sich weitgehend Sortenserien durchgesetzt, die es jeweils in unterschiedlichen Farben gibt. Häufig werden von ihnen auch Samen in Farbmischungen angeboten. Meist sind diese modernen Züchtungen standfest und recht robust.

Bewährte einfach blühende Sorten bieten zum Beispiel die 'Simplex'- und die 'Spotlight'-Serie. Die einfach blühenden 'Simplex'-Stockrosen gibt es nur in bunten Mischungen. Bei den ebenfalls einfachen 'Halo'-Sorten haben die Blüten jeweils eine andersfarbige Mitte, etwa die cremeweiße 'Cream' mit purpurrotem Zentrum. Die aparte, tief schwarzrote 'Nigra' ist eine historische Sorte, die früher als Färberpflanze genutzt wurde.
Die Feigenblättrige Stockrose (Alcea ficifolia) mit ihren großen Schalenblüten in verschiedenen Farbtönen ist noch langlebiger und robuster. Ähnliches gilt für die stattlichen Alcea-Hybriden der 'Park'-Serie mit halb gefüllten Blüten, zum Beispiel die hellgelbe 'Parkallee'. Gefüllt blühende Stockrosen finden sich meist unter den Bezeichnungen 'Chaters' oder 'Pleniflora', wobei bei den Sortennamen einfach die Farbe angehängt wird, etwa 'Chaters violett' und 'Pleniflora rosa'.

Verwendung: Einzeln oder in kleinen Gruppen; in Beeten und Rabatten, im Bauerngarten, vor Zäunen, Mauern und Gehölzen, in naturnahen Bereichen. Passen zu vielen Sommerblumen und Stauden, zum Beispiel Kornblume, Margerite, Rittersporn und Schmuckkörbchen.
Standort: Sonnig. Boden durchlässig, humos, nährstoffreich und frisch.
Säen: Im Juni und Juli in Schalen, Töpfe oder auf ein Anzuchtbeet. Bei Anzucht im März (bei 18–20 °C) erscheinen die Blüten meist schon im selben Jahr, die Pflanzen wachsen und blühen jedoch etwas schwächer.
Pflanzen: Im September, im März vorgezogene Pflanzen im Mai, mit 40–60 cm Abstand.
Pflegen: Nach dem Pflanzen und im darauf folgenden Frühjahr mit Kompost oder organischem Volldünger versorgen. In kalten Wintern mit Fichtenreisig abdecken. Bei Trockenheit regelmäßig und gründlich gießen. An windigen Plätzen stützen. Blätter mit Malvenrost (oberseits hell gefleckt, unterseits mit gelben bis bräunlichen Pusteln, welkend) früh und regelmäßig entfernen. Ein Rückschnitt gleich nach der Blüte kann die Lebensdauer verlängern.

Stockrose (Alcea rosea)

LÖWENMÄULCHEN

Antirrhinum majus

Wegerichgewächse (Plantaginaceae)
Juni bis Oktober gelb, rot, orange, rosa, violett, weiß, auch zweifarbig 20–90 cm

Drückt man seitlich leicht auf eine einzelne Blüte dieser Blumen, klaffen Unter- und Oberlippe auseinander, sodass sich die „Mäulchen" zeigen. Die buschigen Pflanzen mit den schmalen Blättern und prächtigen Blütenkerzen, die von unten nach oben aufgehen, stammen ursprünglich aus Südeuropa und Nordafrika. Dort wachsen sie mehrjährig, und auch bei uns können sie öfter nach einem milden Winter wieder austreiben, wenn man sie im Spätherbst ein wenig abdeckt. Doch meist werden Löwenmäulchen bei uns nur einjährig gezogen. Sie haben häufig Besuch von Wildbienen und Hummeln.

Arten und Sorten: Es gibt etliche Sorten in vielen Farbtönen, die teils einzeln, meist aber in bunten Farbmischungen angeboten werden. Grundsätzlich kann man drei Sortengruppen unterscheiden:

- Sogenannte **Riesen-Löwenmäulchen** mit 70–100 cm Höhe und meist auch sehr großen Blüten.
- **Halbhohe Serien** mit 40–60 cm Wuchshöhe.
- Nur rund 20 cm hohe, **polsterartig wachsende Sorten**, häufig als Zwergmischungen angeboten.

Verwendung: In kleinen Gruppen in Beeten und Rabatten, im Bauerngarten, niedrige Sorten auch in Pflanzgefäßen. Hübsch zum Beispiel mit Ährensalbei, Margerite, Männertreu und Verbene. Hohe und halbhohe Sorten sind prächtige Schnittblumen.
Standort: Am besten sonnig, blüht aber auch im Halbschatten passabel; etwas windgeschützt. Boden durchlässig, humos, nährstoffreich und frisch.
Säen: Februar bis März bei 15–20 °C vorziehen; Lichtkeimer, höchstens hauchdünn abde-

cken. Nach dem Pikieren entspitzen, wenn die Pflänzchen 8–10 cm hoch sind.
Pflanzen: Ab Ende April, mit 20–30 cm Abstand.
Pflegen: Bei Trockenheit regelmäßig, aber nicht zu stark gießen. Hohe Sorten, wenn nötig, stützen. Im Beet alle vier bis sechs Wochen, in Pflanzgefäßen alle zwei bis drei Wochen mit schwach dosiertem Dünger versorgen oder nur organischen Volldünger geben, da die Pflanzen salzempfindlich sind. Verblühtes stets entfernen, verwelkte Blütenstände komplett herausschneiden.

EISBEGONIE

Begonia semperflorens

Schiefblattgewächse (Begoniaceae)
Mai bis Oktober *rosa, rot, weiß, auch zweifarbig* *15–30 cm*

Eisbegonien mögen auf den ersten Blick nicht ganz so prächtig erscheinen wie die verwandten Knollenbegonien (Seite 214), doch es sind lohnende, im Beet recht robuste Blumen mit reicher und lang anhaltender Blüte. Die kompakt buschig wachsenden Pflanzen sind ab dem 19. Jahrhundert als Kreuzungen aus verschiedenen brasilianischen Wildarten entstanden und deshalb stets Hybriden. Bei den ersten Züchtungen waren die fleischigen, rundlichen, zugespitzten Blätter oft noch so brüchig wie eine dünne Eisschicht, deshalb der Name Eisbegonie.

Löwenmäulchen (Antirrhinum majus)

Arten und Sorten: Die Sorten bieten eine Fülle schöner Töne in allen Nuancen von Zartrosa über Lachs bis zu kräftigem Rosa- und Scharlachrot, dazu kommen reines Weiß sowie Weiß mit rosa Hauch oder Zeichnung. Auch die Blattfarben sind variabel, von Hellgrün bis zu dunklem, fast schwarzem Rot.
Verwendung: In kleinen und großen Gruppen in Beeten und Rabatten, als Beeteinfassung, in Pflanzgefäßen. Sehr schön in Kombination verschiedener Blüten- und Blattfarben sowie mit gelb und blau blühenden Nachbarn, zum Beispiel niedrigen Studentenblumen und Verbenen.
Standort: Sonnig bis halbschattig, warm, nicht allzu prallsonnig. Boden durchlässig, humos, nährstoffreich und frisch.
Säen: Januar bis Anfang März bei 20–24 °C vorziehen, am besten mit Vermehrungsleuchten; Lichtkeimer. Die sehr feinen Samen werden teils als pilliertes (umhülltes) Saatgut angeboten, was die gezielte Aussaat deutlich erleichtert. Oft empfiehlt sich der Kauf vorgezogener Jungpflanzen, da die Anzucht wegen des frühen Termins und der hohen Temperaturen recht anspruchsvoll ist.
Pflanzen: Ab Mitte Mai, mit 15–25 cm Abstand.
Pflegen: Bei Trockenheit regelmäßig gießen, aber keinesfalls nass halten. Im Beet alle vier bis sechs Wochen, in Pflanzgefäßen alle zwei bis drei Wochen düngen. Verblühtes stets entfernen.

GÄNSEBLÜMCHEN, TAUSENDSCHÖN

Bellis perennis

Korbblütengewächse (Asteraceae) *Februar/März bis September/Oktober* *rosa, rot, weiß* *10–20 cm*

Die Gänseblümchen oder Maßliebchen sind vermutlich schon vor rund 1500 Jahren aus dem Süden nach Mittel- und Nordeuropa eingewandert, als sich hier die Wiesenwirtschaft ausbreitete. Später besiedelten sie dann munter Parks, Rasen und andere Mähflächen. Als Wildpflanzen wachsen die Blümchen mit den flachen Blattrosetten ausdauernd. Ihre einfachen, weißen, manchmal rosa überhauchten Blütenkörbchen erscheinen bei mildem Wetter teils schon ab Januar und öffnen sich häufig bis weit in den Herbst hinein. Sie spenden zwar nur wenig Pollen und Nektar, sind aber durch ihre lange Blütezeit eine wertvolle Nahrungsquelle für Wildbienen und Schwebfliegen. Zuchtformen mit bunten, halb gefüllten oder gefüllten Blütenkörben kennt man als Tausendschön. Sie werden in der Regel nur zweijährig gezogen und blühen nach Auspflanzen im Herbst hauptsächlich zwischen März und Juni.

Arten und Sorten: Wie bei den meisten Sommerblumen dominieren Serien das Angebot, wobei die Samenpäckchen meist Farbmischungen in Rosa-, Rottönen und Weiß enthalten. Bewährt haben sich zum Beispiel die Serien 'Tasso' mit großen, dicht gefüllten, pomponartigen Blütenkörben, 'Roggli' mit noch größeren, oft schon früh erscheinenden Blüten und 'Habanera' mit großen, dicht gefüllten Strahlenblüten. Etwas kleiner und besonders zahlreich sind die gefüllten Blüten der 'Rominette'- Sorten.
Vom einfachen weißen Gänseblümchen werden Samen und manchmal auch Jungpflanzen für Rasen, Wiese und Steingarten angeboten.
Verwendung: In kleinen Gruppen in Beeten und Rabatten, als Beeteinfassung, in Pflanzgefäßen. Passt gut zu vielen anderen Frühjahrsblühern wie Narzisse, Hyazinthe, Traubenhyazinthe, Vergissmeinnicht und Stiefmütterchen.

Eisbegonie (Begonia semperflorens)

Tausendschön (Bellis perennis)

Knospen, Blüten und junge Blätter der einfachen Gänseblümchen sind essbar und werden zum Beispiel als Salatzutaten geschätzt.
Standort: Sonnig bis halbschattig. Boden durchlässig, humos, nährstoffreich und frisch.
Säen: Juni bis Juli in Anzuchtschalen, ins Frühbeet oder ein Anzuchtbeet; Lichtkeimer, höchstens hauchfein abdecken. Die Saaten, die bei 15–20 °C am besten keimen, und die jungen Sämlinge etwas schattieren; nach dem Pikieren heller stellen.
Pflanzen: Vorgezogene Pflanzen im August oder September auspflanzen, mit 15–20 cm Abstand; über Winter mit etwas Fichtenreisig oder Vlies abdecken. Sie können sie sicherheitshalber auch drinnen in Töpfen an einem hellen, kühlen, luftigen Platz überwintern und dann ebenso wie gekaufte Pflanzen ab März ins Freie setzen.
Pflegen: Draußen überwinterte Pflanzen im Frühjahr von welken Blättern befreien und etwas organischen Volldünger geben. An trockenen, warmen Frühjahrtagen kräftig gießen, ansonsten nur leicht feucht halten. Auf eher

Ringelblume (Calendula officinalis)

nährstoffarmen Böden und in Pflanzgefäßen alle zwei bis drei Wochen schwach dosiert düngen. Verwelkte Blütenkörbchen regelmäßig auskneifen.

RINGELBLUME

Calendula officinalis

Korbblütengewächse (Asteraceae) Juni bis Oktober gelb, orange, cremeweiß 30–60 cm

Der Artname officinalis leitet sich von „Offizin", einer früheren Bezeichnung für Apotheke, ab und deutet schon darauf, dass die Ringelblume seit alters als Heilpflanze hoch geschätzt wird. Wegen der wundheilenden, entzündungshemmenden Wirkstoffe in ihren leuchtkräftigen Blüten wurde sie schon in den Kloster- und Bauerngärten des Mittelalters gepflanzt.
Ihren deutschen Namen verdanken die Blumen den raupenartig geringelten Früchten. Da sie sich gern durch Samen ausbreiten, wachsen sie in Mitteleuropa stellenweise wild; doch ihren Ursprung haben sie vermutlich im Mittelmeerraum. Die schmucken, oft von Bienen und Schmetterlingen umschwärmten Blüher mit den kantigen, locker verzweigen Stängeln und schmal eiförmigen, frischgrünen Blättern gehören zu den robustesten Sommerblumen.

Arten und Sorten: Bei einfach blühenden Ringelblumen kann zwar die Blütenfarbe zwischen Hellgelb und Orange variieren, sie tragen aber in der Regel keine Sortennamen. Manche werden auch speziell als Mischungen für Wildblumenwiesen angeboten, attraktive gefüllt blühende Züchtungen als mehrfarbige „Prachtmischungen".
Eine altbekannte Sortenserie ist zum Beispiel 'Pacific' in Cremeweiß, Zitronengelb, Apricot sowie Tieforange, mit 50–70 cm Höhe auch eine sehr gute Schnittblume. Dagegen wird die bewährte 'Fiesta Gitana' nur 20–30 cm hoch und eignet sich so besonders für Beeteinfassungen und Mischkulturen mit Gemüse. Sie schmückt sich mit gefüllten Blüten in gelben und orangen Farbnuancen.
Zunehmender Beliebtheit erfreut sich die Ackerringelblume (Calendula arvensis), eine Verwandte mit kleinen gelben Blüten, die höchstens 30 cm hoch wächst. Saatgut dieser in der Natur vom Aussterben bedrohten Art wird von Wildpflanzen- und Kräutergärtnereien angeboten.
Verwendung: In kleinen und größeren Gruppen in Beeten und Rabatten, im Bauerngarten, in naturnahen Gestaltungen; niedrige Sorten auch in Pflanzgefäßen. Hübsch mit Kornblume, Ährensalbei, Rittersporn, Margerite und Studentenblumen.

Ringelblumen können Sie zudem als Gründüngung, etwa im Gemüsebeet säen; sie dämmen mit ihren Wurzelausscheidungen schädliche Nematoden im Boden ein. Ringelblumen eignen sich als Schnitt- und Trockenblumen. Ihre Blüten sind essbar und lassen sich als farbenfrohe Garnierung zum Beispiel in Salaten verwenden.
Standort: Sonnig bis halbschattig. Boden durchlässig, humos, nährstoffreich und frisch bis mäßig trocken.
Säen: Februar bis März bei 14–16 °C vorziehen oder von April bis Juni draußen in ein Anzuchtbeet oder direkt an Ort und Stelle säen; im letz-

teren Fall die Sämlinge später auf den nötigen Abstand ausdünnen.
Pflanzen: Ab Mitte April, mit 20–30 cm Abstand.
Pflegen: Bei Trockenheit gießen, zwischen den Wassergaben die Bodenoberfläche abtrocknen lassen. Im Beet alle vier bis sechs Wochen, in Pflanzgefäßen alle zwei Wochen düngen. Abschneiden verblühter Stiele fördert eine lange Nachblüte und beugt Selbstaussaat vor. Falls Sie eine Ausbreitung der Blumen wünschen, genügt es meist, nur einen Teil der welken Blütenstände und Früchte stehen zu lassen.

ZAUBERGLÖCKCHEN

Calibrachoa x hybrida

Nachtschattengewächse (Solanaceae) Mai bis Oktober rosa, violett, blau, rot, orange, gelb, weiß, auch mehrfarbig 20–40 cm, hängend

Die Stammarten dieser bezaubernden, fröhlich bunten Blumen sind vermutlich in Brasilien zuhause. Solche Pflanzen wurden erst in neuerer Zeit von den Petunien (Seite 266) unterschieden und als eigenständige Gattung mit dem Namen Calibrachoa eingestuft. Daraus entstanden auch die Hybridkreuzungen, die in den 1990er-Jahren als „Mini-Petunien" erstmals Aufsehen erregten.
Diese Zauberglöckchen konnten nicht nur durch ihre zahlreichen kleinen, trichterförmigen Blüten begeistern: Die zunehmend verbesserten Züchtungen erwiesen sich auch als regen- und windfest.
Ausladend und überhängend wachsend, eignen sich die Zauberglöckchen wunderbar für verschiedene Pflanzgefäße. Zunehmend sieht man ihre überwältigende Blütenfülle auch in Blumenbeeten. Über ihre lange Blütezeit freuen sich zudem Bienen und Hummeln, sofern es sich nicht um Sorten mit gefüllten Blüten handelt.

Vorsicht: Alle Pflanzenteile sind leicht giftig.
Arten und Sorten: Aufgrund der großen Beliebtheit dieser Blumen wird das Sortenangebot ständig erweitert. 'Million Bells' wird oft als andere Bezeichnung für die Zauberglöckchen verwendet, ist aber auch der Name einer schon altbewährten Sortenserie. 'Million Bells'-Sorten sind in allen Farbtönen verfügbar, ob kräftiges Rot oder Blau oder pastellige Nuancen in zartem Gelb und Rosa. Ähnlich verhält es sich mit den längs gut eingeführten Serien 'Celebration' und 'Superbells', die teils mehrfarbig gestreift sind. Der Namensbestandteil „Double" weist auf gefüllt blühende Sorten hin, zum Beispiel bei der blauvioletten 'Double Blue'.
Umsehen lohnt sich vielleicht noch mehr als das Studieren von Sortenlisten, denn ständig kommt etwas Neues hinzu; so beispielsweise recht großblütige und höher wachsende Kreuzungen zwischen Zauberglöckchen und „echten" Petunien.
Verwendung: Vor allem in Balkonkästen und Ampeln sowie zum Unterpflanzen größerer Topfgewächse. In Beeten und Rabatten als gruppenweise gepflanzte Bodendecker. Zu Zauberglöckchen sollte man ähnlich starkwüchsige Partner gesellen, etwa Verbenen, Zweizahn, Pelargonien und Strohblumen.

Zauberglöckchen (Calibrachoa x hybrida)

Sommeraster (Callistephus chinensis)

Sommeraster (Callistephus chinensis)

Standort: Sonnig, auch leicht beschattet. Für Pflanzgefäße am besten kalkarme Petunienerde wählen. Beetbepflanzung in durchlässigen, humosen, nährstoffreichen und leicht sauren Boden. Ist der Boden kalkhaltig, (möglichst torffreie) Moorbeet- oder Rhododendronerde untermischen, um den pH-Wert abzusenken.
Säen: Saatgut wird selten angeboten, weil sich die Hybriden oft nicht samenecht vermehren lassen. Im Herbst selbst geerntete Samen, die die Pflanze in kleinen Kapseln bildet, können aber bei Aussaat zu interessanten Ergebnissen führen. Anzucht von Februar bis April, bei 20–24 °C; Samen höchstens leicht abdecken, da Lichtkeimer. Vermehrung auch über Stecklinge möglich.
Pflanzen: Ab Mitte Mai, mit 25–30 cm Abstand.
Pflege: Bei Trockenheit regelmäßig gießen, aber nicht zu nass halten. In Pflanzgefäßen alle ein bis zwei Wochen düngen, im Beet alle zwei bis drei Wochen. Verwenden Sie möglichst kalkarmes Gießwasser und Petuniendünger: Zu viel Kalk führt zur mangelnden Aufnahme von Eisen; dann werden die Blätter gelb. Ein leichter Rückschnitt alle drei bis vier Wochen fördert dichteren Wuchs und die Anlage neuer Blütenknospen.

SOMMERASTER

Callistephus chinensis

Korbblütengewächse (Asteraceae) Juli bis Oktober rosa, rot, violett, blau, weiß, gelb 20–90 cm

Die aus China stammende Sommeraster gelangte im frühen 18. Jahrhundert nach Europa und erfreute sich bald großer Beliebtheit. Sie ist zwar mit den „echten", meist mehrjährig wachsenden Astern nicht direkt verwandt, hat aber in ihren einfachen Formen ähnliche Korbblüten. Diese sind auch bei Bienen, Hummeln und Schwebfliegen ausgesprochen beliebt. Die prunkvoll gefüllten Sorten dagegen weisen eher auf die entfernte Verwandtschaft mit Herbstchrysanthemen und Dahlien hin. Die üppigen Blütenkörbe lassen bei nicht allzu dichter Füllung oft noch die gelbe, schön kontrastierende Mitte sehen und stehen einzeln an Stängeln mit schmalen, satt- bis dunkelgrünen Blättern.
Die Freude an diesen Schönheiten wird leider öfter getrübt durch die Asternwelke, eine im Boden überdauernde Pilzkrankheit, die zum Absterben ganzer Pflanzen führen kann.

Arten und Sorten: Die Sorten werden meist als Serien mit verschiedenen Farben angeboten, häufig in bunten Mischungen. Das große Sortenspektrum wird immer wieder durch neue Züchtungen ergänzt.
Nach der Wuchshöhe unterscheidet man:

- **Hohe Sommerastern** (70–90 cm), zum Beispiel die 'Stella'-Serie mit einfachen Blüten, die 'Mona'-Serie mit halb gefüllten und die 'Standy'-Serie mit dicht gefüllten Blüten;
- **Halbhohe Sommerastern** (40–60 cm), zum Beispiel die 'Pompon'-Serie mit halbkugeligen, gefüllten Blüten;
- **Niedrige und Zwerg-Sommerastern** (20–30 cm hoch), zum Beispiel die 'Star-

light'- und die 'Milady'-Serie mit dicht gefüllten Blüten. Manche gelten als widerstandsfähig gegen die gefürchtete Asternwelke, so etwa 'Standy', 'Mona' und 'Starlight'.

Verwendung: In kleinen Gruppen in Beeten und Rabatten, niedrige Sorten auch als Beeteinfassung und in Pflanzgefäßen. Hübsch mit Studentenblume, Männertreu und Duftsteinrich, auch zwischen Stauden wie Sonnenhut und Sonnenauge. Hohe Sorten sind prächtige Schnittblumen.
Standort: Am besten sonnig, auch halbschattig. Boden durchlässig, gern etwas sandig, humos, nährstoffreich und frisch bis mäßig trocken.
Säen: Mitte Februar bis Mai bei rund 15 °C vorziehen, ab März auch im Frühbeet, ab April auch im Anzuchtbeet oder direkt an Ort und Stelle, dann später ausdünnen. Direktsaat kann helfen, der Asternwelke vorzubeugen.
Pflanzen: Ab Ende April, bei kühlem Wetter und in raueren Lagen besser erst Mitte Mai, mit 20–40 cm Abstand, je nach Wuchshöhe. Nach einer Asternwelke (Pilzbefall) wechseln Sie jährlich den Pflanzplatz und pausieren Sie an derselben Stelle mindestens sechs Jahre, weil der Erreger lange im Boden überdauert.
Pflegen: Bei Trockenheit regelmäßig gießen, aber keinesfalls nass halten. Hohe Sorten, wenn nötig, stützen. Im Beet alle vier bis sechs Wochen, in Pflanzgefäßen alle zwei Wochen düngen. Verwelkte Blütenkörbchen mitsamt Blütenstielen herausschneiden.

KORNBLUME

Centaurea cyanus

Korbblütengewächse (Asteraceae) zwischen Mai und September, je nach Saattermin blau, violett, rosa, purpurrot, weiß 30–90 cm

Dass sich diese Blume mit dem markanten Blütenblau gern am und im Kornfeld ansiedelt, ist in ihrem Namen verewigt. Vermutlich wurden ihre Samen auch zusammen mit Getreidekörnern aus ihrer südeuropäischen Heimat nach Mitteleuropa eingeschleppt. Schon seit Langem gehörte sie früher zum Bild unserer Getreidefelder, ist aber heute an den intensiv bewirtschafteten Äckern nur noch selten zu sehen. Umso häufiger wächst die locker verzweigte Pflanze mit den hübschen Blütenkörbchen und den schmalen, graugrünen Blättern in den Gärten – und erfreut die Betrachter ebenso wie die Bienen, Hummeln und Schmetterlinge, die die Kornblume oft besuchen.

Arten und Sorten: Naturnahe, einfach blühende Auslesen im bekannten Kornblumenblau sind als „wilde Kornblumen" im Handel. Gelegentlich findet man auch einfach oder schwach gefüllt blühende Mischungen in verschiedenen Blautönen und Weiß. Ansonsten überwiegen Züchtungen mit halb oder dicht gefüllten Blüten, oft in Farbmischungen. Hübsche Namensorten sind zum Beispiel 'Blauer Junge' (tiefblau), 'Rote Lola' (rot) und 'Black Ball' (tief dunkelrot). 'Florence' und 'Midget' stehen für kompakt wachsende, 30–40 cm hohe Serien, die es jeweils in verschiedenen Blütenfarben gibt.

Kornblume (Centaurea cyanus)

Schmuckkörbchen (Cosmos bipinnatus)

Verwendung: In kleinen Gruppen in Beeten und Rabatten, als Rosenbegleitpflanzen, im Bauerngarten, Wildformen in Wiesen und naturnahen Flächen, niedrige Sorten auch in Pflanzgefäßen. Schön in „Feldrand-Kombination" mit Klatschmohn, Margerite und Kamille, aber auch mit vielen anderen Sommerblumen und Stauden. Als Schnittblumen geeignet.
Standort: Sonnig. Boden durchlässig, humos, nährstoffreich und frisch bis mäßig trocken.
Säen: März bis April bei 15–18 °C vorziehen oder zwischen April und Juni direkt an Ort und Stelle säen und die Sämlinge später ausdünnen. In wintermilden Gegenden können Sie Kornblumen für eine besonders frühe Blüte sogar schon im September ins Freie säen (über Winter leicht abdecken). Durch die große Saatzeitspanne lässt sich die Blütezeit variieren; und bei gestaffelten Aussaaten im Abstand von einigen Wochen zieren Kornblumenblüten den Garten vom späten Frühjahr bis zum Herbst.
Pflanzen: Ab Anfang Mai, mit 20–25 cm Abstand.
Pflegen: Bei anhaltender Trockenheit gießen. In gut versorgten Beeten genügen eine Düngung nach dem Pflanzen beziehungsweise im Jungpflanzenstadium und eine zweite Gabe zum Blühbeginn. Hohe Sorten, wenn nötig, stützen.

SCHMUCKKÖRBCHEN

Cosmos bipinnatus

Korbblütengewächse (Asteraceae) Juni/Juli bis Oktober rosa, rot, weiß 60–120 cm

Rosa, Rot und Weiß sind im Blumengarten keine Seltenheit. Doch die Schmuckkörbchen, auch Kosmeen genannt, präsentieren diese Farben in besonders intensiver Leuchtkraft. Die in Mittelamerika beheimateten Pflanzen wachsen aufrecht mit kräftig verzweigten Stängeln. Ihre bis 10 cm großen, oft von Insekten umschwärmten Korbblüten werden von filigran gefiederten, frischgrünen Blättern untermalt.
Arten und Sorten: Die meist in Farbmischungen angebotenen Serien gibt es in verschiedenen Rosa- und Rottönen sowie Weiß. Bewährte 80–120 cm hohe Serien sind 'Sensation' und

'Sea Shells', bei der die Blütenblätter trichterförmig eingerollt sind, sowie die gefüllt blühende 'Double Click'. Sehr ansprechend wirken die hell- und dunkelrosa gezeichneten Blüten der Sorten 'Candy Stripes' und 'Daydream'. Die 'Sonata'-Serie bleibt mit rund 60 cm deutlich niedriger und bietet mit 'Carmine' auch eine kräftig karminrote Sorte.
Die verwandte Cosmos sulphureus wird manchmal als Schwefelkosmee bezeichnet, blüht in warmen Gelb- und Orangetönen und wächst 30–60 cm hoch. Die Blüten sind etwas kleiner und meist halb gefüllt. Oft werden kompakte Farbmischungen wie 'Cosmic Mix' und 'Sunny Mix' angeboten.
Verwendung: In kleinen Gruppen in Beeten und Rabatten, niedrige Sorten auch in Pflanzgefäßen. Schmuckkörbchen lassen sich mit vielen Sommerblumen kombinieren, etwa mit Ringelblume, Kornblume und Verbenen, und passen auch gut zu Stauden wie Rittersporn und Phlox. Gute Schnittblumen.
Standort: Vorzugsweise sonnig, auch halbschattig. Boden durchlässig, humos, nährstoffreich und frisch.
Säen: März bis April bei 15–18 °C vorziehen oder Ende April bis Mai direkt an Ort und Stelle säen und später ausdünnen.
Pflanzen: Ab Mitte Mai, mit 25–40 cm Abstand, je nach Wuchshöhe.
Pflegen: Bei Trockenheit regelmäßig gießen, aber nicht zu nass halten. Hohe Sorten, wenn nötig, stützen. Im Beet alle vier bis sechs Wochen, in Pflanzgefäßen alle drei Wochen düngen. Verwelkte Blütenkörbchen entfernen.

NELKEN

Dianthus

Nelkengewächse (Caryophyllaceae) zwischen Mai und Oktober, je nach Saattermin rosa, rot, violett, weiß, gelb, auch zweifarbig 15–70 cm

Unter den mehrjährigen Nelken spielen im Garten, genauer gesagt: im Steingarten, fast nur kleine, polsterbildende Arten wie die Pfingstnelke (Dianthus gratianopolitanus) eine Rolle. Für Beete und Rabatten empfehlen sich stattdessen die prachtvoll und lang blühenden ein- bis zweijährigen Arten mit buschigem Wuchs und meist aufrechten Stängeln, an denen schmale, dunkel- oder graugrüne Blätter stehen: die Garten- oder Landnelke, ursprünglich aus dem Mittelmeerraum, die Bartnelke, die aus Südosteuropa stammt, und die Chinenser- oder Kaisernelke aus Ostasien. Land- und Bartnelken wachsen in ihren Herkunftsregionen teils als Stauden und können manchmal auch im Garten erneut austreiben und blühen.
Arten und Sorten: Garten- oder Landnelken (Dianthus caryophyllus), meist 50–70 cm, sind die „klassischen" Beet- und Schnittblumen mit großen, dicht gefüllten, gerüschten, duftenden Blüten. Sie werden fast nur in Farbmischungen angeboten und bieten neben Weiß, Rosa- und Rottönen auch Gelb. Landnelken wie die 'Colorista'- und 'Grenadin'-Serie sind zweijährig und blühen zwischen Juni und August, Chabaud-Nelken sind einjährig und blühen zwischen Juli und Oktober. Gelegentlich werden auch kompakte, 20–40 cm hohe Zwergsorten angeboten.

Bartnelke (Dianthus barbatus)

Chinensernelke (Dianthus chinensis)

Bartnelken (D. barbatus) werden meist 40–60 cm hoch, sind überwiegend zweijährig und haben große, dichte, halbkugelige Blütendolden, die sich aus zahlreichen kleinen, meist duftenden Blüten zusammensetzen. Im Angebot sind hauptsächlich Farbmischungen, einfach oder gefüllt blühend. Manche Serien wie 'Bodestolz' (Farbmischung) und Sorten wie 'Noverna Purple' (dunkel rotviolett) sind einjährig, sodass sie schon im Spätsommer des Aussaatjahrs blühen. Die 'Diabunda'-Serie umfasst nur 30 cm hohe Sorten mit aparten zweifarbigen Blüten, wie 'Purple Picottee' (weiß-dunkelpurpurn); diese Sorten können ein- und zweijährig gezogen werden und je nach Saattermin zwischen Frühjahr und Herbst blühen. Chinenser- oder Kaisernelken (D. chinensis) werden 15–40 cm hoch, sind meist einjährig und bringen einfache bis halb gefüllte, duftende Blüten hervor, die Bienen und andere Insekten anziehen. Sie wirken mit ihren fransenartig eingeschnittenen, gewellten Rändern sehr charmant und haben oft eine dunklere oder andersfarbige Mitte. Saatgut wird häufig in Farbmischungen ohne Sortenbezeichnung angeboten. Die Sorte 'Chianti' besticht mit dunkel violettroten Blüten mit weißem Rand.
Verwendung: In kleinen Gruppen in Beeten und Rabatten, im Bauerngarten, niedrige Sorten als Beeteinfassung und in Pflanzgefäßen. Hübsch zum Beispiel mit Ährensalbei, Löwenmäulchen, Verbenen und Zinnien. Hohe Sorten eignen sich als prächtige Schnittblumen.
Standort: Vorzugsweise sonnig, auch halbschattig. Boden durchlässig, humos, nährstoffreich und frisch.
Säen: Einjährige Nelken im Februar bis März bei 15 °C vorziehen, Chabaud-Nelken bei 18–20 °C. Zweijährige zwischen Ende Mai und Juli draußen in Anzuchtschalen oder in ein Anzuchtbeet säen. Bei den Zweijährigen lässt sich durch warme Anzucht im April die Blüte im Folgejahr noch etwas verfrühen. Vor allem bei Chinensernelken empfiehlt sich ein Entspitzen der Jungpflanzen, um kompakten Wuchs zu fördern.
Pflanzen: Einjährige Sorten ab Mai, zweijährige Sorten im Herbst (über Winter mit Fichtenreisig abdecken) oder im Frühjahr nach der Aussaat, mit 20–25 cm Abstand; im letzteren Fall im Frühherbst in ausreichend große Töpfe setzen und diese hell und kühl überwintern.
Pflegen: Bei Trockenheit regelmäßig gießen, nur mäßig feucht halten. Im Beet alle vier bis sechs Wochen, in Pflanzgefäßen alle drei Wochen düngen. Hohe, großblütige Gartennelken bei Bedarf stützen. Regelmäßiges Entfernen welker Blüten verlängert die Blühdauer.

NATTERNKOPF

Echium vulgare

Borretschgewächse (Boraginaceae) · Juni bis September · anfangs rosa, dann blau · 60–80 cm

Der zweijährige, bei uns heimische Natternkopf wird teils auch zu den Stauden gezählt, weil er durch Selbstaussaat recht zuverlässig für seinen Fortbestand sorgt. In der freien Landschaft gilt er als Pionierpflanze, die recht unwirtliche Flächen besiedelt, zum Beispiel Geröllhalden, Trockenrasen und Schuttplätze. Mit seiner langen Pfahlwurzel kann er in Tiefen vordringen, in denen er selbst im anhaltend heißen Sommer noch etwas Grundwasser findet.
Das macht den Natternkopf mit seinen schönen ährenartigen Blütenständen zu einer hervorragenden Wahl für trockene, naturnahe Gartenbereiche. Seine Blüten erinnern in Seitenansicht an einen Schlangenkopf mit gespaltener Zunge, daher der gefährlich klingende Name. Als Wildpflanze zeigt der Natternkopf ein variables Blühverhalten: Manchmal öffnen sich die ersten Blüten schon im Mai und die letzten noch im Oktober. Interessanterweise sind sie beim Aufblühen rosafarben und wechseln dann allmählich zu einem kräftigen, leuchtenden Blau. Die nektarreichen Blumen locken unzählige Insekten an, vor allem Bienen, Schwebfliegen und Falter.
Im Aussaatjahr bildet der Gewöhnliche Natternkopf zunächst eine grundständige Rosette aus lanzettlichen Blättern. Daraus wachsen erst im zweiten Jahr die oft reich verzweigten Stiele, an denen die Blüten gebildet werden.

Gewöhnlicher Natternkopf (Echium vulgare)

Arten und Sorten: Den Gewöhnlichen Natternkopf (Echium vulgare) gibt es bisher nur als reine Art. Ebenfalls angeboten wird der Wegerichblättrige Natternkopf (E. plantagineum) aus dem Mittelmeerraum. Er hat breitere, stärker behaarte Blätter, ähnelt sonst aber dem Gewöhnlichen Natternkopf und verträgt ebenfalls Trockenheit. Von ihm gibt es Sorten wie 'Dwarf Blue Bedder', die nur 30 cm hoch wächst.
Verwendung: Auf trockenen Wildwiesen, in Steppen- und Steingärten, im trockenen Gehölzsaum, an Wegen und Zäunen. Passt zu anspruchslosen Wildblumen wie Jungfer im Grünen und Klatschmohn ebenso wie zu trockenheitsverträglichen Stauden, zum Beispiel Skabiose, Katzenminze und Blaustrahlhafer.
Standort: Sonnig, gern vollsonnig, und warm. Boden gut durchlässig, trocken bis mäßig frisch, am besten nährstoffarm, auch sandig oder steinig.
Säen: In Vorfrühling oder Spätherbst direkt an Ort und Stelle breitwürfig ausstreuen, in Samenstärke mit Erde abdecken (Kaltkeimer).
Pflanzen: Auch Vorziehen oder Kauf von Jungpflanzen zum späteren Aussetzen ist möglich; bis dahin sollte allerdings die Pfahlwurzel noch nicht allzu stark entwickelt sein
Pflege: Kaum nötig; nur bis zum Einwachsen ausreichend mit Wasser versorgen. Nicht gezielt düngen, sonst droht verstärktes Blattwachstum auf Kosten der Blüten.

Goldlack (Erysimum cheiri)

GOLDLACK

Erysimum cheiri

Kreuzblütengewächse (Brassicaceae) April bis Juni gelb, orange, rot, braunrot, rosa, weiß 25–60 cm

Dieser zweijährige Frühjahrs- und Frühsommerblüher wird im Fachhandel teils noch unter seinem alten Namen Cheiranthus cheiri geführt, obwohl er schon vor Langem zur Gattung Erysimum gestellt wurde. Doch so oder so ist der Goldlack mit seinen warm leuchtenden, intensiv honigartig duftenden Blütentrauben über den schmalen, frischgrünen Blättern unverkennbar. Die in ihrer südeuropäischen Heimat ausdauernd wachsende Pflanze wurde schon in den mittelalterlichen Kloster- und Bauerngärten als Blume gepflanzt und ist eine wertvolle Bienenweide.

Vorsicht: Alle Pflanzenteile, besonders die Samen, sind sehr giftig!
Arten und Sorten: Beim Goldlack sind, wie bei vielen anderen Sommerblumen, Farbmischungen Trumpf. Vor allem hochwüchsige Mischungen (40–60 cm) mit einfachen Blüten werden oft nicht näher benannt, können sich in den Gelb-, Orange- und Rotschattierungen etwas unterscheiden und beinhalten teils auch Samen von rosa und weiß blühenden Pflanzen. Die „Buschlack"-Formen haben gefüllte Blüten und sind in hohen sowie gelegentlich auch in rund 30 cm niedrigen „Zwerg-Busch-Mischungen" erhältlich. Niedrige einfach blühende Blumen in vielen Farbtönen bietet die 'Bedder'-Serie, ebenso die 'Treasure'-Serie, die mit einer interessanten Besonderheit aufwartet: Die Pflanzen blühen schon ab Spätherbst, bei

mildem Wetter sogar im Winter, und bis in den April hinein.
Verwendung: In kleinen Gruppen in Beeten und Rabatten, im Bauerngarten, niedrige Sorten auch in Pflanzgefäßen. Attraktiv in Kombination mit Stiefmütterchen, Vergissmeinnicht und spät blühenden Zwiebelblumen wie Traubenhyazinthen. Hohe Sorten sind schöne Schnittblumen.
Standort: Sonnig. Boden durchlässig, humos, nährstoffreich, gern kalkhaltig und frisch bis mäßig trocken.
Säen: Mai bis Juli in Anzuchtschalen oder -beete säen, ab Juni auch direkt an Ort und Stelle, Sämlinge dann ausdünnen. Die Samen keimen am besten bei 18–20 °C und sollten gut abgedeckt werden. Die Jungpflanzen am besten entspitzen.
Pflanzen: Im August oder September, mit 20–25 cm Abstand. Decken Sie den Goldlack über Winter mit etwas Fichtenreisig oder Vlies ab. In rauen Lagen ist es sicherer, die Jungpflanzen drinnen hell und kühl zu überwintern und erst im März oder April auszupflanzen. Zur Vorbeugung gegen Kohlhernie und andere Krankheiten empfiehlt es sich, den Goldlack nur alle vier bis fünf Jahre an dieselbe Stelle zu setzen.
Pflegen: Nach der Überwinterung welke Blätter entfernen. Bei Trockenheit regelmäßig gießen, aber nicht nass halten. In gut versorgten Beeten genügt eine Kompostgabe nach dem Pflanzen und eine zweite Düngung zum Blühbeginn; in Pflanzgefäßen alle zwei bis drei Wochen düngen.

Kalifornischer Mohn, Goldmohn (Eschscholzia californica)

KALIFORNISCHER MOHN

Eschscholzia californica

Mohngewächse (Papaveraceae) *Juni bis September/Oktober* *gelb, orange, rot, rosa, weiß* *25–40 cm*

Dieses im Südwesten der USA beheimatete Mohngewächs hat es als Staatsblume von Kalifornien zu hohen Ehren gebracht und ist wegen seiner gelb bis orange leuchtenden, schalenförmigen Blüten auch als Goldmohn bekannt. Die buschig wachsenden Pflanzen mit den fein gefiederten, blaugrünen Blättern zeigen im Frühsommer zunächst kegelförmige Blütenknospen, die die Kelchblätter bis zum Aufblühen wie eine Mütze umgeben, deshalb auch der Name Schlafmützchen. In zeitweiligen „Schlaf" verfallen die Blüten auch nachts und bei trübem, regnerischem Wetter: Sie öffnen sich nur bei Sonnenschein.

Vorsicht: Alle Pflanzenteile enthalten Giftstoffe.
Arten und Sorten: Meist werden Farbmischungen ohne spezielle Seriennamen angeboten, mit einfachen Blüten in Gelb, Orange und Rot, teils auch in Weiß und Rosa. 'Monarch Shades'-Mischungen bieten halb gefüllte, 'Gloriosa Double'-Mischungen stärker gefüllte Blüten; beide Serien bleiben mit rund 30 cm Höhe recht kompakt. Reizvolle Einzelsorten sind zum Beispiel 'Dalli' mit tief scharlachroten Blüten mit gelber Mitte und die gefüllt blühende 'Appleblossom' in Pink oder Rosa mit in verschiedenen Farbschattierungen gemusterten, seidigen Blütenblättern.

Verwendung: In kleinen und größeren Gruppen in Beeten und Rabatten, als Einfassung, im Steingarten und naturnahen Bereichen, zum Verwildern durch Selbstaussaat geeignet; auch in Pflanzgefäßen. Schön mit Ährensalbei, Kornblume und Bechermalve sowie mit Stauden, etwa Glockenblumen und Indianernessel.
Standort: Sonnig, gern vollsonnig, und warm. Sofern der Boden nicht stark tonhaltig oder gar staunass ist, gedeiht der Kalifornische Mohn fast überall, auch an mageren, trockenen Standorten.
Säen: Von Ende März bis Juni direkt ins Beet, in Reihen oder breitwürfig, mit späterem Ausdünnen der Sämlinge auf 20–30 cm Abstand. Harken Sie die Samen etwas ein, und halten Sie die Fläche stets gut feucht; bei Temperaturen zwischen 12 und 20 °C erscheinen die Sämlinge nach rund zwei Wochen. In wintermilden Regionen kann auch im September gesät werden, für einen frühen Blühbeginn ab Mai (über Winter etwas abdecken).
Pflanzen: Der Kalifornische Mohn bildet eine kräftige Pfahlwurzel und lässt sich höchstens als kleiner Sämling vorsichtig verpflanzen; die Direktsaat ist deshalb einfacher.
Pflegen: Bei anhaltender Trockenheit gießen. Regelmäßiges Ausputzen von Verblühtem verlängert die Blütezeit, ansonsten ungestört wachsen lassen.

SONNENBLUME

Helianthus annuus

Korbblütengewächse (Asteraceae) Juli bis Oktober gelb, orange, bronzefarben, dunkelrot, rotbraun 30–350 cm

Nachdem die in Nord- und Mittelamerika heimische Sonnenblume im 16. Jahrhundert von spanischen Seefahrern eingeführt wurde, ragte sie bald in europäischen Gärten auf. Mit ihren hohen, kräftigen Stängeln, den großen, herzförmigen, rauen Blättern und den üppigen, gelben Blütenkörben, die sie stets zur Sonne hin dreht, ist sie eine der markantesten Gestalten im Blumengarten.

An ihren großen Blütensonnen erkennt man deutlich, wie die Korbblütengewächse mit ihren Blütenständen das Bild einer Einzelblüte „imitieren": Was wie gelbe Blütenblätter (Kronblätter) erscheint, sind tatsächlich lauter einzelne flache Blüten, sogenannte Zungenblüten, die nur dem Anlocken von Insekten dienen. Die große Scheibe in der Mitte setzt sich aus unzähligen kleinen Röhrenblüten zusammen, aus denen nach der Bestäubung die als schmackhafte Kerne bekannten Früchte entstehen.

Arten und Sorten: Stattliche, meist 150 –200 cm hohe Sorten wie 'Hohe Riesen' und 'Schnittwunder' verkörpern mit ihren großen, goldgelben, einfachen Blütenkörben mit dunkler Scheibe die „klassische" Sonnenblume – und lassen sich noch durch Giganten wie 'King Kong' (bis 350 cm) toppen. Wer gern leckere Kerne ernten möchte, sollte bevorzugt die rund 200 cm hohe Sorte 'Snack' säen. Dazu gesellt sich eine Reihe von hohen Sorten mit interessanten Blütentönen, etwa 'Abendsonne' (braunrot) oder mit gefüllten Blüten, etwa 'Santa Fé' (gelb) sowie mittelhohen Sorten (um 120 cm), beispielsweise 'Mezzula' (gelb, pollenarm).
Des Weiteren gibt es Sonnenblumen mit verzweigten, vielblütigen Stängeln, darunter hohe wie 'Prado Gold' und 'Samtkönigin' (tiefrot), und mittelhohe Sorten wie 'Florenza' (gelb mit rotem Innenring) sowie die kleinblumige 'Sonja' (gelb). Verzweigt wachsen auch die sehr kompakten, 30–40 cm kleinen Sorten wie 'Pacino' (gelb) und 'Teddybär' (gelb, gefüllt). Erwähnenswert ist zudem die zunehmende Zahl an pollenfreien Sonnenblumen: Da sie keine Pollen bilden, lassen sich bei der Nutzung als Schnittblumen klebrige Beläge am Boden vermeiden. Entsprechende Sorten finden sich in allen Größengruppen und vielen Farbtönen, von der hohen, dunkel braunroten 'Claret' bis zur kleinen, gelben 'Bert'.
Mit der Staudensonnenblume (Helianthus decapetalus) gibt es auch eine mehrjährige Art. Sie wächst verzweigt, 120–180 cm hoch und ist mit einfachen und gefüllten goldgelben Blüten erhältlich.

Sonnenblume (Helianthus annuus)

Verwendung: Einzeln, in kleinen Gruppen oder in Reihen in Beeten und Rabatten, im Bauerngarten, an Zäunen und als Sichtschutz; niedrige Sorten auch in Pflanzgefäßen. Harmonieren mit vielen Sommerblumen und Stauden, etwa mit Stockrose, Zinnie, Verbene, Lupine und Rittersporn. Prächtige Schnittblumen.
Standort: Sonnig, warm und am besten etwas windgeschützt. Boden durchlässig, humos, nährstoffreich und frisch.
Säen: Im April bei 15–20 °C vorziehen, in kleinen Töpfen, in die man jeweils ein bis zwei Kerne steckt (3–4 cm tief). Sie können die Kerne auch von April bis Juni direkt an Ort und Stelle säen, am besten in kleinen Grüppchen, von den denen Sie später nur die kräftigsten Sämlinge stehen lassen. Legen Sie bei Beetsaat am besten engmaschige Kulturschutznetze oder Vliese auf, denn die Kerne sind bei Vögeln sehr begehrt.
Pflanzen: Ab Mitte Mai, mit 20–50 cm Abstand, je nach Wuchshöhe.
Pflegen: Vor dem Pflanzen oder Aussäen gut ausgereiften Kompost einharken, ab Juni dann alle zwei bis vier Wochen nachdüngen, je nach Pflanzengröße. Bei Trockenheit regelmäßig und gründlich gießen, aber nicht nass halten. Hohe Sorten an Stäben aufbinden, besonders an etwas windigen Plätzen.

FLEISSIGES LIESCHEN

Impatiens

Balsaminengewächse (Balsaminaceae) Mai/Juni bis Oktober rosa, pink, violett, rot, orange, weiß 15–40 cm

Eifrige und selbst im Schatten unverdrossene Blüher, mit dezenten, aber kräftig leuchtenden Farben: Das bescherte den aus ostafrikanischen Wäldern stammenden Fleißigen Lieschen lange einen Stammplatz in den Top 10 der Beet- und Balkonpflanzen. Allerdings wurden sie in den letzten Jahren von den sogenannten Edellieschen überrundet, die als Kreuzungen aus Wildarten von der Neuguinea-Insel entstanden sind. Diese wachsen und blühen noch etwas üppiger und wirken zugleich ein wenig „vornehmer“ – nicht zuletzt, weil die eiförmigen, zugespitzten

Blätter bei ihnen oft in sattem bis dunklem Grün glänzen oder in ansprechenden Bronze- und Purpurtönen gefärbt sind.

Arten und Sorten: Samen des Fleißigen Lieschens (Impatiens walleriana) werden überwiegend als Farbmischungen in Rosa, Rot und Weiß angeboten, zuweilen auch mit orange getönten Blüten. Hier gibt es zum Beispiel die bewährte, großblütige 'Accent'-Serie mit besonders vielen Farbnuancen und teils sternartig gezeichneten Blüten und die 'Athena'-Serie mit halb gefüllten Blüten. Eine schöne Besonderheit ist die tief rosarote, gefüllt blühende 'Victorian Rose'. Die meisten Edellieschen (Impatiens-Neuguinea-Hybriden) lassen sich nur über Stecklinge vermehren, sodass sie nur als getopfte Jungpflanzen erhältlich sind. Da sie sich in erster Linie in den Blüten- und teils auch Blattfarben unterscheiden, wählt man am besten nach Augenschein aus dem Angebot gut sortierter Gärtnereien, Gartencenter und Pflanzenversender – denn die Palette wird ständig durch neue Sorten und Serien erweitert. Das Spektrum an Farbnuancen ist noch weitaus größer als bei den „normalen" Fleißigen Lieschen und wird durch violette sowie kräftige Gelborangetöne erweitert. Unter den Edellieschen finden sich auch ausgesprochen sonnenverträgliche Sorten, etwa aus der 'Sunpatiens'-Serie. Als Saatgut sind bislang fast nur Sorten der 'Divine'-Serie, zum Beispiel in Orange und Pink, erhältlich. Eine kleine Renaissance erlebte in letzter Zeit die Gartenbalsamine (I. balsamina), die früher viele Bauerngärten schmückte und Sonne wie Halbschatten verträgt. Sie wird 30–60 cm hoch und blüht von Juni bis September mit kleinen, gefüllten, rosenähnlich geformten Blüten in Rosa-, Rot-, Violetttönen und Weiß.

Verwendung: In kleinen Gruppen in Beeten und Rabatten, als Einfassung und in Pflanzgefäßen. Hübsch mit Knollenbegonien, Männertreu, Studentenblumen und kleinen Glockenblumen.

Standort: Halbschattig bis schattig, bei guter Wasserversorgung auch sonnig. Boden durchlässig, humos, nährstoffreich und frisch.

Säen: Februar bis April bei 18–22 °C vorziehen; Lichtkeimer, die Samen nur andrücken. Oft ist ein Entspitzen der Jungpflanzen ratsam, um sie zu stärkerer Verzweigung anzuregen.

Pflanzen: Ab Mitte Mai, bei kühlem Wetter erst Ende Mai, mit 20–30 cm Abstand.

Pflegen: Bei Trockenheit regelmäßig gießen, aber keinesfalls nass halten, da die Pflanzen zu Fäulnis neigen. Ab Blühbeginn im Beet alle vier bis sechs Wochen, in Pflanzgefäßen alle zwei Wochen düngen, nur schwach dosiert, mit nicht allzu stickstoffreichem Blütenpflanzendünger. Das Entfernen welker Blüten kann die Blühdauer verlängern.

Fleißiges Lieschen (Impatiens)

DUFTWICKE

Lathyrus odoratus

Schmetterlingsblütengewächse (Fabaceae)
Juni bis September *rosa, rot, violett, blau, weiß, gelb* *20–200 cm*

Die ursprünglich aus Südeuropa stammende Duftwicke, die in ihren Zuchtformen auch als Edelwicke bezeichnet wird, besticht mit großen, schön gefärbten Schmetterlingsblüten, die einen angenehmen Blumenduft verströmen. Mit ihren langen, kantigen Stängeln und den Blattranken an den gefiederten Blättern ist sie seit alters eine beliebte Kletterpflanze. Die Duftwicke überzeugt aber auch in kompakten, buschigen Sorten sowie, auf dem Balkon, als Hängepflanze.

Vorsicht: Alle Pflanzenteile, besonders die Samen und Hülsenfrüchte, sind leicht giftig.
Arten und Sorten: Häufig werden Farbmischungen angeboten, meist in Rosa, Rot, Violett, Blau und Weiß, teils zusätzlich mit hellgelben Blüten – manchmal namenlos, aber oft auch mit ausgewiesenen Seriennamen. Unter den 100–200 cm hoch rankenden Sorten finden sich zum Beispiel die 'Royal'-Serie mit sehr großen, bis 7 cm breiten Blüten und die ebenfalls großblütige 'Spencer'-Serie, die als gut hitzeverträglich gilt. 'Royal'-Sorten sind teils auch in Einzelfarben erhältlich, etwa in Dunkelblau. 'Fire und Ice' ist eine großblütige Mischung in Weiß und Rot, die Sorte 'Ramia' hat zweifarbige blau-violette Blüten, 'Painted Lady' rosa-weiße Blüten.
Mehrjährige Staudenwicken (Lathyrus latifolius) ähneln den kletternden Duftwicken und bringen etwas kleinere, meist rosa oder weiße Blüten hervor. Kompakt wachsende, 20–40 cm hohe Duftwicken-Serien sind beispielsweise 'Bijou' und 'Little Sweetheart'. Sogenannte Balkonwicken wie 'Laura' haben teils auch überhängende Triebe und lassen sich schön in Blumenampeln verwenden.
Verwendung: Einzeln, in kleinen Gruppen oder in Reihen; in Beeten und Rabatten, Klettersorten als Beethintergrund, an Zäunen und Mauern, niedrige wie hohe Sorten auch in Pflanzgefäßen. Hohe Duftwicken bieten eine attraktive Kulisse für gelbe Blüher, etwa Studentenblumen, Ringelblumen, Kalifornischen Mohn und Zinnien. Schöne Schnittblumen.
Standort: Vorzugsweise sonnig, aber nicht zu heiß, auch halbschattig; etwas windgeschützt. Boden durchlässig, humos, nährstoffreich und frisch.
Säen: Mitte März bis April bei 15–18 °C vorziehen, mit je drei bis vier Samen in kleinen Töpfen; 2–4 cm hoch mit Erde bedecken. Die Samen keimen besser, wenn sie zuvor einige Stunden in ein feuchtes Tuch eingeschlagen oder in lauwarmes Wasser gelegt wurden. Sie können auch von April bis Mai direkt an Ort und Stelle säen und die Sämlinge später ausdünnen.

Duftwicke (Lathyrus odoratus)

Pflanzen: Ab Mitte Mai, mit 15–40 cm Abstand, je nach Wuchshöhe. Wechseln Sie jedes Jahr den Pflanz- beziehungsweise Saatplatz.
Pflegen: Jungpflanzen der Klettersorten für bessere Standfestigkeit etwas anhäufeln, an Rankgittern, Drähten oder Schnüren hochleiten. Bei Trockenheit regelmäßig gießen, aber nicht zu nass halten. Im Beet alle vier bis sechs Wochen, in Pflanzgefäßen alle zwei bis drei Wochen düngen, mit nicht allzu stickstoffreichem Blütenpflanzen- oder organischem Dünger. Verblühtes regelmäßig entfernen.

BECHERMALVE

Lavatera trimestris

Malvengewächse (Malvaceae)
Juli bis Oktober *rosa, weiß* *50–70 cm*

Obwohl schon lange im Standardsortiment, war die Bechermalve früher eher ein Geheimtipp. Durch den Trend zu rustikalen, zwanglosen, naturnahen Gestaltungen genießt diese altbewährte Bauerngartenblume, die aus dem Mittelmeerraum stammt, heute zunehmend mehr Interesse. Die breitbuschige Pflanze hat herzförmige, rau behaarte Blätter und beeindruckt im Sommer und Herbst mit großen, hibiskusähnlichen Trichterblüten, die innen meist dunkel geadert sind und gern von Bienen besucht werden.

Arten und Sorten: Das Sortenangebot ist recht überschaubar, aber attraktiv, etwa mit 'Silver Cup' (kräftig rosa), 'Mont Blanc' (rein weiß) und 'Pink Beauty' (zartrosa, kräftig rosa geadert). Ähnlich, aber mit bis zu 200 cm Höhe deutlich größer präsentieren sich die Buschmalven (Lavatera-Olbia-Hybriden). Es handelt sich um mehrjährige, teils unten verholzende Pflanzen, die guten Winterschutz brauchen.
Verwendung: Einzeln oder in kleinen Gruppen in Beeten und Rabatten, als Rosenbegleitpflanze, im Bauerngarten, an Zäunen und Mauern, auch in großen Töpfen. Harmoniert mit Kornblume, Ringelblume und Löwenmäulchen ebenso wie mit Stauden, etwa Lavendel, Margerite und Feinstrahlaster. Als Schnittblume geeignet.
Standort: Sonnig. Boden gut durchlässig, gern sandig, humos, nicht allzu nährstoffreich und mäßig trocken.
Säen: März bis April bei 15–20 °C vorziehen oder ab Mitte April bis Juni direkt an Ort und Stelle säen, später die Sämlinge ausdünnen.
Pflanzen: Ab Mitte Mai, mit 30–50 cm Abstand.
Pflegen: Nur bei anhaltender Trockenheit gießen, keinesfalls nass halten. Auf kargen Böden nach dem Pflanzen gut ausgereiften Kompost oder organischen Volldünger geben; zu hohe, stickstoffreiche Düngung fördert das Blattwachstum auf Kosten der Blüten und kann Welkekrankheiten begünstigen. Das Entfernen welker Blüten verlängert die Blühdauer.

Bechermalve (Lavatera trimestris)

MÄNNERTREU

Lobelia erinus

Glockenblumengewächse (Campanulaceae)
Mai bis August/Oktober *blau, violett, rosa, weiß* *10–20 cm*

Das ursprünglich aus Südafrika stammende, auch als Blaue Lobelie bekannte Männertreu wird zwar auch in rosa und weiß blühenden Züchtungen angeboten – doch seine besondere Stärke ist das intensive Blau, das sich bei den Sorten in vielen Nuancen findet. Die kleinen, innen oft weiß gefleckten Blüten erscheinen so zahlreich, dass sie die schmalen, dunkelgrünen Blätter weitgehend überdecken. Für Beete geeignete Sorten wachsen polsterartig bis rundlich. Daneben gibt es längertriebige Hängeformen, die in Ampeln sehr charmant wirken.

Arten und Sorten: Schöne kompakte, meist nur 10–15 cm hohe Sorten sind zum Beispiel 'Kristallpalast' (dunkelblau), 'Frühe Erfurterin' (mittelblau), die 'Palace'-Serie in Blautönen und Weiß sowie die 'Riviera'-Sorten in Blau- und Rosatönen. Manche blühen bereits ab Mai, andere erst ab Juni, was aber auch vom Anzuchttermin abhängt.
Hänge- oder Pendula-Sorten wie 'Saphir' (dunkelblau) sowie die 'Cascade'- und 'Laguna'-Serien mit verschiedenen Blütenfarben entwickeln 30–50 cm lange, dicht mit Blüten besetzte Triebe. Sie wirken in Ampeln oder hoch platzierten Töpfen wie breite Blütenkugeln, wenn man sie mit der Schere dezent in Form hält.
Eine des Öfteren angebotene Verwandte ist die 60–70 cm hohe Prachtlobelie (Lobelia x speciosa) mit großen, roten Blüten in langen Trauben. Sie wächst mehrjährig und braucht meist etwas Winterschutz.
Verwendung: In kleinen und größeren Gruppen in Beeten und Rabatten, als Beeteinfassung, in Balkonkästen, Töpfen und Ampeln. Die kompakten Sorten eignen sich sehr gut, um mit ihren kleinblütigen Polstern höhere Blumen zu untermalen, etwa Edellieschen, Feuersalbei, Sommeraster und Zinnie.
Standort: Sonnig bis halbschattig, möglichst nicht in praller Hitze. Boden durchlässig, humos, nährstoffreich und frisch.
Säen: März bis April bei 18–20 °C vorziehen; Lichtkeimer, die Samen nur andrücken. Die kleinen Sämlinge lassen sich am besten in kleinen Büscheln pikieren.
Pflanzen: Ab Mitte Mai, mit 20–25 cm Abstand.
Pflegen: Gleichmäßig feucht, aber nicht nass halten. Im Beet alle vier bis sechs Wochen, in Pflanzgefäßen alle zwei bis drei Wochen mit einem schwach dosierten Dünger versorgen. Wenn gegen Ende Juli der Flor deutlich schwächer wird, können Sie die Triebe um etwa ein Drittel zurückschneiden; meist folgt dann eine reiche Nachblüte, die teils bis in den Oktober hinein anhält.

Männertreu (Lobelia erinus)

Duftsteinrich (Lobularia maritima)

DUFTSTEINRICH

Lobularia maritima

Kreuzblütengewächse (Brassicaceae)
Juni bis Oktober *weiß, rosa, rot, violett, hellgelb* *10–15 cm*

Der im Mittelmeerraum beheimatete Duftsteinrich ist ein genügsamer Dauerblüher und Nasenschmeichler mit intensivem Wohlgeruch. Mit seinem flachen, kompakten Wuchs und den schmalen, frisch- bis graugrünen Blättchen wirkt er wie ein kurzlebiger Vertreter der Polsterstauden. Den honigartigen Duft seiner dichten Blütentrauben wissen auch viele Bienen zu schätzen. An zusagenden Plätzen verbreitet sich der Duftsteinrich gern, aber maßvoll durch Selbstaussaat.

Arten und Sorten: Bewährte weiße Sorten tragen vielsagende Namen wie 'Schneedecke', 'Schneeteppich' und 'Snow Crystals'. Andere Farben bieten zum Beispiel 'Königsteppich'

Gartenlevkoje (Matthiola incana)

(rotviolett), 'Violettkönigin' (violettblau) und meist als Farbmischungen angebotene Serien wie 'Aphrodite' und 'Wonderland' mit Weiß, Rosa-, Rot- und Violetttönen sowie zartem Gelb.

Verwendung: In kleinen und größeren Gruppen; in Beeten und Rabatten, als Beeteinfassung und Bodendecker, als Rosenbegleitpflanze, im Steingarten, in Plattenfugen sowie in Pflanzgefäßen. Duftsteinrich lässt sich zu vielen Sommerblumen und Stauden gesellen, gedeiht aber besonders gut mit Arten, die ebenfalls mit wenig Wasser und Nährstoffen auskommen, etwa Bechermalve, Kalifornischer Mohn und Ringelblume.

Standort: Sonnig, gern vollsonnig und warm. Jeder normale, gut durchlässige, am besten kalkhaltige Gartenboden, aber auch auf recht mageren, trockenen Standorten.

Säen: Ende März bis April bei 16–20 °C vorziehen; Lichtkeimer, höchstens hauchdünn abdecken. Die Sämlinge in kleinen Büscheln pikieren. Von Ende April bis Mai können Sie direkt an Ort und Stelle säen; die Sämlinge später etwas ausdünnen.

Pflanzen: Ab Mitte Mai, mit 15–20 cm Abstand.

Pflegen: Bei anhaltender Trockenheit gießen, zwischen den Wassergaben die Bodenoberfläche abtrocknen lassen. Nach der ersten Hauptblüte gegen Ende Juli etwa um die Hälfte zurückschneiden und danach etwas Kompost oder schwach dosierten Volldünger geben, um das Nachwachsen neuer Blütentriebe zu fördern.

LEVKOJE

Matthiola incana

Kreuzblütengewächse (Brassicaceae) Juni/Juli bis September rosa, lila, rot, violett, weiß, hellgelb 30–90 cm

Die aus dem Mittelmeerraum stammende Levkoje wurde schon im 16. Jahrhundert in Mitteleuropa kultiviert und ist ein wahrer Bauerngarten-Klassiker. Zeitweise gerieten die Pflanzen mit den straff aufrechten Stängeln, langen Blütentrauben und schmalen, graugrünen Blättern etwas in Vergessenheit. Doch mittlerweile erfüllen Levkojen zunehmend wieder die Gärten mit ihrem intensiven, süßlichen Duft – nicht zuletzt dank reich blühender und buschig verzweigter Züchtungen.

Arten und Sorten: Am häufigsten findet man heute die 30–40 cm hohen Buschlevkojen mit dichten Trauben aus kleinen, meist gefüllten Blüten in Rosa, Rot, Lila und Weiß, teils auch in dunklem Violett und hellem Gelb. Sie werden fast nur in Farbmischungen angeboten, so etwa die Serien 'Cinderella', 'Hot Cakes' und 'Sugar & Spice'. Die 'Brompton'-Mischung ist zweijährig, wird im Frühsommer gesät und blüht im Folgejahr von April bis Juni. Stattlich wächst die 60–90 cm hohe 'Excelsior Mammut' mit sehr großen Blütenständen, ebenso die 'Allgefüllte Stangenlevkoje' mit kräftigem, unverzweigtem Stängel, der zahlreiche üppige Blütentrauben trägt. Sogenannte Abend- oder Sommernachtslevkojen sind Sorten von Matthiola longipetala. Die rund 30 cm

hohen Pflanzen öffnen ihre rosa, lila oder weißen Blüten erst abends und erfüllen dann die Nacht mit betörendem Blumenduft – genau das Richtige für lauschige späte Stunden auf der Terrasse.
Verwendung: In kleinen Gruppen in Beeten und Rabatten, im Bauerngarten, in Pflanzgefäßen. Hübsch zum Beispiel mit Ährensalbei, Löwenmäulchen, Ringel- und Studentenblumen. Prächtige, duftende Schnittblumen.
Standort: Sonnig. Boden durchlässig, humos, nährstoffreich, am besten kalkhaltig und frisch.
Säen: März bis Mai bei 18–20 °C vorziehen.
Pflanzen: Ab Mitte Mai, mit 20–30 cm Abstand.
Pflegen: Bei anhaltender Trockenheit gießen. In gut versorgten Beeten genügen eine Düngung nach dem Pflanzen und eine zweite Gabe zum Blühbeginn. Welke Blütenstände entfernen.

VERGISSMEINNICHT

Myosotis sylvatica

Borretschgewächse (Boraginaceae) April bis Juni blau, rosa, weiß 15–30 cm

Das Vergissmeinnicht mit seinem bezaubernden blauen Blütchen ist eine der wenigen Sommerblumen, die von einer heimischen Wildart abstammen, nämlich dem Waldvergissmeinnicht (Myosotis sylvatica). Die Kulturformen tragen denselben botanischen Namen, obwohl möglicherweise noch andere Arten mit im Spiel waren und die Züchtungen überreich blühen. Dennoch hat die kleine, buschige, zweijährige Pflanze mit den schmalen, frisch grünen, flaumig behaarten Blätter ihre natürliche Anmut bewahrt und kann sich auch durch Selbstaussaat verbreiten.

Arten und Sorten: Mittel-, zart-, tiefblau: Die Anbieter tun sich schwer, die Blaunuancen ihrer Sorten genau zu beschreiben, obwohl diese alle attraktiv sind. Schönes Blau bieten zum Beispiel 'Blauer Korb', 'Indigo' und die nur 15 cm hohen Sorten 'Miro' und 'Ultra- marine Zwerg'. Mit anderen Farben warten zum Beispiel die rosa 'Rosylva' und die schneeweiße 'Snowsylva' auf.
Verwendung: In kleinen Gruppen in Beeten und Rabatten, als Beeteinfassung, in Pflanzgefäßen. Vergissmeinnicht passen sehr schön zu Goldlack, Tausendschön, Kissenprimeln, Tulpen und Narzissen und verleihen Frühjahrspflanzungen ein luftiges, lockeres Flair. Hübsche Schnittblumen für gemischte Frühlingssträuße.
Standort: Sonnig, aber nicht allzu heiß, oder halbschattig. Boden durchlässig, humos, nährstoffreich und frisch.
Säen: Juni bis Juli in Anzuchtschalen oder ins Frühbeet; bis zum Pikieren leicht beschattet halten.
Pflanzen: Im September auspflanzen, mit 15–20 cm Abstand, über Winter mit etwas Fichtenreisig oder Vlies abdecken. Oder drinnen in Töpfen an einem hellen, kühlen, luftigen Platz überwintern und ab März ins Freie setzen.
Pflegen: Bei Trockenheit regelmäßig gießen. Vor dem Pflanzen gut ausgereiften Kompost einarbeiten und kurz vor Blühbeginn etwas organischen Volldünger geben.

Vergissmeinnicht (Myosotis sylvatica)

ZIERTABAK

Nicotiana × sanderae

Nachtschattengewächse (Solanaceae) Juni bis September rosa, rot, violett, weiß, cremefarben, gelbgrün 30–120 cm

In Süd- und Mittelamerika sind nicht nur die Urformen des Rauchtabaks (Nicotiana tabacum) beheimatet, sondern viele weitere Tabak-Wildarten. Sie bilden Röhrenblüten, die sich oft erst abends mit sternartiger Krone öffnen und dann betörend duften, um langrüsselige Nachtfalter zur Bestäubung anzulocken. Aus solchen Wildarten entstandene Zierformen wurden schon in den Bauerngärten gepflanzt und stehen heute in schön gefärbten Hybridsorten zur Verfügung. Diese buschig wachsenden Pflanzen mit breit lanzettlichen, sattgrünen Blättern öffnen ihre zahlreichen Blüten schon tagsüber; dies oft auch mit leichtem Duft, der gegen Abend stärker wird, allerdings nur bei wenigen Sorten wirklich markant ist.

Ziertabak (Nicotiana × sanderae)

Vorsicht: Alle Pflanzenteile enthalten Giftstoffe.
Arten und Sorten: Die Sorten von Nicotiana x sanderae, manchmal auch als N. alata im Handel, gibt es oft in Farbmischungen. Dabei kann man grundsätzlich zwischen 80–120 cm hohen und kompakten, 30–40 cm hohen Sorten unterscheiden. Besonders stattlich ist die 'Marshmallow'-Serie mit rosa, rötlichen und weißen Farbschattierungen, fast ebenso hoch die 'Sensation'-Serie in Rosa, Rot, Hellgelb und Weiß. Ähnliche Farbenspiele bieten niedrige Mischungen wie 'Nicki' und 'Roulette', während 'Brasilia' auf tiefviolette und strahlend weiße Töne setzt.
Als ausgesprochener Dufttabak wird der 100–150 cm hohe, halbschattenverträgliche Waldtabak (N. sylvestris) angeboten. Tatsächlich verströmen seine bis 10 cm langen, schmalen, weißen, hängenden Trichterblüten ab der Dämmerung einen sehr intensiven, süßen Wohlgeruch.
Verwendung: Einzeln oder in kleinen Gruppen in Beeten und Rabatten, niedrige Sorten auch in Pflanzgefäßen. Charmante Begleiter sind Männertreu, Verbenen und Glockenblumen.
Standort: Sonnig und warm, etwas windgeschützt. Boden durchlässig, humos, nährstoffreich und frisch.
Säen: Ende Februar bis März bei 18–20 °C vorziehen; Lichtkeimer, die Samen nur andrücken. Die Jungpflanzen am besten entspitzen, um sie zu guter Verzweigung anzuregen.
Pflanzen: Ab Mitte Mai, mit 20–50 cm Abstand, je nach Wuchshöhe.
Pflegen: Bei Trockenheit kräftig gießen, gleichmäßig feucht halten. Im Beet alle drei bis vier Wochen, in Pflanzgefäßen alle ein bis zwei Wochen düngen. Verwelkte Blütenstände gleich herausschneiden.

Jungfer im Grünen (Nigella damascena)

JUNGFER IM GRÜNEN

Nigella damascena

Hahnenfußgewächse (Ranunculaceae)
Juni bis September *hellblau, weiß, rosa*
30–60 cm

Eigentümlich ist nicht nur der aus einer alten Sage abgeleitete Name dieser Blume, sondern auch der Anblick ihrer Blüten: Sie wirken wie Sterne, werden von einem Kranz fein zerschlitzter Hochblätter gesäumt und tragen in der Mitte ein grünes Knäuel aus Staubblättern und Fruchtknoten. Ungewöhnlich präsentieren sich zudem die nadelartig zerteilten Blätter und erst recht die eiförmigen Samenkapseln mit langen Zipfeln, anfangs grün mit violetten Streifen, bei Reife hellbraun und pergamentartig. Sie bergen zahlreiche Samen, mit denen sich die Pflanze gern von selbst ausbreitet. Die auch als Damaszener Schwarzkümmel bekannte Einjährige stammt aus dem Mittelmeerraum und Kleinasien und zierte schon im 16. Jahrhundert mitteleuropäische Gärten.

Vorsicht: Die Samen sind leicht giftig.
Arten und Sorten: Im Angebot sind Farbmischungen, meist 40–50 cm hoch, mit Blau- und Rosatönen sowie Weiß; namenlos oder mit der Bezeichnung 'Persische Juwelen'. 'Mulberry Rose' bietet die Pflanze halb gefüllte Blüten in schönen rosa und weißen Schattierungen, die mit gut 60 cm stattliche 'Moody Blues' ebenso prachtvolle Blüten in vielen Blaunuancen. 'Miss Jekyll' ist eine bewährte himmelblaue Sorte, 'African Queen' blüht weiß.
Verwendung: In kleinen Gruppen in Beeten und Rabatten, auch in naturnahen Gestaltungen. Passt gut zu anderen robusten Sommerblumen wie Klatschmohn, Kornblume und Ringelblume. Gut haltbare Schnittblume; die Samenkapseln sind sehr schön in Trockensträußen.
Standort: Sonnig, gern vollsonnig, und warm. Jeder normale, gut durchlässige Gartenboden, gedeiht aber auch auf recht mageren, trockenen Standorten.
Säen: Am einfachsten Ende März bis Mai direkt an Ort und Stelle, die Sämlinge dann auf 20 cm ausdünnen. Kann auch von März bis April bei 16–18 °C vorgezogen werden.

Klatschmohn (Papaver rhoeas)

Pflanzen: Ab Mai, mit 20 cm Abstand.
Pflegen: Nur bei anhaltender Trockenheit gelegentlich gießen. An nährstoffarmen Plätzen mit etwas gut ausgereiftem Kompost versorgen.

KLATSCHMOHN

Papaver rhoeas

Mohngewächse (Papaveraceae) Juni bis August/September rot, orange, rosa, weiß 40–80 cm

Die leuchtend roten Blüten des Klatschmohns, auch als Mohnblume bekannt, wogten früher oft an und in Getreidefeldern. Er war ursprünglich in Europa, Nordafrika und Teilen Asiens heimisch und hat sich als Begleiter des Ackerbaus fast weltweit verbreitet. Wegen der intensiven Unkrautbekämpfung ist er jedoch auf den Feldern rar geworden und siedelt sich heute eher an Straßenböschungen, Bahndämmen und manchmal auch wild in Gärten an. Hier ist die Blume mit den zierlichen, behaarten Stängeln und den fiederschnittigen Blättern vielen willkommen, denn ihre roten Schalenblüten mit der schwarzen Mitte machen ebenso etwas her wie die typischen Mohnsamenkapseln. Sie breiten sich zwar auch im Garten von selbst aus, werden aber nicht allzu lästig. Noch ansprechender wirken allerdings gärtnerische Auslesen sowie verschiedene Züchtungen.

Vorsicht: Der Milchsaft in den Stängeln ist leicht giftig.
Arten und Sorten: Naturnahe Auslesen haben etwas größere, gleichmäßiger erscheinende, intensiver rot gefärbte Blüten als die Wildform und werden meist ohne Sortennamen einfach als (wilder) Klatschmohn angeboten. Sehr attraktive Züchtungen sind die Seidenmohn-Sorten, beispielsweise 'Chorus', mit seidigen, halb gefüllten bis gefüllten Blüten, meist in Mischungen mit verschiedenen Rosa-, Orange- und Rottönen, oft auch mit weißer Mitte sowie mit weißer Grundfarbe und schönen rötlichen Mustern. 'Cabrita' ist eine rein weiße Sorte, 'Ladybird' beziehungsweise 'Marienkäfer' eine Sorte des verwandten Papaver commutatum mit tiefroten, schwarz gepunkteten Blüten. Ein weiterer Verwandter ist der zweijährige Islandmohn (P. nudicaule) mit hübschen rosa, roten, orangen, gelben und weißen Blüten in Pastelltönen, je nach Saattermin zwischen Mai und Oktober. Besonders große, prachtvolle Blüten bietet der ausdauernde Türkische Mohn.
Verwendung: In kleinen Gruppen in Beeten und Rabatten, im Bauerngarten sowie in Steingärten, in größeren Gruppen in naturnahen Bereichen und Blumenwiesen. Schön mit Kornblume, Margerite, Ringelblume, Studentenblume und Verbene. Gute Schnittblume; die Samenstände eignen sich für Trockensträuße.
Standort: Sonnig. Jeder normale, gut durchlässige, am besten kalkhaltige Gartenboden, gedeiht aber auch auf recht mageren, trockenen Standorten.
Säen: April bis Juni direkt an Ort und Stelle, die feinen Samen nur andrücken und dünn abdecken, die Sämlinge später auf 20–25 cm ausdünnen. Für naturnahe Wirkung einfach breit-

würfig ausstreuen, gründlich einharken und bis zum Aufgang gut feucht halten. In wintermilden Regionen können Sie auch schon im September säen, die Blüte beginnt dann ab Mai. Eine weitere Möglichkeit ist eine Anzucht im März und April bei 14–18 °C.
Pflanzen: Ab Mitte Mai, mit 20–25 cm Abstand.
Pflegen: Bei längerer Trockenheit gießen. An nährstoffarmen Plätzen mit etwas gut ausgereiftem Kompost versorgen. Welke Blüten oder junge Samenkapseln entfernen, wenn keine Selbstaussaat gewünscht wird.

PELARGONIE, GERANIE

Pelargonium-Hybride

Storchschnabelgewächse (Geraniaceae) Mai bis Oktober rot, orange, rosa, lila, violett, weiß, gelb, auch zweifarbig 25–40 cm

Pelargonien oder Geranien, wie sie wegen ihres früheren botanischen Namens noch heute heißen (siehe Seite 13), sind vor allem die großen Stars auf dem Balkon. Sie machen jedoch auch in Beeten eine gute Figur. Die Blumen mit den schönen doldenartigen Blütenständen stammen aus Südafrika und wachsen dort als ausdauernde Halbsträucher. Bei uns zieht man sie oft einjährig, sie lassen sich aber auch geschützt überwintern. In Europa werden Pelargonien schon seit dem 18. Jahrhundert kultiviert. Durch Kreuzung verschiedener Wildarten entstanden die prächtigen Hybriden, die es heute in Hunderten von Sorten gibt.

Arten und Sorten: Grundsätzlich unterscheidet man zwei Gruppen: die aufrechten oder Zonalpelargonien (Pelargonium-Zonale-Hybriden) und die Hänge- oder Efeupelargonien (P.-Peltatum-Hybriden); beide in zahlreichen Sorten mit einfachen oder gefüllten Blüten in vielen Farbtönen, die immer wieder durch neue Züchtungen ergänzt werden.
Die buschig wachsenden, aufrechten Pelargonien haben oft besonders üppige, halbkugelige Blütendolden und fast runde, leicht eingeschnittene Blätter, häufig mit auffälliger dunkler Ringzone. Manche Sorten besitzen auch dunkel gefärbtes Laub.
Hängepelargonien wachsen je nach Sorte mit leicht überhängenden bis weit herabwallenden, bis 150 cm langen, dicht mit Blüten besetzten Trieben. Ihre Blätter sind efeuähnlich gelappt und oft glänzend. Die einfach blühenden Sorten sind meist selbstreinigend, das heißt, sie stoßen die welken Blüten von selbst ab. Manche Sorten werden ausdrücklich als „wetterfest" ausgewiesen; denn bei längerem Regen neigen besonders die gefüllt blühenden Züchtungen zum Faulen der Blüten, weiße Sorten oft am stärksten. Duftpelargonien, die je nach Art aufrecht oder hängend und teils bis 120 cm hoch wachsen, blühen eher bescheiden, meist rosa oder weiß, warten aber mit Blättern auf, die besonders bei Berührung intensiv duften. P. odoratissimum zum Beispiel duftet fruchtig, P. crispum 'Minor' zitronig und P. fragrans 'Old Spice' herb würzig.
Verwendung: Aufrechte Pelargonien in kleinen Gruppen in Beeten, alle in Kästen und Töpfen,

Efeupelargonie (Pelargonium-Peltatum-Hybride)

Aufrechte Pelargonie (Pelargonium-Zonale-Hybride)

Hängesorten auch in Ampeln und Hängekörben. Attraktiv sind Kombinationen verschiedenfarbiger Sorten, hübsche Begleiter zum Beispiel kleine Löwenmäulchen, Männertreu und Studentenblumen.
Standort: Vorzugsweise sonnig, auch halbschattig. Boden durchlässig, humos, nährstoffreich und frisch.
Säen: Es gibt nur wenige samenvermehrbare Sorten, überwiegend von den aufrechten Pelargonien. Sie müssen früh, zwischen Dezember und Februar, bei 20–24 °C vorgezogen werden und wachsen am besten mit speziellen Vermehrungsleuchten heran. Zweimal pikieren und die Jungpflanzen entspitzen.
Pflanzen: Ab Mitte Mai, mit 20–40 cm Abstand.
Pflegen: Bei Trockenheit regelmäßig gießen, aber nicht vernässen. Im Beet alle zwei bis drei Wochen, in Pflanzgefäßen wöchentlich düngen. Verwelkte Blüten regelmäßig mitsamt den Stielen am Stielansatz ausbrechen. Sollen die Pelargonien überwintert werden, ab Mitte August nicht mehr düngen. Die Pflanzen vor den ersten Frösten aus dem Boden nehmen beziehungsweise Pflanzgefäße einräumen, von welken Blättern und Blüten befreien und die Triebe etwa um die Hälfte einkürzen. Hell und kühl, bei 2–5 °C, überwintern, fast trocken halten. Im Februar die Triebe auf 3 bis 4 Augen zurückschneiden und umtopfen. Pelargonien können über im August oder Februar/März geschnittene Stecklinge vermehrt werden.

Garten-Petunie (Petunia × hybrida)

PETUNIE

Petunia-Hybride

Nachtschattengewächse (Solanaceae) Mai bis September in allen Farben, auch mehrfarbig 20–30 cm

Ebenso wie die Pelargonien werden die Petunien überwiegend als Balkonzierden gepflanzt. Mit ihren aparten Trichter- oder Becherblüten über den eiförmigen, sattgrünen Blättern wirken sie auch im Beet ansprechend; allerdings werden sie bei anhaltendem Regen teils unansehnlich, beginnen zu kümmern oder gar zu faulen. Die Zierformen, die es in zahlreichen Sorten gibt, wurden als Hybriden aus südamerikanischen Wildarten gezüchtet.

Vorsicht: Alle Pflanzenteile sind leicht giftig.
Arten und Sorten: Ähnlich wie bei den Pelargonien gibt es buschig aufrechte Petunien und Hängepetunien mit, je nach Sorte, 30–150 cm langen Trieben. Das gewaltige Sortenangebot bieten unzählige schöne Farbvarianten, meist mit einfachen, seltener mit gefüllten Blüten, in unterschiedlichen Größen, teils zart duftend. Bei den aufrechten Sorten unterscheidet man großblumige Grandiflora-Hybriden, Floribunda- und Multiflora-Hybriden mit mittelgroßen Blüten sowie kleinblumige Milliflora-Hybriden. Floribunda- und Multiflora-Hybriden gelten als recht regenverträglich, aber auch in den anderen Gruppen bemühen sich die Züchter erfolgreich um wetterfestere Sorten.
Grandiflora-Formen gibt es auch bei den Hängepetunien. Mehr Regen tolerieren aber in der Regel mittel- bis großblumige Serien wie 'Surfinia', 'Cascadias', 'Conchita' und 'Famous'. Bei sogenannten kleinblumigen

Hängepetunien handelt es sich meist um Calibrachoa-Hybriden, auch Zauberglöckchen genannt. Sie sind oft regenfest und haben häufig Blüten in Gelb- und Orangetönen.

Verwendung: In kleinen Gruppen in Beeten, Hängepetunien können als Bodendecker gepflanzt werden; in Kästen und Töpfen, Hängepetunien auch in Ampeln und Hängekörben. Schön zum Beispiel mit Ziertabak, Verbene, Zinnie und kleinen Sonnenblumen.

Standort: Vorzugsweise sonnig, auch halbschattig, etwas windgeschützt. Boden durchlässig, humos, nährstoffreich, kalkarm und frisch.

Säen: Samen findet man am häufigsten von aufrechten Sorten; unter den Hängepetunien sind mehrere Sortengruppen nicht samenvermehrbar. Von Februar bis März bei 18–22 °C vorziehen.

Pflanzen: Ab Mitte Mai, mit 20–40 cm Abstand.

Pflege: Bei Trockenheit regelmäßig und kräftig gießen, aber nicht zu nass halten. Im Beet alle zwei bis drei Wochen, in Pflanzgefäßen wöchentlich düngen. Verwenden Sie möglichst kalkarmes Gießwasser und speziellen Petuniendünger: Zu viel Kalk in Erde, Wasser und Dünger führt zu gelben Blättern. Bei aufrechten Petunien Verwelktes gleich entfernen; bei Hängepetunien ist Ausputzen meist nicht nötig.

Portulakröschen (Portulaca grandiflora)

PORTULAKRÖSCHEN

Portulaca grandiflora

Portulakgewächse (Portulacaceae) Juni bis September gelb, orange, rot, rosa, lila, weiß 10–15 cm

Wo viel Sonne hinfällt, wo ab und zu mal das Gießen vergessen wird und trotzdem bunte Blüten leuchten sollen: Da ist das aus Südamerika stammende Portulakröschen genau das Richtige. Schon die fleischigen, nadelartigen Blätter an den aufrechten bis niederliegenden Trieben weisen darauf hin, dass die kleine Pflanze mit Trockenheit ganz gut zurechtkommt. Ihre Blüten, die sich nachts schließen und nur bei Sonnenschein öffnen, erinnern an kleine Wildrosen. Leider kann ein stark verregneter Sommer die Freude trüben, da die Blüten dann oft geschlossen bleiben und manchmal auch faulen.

Arten und Sorten: Samen werden meist in Farb- und „Prachtmischungen" angeboten, mit einfachen, halb gefüllten oder gefüllten Blüten, selten mit Seriennamen wie etwa 'Sundial' (halb befüllt, in pastelligen und trotzdem leuchtenden Tönen). Bei Gärtnereien, Gartencentern und Versendern findet man oft auch getopfte Jungpflanzen, aus Serien wie der farbprächtigen, großblütigen 'Samba', die meist nur über Stecklinge vermehrt werden.

Nur stecklingsvermehrt, also nur als getopfte Jungpflanze, erhält man die ähnlich schöne Portulaca umbraticola. Sie hat breitere, fast eiförmige Blättchen, wächst oft mit etwas längeren, niederliegenden bis überhängenden Trieben. Die angebotenen Sorten blühen entweder einfach, in ähnlichen Farbtönen wie P. grandiflora, oder haben gefüllte, oft zweifarbig gelbrote Blüten.

Feuersalbei (Salvia splendens)

Verwendung: In kleinen Gruppen in Beeten und Rabatten, im Steingarten, in Pflanzgefäßen, auch in Ampeln. Ideal mit recht trockenheitsverträglichen Partnern wie Ährensalbei, Duftsteinrich, Kornblume, Ringelblume und Lavendel.
Standort: Sonnig, gern vollsonnig, und warm, möglichst etwas regengeschützt. Boden gut durchlässig, am besten sandig, nicht allzu nährstoffreich und recht trocken.
Säen: März bis April bei 18 °C vorziehen, nur dünn mit Erde abdecken. Die Sämlinge in kleinen Büscheln pikieren und die Jungpflanzen entspitzen. Sie können auch Ende April bis Mai direkt an Ort und Stelle säen und die Sämlinge etwas ausdünnen, wenn nötig.
Pflanzen: Ab Mitte Mai, mit rund 15 cm Abstand.
Pflegen: Nur bei längerer Trockenheit gießen, keinesfalls nass halten. Auf normalen Gartenböden ist keine Düngung nötig; in Pflanzgefäßen alle vier Wochen mit einem stickstoffarmen Blütenpflanzendünger versorgen. Welke Blüten regelmäßig entfernen.

ÄHRENSALBEI

Salvia farinacea

Lippenblütengewächse (Lamiaceae) Juni bis Oktober blau, violett, weiß 40–70 cm

Anders als beim folgend noch vorgestellten Feuersalbei, sieht man dem Ährensalbei die Verwandtschaft mit dem Steppensalbei (Seite 198) recht deutlich an.
In seinen heimatlichen Prärien im Süden der USA wächst er ausdauernd, bei uns wird er nur einjährig kultiviert. Wegen seiner bläulich weiß behaarten Stängel und Blütenkelche wird er auch Mehlsalbei genannt. Die schlanken Kerzen mit den kleinen Lippenblüten erheben sich straff aufrecht über schmalen, frisch- bis dunkelgrünen Blättern und werden von Bienen und Hummeln umschwärmt.

Arten und Sorten: Wohl am häufigsten wird die Sorte 'Victoria' mit tiefblauen Blütenkerzen angeboten. 'Fairy Queen' und 'Strata' bieten hübsche blauweiße Blüten, 'Evolution' gibt es in Weiß und Violett, 'Seascape' ist eine Mischung mit hell- und dunkelblauen sowie silbrig weißen Blüten.
Verwendung: In kleinen Gruppen in Beeten und Rabatten, als Rosenbegleitpflanze, in naturnahen Bereichen und in Pflanzgefäßen. Sehr attraktiv in Kombination mit Kalifornischem Mohn, Klatschmohn, Levkoje und Ringelblume. Als Schnitt- und Trockenblume geeignet.
Standort: Sonnig und warm. Boden durchlässig, humos, nährstoffreich, gern kalkhaltig und frisch bis mäßig trocken.
Säen: März bis April bei 18–22 °C vorziehen; Lichtkeimer, höchstens hauchfein abdecken. Jungpflanzen entspitzen, um bessere Verzweigung zu fördern.
Pflanzen: Ab Mitte Mai, mit 20–30 cm Abstand.
Pflegen: Bei Trockenheit regelmäßig, aber nicht zu stark gießen. Im Beet alle vier Wochen, in Pflanzgefäßen alle zwei Wochen mit schwach dosiertem Dünger versorgen.

Ähren-, Mehlsalbei (Salvia farinacea)

FEUERSALBEI

Salvia splendens

Lippenblütengewächse (Lamiaceae) *Mai bis September* *rot* *20–40 cm*

Aufgrund ihrer Herkunft und der flammend roten Blüten kann man diese Salbeiart treffend als „feurige Brasilianerin" charakterisieren. Die üppigen, intensiv leuchtenden Blütenpyramiden und die großen, eiförmig zugespitzten, ledrigen, sattgrünen Blätter lassen schon vermuten, dass der Feuersalbei eher tropischer Herkunft ist. Trotzdem hält er es während der kalten Monate auch in unseren Breiten gut aus, ist nicht allzu empfindlich und zieht viele Bienen und Schmetterlinge an.

Arten und Sorten: Es gibt einige reich blühende, recht robuste Sorten, die sich ein wenig in der Wuchshöhe unterscheiden, aber dem arteigenen intensiven Rot treu bleiben, etwa 'Feuerzauber', 'Sahara' und 'Scarlet King'. Eine aparte Besonderheit ist 'Unica Red + White' mit anfangs cremeweißen Blütenständen, in denen sich die Einzelblüten nach und nach feuerrot öffnen. Gelegentlich werden auch lachsfarben, hellorange oder violett getönte Sorten angeboten.
Verwendung: In kleinen und größeren Gruppen in Beeten und Rabatten, in Pflanzgefäßen. Feuersalbei entfaltet bei flächiger Pflanzung eine gewaltige Farbwirkung. Toll wirkt er auch zwischen weißen Blüten, etwa von weißen Schmuckkörbchen, Mohnsorten und kleinen Margeriten, und mit gelben oder blauen Blühern wie Studentenblumen und Männertreu.
Standort: Sonnig und warm. Boden durchlässig, humos, nährstoffreich, gern kalkhaltig und frisch.
Säen: März bis April bei 18–22 °C vorziehen; Lichtkeimer, höchstens hauchfein abdecken. Jungpflanzen nach dem sechsten Blatt entspitzen, damit sie sich gut verzweigen.
Pflanzen: Ab Mitte Mai, mit 20–30 cm Abstand.
Pflegen: Bei Trockenheit regelmäßig, aber nicht zu stark gießen. Im Beet alle drei bis vier Wochen, in Pflanzgefäßen alle ein bis zwei Wochen mit schwach dosiertem Dünger versorgen. Welke, braun gewordene Blütenstände wegschneiden.

STUDENTENBLUME

Tagetes

Korbblütengewächse (Asteraceae) Mai/Juni bis Oktober gelb, orange, rot, rotbraun, cremeweiß, auch zweifarbig 20–100 cm

Studentenblumen, Samtblumen oder einfach Tagetes: Diese beliebten, dankbaren Blüher, die ursprünglich aus Mittelamerika stammen, sind unter mehreren Namen bekannt – und mit ihren weithin leuchtenden Blütenkörben über den gefiederten, sattgrünen Blättern unübersehbar. Bereits im 16. Jahrhundert wurden die ersten Tagetes-Arten nach Europa eingeführt. Sie etablierten sich bald als Garten- und Topfpflanzen und hielten schließlich Einzug in viele Bauerngärten. Ihr etwas herber Geruch ist nicht jedermanns Sache. Es gibt aber auch angenehm duftende Arten, und die modernen Sorten „müffeln" oft nicht mehr so aufdringlich wie manch frühere Kulturformen.

Vorsicht: Kontakt mit dem Pflanzensaft kann unter Lichteinwirkung Hautreizungen hervorrufen.

Studentenblume (Tagetes patula)

Arten und Sorten: Die am stärksten vertretenen und beliebtesten Sorten sind Züchtungen und Hybriden von Tagetes patula. Sie wachsen meist 20–40 cm hoch und haben mittelgroße, dicht gefüllte Blütenköpfe (zum Beispiel 'Petit Orange') oder schalenförmige, einfache, oft zweifarbige Blüten (zum Beispiel 'Disco Flame', rot mit gelbem Rand). Sorten von T. erecta warten mit großen, meist dicht gefüllten, pomponartigen Blütenbällen auf. „Riesen" wie die gelbe 'Gold Souvereign' werden bis 100 cm hoch und haben über 10 cm breite Blütenköpfe.
Die meisten Sorten begnügen sich aber mit 30–60 cm Höhe, so etwa die cremeweiße 'Arktis'. Schlichter, aber sehr charmant präsentieren sich die nur 20–30 cm hohen, breit buschigen Sorten von T. tenuifolia, die sich wie 'Orangenmeer' (orangegelb mit rötlicher Mitte) mit zahllosen kleinen, einfachen, ein- oder zweifarbigen Blüten bedecke.
Als Würz- oder Duft-Tagetes wird die 30–40 cm hohe T. lucida mit kleinen hell- bis orangegelben Blüten angeboten. Ihr angenehmer Duft erinnert an Anis, ihre Blätter und Blüten können als Würze verwendet werden.

Verwendung: In kleinen und größeren Gruppen in Beeten und Rabatten, im Bauerngarten, niedrige Sorten als Beeteinfassung und in Pflanzgefäßen. Zu den warmen Farben passen besonders gut blaue, violette und weiße Nachbarn, etwa Ährensalbei, Löwenmäulchen und Sommeraster. Als Schnittblumen geeignet. Studentenblumen, besonders Tagetes patula, wirken effektiv gegen schädliche Wurzelnematoden im Boden und lassen sich deshalb vorbeugend sowie nach einem Befall als Bodenkur-Gründüngung einsetzen. Teils bietet der Fachhandel spezielle Sorten wie 'Single Gold' als „Nematodenkiller" an.

Standort: Vorzugsweise sonnig, auch halbschattig. Boden durchlässig, humos, nährstoffreich und frisch.

Säen: März bis April bei 18–20 °C vorziehen oder Ende April bis Mai direkt an Ort und Stelle säen und später ausdünnen.

Pflanzen: Ab Mitte Mai, mit 15–30 cm Abstand, je nach Wuchshöhe.

Pflegen: Bei Trockenheit kräftig gießen, zwischen den Wassergaben die Bodenoberfläche abtrocknen lassen. Im Beet alle vier bis sechs

Wochen, in Pflanzgefäßen alle zwei bis drei Wochen düngen. Hohe Tagetes-erecta-Sorten stützen. Am besten verwelkte Blütenkörbe regelmäßig entfernen. Möglichst gut vor Schnecken schützen, denn Studentenblumen zählen zu deren Lieblingsspeisen.

KAPUZINERKRESSE

Tropaeolum majus

Kapuzinerkressengewächse (Tropaeolaceae)
Juli bis Oktober *gelb, orange, rot*
25–40 cm

Manche unserer altvertrauten Bauerngartenblumen wurden schon vor Jahrhunderten, im Gefolge der europäischen Entdeckungsreisen, aus Süd- und Mittelamerika eingeführt, so auch die Kapuzinerkresse. In ihrer Heimat wächst sie je nach Lebensraum und Umweltbedingungen mit kurzen, niederliegenden Trieben oder als hoch aufragende Rankpflanze an Gehölzen. Entsprechend gibt es auch ihre Kultursorten in diesen verschiedenen Wuchstypen. So oder so ist sie mit ihren in warmen Farben leuchtenden Trichterblüten und den lang gestielten, schildförmigen, hell geaderten Blättern eine schmucke Erscheinung.

Arten und Sorten: Die rankenden Sorten wachsen 150–300 cm hoch, die buschig bis niederliegend wachsenden Sorten begnügen sich meist mit 25–40 cm Höhe. Von beiden Wuchsformen findet man häufig Farbmischungen in Gelb-, Orange- und Rottönen, überwiegend mit einfachen Blüten, teils auch halb gefüllt oder gefüllt, wie etwa die 'Glanzhybriden'. Schöne, einfach blühende Einzelsorten sind zum Beispiel die niedrige 'Peach Melba' mit cremegelben, innen rot getupften Blüten und dunkelgrünem Laub und die halbhohe 'Orange Troika' mit kräftig orangen Blüten und gelb gescheckten Blättern.
Immer häufiger werden daneben rund 30 cm hohe Sorten der ähnlichen, kleinblütigeren Tropaeolum minus angeboten. Sie ergänzt die Palette mit weißen und kräftig roten bis tief dunkelroten Farben. Mit zitronen- bis goldgelben, zerfranst wirkenden Blüten schmückt sich die bis 400 cm hoch kletternde, kleinblättrige Kanaren-Kapuzinerkresse (T. peregrinum).

Kapuzinerkresse (Tropaeolum majus)

Verwendung: In kleinen und größeren Gruppen in Beeten und Rabatten, als Bodendecker; kletternde Sorten einzeln oder in Reihen an Zäunen, Pergolen und Rankgerüsten; in Pflanzgefäßen, Sorten mit niederliegenden Trieben auch in Ampeln. Hübsch zum Beispiel mit Duftwicke, Löwenmäulchen und Ringelblume. Kapuzinerkresse zieht schwarze Blattläuse geradezu magisch an, wird aber meist nur mäßig geschädigt. So lässt sie sich auch als Fangpflanze einsetzen, um Läuse beispielsweise von Bohnen und Obstbäumen fernzuhalten. Die Blüten, Knospen und Blätter sind essbar und können als anregende Garnierung zu Salaten und anderen Speisen gegeben werden.
Standort: Sonnig bis halbschattig, auch absonnig. Boden durchlässig, humos, nährstoffreich und frisch; die genügsame Pflanze nimmt aber auch mit ärmeren, recht trockenen Böden vorlieb.
Säen: Im April bei 15–18 °C vorziehen, je zwei oder drei Samen in kleine Töpfe säen, rund

Verbene (Verbena-Hybride)

2 cm tief. Oder Ende April bis Juni direkt an Ort und Stelle säen, mit zwei oder drei Körnern pro Saatstelle.

Pflanzen: Ab Mitte Mai, mit 20–50 cm Abstand, je nach Wuchshöhe.

Pflegen: Besonders im Jugendstadium gleichmäßig feucht halten und den Boden häufig lockern, um einem Befall mit Erdflöhen vorzubeugen. Kletternde Sorten an Rankhilfen aufleiten. Im Beet alle vier bis sechs Wochen, in Pflanzgefäßen alle zwei bis drei Wochen düngen, mit stickstoffarmem Blütenpflanzen- oder organischem Dünger.

VERBENE

Verbena-Hybride

Eisenkrautgewächse (Verbenaceae) Juni bis Oktober rosa, rot, violett, blau, weiß, auch zweifarbig 20–40 cm

Mit ihren dichten, schirm- bis ballförmigen Dolden sind die Verbenen oder Eisenkräuter eine schöne Bereicherung für den Blumengarten – zumal sie oft mit Blau-, Violett- und kräftigen Rottönen aufwarten, die unter anderen Sommerblumen selten sind. Die sternähnlichen Einzelblütchen haben oft ein helles Auge, die drahtigen Stängel tragen schmal längliche, grob gezähnte, satt- bis dunkelgrüne Blätter. Die meisten für Beet und Balkon angebotenen Eisenkräuter sind Verbena-Hybriden, die aus süd- und mittelamerikanischen Arten gekreuzt wurden.

Arten und Sorten: Bei den Verbena-Hybriden gilt es zum einen, buschig aufrechte Sorten und Hängeverbenen zu unterscheiden; zum andern samenvermehrbare und stecklingsvermehrte Züchtungen. Stecklingsvermehrte Sorten blühen oft reicher und länger und gelten als weniger mehltauanfällig und wetterfester als samenvermehrte Sorten.
Die buschig aufrechten, meist nur 20–30 cm hohen V.-Hybriden, die in Beete ebenso gut passen wie in Pflanzgefäße, waren bisher überwiegend samenvermehrbar; so etwa bewährte, oft in Farbmischungen angebotene Serien wie 'Obsession' und 'Novalis'. Sie erhalten zunehmend Konkurrenz durch stecklingsvermehrte Serien, bei denen das Angebot durch häufige Neuzüchtungen recht veränderlich ist. Da sie nur als getopfte Jungpflanzen verkauft werden, sind sie nicht immer mit Sortennamen ausgewiesen.
Als aufrechte Verbenen für den Garten werden zudem einige naturnahe Arten und ihre Sorten angeboten, vor allem die 30–60 cm hohe V. rigide mit Blüten in Lilatönen sowie zartem Hellblau und das bis 120 cm hohe, robuste Argentinische Eisenkraut (V. bonariensis) mit blauvioletten bis lavendelfarbenen Blüten. Hängeverbenen, die teils lange, dicht mit

Blüten besetzte Schleppen bilden, teils nur leicht überhängen, sind fast ausschließlich stecklingsvermehrte Sorten. Sie eignen sich besonders für den Balkon und bieten zahllose, oft sehr kräftige Blau-, Violett-, Rot- und Rosanuancen sowie strahlendes Weiß.
Der Boom der stecklingsvermehrten Hängeverbenen begann mit den breitlaubigen, großblumigen, oft starkwüchsigen 'Temari'-Sorten, gefolgt von den feinlaubigen, kleinblumigen, oft flach kriechenden 'Tapien'-Sorten. Diese beiden Typen spielen nach wie vor eine wichtige Rolle, werden aber immer wieder durch neue Serien ergänzt, die teils recht kompakt wachsen. Buschig bis niederliegend wachsende Sorten können auch im Garten ausgepflanzt werden.
Verwendung: In kleinen Gruppen in Beeten und Rabatten; in Balkonkästen, Töpfen und Ampeln. Passen zu vielen anderen Sommerblumen, etwa Nelken, Schmuckkörbchen und Ziertabak.
Standort: Sonnig. Boden durchlässig, humos, nährstoffreich und frisch.
Säen: Samenvermehrbare Sorten zwischen Ende Februar und April bei 18–20 °C vorziehen. Die Pflänzchen bei 6–8 cm Höhe zum Fördern der Verzweigung entspitzen.
Pflanzen: Ins Freie können die Jungpflanzen Ab Mitte Mai, mit 20–30 cm Abstand.
Pflegen: Bei Trockenheit regelmäßig und kräftig gießen, aber nicht nass halten. Im Beet alle vier bis sechs Wochen, in Pflanzgefäßen je nach Wuchsstärke alle ein bis zwei Wochen düngen. Verblühte Dolden mitsamt dem kurzen Blütenstiel am Stielansatz abschneiden oder auskneifen.

STIEFMÜTTERCHEN

Viola x wittrockiana

Veilchengewächse (Violaceae) September bis November/März bis Mai in allen Farben, oft mehrfarbig 10–35 cm

Bei dem in ganz Europa verbreiteten, manchmal auch im Rasen auftauchenden Wilden Stiefmütterchen (Viola tricolor) hat die Natur kräftig in den Farbtopf gegriffen: Die fünf Kronblätter, aus denen sich die Blüten zusammensetzen, sind oft dreifarbig, nämlich violett,

Stiefmütterchen (Viola-Wittrockiana-Hybriden)

weiß und gelb. Aus dieser und anderen Wildarten sind die großblütigen, farbprächtigen Gartenstiefmütterchen entstanden, die man mit Recht als Dauerblüher bezeichnen kann.
Die buschig kompakten Pflanzen mit den ovalen, am Rand leicht gekerbten, sattgrünen Blättern werden zu den Zweijährigen gezählt, die üblicherweise im Aussaatjahr ihr Laub entwickeln, um dann im nächsten Frühjahr zu blühen. Doch die meisten Gartenstiefmütterchen blühen bei früher Aussaat schon im Herbst prächtig und öffnen nach einer Winterpause dann wieder im Frühjahr neue Blüten, oft bis in den Frühsommer hinein. Wenn man die welken Blüten regelmäßig entfernt, kann sich der Flor sogar bis zum Spätsommer fortsetzen.

Arten und Sorten: Stiefmütterchen gibt es in unzähligen Sorten, mit vielen verschiedenen Farbtönen und unterschiedlichen Zeichnungen und Mustern. Samen werden häufig in Farbmischungen angeboten, teils auch in attraktiven Einzelsorten. Die „klassischen" Stiefmütterchen bieten Blüten in prägnanten Farben wie Gelb, Rot und Blau mit großen, schwarzen Flecken, etwa in der 'Grandessa'- und 'Inspire'-Serie oder der sehr großblumigen 'Schweizer Riesen'-Mischung. Dazu kommen schöne zweifarbige Sorten wie 'Jolly Joker' (innen orange, außen violett), die 'Cats'-Mischung mit zweifarbigen, strichartig gezeichneten Blüten in verschiedenen Tönen, „orchideenblütige" Sorten mit gewellten Blütenrändern und aparten Farbverläufen und weitere Schönheiten.
Mini-Stiefmütterchen (Viola x cornuta) sind charmante Kreuzungen der Gartenstiefmütterchen mit Hornveilchen (V. cornuta), mit kleinen, sehr zahlreichen Blüten, in hübschen ein- und zweifarbigen Sorten, darunter auch welche mit tief dunkelvioletten, fast schwarzen Blüten ('Twix Black'). Im Garten gepflanzte Mini-Stiefmütterchen überraschen öfter mit einem Neuaustrieb, denn die Hornveilchen sind mehrjährig und werden auch als hübsche kleine Stauden in vielen Sorten angeboten; sie blühen meist von April bis September.
Verwendung: In kleinen und größeren Gruppen in Beeten und Rabatten sowie in Pflanzgefäßen. Als Frühjahrsblüher sehr attraktiv zum Beispiel mit Tulpen, Narzissen, Tausendschön und Vergissmeinnicht; als Herbstblüher etwa mit Kissenastern, Herbstkrokussen und Besenheide.
Standort: Sonnig bis halbschattig. Boden durchlässig, humos, nährstoffreich und frisch.
Säen: Für eine frühe, reiche Herbstblüte am besten schon im Juni vorziehen, ansonsten im Juli bis Anfang August. In Schalen säen, die Samen mit Erde abdecken und bis zur Keimung an einem schattigen, nicht zu warmen Platz (bei 15–20 °C) aufstellen.
Pflanzen: Ab Mitte August, mit 10–15 cm Abstand. Stiefmütterchen sind recht winterhart, aber in rauen Lagen und frostigen Phasen ist eine Abdeckung mit Fichtenreisig oder Vlies ratsam. Sie können die Pflanzen auch drinnen hell und kühl überwintern und erst im zeitigen Frühjahr auspflanzen.
Pflegen: Gleichmäßig leicht feucht halten. Im Beet nach dem Pflanzen und bei Blühbeginn düngen, in Pflanzgefäßen alle drei Wochen. Verwelkte Blüten regelmäßig entfernen.

ZINNIE

Zinnia elegans

Korbblütengewächs (Asteraceae) Juni bis Oktober gelb, orange, rosa, rot, violett, weiß, auch zweifarbig 20–100 cm

Nachdem um 1800 die ersten Zinnien aus Mexiko nach Europa gelangten, eroberten sie mit ihren kräftigen, fröhlichen Blütenfarben schnell die Gärten und wurden bald auch intensiv gezüchtet. So gibt es von der aufrechten, buschig verzweigten Blume mit den schmal herzförmigen, rau behaarten, tiefgrünen Blättern heute zahlreiche Sorten, in sehr unterschiedlichen Wuchshöhen und mit einer Vielfalt an Blütenfarben und -formen.

Arten und Sorten: Wie bei vielen Sommerblumen werden etliche Sortenserien angeboten, in den Samenpäckchen oft als bunte Mischungen. Die meisten haben große, gefüllte, teils pomponartige Korbblüten, die an Dahlien erinnern.

Zinnie (Zinnia elegans)

Stattlich (70–100 cm) wachsen zum Beispiel 'Kalifornische Riesen' (sehr große Blütenkörbe) und 'Oklahoma'; mittelhoch (40–60 cm) zum Beispiel 'Candy Cane' mit mehrfarbig gestreiften und gepunkteten Blüten und 'Liliput' mit kleinen, sehr zahlreichen, dicht gefüllten Blütenpompons. Kompakte, 20–40 cm hohe Sorten mit gefüllten Blüten sind beispielsweise 'Magellan', 'Musica' und 'Zinnita'.
Rund 30 cm hoch wachsen auch die sehr robusten und regenfesten 'Profusion'-Sorten, die sich mit einfachen Blüten übersäen. Sie werden öfter in Einzelfarben angeboten, zum Beispiel als 'Profusion Cherry' (kirschrot) und 'Profusion Yellow' (gelb).
Die 30–40 cm hohen Zinnien der 'Zahara'-Serie sind Hybriden (Zinnia x marylandica) mit einfachen und gefüllten („Double") Blüten. Ihr Name deutet schon darauf hin, dass sie Hitze und Trockenheit ungewöhnlich gut vertragen; sie gelten zudem als kaum krankheitsanfällig. Eine sehr schöne Sorte ist zum Beispiel die leuchtend rote 'Double Zahara Fire'.
Die Sorten von Z. haageana wachsen 30–50 cm hoch und bestechen mit zweifarbigen Blütenkörben in warmen Gelb-, Orange- und Rottönen, so etwa 'Old Mexiko' (einfach und halb gefüllt) und 'Jazzy' (dicht gefüllt).
Verwendung: In kleinen Gruppen in Beeten und Rabatten, im Bauerngarten, niedrige Sorten auch als Beeteinfassung und in Pflanzgefäßen. Gefüllt blühende Sorten wirken, je nach Höhe, schön mit Ährensalbei, Verbene, Ziertabak und Margerite; niedrige, einfach blühende Sorten können hohe Blüher wie Levkoje, Löwenmäulchen und Schmuckkörbchen untermalen. Halbhohe und hohe Zinnien sind prächtige Schnittblumen.
Standort: Sonnig, warm und etwas windgeschützt. Boden durchlässig, humos, nährstoffreich und frisch.
Säen: März bis April bei 18–24 °C vorziehen. Oder im Mai direkt an Ort und Stelle säen und später die Sämlinge ausdünnen. Bei höher wachsenden Sorten am besten die Jungpflanzen entspitzen.
Pflanzen: Ab Mitte Mai, mit 15–35 cm Abstand, je nach Wuchshöhe.
Pflegen: Bei Trockenheit regelmäßig gießen. Hohe Sorten stützen. Im Beete alle vier Wochen, in Pflanzgefäßen alle zwei Wochen düngen. Verblühtes regelmäßig entfernen.

Links: Glockenrebe (Cobaea scandens); rechts: Zierkürbis (Cucurbita pepo)

Links: Schönranke (Eccremocarpus scaber); rechts: Prunkwinde (Ipomoea-Arten)

Links: Duftwicke (Lathyrus odoratus); rechts: Feuerbohne (Phaseolus coccineus)

Links: Schwarzäugige Susanne (Thunbergia alata); rechts: Kapuzinerkresse (Tropaeolum majus)

EINJÄHRIGE KLETTERPFLANZEN

Name	Blüte	Höhe, Wuchs	Standort, Hinweise
Glockenrebe (Bild) Cobaea scandens	Juli bis Oktober glockenförmig; violett, rot, blau, weiß	3–5 m, Rankpflanze mit gefiederten Blättern	Sonnig; stark- und schnellwüchsig, guter Sichtschutz
Zierkürbis (Bild) Cucurbita pepo	Juli bis September trichterförmig; gelb, weiß	2–4 m, Rankpflanze mit großen Blättern	Sonnig; ab Spätsommer dekorative, schön geformte und gefärbte Früchte
Schönranke (Bild) Eccremocarpus scaber	Juli bis September röhrenförmig, in Trauben; orangerot, gelb	3–5 m, Rankpflanze mit gefiederten Blättern	Sonnig; in wintermilden Regionen mehrjährig
Japanischer Hopfen Humulus japonicus	Juli bis August gelblich grün, unscheinbar	2–5 m, Schlingpflanze mit großen, handförmig gelappten Blättern	Sonnig bis schattig; weibliche Pflanzen mit grünlichen Hopfenzapfen
Prunkwinde (Bild) Ipomoea-Arten	Juli bis Oktober trichterförmig; blau, purpurn, rot, rosa, weiß, oft mit hellem Schlund	2–3 m, Schlingpflanze mit herzförmigen Blättern	Sonnig; Blüten schließen sich oft schon nachmittags und bei Regen
Duftwicke (Bild) Lathyrus odoratus	Juni bis September Schmetterlingsblüten in Trauben; rosa, rot, lila, blau, weiß	1–2 m, Rankpflanze mit gefiederten Blättern	Sonnig bis halbschattig; intensiver Blütenduft; schwach giftig (siehe auch Seite 256)
Feuerbohne (Bild) Phaseolus coccineus	Juni bis September Schmetterlingsblüten in Trauben; scharlachrot, weiß	2–4 m, Schlingpflanze mit herzförmigen Blättern	Sonnig; ab Juli essbare Bohnen; Vorsicht, rohe Bohnen sind giftig
Rosenkleid Rhodochiton atrosanguineus	Juni bis Oktober trompetenförmig; rotviolett	2–3 m, Rankpflanze mit herzförmigen Blättern	Sonnig, möglichst warm und windgeschützt
Schwarzäugige Susanne (Bild) Thunbergia alata	Juni bis Oktober trichterförmig; gelb, orange, weiß, meist mit dunklem Auge	1–2 m, Schlingpflanze mit herzförmigen Blättern	Sonnig, etwas windgeschützt; auch als Hängepflanze in Ampeln verwendbar
Kapuzinerkresse (Bild) Tropaeolum majus	Juli bis Oktober trichterförmig; gelb, orange, rot	1,5–3 m, Rankpflanze mit schildförmigen Blättern	Sonnig bis halbschattig; essbare Blüten und Blätter (siehe auch Seite 271)
Kanaren-Kapuzinerkresse Tropaeolum peregrinum	Juli bis Oktober trichterförmig, gefranste Blütenblätter; zitronen- bis goldgelb	2–4 m, Rankpflanze mit kleinen, handförmig gelappten Blättern	Sonnig, möglichst warm und windgeschützt

REGISTER

A

B

C

D

E

F

G

H

I, J

K

L

M

N

O

P

Q, R

S

T

U, V

W

Y, Z

Die Stiftung Warentest wurde 1964 auf Beschluss des Deutschen Bundestages gegründet, um dem Verbraucher durch vergleichende Tests von Waren und Dienstleistungen eine unabhängige und objektive Unterstützung zu bieten.

Joachim Mayer ist Gärtner, Diplom-Agraringenieur, Berater für Hobbygärtner und einer der erfahrensten Gartenjournalisten und -autoren im deutschsprachigen Raum. Er hat zahlreiche Titel bei rennomierten Verlagen veröffentlicht, darunter Bestseller wie „Gartenjahr für Einsteiger" und „Gebrauchsanweisung Hochbeete". Für die Stiftung Warentest hat er zwei Standardwerke verfasst, die sein gesammeltes Wissen aus fast 50 Jahren naturgerechtem Gärtnern und Leidenschaft für den Nutzgarten zusammenfassen und in bisher ungesehener Vielfalt und Tiefe präsentieren.

Stiftung Warentest
Lützowplatz 11–13
10785 Berlin
Telefon 0 30/26 31–0
Fax 0 30/26 31–25 25
www.test.de
email@stiftung-warentest.de

USt-IdNr.: DE136725570

Vorständin: Julia Bönisch
Weitere Mitglieder der Geschäftsleitung:
Dr. Holger Brackemann, Daniel Gläser und
Dr. Birger Venn-Hein

Programmleitung: Niclas Dewitz

Autor: Joachim Mayer
Projektleitung: Niclas Dewitz
Lektorat und Textbearbeitung: Uwe Meilahn
Korrektorat: Christoph Nettersheim
Titelentwurf und Design: Daniela Greven
Grafik und Satz Umschlag und Klappen: Annett Hansen
Grafik und Satz Innenteil: Andrea Schulz, FÖRM – Büro für Gestaltung
Bildnachweis Umschlag: GettyImages (Cover); iStockphoto (Rückseite); AdobeStock, Fotolia, iStockphoto (Klappen)

Bildnachweis Innenteil: iStockphoto (11, 15, 16, 17, 18 unten, 38 unten, 42, 41, 46, 48 oben, 53, 88, 89, 138, 139, 140, 153, 155 oben, 158, 161, 162, 164, 165 oben, 168, 169, 172, 173 oben, 175, 177, 178, 179, 180, 181, 182 unten, 184, 188, 189 oben, 194, 197, 198, 199, 200, 201, 203, 205 (oben links bis Mitte rechts), 211, 215, 216, 217 unten, 226, 227 unten, 228, 236, 237, 242, 243 oben, 244, 246, 247, 248, 249 oben, 256, 257, 259 oben, 265 unten, 269, 275, 276 (1. Reihe oben rechts, 2. Reihe rechts, 3. Reihe links, 4. Reihe links)
Adobe Stock (2, unten, 3, 4 7, 12, 20, 21, 22, 23, 24, 26, 28, 29, 31, 33, 34, 39, 40, 50, 57, 85, 92, 105, 107, 109, 110, 120, 132, 133, 135, 137, 141, 145, 149, 151, 152, 157, 160, 167, 185, 186, 195, 202, 205 (unten links/rechts), 224, 235, 245, 251, 276 (2. Reihe links, 4. Reihe rechts), 279
Fotolia (2, oben, 11, 18 oben, 35, 38 oben, 48 unten, 69, 78, 108, 142, 143, 144, 146, 147, 148, 150, 154, 155 unten, 156, 159, 163, 165 unten, 170, 171, 173 unten, 174, 176, 182 oben, 183, 189 unten, 190, 191, 192, 193, 196, 213, 214, 217 oben, 218, 219, 220, 221, 22, 223, 227 oben, 229, 230, 231, 232, 233, 234, 239, 241, 243 unten, 249 unten, 252, 253, 255, 258, 259 unten, 260, 261, 262, 263, 264, 265 oben, 266, 267, 268, 270, 271, 272, 273, 276 (1. Reihe oben links, 3. Reihe rechts)
Illustrationen Parasiten Seite 124–131: Horst Lünser, Berlin
Illustrationen Seite 4–118: Ingo Neumann, Berlin
Verlagsherstellung: Rita Brosius (Ltg.), Romy Alig, Susanne Beeh
Litho: Markus Drangsal, Berlin
Druck: Westermann Druck Zwickau GmbH

ISBN: 978-3-7471-0917-5

Wir haben für dieses Buch 100 % Recyclingpapier und mineralölfreie Druckfarben verwendet. Stiftung Warentest druckt ausschließlich in Deutschland, weil hier hohe Umweltstandards gelten und kurze Transportwege für geringe CO_2-Emissionen sorgen. Auch die Weiterverarbeitung erfolgt ausschließlich in Deutschland.

DAS BLÜHT WEISS

Deutscher Name Botanischer Name	Höhe	Licht	Wasser	I	II	III	IV	V	VI	VII	VIII	IX	X	XI	XII	S.
Schneeheide Erica carnea	15–40 cm	☼◐	◈	✿	✿	✿	✿	✿						✿	✿	168
Christrose Helleborus niger	20–40 cm	◐	◈	✿	✿	✿								✿	✿	176
Schneeglöckchen Galanthus nivalis	10–15 cm	☼◐	◈		✿	✿										223
Buschwindröschen Anemone nemorosa	10–20 cm	☼◐	◇			✿	✿									214
Gartenkrokus Crocus vernus	5–15 cm	☼◐	◇			✿	✿									219
Weiße Kugelprimel Primula denticulata ‚Alba'	5–30 cm	◐	◆			✿	✿	✿								196
Gartentulpen Tulipa-Hybriden	10–60 cm	☼	◈			✿	✿	✿	✿							236
Bartiris Iris-barbata-Hybriden	15–120 cm	☼	◇				✿	✿	✿							180
Langspornige Akelei Aquilegia-Caerulea-Hybriden	40–70 cm	☼◐	◈					✿	✿							143
Edelpfingstrose Paeonia lctiflora	50–100 cm	☼	◈					✿	✿							189
Zierlauch Allium-Hybriden	20–150 cm	☼	◇					✿	✿							212
Maiglöckchen Convallaria majalis	15–25 cm	◐	◈					✿	✿							216
Eisbegonie Begonia-Semperflorens-Hybriden	15–30 cm	☼◐	◈					✿	✿	✿	✿	✿	✿			242
Waldgeißbart Aruncus dioicus	120–200 cm	◐●	◆						✿	✿						143
Waldglockenblume Campanula latifolia var. macrantha ‚Alba'	80–100 cm	☼◐	◈						✿	✿						154
Madonnenlilie Lilium candidum	80–120 cm	☼◐	◈						✿	✿						231
Waldtabak, Dufttabak Nicotiana sylvestris	100–150 cm	☼	◆						✿	✿	✿	✿				262
Duftsteinrich Lobularia maritima	10–15 cm	☼	◇						✿	✿	✿	✿	✿			259
Gartenmargerite Leucanthemum x superbum	30–80 cm	☼	◈							✿	✿					183
Königslilie Lilium regale	80–120 cm	☼◐	◈							✿	✿					231
Kaukasus-Skabiose Scabiosa caucasica	60–90 cm	☼	◇							✿	✿	✿				199
Herbstanemone, Japananemone Anemone hupehensis	60–120 cm	◐	◈								✿	✿	✿			140